高职高专"十二五"规划教材

烧结矿与球团矿生产实训

主　编　吕晓芳　韩宏亮

北　京
冶 金 工 业 出 版 社
2011

内容提要

本书为职业技术院校实训教学用书。全书共分两个学习情境，其中学习情境一为烧结矿生产，包括原燃料的识别、选用与准备操作，配料分析判断、计算调整及操作，混合与制粒操作，布料、点火操作与控制，烧结机操作，烧结矿处理操作，返矿及混合料仓料位的平衡与控制，烧结矿生产成本和产量的控制，烧结矿质量的评价及改进调整共九个学习性工作任务；学习情境二为球团矿生产，包括造球操作与控制，竖炉焙烧操作，链箅机—回转窑工艺参数的控制和调节，球团矿的质量评价及改进调整共四个学习性工作任务。内容以烧结矿与球团矿生产实际操作技能为重点，兼顾烧结球团生产工艺、原理及设备等相关知识。

本书学习任务的设计注重学生的职业成长历程，内容上考虑职业教育的特点，力求少而精，通俗易懂，理论联系实际，注重应用。

本书为高职高专教材，也可作为钢铁行业工人技术培训用书。

图书在版编目(CIP)数据

烧结矿与球团矿生产实训/吕晓芳，韩宏亮主编．—北京：冶金工业出版社，2011.5

高职高专“十二五”规划教材

ISBN 978-7-5024-5560-6

Ⅰ.①烧… Ⅱ.①吕… ②韩… Ⅲ.①烧结矿—生产工艺—高等职业教育—教材 ②球团矿—生产工艺—高等职业教育—教材 Ⅳ.①TF046.6

中国版本图书馆 CIP 数据核字(2011)第 069016 号

出版人　曹胜利

地　址　北京北河沿大街嵩祝院北巷 39 号，邮编 100009

电　话　(010)64027926　电子信箱　yjcbs@cnmip.com.cn

责任编辑　尚海霞　张熙莹　美术编辑　李　新　版式设计　葛新霞

责任校对　石　静　责任印制　张祺鑫

ISBN 978-7-5024-5560-6

北京兴华印刷厂印刷；冶金工业出版社发行；各地新华书店经销

2011 年 5 月第 1 版，2011 年 5 月第 1 次印刷

787 mm × 1092 mm　1/16；17.25 印张；417 千字；263 页

36.00 元

冶金工业出版社发行部　电话：(010)64044283　传真：(010)64027893

冶金书店　地址：北京东四西大街 46 号(100010)　电话：(010)65289081(兼传真)

(本书如有印装质量问题，本社发行部负责退换)

前言

目前，随着我国生铁产量不断攀升，高炉对烧结矿和球团矿的要求日益提高，烧结、球团也得到了快速发展，烧结矿和球团矿的生产已成为现代钢铁生产的重要工艺之一。随着烧结、球团技术的发展，对操作人员技术水平的要求也逐渐提高，烧结、球团生产也成为冶金行业高职高专学生将来主要就业岗位群之一。为了适应烧结生产技术发展以及满足学生就业后快速适应企业工作岗位的需要，受冶金工业出版社的委托，编写了本书。

本书是职业技术院校冶金工程专业的教学用书，工学结合作为职业教育的重要特征已经逐渐被大家所认识，本书与“工学结合”特色的教学改革相配套，充分体现了教学过程与工作过程的一致性。全书共分为烧结矿生产和球团矿生产两个学习情境，考虑学生的职业成长历程及认知规律，共设计了 13 个学习性工作任务，包括原燃料的识别、选用与准备操作，配料分析判断、计算调整及操作，混合与制粒操作，布料、点火操作与控制，烧结机操作，烧结矿处理操作，返矿及混合料仓料位的平衡与控制，烧结矿生产成本和产量的控制，烧结矿质量的评价及改进调整，造球操作与控制，竖炉焙烧操作，链箅机—回转窑工艺参数的控制和调节，球团矿的质量评价及改进调整等，内容以烧结矿与球团矿生产实际操作技能为重点，兼顾烧结、球团的生产工艺、原理及设备等相关知识。

本书以实际工作中典型工作任务为基础，融入工作过程知识（经验和方法），学习任务的设计注重学生的职业成长历程，内容以理论知识够用为度，力求少而精，讲究实践过程的系统性和完整性，理论联系实际，注重应用。

本书可作为高职高专教学之用，也可作为钢铁行业工人技术培训用书，对现场从事烧结工作的技术人员也有一定的参考价值。

本书主编为邢台职业技术学院的吕晓芳和中国科学院过程工程研究所的韩宏亮。副主编为邢台钢铁公司刘玉江和德龙钢铁公司王利刚。全书由吕晓芳统稿。在编写本书时，参阅了有关烧结和球团方面的著作、杂志以及有关人员提供的资料与经验，还得到了邢台职业技术学院资源与环境工程系冶金教研室老师的大力支持，在此深表感谢。

由于编者学识水平及对职业教育工学结合课程改革理解深度所限，不足之处敬请广大读者和同行批评指正。

编　者

2011年2月

目录

学习情境一　烧结矿生产

学习情境二　球团矿生产

学习情境一

烧结矿生产

钢铁生产的基本工艺流程如图 0–1 所示。

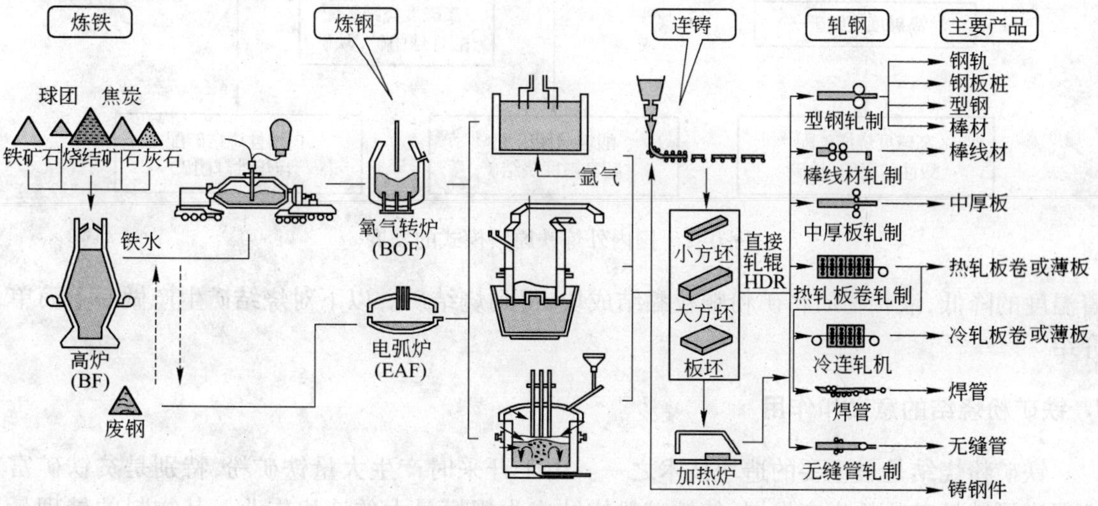

图 0–1　钢铁生产的基本工艺流程

钢铁冶金的任务是把铁矿石冶炼成合格的钢。具体过程为：

铁矿石→去脉石、杂质和氧→铁→精炼(脱 C、Si、P 等)→钢

还原冶炼过程（炼铁）　　　氧化精炼过程（炼钢）

铁矿石主要包括铁氧化物和脉石杂质。

炼铁是采用还原的方法去除铁矿石中的氧及大部分杂质，形成液态铁水或固态的铁（海绵铁）。如果是液态铁水，要与炉渣分离。

炼钢是把铁水进一步去除杂质，进行氧化精炼。

目前，高炉使用的原料主要是烧结矿和球团矿。由于烧结矿和球团矿都是经过高温制成的，因此又统称为熟料。

国内外炼铁原料模式的发展如图 0–2 所示。

由图 0–2 可见，我国普遍推行的是“高碱度烧结矿配加酸性球团矿、块矿”这种合理的炉料结构。

烧结矿是将各种粉状含铁原料按要求配入一定数量的燃料和熔剂，均匀混合制粒后布到烧结设备上点火烧结；在燃料燃烧产生高温和一系列物理化学反应的作用下，混合料中部分易熔物质发生软化、熔化，产生一定数量的液相，液相物质润湿其他未熔化的矿石颗粒；随

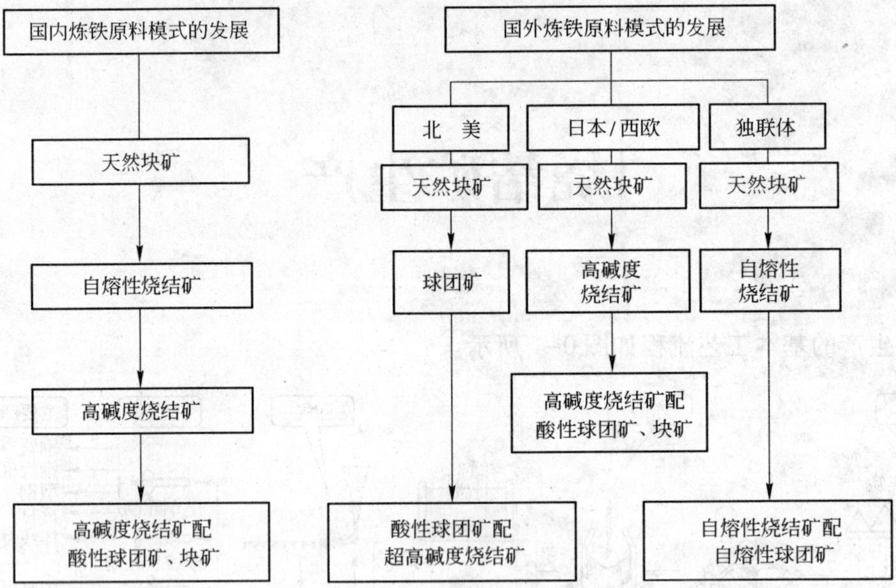

图 0-2 国内外炼铁原料模式的发展

着温度的降低，液相物质将矿粉颗粒黏结成块，得到烧结矿。以下对烧结矿生产做一下简单介绍。

1. 铁矿粉烧结的意义和作用

铁矿粉烧结是最重要的造块技术之一。由于开采时产生大量铁矿粉，特别是贫铁矿富选促进了铁精矿粉的生产发展，使铁矿粉烧结成为规模最大的造块作业。其物料的处理量约占钢铁联合企业的第二位（仅次于炼铁生产），能耗仅次于炼铁及轧钢而居第三位，成为现代钢铁工业中重要的生产工序。铁矿粉烧结要求烧结矿有很好的物理和冶金性能。由于现代炼铁设备的大型化，炉料倒运次数多、落差大，要求烧结矿有高的冷强度，如耐压强度等；烧结矿经历冶炼中的高温过程，要求一定的热强度，即在高温还原气氛下耐压、耐磨及耐急热爆裂性能；烧结矿在高炉内经历物理化学反应，要求它具有良好的冶金性能，如还原性、软化性、熔滴性等；铁矿粉烧结技术的困难还在于追求合理的经济效果。因此，铁矿粉烧结是一门技术复杂的专门学科。

在长期的生产实践中，人们发现经过选矿和烧结处理后的人造富矿能进一步地使矿物富集和去除有害杂质，因而使高炉生产率提高，焦比下降，其经济效果比天然矿好。

对“精料”的研究工作也越来越深入，烧结矿朝着品位高、成分稳定、粒度均匀、强度高、冶金性能好的方向发展。在烧结料中加入一定数量的石灰石或生石灰、消石灰，可生产出具有一定碱度的自熔性烧结矿、高碱度烧结矿。高炉冶炼这种原料时可不加或少加熔剂，从而进一步降低焦比，提高生产率。

综上所述，烧结具有如下重要意义：

（1）通过烧结可为高炉提供化学成分稳定、粒度均匀、还原性好、冶金性能高的优质烧结矿，为高炉优质、高产、低耗、长寿创造良好的条件；

（2）可去除有害杂质，如硫、锌等；

（3）可利用工业生产的废弃物，如高炉炉尘、轧钢皮、硫酸渣、钢渣等；

（4）可回收有色金属，如稀有金属、稀土金属等。

2. 烧结生产工艺流程

烧结生产工艺流程通常由下列几部分组成：含铁原料、燃料和熔剂的接受和储存；原料、燃料和熔剂的破碎筛分；烧结料的配料、混合制粒、布料、点火和烧结；烧结矿的破碎、筛分、冷却和整粒。根据原料条件、工厂生产规律和对产品的要求不同，其流程有比较简单的，也有比较完善的。图 0-3 所示为上海宝钢烧结厂的工艺流程图，烧结机的面积为 450 m^2，建有大型原料场和完整的整粒系统。

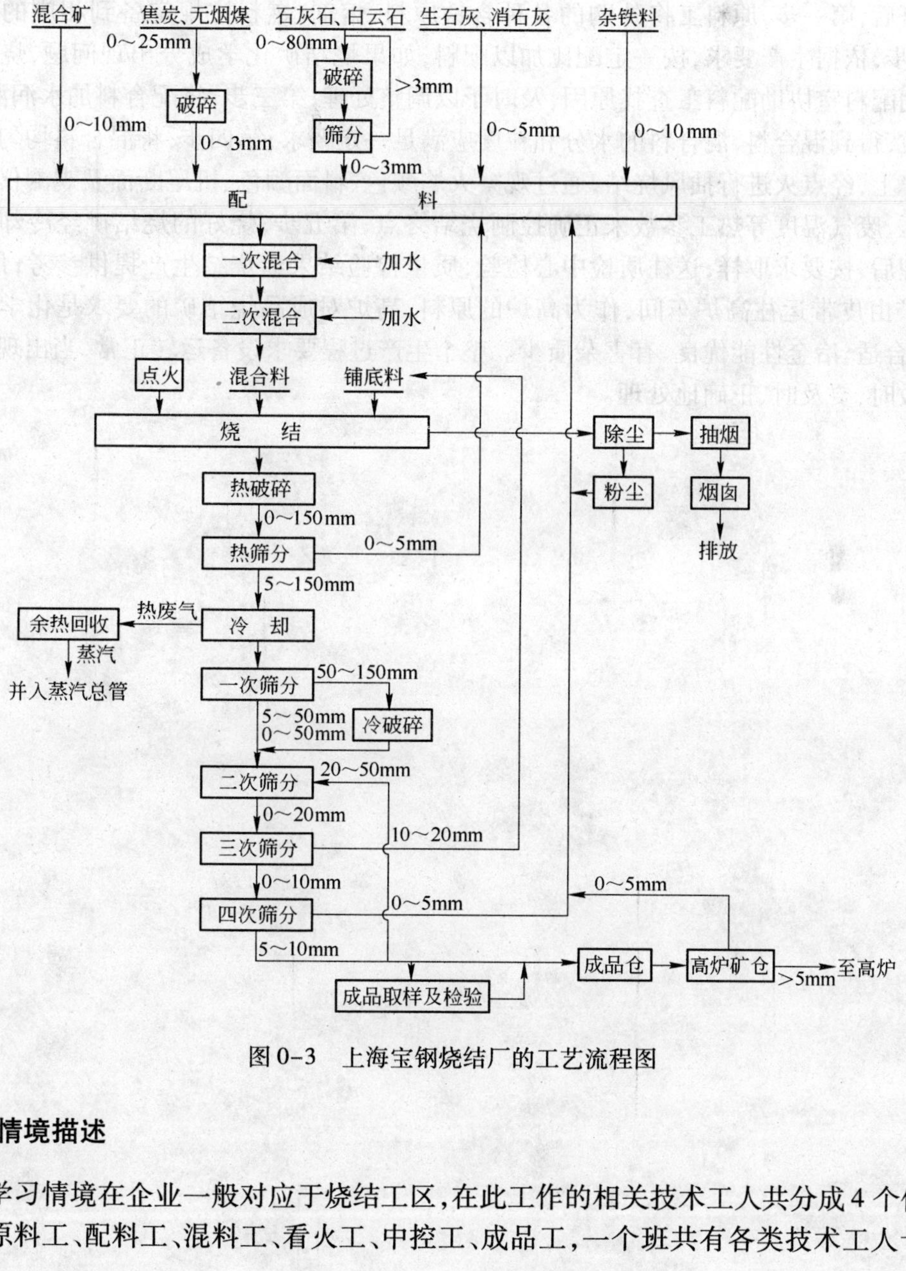

图 0-3　上海宝钢烧结厂的工艺流程图

3. 学习情境描述

本学习情境在企业一般对应于烧结工区，在此工作的相关技术工人共分成 4 个作业班，班内有原料工、配料工、混料工、看火工、中控工、成品工，一个班共有各类技术工人十几名，作业长(或称班长)监督并管理整个作业班。作业长的工位主要是中控室,其中有配料、料仓料位、点火、混料、烧结机等计算机监控画面,可用于对生产过程中工艺参数进行监控、调整和优化;其次,作业长的工位是烧结机,烧结机设备复杂、灰尘多、温度高,作业长可对生产设备及烧结过程进行现场检查与监控。

烧结作业长接班后和上一班作业长沟通,全面了解上一班的生产情况,具体包括烧结矿的质量指标(转鼓强度、化学成分、粒度等)、设备情况(有无异常等)、高炉料仓情况、原料供应情况、能源介质使用情况有无要求、混合矿仓料位情况、生产中工艺参数控制情况等。交接班完毕后开班前会,与原料工、配料工、混料工、看火工等各岗位工强调一些生产中的问题,传达一下厂部指示、活动等,另外核实本班人员情况。

开班后,第一步,原料工将外购的各种含铁原料、熔剂、燃料按规定备到相应的原料仓中;第二步,依据生产要求,按一定配比加以配料,如果烧结矿化学成分出现问题,烧结作业长需要到配料室协助配料工查找原因,及时予以调整处理;第三步,将配合料加水润湿,进行混合制粒,得到混合料,混合料的水分和粒度应满足一定要求;第四步,将混合料均匀布到烧结机台车上,经点火进行抽风烧结,通过观察火焰颜色、料面颜色、机尾断面及观测仪表上显示的负压、废气温度等热工参数来正确控制烧结终点;第五步,烧好的烧结矿经冷却、破碎、筛分处理后,按要求取样,送往质检中心检验,质量检验结果给烧结生产提供参考;最后,成品烧结矿由皮带运往高炉车间,作为高炉的原料,高炉对成品烧结矿的要求是化学成分均匀、粒度合适、冶金性能优良、有害杂质少。整个生产过程要求设备运转正常,当出现设备或质量事故时,要及时、正确地处理。

任务一　原燃料的识别、选用与准备操作

教学目标

(1) 根据原燃料的理化性能正确识别各种原燃料。

(2) 能根据生产技术要求正确选用各种原燃料。

(3) 能够完成原燃料的接受、储存、中和混匀、破碎、筛分等作业。

一、任务分析

(一) 任务的提出

烧结所使用的原燃料主要包括含铁原料、熔剂和燃料3大类。以含铁原料为例,某烧结厂使用的含铁原料有本地碱精粉、澳矿、巴西矿、印度粉、伊朗粉、杂料、炼钢红泥等十几种,这些矿粉产地不同,其化学成分和烧结性能也不相同,而且配比各有不同。在使用过程中,如果不能识别各种含铁原料,就很容易出现混料,从而造成配料出现波动,混合料水分和粒度、配炭量不合适,最终影响到烧结矿质量和产量。因此,作为从事烧结技术工作的人员,必须能辨别出不同的原燃料。

烧结厂所处理的原料来源广、数量大、品种多,物理化学性质差异悬殊,为了获得优质产品并保证生产过程的持续进行,在烧结配料前必须对原料进行准备处理,使烧结用料供应充分,成分稳定,粒度适宜。烧结原料的准备处理包括原燃料的接受、储存、中和混匀、破碎、筛分等作业。

(二) 工作任务描述

汽车将各种铁矿粉按品种运至汽车受料槽,接受各类含铁原料并分类入仓,由皮带输送机运送到预配室的储矿仓内,按照计算好的配比设定各种物料的下料量进行配料,配合料经皮带输送机和堆料机进行堆料,将堆好的混匀料经过取料机取料,皮带机运输到烧结工区配料室的混匀料仓参加配料;进厂的熔剂、石灰和白云灰通过高压氮气或料罐送入配料室的熔剂料仓参加配料,对于粒度大的石灰石和白云石等熔剂需要经过破碎,使其粒度满足烧结要求,然后通过专用设备送入熔剂料仓参加配料;进厂的燃料(无烟煤、焦粉)经过四辊破碎机破碎后,由皮带运送到配料室燃料仓参加配料。

对该工作的要求是:能识别烧结所用的原燃料;能对设备故障和工艺事故采取果断、及时的处理;能检查设备运行状态,加以维护和保养;工序内各岗位成员之间进行熟练的专业沟通;严格执行车间的岗位作业标准、安全、技术操作规程和设备维护规程。

二、任务实施

(一) 含铁原料的识别与选用

1. 含铁原料的识别

目测判断精矿粉全铁的高低。可以从精矿粉的粒度和颜色来进行判断:

（1）从精矿粉的粒度来判断。精矿粉的粒度越细，品位越高。判断精矿粉粒度的粗细，可以用拇指和食指捏住一小撮精矿粉反复搓捏，靠手感来判断粒度的粗细。

（2）从颜色来判断精矿品位的高低。一般来说，颜色越深，品位越高。

目测判断矿粉的水分：矿粉经手握成团有指痕，但不粘手，料球均匀，表面反光，这时水分的质量分数为7%～8%；若料握成团抖动不散，粘手，这时矿粉中水分的质量分数大于10%；若料握不成团经轻微抖动即散，表面不反光，这时水分的质量分数小于6%。

目测判断矿粉的种类：根据磁铁矿、赤铁矿、菱铁矿和褐铁矿的基本性质判断铁矿粉的种类（详见任务一中相关知识）。

2. 含铁原料的选用

铁矿粉是烧结生产的主要原料，它的物理化学性质对烧结矿质量影响最大。具体介绍如下：

（1）铁的质量分数。铁精矿粉中铁的质量分数是衡量铁精矿粉质量的主要指标。精矿中铁的质量分数越高，生产出的烧结矿中铁的质量分数也高，经济价值就越高。铁精矿粉中铁的质量分数一般为55%～65%，当然越高越好。铁的质量分数用全铁的质量分数$w(TFe)$表示，包括铁矿物及脉石矿物中所有的铁，其中还有微量的金属铁。

（2）脉石成分及其质量分数。从现有的铁矿资源情况来看，铁矿石的脉石成分绝大多数为酸性，SiO_2的质量分数较高。生产熔剂性烧结矿，需加碱性熔剂，因此，SiO_2的质量分数越高，需加入的碱性熔剂也就越多，导致燃料消耗增多，烧结矿品位降低。所以，要求精矿粉的脉石矿物中SiO_2和Al_2O_3的质量分数要少，而CaO和MgO的质量分数要高一些，其经济价值也会高一些。

（3）有害杂质。铁矿石中常见的有害杂质有P、S、As、Pb、Zn、Cu、K、Na、F等。

S会导致钢材热脆，原因是S在钢铁中以FeS形态存在于晶粒接触面上，FeS熔点低（1193℃），当钢被加热到1120～1150℃时，FeS熔化，使钢材沿晶粒界面形成裂纹。一级矿$w(S)<0.06\%$，二级矿$w(S)<0.2\%$。矿石中的S以FeS_2、FeS和$FeCuS_2$存在，烧结和炼铁过程中可除去部分硫。

P会导致钢材冷脆，P和Fe结合成化合物Fe_3P，此化合物与铁形成二元共晶Fe_3P-Fe，聚集于晶界周围减弱晶粒间的结合力。烧结和高炉炼铁都不能脱P，炉料中的P全部进入生铁，脱P是炼钢的任务。但铁水P含量不能高，炼铁控制P的方法是高P炉料不用。

钢材一般要求$w(Cu)<0.3\%$。Cu可降低钢材的焊接性能，一般要求铁矿石中Cu的质量分数要小于0.2%，但高Cu钢抗腐蚀性强，船用钢Cu的质量分数高。烧结过程不能去铜，高炉冶炼铜全部还原到生铁中。

K和Na在铁矿石中常以硅酸盐形态存在，K与Na在高炉冶炼中易还原、易挥发，在高炉中循环，破坏焦炭和铁矿石的强度，加速侵蚀耐火材料。

Pb在铁矿石中常以PbS形态存在，普通烧结过程不能去除Pb，高炉冶炼中Pb易还原并不溶于生铁中，Pb密度大、熔点低，沉积在高炉炉底的砖缝中，使耐火砖浮起而破坏炉底。

Zn在铁矿中常以闪锌矿（ZnS）形态存在，烧结过程去Zn 50%～60%，高炉冶炼中Zn易还原并不溶于生铁中，Zn熔点和沸点都低，Zn以蒸气进入高炉煤气中上升，低温下冷凝结瘤。

As在铁矿石中常以硫化物毒砂（FeAsS）等形态存在，它能降低钢的力学性能和焊接性能。烧结过程只能除去少部分 As，在高炉还原后 As 溶于铁中。

F 是最活泼的非金属元素，它在矿石中以萤石（CaF_2）的形态存在，CaF_2会降低炉渣的黏度，同时氟含量高也会加速金属材料的侵蚀。

（4）铁精矿粉的粒度。精矿粒度很细，小于 0.074 mm（200 目）的占 60% 以上，精矿粒度粗细与矿石的晶粒大小有关，也与磨矿工艺有关。精矿粒度可以用网目表示，网目即 1in（25.4 mm）筛网上的筛孔数，这是泰勒标准筛的表示方法。网目与孔径有对应的关系，如 100 网目为 0.147 mm，150 网目为 0.104 mm，200 网目为 0.074 mm 等。另外，精矿粒度也经常用比表面积表示。比表面积是指单位质量或单位体积精矿粉所具有的表面积，单位为 cm^2/g 或 cm^2/cm^3。

烧结用的精矿粒度不宜太细，一般小于 0.074 mm（200 目）的量小于 80%。褐铁矿、菱铁矿的精矿粉或粉矿要考虑结晶水、二氧化碳的烧损。国内褐铁矿的烧损为 9% ~ 15%，菱铁矿烧损为 17% ~ 36%。烧损大，烧结时体积收缩。褐铁矿收缩 8% 左右，菱铁矿收缩 10% 左右。精矿水分大于 12% 时，影响配料准确性，不易混合均匀。粉矿粒度要求控制在 8 mm以下，便于烧结矿质量提高。

（5）铁精矿粉的烧结性能。铁精矿粉的烧结性能对烧结过程和烧结矿的产量、品质都有十分重要的影响。了解各种精矿石性能，选择和搭配使用烧结性能不同的铁精矿粉，合理掌握烧结因素，是充分利用资源，达到优质高产的有效措施。

对烧结过程影响较明显的铁精矿粉的理化性能，主要包括精矿石种类、化学成分、粒度、水分、亲水性和成球性，以及软化 - 熔融特性等。

这些因素往往互相交错，从而对烧结过程表现出不同程度的影响。例如，粒度粗的磁铁矿粉较致密、成球性差、软化和熔化温度区间较窄，一般属于难烧结的精矿；而细磨磁铁矿粉较容易烧结。赤铁矿一般成球性较好，当加入大量熔剂时，熔点也较低，易于烧结；但浮选赤铁精矿又常因为难脱水，呈泥团状，使烧结产生困难。其他如褐铁矿和菱铁矿烧结时，由于结晶水和 CO_2分解出来，不但要多耗燃料，而且影响烧结矿的强度。

脉石的类型和数量对铁精矿粉的烧结也有显著的影响。例如，用 SiO_2的质量分数超过 15% 的铁精矿粉生产自熔性烧结矿时强度差；但经过精选，把铁精矿粉中 SiO_2的质量分数降低到 5% 以下，又会出现烧结时液相量太少的问题，必须相应采取其他措施才能使烧结矿的强度得到保证。精矿含 Al_2O_3过多时，熔点高，难烧结。另外，铁精矿的软化温度低，软化温度区间越宽，越容易生成液相，这种矿石的烧结性能好。

3. 含铁原料的检测

含铁原料的检测包括以下几个方面：

（1）铁矿粉全分析。包括 $w(TFe)$、$w(FeO)$、$w(SiO_2)$、$w(CaO)$、$w(Al_2O_3)$、$w(MgO)$、$w(S)$、$w(P)$、烧损项目。日常分析一般化验包括：$w(TFe)$、$w(SiO_2)$、$w(CaO)$。根据矿粉的特性和要求，还可能化验 $w(Mn_2O_3)$、$w(TiO_2)$、$w(V_2O_3)$、$w(Na_2O)$、$w(K_2O)$ 等项目。

原料的化学成分是指某元素或化合物质量占该种干原料试样质量的百分比。

物料的烧损率是物料（干料）在烧结状态的高温下（1200 ~ 1400℃）灼烧后失去的质量占物料试样质量的百分比。

（2）水分的质量分数。指原料中物理水含量的百分数，即将 100 ~ 200g 物料加热至 150℃，恒温 1 h，已蒸发的水分质量占试样质量的百分比。

(3) 铁矿粉粒度。粗粒矿粉一般选用筛孔为 10 mm、8 mm、6 mm、5 mm、3 mm、2 mm、1 mm、0.5 mm 的方眼网筛进行筛析；细磨精矿粉可采用 0.147 mm(100 网目)、0.104 mm(150 网目)、0.074 mm(200 网目)和 0.052 mm(275 网目)的筛子进行筛分。

(二) 熔剂的识别与选用

1. 熔剂的识别

抓把熔剂放在手掌上，用另一个手掌将其压平，如被压平的表面暴露的青色颗粒多，则说明 CaO 的质量分数高；若很快干燥，形成一个“白圈”，说明 MgO 的质量分数高。也可以用“水洗法”进行判断，其方法是用锹撮一点熔剂，用水冲洗，观察留在锹上的粒状熔剂颜色。

2. 熔剂的选用

对熔剂质量总的要求是：有效成分质量分数高，酸性氧化物和硫、磷等有害杂质的质量分数低，粒度和水分适宜，成分稳定。具体介绍如下：

(1) 有效熔剂性高。烧结使用石灰石中 CaO 的质量分数一般为 50% ~54%。白云石中 CaO + MgO 的质量分数一般为 42% ~45%。生石灰中 CaO 的质量分数一般为 80% ~85%。消石灰中 CaO(或 CaO + MgO)的质量分数一般为 60% ~65%。生石灰中 CaO 的质量分数过低时，除因 SiO_2的质量分数过高外，往往因煅烧不完全而影响其强化效果。消石灰中 CaO 的质量分数过低也是因为如此；消石灰中 CaO 的质量分数过高时，则表明消化不充分，还有一部分生石灰没有完全消化。熔剂中的酸性氧化物(SiO_2)的质量分数偏高，会大大降低熔剂的效能。质量良好的熔剂中，$SiO_2 + Al_2O_3$的质量分数一般不超过 3% ~3.5%。S 的质量分数一般为 0.01% ~0.08%，P 的质量分数为 0.01% ~0.03%。如用高硫燃料煅烧出来的生石灰，则硫的质量分数较高，使用时应加以注意。

有效熔剂性高，即碱性氧化物 CaO + MgO 的质量分数要高，而酸性氧化物 SiO_2的质量分数要低。评价熔剂品质的重要标准，是根据烧结矿碱度要求扣除本身酸性氧化物所消耗的碱性氧化物成分，所剩余的碱性氧化物的质量分数而确定的。即：

$$\text{有效熔剂性} = w(CaO + MgO)_{\text{熔剂}} - w(SiO_2)_{\text{熔剂}} \times \left[\frac{w(CaO + MgO)}{w(SiO_2)}\right]_{\text{烧结矿}}$$

当 MgO 的质量分数低时，可以简化为：

$$\text{有效熔剂性} = w(CaO)_{\text{熔剂}} - w(SiO_2)_{\text{熔剂}} \times \left[\frac{w(CaO)}{w(SiO_2)}\right]_{\text{烧结矿}}$$

(2) 有害杂质 S 和 P 的质量分数低。

(3) 粒度和水分适宜。从有利于烧结过程中各种成分之间的化学反应迅速、完全这一点来看，熔剂粒度越细越好。熔剂粒度过粗时，反应速度缓慢，生成的化合物不均匀程度大，甚至残留未反应的 CaO“白点”，对烧结矿强度有很坏的影响。但是，熔剂粉碎得过细，不但造成设备和电能不必要的耗费，而且会使烧结时的透气性变坏。从目前的生产条件出发，熔剂粒度达到 0 ~3 mm 或 0 ~2 mm 的范围即可。有的烧结厂生石灰粒度规定为 0 ~4 mm，并认为粒度过细会影响其强化效果。

若在烧结厂内破碎块状石灰石、菱镁石、白云石时，要求其进厂的粒度上限为 40 ~70 mm。生石灰进厂时不应含水，一般多用封闭式车厢运输，否则遇雨后，局部消化，在矿槽中蒸发，会使生石灰从下料口喷出，影响配料，甚至会烧死人。消石灰中水分的质量分数一般不应超过15%～20%。至于石灰石、菱镁石和白云石，水分的质量分数以1%～3%为宜。水分含量过大，会给运输和破碎工作带来困难。

（4）高活性度。表征生石灰水化反应速度的一个指标，即生石灰水化后用4mol/L盐酸中和所消耗的毫升数表示。活性石灰是指晶粒细小、比表面积大、气孔率高的石灰。

（5）成分稳定，否则会引起烧结矿质量波动，进而影响高炉冶炼的稳定性。

3. 熔剂的检测

熔剂的检测包括：

（1）熔剂全分析。一般化验包括：$w(SiO_2)$、$w(MgO)$、$w(CaO)$、$w(S)$、$w(P)$、烧损项目，日常分析化验包括：$w(SiO_2)$、$w(MgO)$、$w(CaO)$。

（2）冶金石灰活性度的检验。将一定量的试样水化，同时用一定浓度的盐酸将水化过程中产生的$Ca(OH)_2$中和，确定指定时间内消耗盐酸的毫升数。

$$CaO + H_2O = Ca(OH)_2$$

$$Ca(OH)_2 + 2HCl = CaCl_2 + 2H_2O$$

生烧是指未分解的石灰石，它的主要成分是$CaCO_3$，不能被水化。过烧是指石灰石在焙烧过程中，由于局部温度过高，而与硅酸盐互相熔融生成的硬块和消化很慢的石灰，不能在指定的短时间内被水化。

（三）燃料的选用

1. 燃料选用原则

气体燃料要求有足够的发热值，点火温度达到1100～1250℃，而且必须安全。

配加的固体燃料有焦粉和煤粉，要求灰分（A）和挥发分（V）的质量分数低，S和P的质量分数低，粒度要小于3mm。

烧结生产不使用挥发分高的固体燃料，一般要求挥发分的质量分数小于10%，因为在烧结过程中，各种矿物进行物理化学反应，不仅需要热量，而且还要与碳及其产生的CO发生反应，碳量的多少直接影响烧结过程。燃料中部分挥发分在烧结过程的预热带挥发、进入烧结废气中，不能参加化学反应，这部分热量不能被利用。燃料中挥发分越高，碳的质量分数相对降低，不利于烧结生产。此外，煤在燃烧过程中的挥发物会被抽入抽风系统，冷凝后使除尘管花瓣堵塞（或粘阳极板）和转子叶片挂泥结垢，不仅会降低除尘效率，还会使风机转子失去平稳，发生振动。因此，烧结要求煤中挥发分的质量分数要小于10%，即烧结生产应使用无烟煤和焦粉。

2. 燃料的检测

固体燃料一般做工业分析，主要包括固定碳（C）、灰分（A）、挥发分（V）、硫（S）及水分等的质量分数。灰分分析主要化验SiO_2、Al_2O_3、CaO、MgO的质量分数。

（四）原料的验收、储存与管理

1. 原料的验收

原料的验收工作是造块厂提高产品质量、降低成本的关键环节。它主要包括原燃料的质量检查、数量验收工作并保证原料供应的连续性。

原料入厂前应接受预报,按品种、车号、数量和物理化学性能记录在预报登记台上,并根据生产的需要量合理地调入厂内。入厂的车辆要严格检查是否与预报的品种、车号、数量、质量相符合,对那些相符的车辆对准货位进行卸料,如有不符,必须检查核实,取样化验、目测和过筛合乎验收标准后方可卸车。情况不明的不予卸车。

2. 原料的储存

原料储存的目的不仅是储备原料以保证生产的正常进行,更重要的是为了满足生产工艺的要求而进行多种原料的搭配、中和,减少其化学成分的波动,为配料自动化和提高配料的精确度做准备。

接受进厂的造块原料通常是在原料场(储料厂)或原料仓库储存。当原料种类多、数量大,仓库容纳不下;或来料零散、成分复杂,需储存到一定数量集中使用;或原料基地远,受运输条件的限制,不能按时运来,需要有连续生产的备用料时,应设置原料场。不过,为提高投资效益,应考虑烧结厂原料场与整个钢铁厂原料场合用。原料场大小与多种条件有关,一般应保证1~3个月的原料储备。

在不设原料场的情况下,应设原料仓库。原料仓库的储料时间按以下情况考虑:

(1) 用专用铁路线运输原料时,为3~5天;

(2) 用非专用铁路线运输时,为5~7天;

(3) 有原料场时,为2~3天。

3. 原料的管理

原料管理的好坏直接影响到烧结矿的产量、质量、成本以及各项技术经济指标,因此,原料管理必须严格按照有关规定执行。各种原料要按规定的地点和仓位进行存放,进入料场后应进行中和混匀。分堆存放的原料要做到不混料,并保证有化学成分记录。进行平铺切取、中和混匀后的原料在使用前要重新取样化验其化学成分,为配料计算提供准确数据。

各种原料做好进厂记录。品种、产地、数量、成分、卸车、存放、倒运、使用都要记载清楚,并进行必要的统计分类。

原料在验收、储存与管理过程中需要注意以下问题:

(1) 原料验收工需注意每天盘点估算各种原料库存,发现误差及时纠正。当烧结原燃料库存低于规定下限,或进料系统发生故障时,要与有关部门及时联系,不得拖延。

(2) 所有入厂的原料必须干净,不能混有杂物,也不能有两种原料混在一起的现象。

(五) 原料卸车

原料的卸车包括翻车机、桥式抓斗、螺旋桥式卸车机等设备的卸车。

1. 翻车机卸车

翻车机卸车的步骤为:

(1) 开机前按"设备点检表"对有关设备进行认真检查;

(2) 接到外控翻车的通知后,车皮进入翻车机;

(3) 对好货位,等其他车皮退出翻车机厂房,一切准备就绪,方可启动翻车机;

(4) 翻完的空车皮回到零位后,推车装置动作,将车皮推出,进入溜车线;

(5) 停车后要切断事故开关。

2. 桥式抓斗卸车

桥式抓斗卸车的步骤为：

(1) 开机前对照"设备点检表"进行认真检查；

(2) 合上操作室的电源开关，发出开车信号；

(3) 把抓斗对准抓料点后停稳；

(4) 张开的抓斗保持垂直状态，落在取料位置上；

(5) 进行抓料操作；

(6) 把抓斗提升到需要的高度，使抓斗对准指定的料槽上部停稳；

(7) 抓斗缓慢张开，把料放入料槽。

3. 螺旋桥式卸车机卸车

螺旋桥式卸车机卸车的步骤为：

(1) 开车前要认真检查大车行走机构、提升机构及螺旋旋转机构是否运行正常，液压制动器是否安装正确，油路是否畅通和灵活可靠，料仓内是否有料，来料中是否夹有杂物等；

(2) 接到开车信号后，螺旋旋转机构需要运转时，按螺旋启动按钮；卸料时要控制螺旋下降高度和下降速度，不能旋料太深；停车后必须将控制器打在"零"位；螺旋上升碰住极限开关，立即停机，不能再强制上升。

4. 卸车时的注意事项

卸车时的注意事项有：

(1) 翻车机在试空车时锁钩必须锁死；

(2) 车皮运到翻车机平台上时，必须将车皮打到合适位置，否则严禁翻车；

(3) 只有接到允许翻车信号后方可操作，否则严禁翻车；

(4) 翻车机在运转过程中突然掉闸时，应及时切断电源，检查问题，经修理后再翻车；

(5) 桥式抓斗的闭合卷扬机在操作时，应缓慢地放松提升卷扬的钢丝绳，在抓斗闭合好后，应保持4根钢绳同时受力；

(6) 吊车停止运行时，必须停靠在指定的地点，抓斗应平稳地放在料堆或平台上，抓斗闭合起来，不准放在地上。

(六) 原料中和

烧结原料中和的目的是使其化学成分稳定。实践表明，矿粉品位波动1%，则烧结矿品位波动1%～1.4%。与此同时，由于矿粉中SiO_2的质量分数波动较大，因此将引起烧结矿碱度的波动。此外，不同的矿粉具有不同的矿物组成，其软化温度有差别。软化温度高的矿粉，烧结时需要较多的燃料以获得较高的烧结温度，这势必降低烧结矿的产量与还原性，也会影响烧结矿的强度。若与软化温度低的矿粉相配合，可改善烧结料的性能。因此，通常在二次料场(混匀料场)完成全部含铁原料的中和混匀作业。

1. 混匀料场堆料

混匀料场堆料一般采用行走堆料法。行走堆料，就是根据需要将臂架固定在储料场的某一高度和角度，然后利用大车行走、往复将物料均匀布置在料场，有人字形堆料方式和人－众混合形堆料方式。

(1) 人字形堆料方式(截面为三角形)。将臂架固定在料条的某一角度，让其悬臂皮带机的落点在料条的中心线上,大车固定始、终点位置,大车由始点到终点行走,臂架固定一个高度进行往返行走堆料,至一定高度后臂架抬高一个预定高度,如此循环堆至要求高度。

(2)人-众混合形堆料方式。在混匀料条内选定初始位置,大车连续行走堆完第一列堆料后,臂架回转一个预定角度进行第二列连续行走堆料,重复上述过程堆完第一层,然后臂架升高一个预定高度,从第一层的第一列和第二列之间的凹处为第二层的第一列开始,按要求列数重复第一层堆料过程,完成第二层,依次下去完成所要求的层数。

混匀堆积要求:

(1)堆积时严禁中间断料。

(2)故障停机后,恢复堆料时,仍以原地点、原方向、原切出量进行堆积。

(3)堆积临近结束时,应根据配料槽内残存量和混堆料机的位置修正切出量,避免中间断料。

2. 混匀取料

取料过程中有4次混匀。若采用双斗轮取料,堆料机按人字形堆料方式堆料,其物料布置的层数越多,对于混匀取料机的混匀取料工作越有利。取料机两个斗轮装置设置在主梁上,可沿主梁在料堆横截面上往返运行,两个斗轮装置的取料就可分别在料堆横截面上不同取料点进行第一次混匀取料。两个斗轮装置挖取物料之后,分别将物料卸入主梁腹中设置的受料皮带机上,进行二次混匀。受料皮带机的运输带当接受第一个斗轮装置卸下的物料后迅速运往第二个斗轮装置,第二次受料,即完成第三次混匀工作。当挖取的物料卸往系统皮带机时,即进行第四次混匀工作,如此连续取料,物料即达到了混匀取料工作的效果。

取料工艺:为了保证混匀取料效果,要严格按程序操作。当第一层物料取完之后,斗轮机大车向前步进一段,调整好距离后,两斗轮装置则沿主梁反向运行,进行第二层物料的混匀取料工作,如此往复,即实现连续混匀的作业,从而达到混匀的目的。

(七)原料破碎

烧结原料具有适宜的粒度是保证烧结生产高产、优质、低耗的重要因素之一。原料破碎、筛分的目的就在于从粒度上满足烧结生产对原料粒度方面的要求。

1. 破碎筛分工艺流程的选择

矿石在破碎、筛分过程中通过皮带运输将破碎设备与筛分设备联系起来就构成了破碎筛分流程。在选择破碎筛分流程时主要应考虑破碎物料的总破碎比(即给料粒度和最终产品粒度的比例)、原料的物理性质、水分含量大小等因素。破碎比大时,应经过两次或两次以上的多段破碎。破碎前后不经筛分的称为开路破碎,此流程简单,但产品粒度不稳定。经过筛分的破碎称为闭路破碎,如图1-1所示。闭路破碎流程按筛分在破碎前或后,分为预先筛分(见图1-1(a))和检查筛分(见图1-1(b))两种。预先筛分是在原料破碎前先经筛分,筛去细粒,防止过分破碎并提高破碎机的生产能力,减少能耗。当矿石水分大而含泥多时,预先筛分还可以防止和减轻破碎机被堵塞的程度。检查筛分是原料先破碎、后筛分,目的是保证破碎产品的粒度和充分发挥破碎机的能力。

对于熔剂的破碎筛分来说,由于烧结所用的石灰石一般要求0~3 mm的含量应大于90%,而入厂的石灰石粒度上限为40 mm以上,有的甚至达80 mm以上,因此必须将入厂的

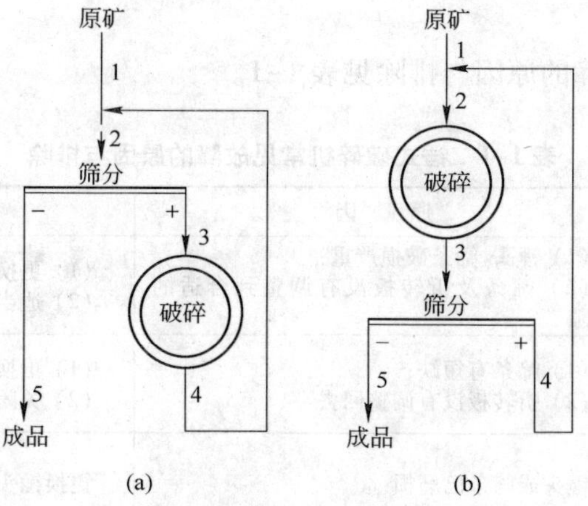

图 1-1　闭路破碎工艺流程
（a）预先筛分；（b）检查筛分

石灰石进行破碎，使其粒度达到生产上的要求。为了保证产品的质量和提高破碎机的能力，目前烧结厂破碎熔剂普遍采用图 1-1(b)所示的流程。

烧结造块所用的固体燃料有碎焦和无烟煤。由于入厂的燃料粒度通常为 0～25 mm，而生产上则要求在 0～3 mm，因此，需要对固体燃料进行破碎与筛分。四辊破碎机破碎时，一般采用一段破碎流程就可以使小于 3 mm 的部分达到 90% 以上，不需进行筛分。如果进厂燃料中混杂有较多的大于 25 mm 的大块，可以考虑在进入破碎机前用振动筛筛除大块；或采用两段破碎，第一段可采用对辊机、锤式破碎机或反击式破碎机破碎。

2. *锤式破碎机的操作步骤*

锤式破碎机开机前的检查与准备工作有：

（1）检查转子与各连接螺钉是否正常，如有松动应拧紧；锤头是否完整；箅条弧度是否均匀；各种电线连接是否牢固可靠；电磁分离器是否良好。

（2）关闭密封好各检查孔和小门。

锤式破碎机的操作程序为：

（1）正常开、停机操作由原料集中控制室统一操作。

（2）非连锁工作制时，可使用机旁的“启动”、“停止”按钮，进行单机的开停车操作。

锤式破碎机运转中的注意事项为：

（1）破碎机运转正常后，开动皮带机均匀给料。熔剂要连续均匀地布满转子全长，电磁铁上杂物应及时处理，不允许杂物尤其是金属块进入破碎机内。停机时，应先停止给料，待锤式破碎机内的物料转空后，方可停锤式破碎机。

（2）运转中发现有杂声和振动时，应立即停机检查、处理。

（3）在清除筛条间的堵塞料杂物时，要切断事故开关。

（4）注意破碎粒度的变化。及时调整折转板、箅条与锤头间隙，一般折转板与锤头间隙为 3 mm，箅条与锤头间隙为 5 mm。如有锤头磨损、筛条折断等应及时倒向或更换。更换锤头时，各排锤头质量应基本相等，特别是对应轴的锤头必须质量相等。

（5）破碎机在运转时严禁调整折转板、锤头与箅条间的间隙。

（6）严禁两台锤式破碎机同时启动，严禁连续频繁启动，皮带跑偏时应及时调整，严重时停机处理等。

锤式破碎机常见故障的原因与排除见表1-1。

表1-1 锤式破碎机常见故障的原因与排除

故　障	原　因	处理方法
出料粒度大	（1）锤头、筛条破损严重； （2）筛条及折转板没有调整到合适的间隙	（1）更换锤头、筛条； （2）适当调整筛条和折转板
出料个别粒度大	（1）筛条有短缺； （2）折转板没有调整回去	（1）更换或增加筛条； （2）关闭折转板
出料粒度均匀，但普遍大于3 mm	锤头或筛条已磨损	更换锤头或筛条
轴承温度高	（1）轴承有磨损或装配太紧； （2）缺油； （3）轴承内有杂物	（1）更换或重新安装轴承； （2）加油； （3）清洗检查轴承内滚珠粒是否损坏
机体振动大	（1）电机轴与转子轴不同心； （2）轴承损坏； （3）转子偏重、掉锤头； （4）物料堵塞； （5）地脚螺栓松动； （6）检修安装时超过允许误差	（1）重新找正； （2）检查转子轴换新； （3）对齐锤头、更换锤头； （4）畅通堵料； （5）检查紧固地脚螺栓； （6）重新安装

3. 反击式破碎机的操作步骤

反击式破碎机开机前的检查与准备工作有：

（1）开机前对各连接部位、电动机、传动皮带等有关设备进行点检。

（2）将各检查孔关闭密封好。

（3）进行人工盘车数次。

反击式破碎机放入操作程序为：

（1）检查完毕，情况正常，关好机体的各个小门，由电工将配电盘上的选择开关转至手动位置，将机旁操作箱上的事故开关合上，即可按操作箱上的启动按钮，破碎机随之启动，待机器运转正常后可开始均匀加料，停机时按停止按钮，并切断事故开关。

（2）启动时，破碎机运转正常后，将电磁站的选择开关打在自动位置，然后把电磁分离器开关和事故开关闭合，方可与原料集中控制室联系，参加连锁启动，停机时，切断电磁分离器开关和事故开关，并清理电磁分离器上的废钢铁等，系统需要手动时，将电磁站选择开关打到手动位置。

（3）反击式破碎机启动前，先联系启动除尘风机。

反击式破碎机运转中的注意事项为：

（1）严禁非破碎物进入破碎机内，特别是金属物进入破碎机内。

（2）在清除筛条间的堵塞杂物时，要切断事故开关。

（3）加料时要连续均匀地布满转子全长，停机后应检查筛条是否有堵塞现象，并及时清理反射板。

（4）停机前首先停止给料，把机内物料转空后方可停机。

反击式破碎机常见故障、原因及处理方法见表1-2。

表1-2 反击式破碎机常见故障、原因及处理方法

故 障	原 因	处理方法
转子不动或机内卡料	(1) 机内有大块和积料; (2) 转子发生窜动; (3) 板锤螺钉松动; (4) 锤体移位,发生无间隙磨损	(1) 切断事故开关; (2) 打开封闭门清除; (3) 处理杂物积料并及时检查调整; (4) 进行盘车,使转子有回转自身惯性力
堵料嘴	有大块或杂物	清理
皮带脱落	(1) 三角带松; (2) 轮盘不正	停机调正

4. *四辊破碎机的操作步骤*

四辊破碎机的操作程序为:

(1) 开车前对照点检表对电器、各润滑部位、连接部位、弹簧等设备进行逐一检查。

(2) 根据要求,由电工将电磁站选择开关选在自动、手动或车削的位置上,启动前应先盘车,并将除尘风机门关死,待运转正常后,再将风机门慢慢打开。

(3) 连锁启动时,当听到预告音响50 s后,将电磁分离器开关与事故开关调在"零"位,并通知原料集中控制室,随着系统设备启动而自动运转。

(4) 四辊破碎机启动之后,调整丝杆弹簧,确认压力一致、上下辊间隙适当时,开动皮带机给料进行破碎。

(5) 停止生产时,应先停止皮带机给料,然后松开调整丝杆弹簧,待辊内无料后,方可将控制开关调回零位,切断事故开关,破碎机停止运转,拉掉电磁分离器的开关,清理电磁铁上吸的杂物。

(6) 非连锁工作制时,可使用机旁的"启动"、"停止"按钮,进行单机开停车操作。

四辊破碎机操作时的注意事项为:

(1) 四辊未正常启动前,不得往机内给料,停机前先停止给料,待料下完后,才能停四辊破碎机。轴承温度不得超过60℃。

(2) 四辊破碎机启动时,应先启动下主动辊,待运转正常后,再启动上主动辊,四辊破碎机运转正常后再给料,给料要均匀。

(3) 四辊间隙要经常调整,调整间隙时应缓慢,由松到紧,并保证两辊中心线平行,上辊间隙8~10 mm,下辊间隙3 mm。

(4) 辊子被大块挤住或有金属物进入辊内,应停机处理,不得在运转中处理。处理时应拉开事故开关或切断电源。

四辊破碎中常见的故障、原因及处理方法见表1-3。

表1-3 四辊破碎中常见的故障、原因及处理方法

故 障	原 因	处理方法
四辊堵料	(1) 辊子间隙过小,对辊来料粒度粗,辊皮咬不住物料,造成下辊不能排矿; (2) 给料量太大、太湿	(1) 重新调整间隙并恢复给料破碎; (2) 对粗碎要把关,注意物料水分,给矿量要适当

续表 1-3

故　障	原　因	处理方法
四辊声音异常	(1) 接手打滑； (2) 辊皮或辊皮穿心丝杆窜动； (3) 轴承无油； (4) 辊子间有夹杂物； (5) 弹簧橡皮垫损坏	(1) 更换接手； (2) 将辊皮重新固定,拧紧穿心丝杆并焊死； (3) 加油或更换轴承； (4) 停止上料,清除夹杂物； (5) 更换橡皮垫
产品粒度不合格	(1) 辊皮磨损严重,辊子间隙过大； (2) 内衬板与辊皮间隙过大； (3) 给料量超过规定； (4) 弹簧丝杆松动,辊子间压力变小,粒度变粗	(1) 定期车辊,调整辊间隙； (2) 调整内衬板与辊皮间隙； (3) 调整给料量； (4) 拧紧弹簧丝杆

(八) 原料筛分

通过筛分设备,将颗粒大小不同的混合料分成若干个不同粒度级别的过程,称为筛分。烧结厂原料经破碎后一般需要进行筛分作业,筛分设备有固定筛、圆筒筛和振动筛。目前,烧结厂熔剂破碎流程中与锤式破碎机组成闭路系统所用的筛子多为自定中心振动筛,也有采用惯性筛、共振筛及其他类型筛子的。筛分设备的筛分效果常用筛分效率和生产率来表示。

筛分效率是指实际筛出的产品(筛下物)质量占原筛分物料中所含筛下物总质量的百分比。例如,在100t 矿石中,10 mm 的占 40%,用筛孔为 10 mm 的机械筛筛分后,得到筛下物 30t,则筛分效率 = (30/40) × 100% = 75%。

筛子的生产能力常用筛分生产率来表示。筛分生产率是指每平方米筛面每小时所能处理的原料量(单位为 $t/(m^2 \cdot h)$)。

筛子的大小常用筛网的长度和宽度表示,筛孔尺寸大小常用 mm 表示。而细粉物料则常用网目(简称“目”)表示。网目数是在1in(25.4mm)长度上所具有的大小相同的方孔数。根据泰勒标准筛制:200 目为 0.074 mm,150 目为 0.104 mm,100 目为 0.147 mm,65 目为 0.226 mm,48 目为 0.295 mm,32 目为 0.495 mm,16 目为 0.991 mm。

1. 影响筛分效果的因素

影响筛分效果的因素有:

(1) 给料量。在相同的条件下加大给料量,筛下产品绝对量增加,但筛分效率相应降低。实践表明,既要保持较高的产量,又要获得较好的筛分质量,其筛分效率在 55% ~70% 较合适。过分提高筛分效率,则产量大幅度降低;而过分降低筛分效率,又使循环负荷增大,电耗增加。

(2) 筛孔大小。筛孔过大和过小都会影响筛分效果。筛孔小,虽然可以提高筛下产品合格率,但产量低,尤其当筛分物料较湿时,还会导致筛孔的堵塞;筛孔过大,筛丝网就粗,结果使筛孔的净面积减少,产量质量都降低。

(3) 筛面尺寸。筛面过宽,物料不易布满筛网,影响筛面的有效利用。而增加筛面长度,则可提高筛分效率和产量,这对粒度细、筛孔小的筛分更为重要。一般所用筛子,其筛面的长宽比最好在 3 以上。

(4) 筛面倾角。筛体的安装倾角越大,产量和筛分效率越低。但倾角过小,会引起物料在筛面上堆积，也不利于筛分。因此，筛子的安装角度应能根据对筛分产品质量的要求随时进行调整。

（5）筛孔磨损。长期使用，可使筛孔磨损，使筛分效果下降，因此必须及时更换。

（6）水分高低。物料含水多时，易堵塞筛网，虽然筛下产品合格率高，但是筛分效率和产量都会降低。

2. 振动筛的操作步骤

振动筛是烧结厂广泛使用的筛分设备，它的操作步骤为：

（1）开机前检查弹簧与各部螺钉是否有松动；各轴承之间的油量是否符合要求；筛体与弹簧是否有裂痕；三角带是否有磨损或断裂的现象；筛网口是否干净，有无破网或堵塞现象，设备启动前应将除尘机风门关死。

（2）连锁启动时，在接到"预启动"信号后，即可合上事故开关，设备即随系统启动。

（3）非连锁工作时，设备可单个启动。

（4）振动筛运转正常后，将风机风门打开。

（5）正常停机由操作盘统一进行。

（6）非连锁工作制时，待筛内料走完，即可按机旁停机按钮进行停机，停机后要切断事故开关。

振动筛操作注意事项为：

（1）注意筛网的使用情况，保证熔剂小于3 mm的粒级达90%以上。

（2）振动筛工作时，正常情况下不准带负荷启动。

（3）筛子经过长期使用后容易出现磨损，从而影响其筛分效率，因此，应经常检查振动筛上的料是否均匀，筛网有没有堵塞现象，发现振动筛有异常现象时应及时检查调整，以保持较高的筛分效率。

（4）正常停机时，筛子上不准压料，振动筛运转时，筛子各部不能进行修理。

振动筛常见故障、原因及处理方法见表1-4。

表1-4　振动筛常见故障、原因及处理方法

故　障	原　因	处理方法
筛分质量不佳	（1）筛网的筛孔堵塞； （2）入筛的碎块增多，入筛物料水分增加； （3）给料不均匀； （4）料层过厚； （5）筛网拉得不紧	（1）减轻振动筛负荷； （2）改变筛框倾斜角度； （3）调整给料； （4）减少给料； （5）拉紧筛网
正常工作的振动筛转动过慢	传动皮带松	拉紧传动皮带
轴承发热	（1）轴承缺乏润滑油； （2）轴承堵塞； （3）轴承磨损	（1）向轴承注入润滑油； （2）清洗轴承，检查更换密封圈； （3）更换轴承
振动过剧	安装不良或飞轮上的配重脱落	重新配重，平衡振动筛
筛框横向振动	偏心距的大小不同	调整飞轮
突然停止	多槽密封套被卡住	停车检查，调整及更换

续表 1-4

故　障	原　因	处 理 方 法
在工作中发出不正常的声音	(1) 轴承磨损； (2) 筛网拉得不紧； (3) 轴承固定螺钉松动； (4) 弹簧损坏	(1) 更新轴承； (2) 拉紧筛网； (3) 拉紧螺钉； (4) 更换弹簧
运转时摆动大	悬挂架和钢丝绳受力不均	调整钢丝绳，使受力均匀

三、相关知识

(一) 矿物、岩石、矿石和铁矿石的基本概念

矿物是地壳中天然的物理化学作用和生物作用所产生的天然元素或天然化合物，它们具有均一的化学成分和内部结构，具有一定的物理化学性质。

岩石是矿物的集合体，可由单一矿物或多种矿物组成。

矿石是在现有的技术经济条件下能以工业规模从中提取金属、金属化合物或有用矿物的岩石。有用矿物是在矿石中用来提取金属或金属化合物的矿物。脉石矿物是不含有用矿物或有用矿物含量过少，不宜以工业规模进行加工提炼的矿物。矿石与脉石是相对的概念，今天的脉石有可能是明天的矿石。

铁矿石是在一定的技术条件下可经济地提取出金属铁的岩石。地壳中铁元素居第四位，占4.2%。由于铁以富集状态存在，所以有开采价值。不存在纯金属状态的铁，铁都是以氧化物、硫化物等的形式存在于地壳中。

(二) 矿物的基本性质

1. *矿物的形态*

自然界矿物的形态是多种多样的，这是由于矿物的化学成分、内部结晶构造以及生产环境不同。矿物的形态可分为单体形态和集合体形态，矿物呈单体形态出现较少，通常以集合体形态出现。常见的集合体形态有：

(1) 葡萄状集合体，由许多圆球状矿物集聚而成，形似葡萄，如硬锰矿。

(2) 鲕状集合体，由许多像鱼子一样的颗粒集聚而成，如鲕状赤铁矿。

(3) 肾状集合体，由放射状晶群密集而成的外表光滑如肾脏的块体，如肾脏赤铁矿。

(4) 豆状集合体，由大小像豆状的球形颗粒聚集而成，如铬铁矿粒状集合体。

(5) 致密块状集合体，由极细小的矿物颗粒组成的致密块体。

(6) 土状、粉末状集合体，由均匀而细小的物质组成的疏松块体，外形与土壤相似。

(7) 针状及柱形集合体，由细长状的矿物组成。

(8) 叶片状集合体，由许多片状晶体所组成的集合体。

(9) 结核状集合体，球形或瘤形的矿物聚集体。

(10) 树枝状集合体，形如树枝的矿物聚集体。

2. *矿物的物理性质*

由于不同的矿物具有不同的化学成分和内部构造，因此不同的矿物必然反映出各种不同的物理性质。根据这些不同矿物的性质来鉴定矿物。具体介绍如下：

(1) 矿物的光学性质。矿物的光学性质是矿物对光线的吸收、折射和反射所表现出来的各种性质。

1) 颜色。矿物有各种各样的颜色,这是由于矿物的组成部分含有某种色素离子(即有颜色的化学元素)。如色素离子 Fe^{2+} 为绿色,Fe^{3+} 为褐色或红色。当矿物中含有杂质时,由于杂质的影响,矿物的颜色也会改变。

2) 条痕。矿物的条痕就是矿物粉末的颜色。矿物的颜色常有变化,但矿物的条痕则较为固定。如磁铁矿的条痕色是铁黑色,赤铁矿的条痕色是砖红色。矿物的条痕也是可靠的鉴定矿物的方法之一。

3) 光泽。光线投射到矿物表面时,一部分光被折射和吸收,而另一部分则从其表面反射出来,这种反射光就构成了矿物的光泽。根据光泽的强弱可分为金属光泽、半金属光泽和非金属光泽。金属光泽的光泽极强,像新的金属制品那样光亮,如自然金、方铅矿。半金属光泽较金属光泽弱,像用久了的金属制品那样,如磁铁矿、赤铁矿。非金属光泽反光的能力很弱,具有此种光泽的矿物多为透明和半透明矿物,如云母、金刚石。

4) 透明度。矿物透光的能力称为透明度,根据矿物透光的能力不同可分为透明矿物、半透明矿物和不透明矿物。透明矿物能允许绝大部分光线通过,隔着它可以清晰地透视另一物体,如水晶、萤石。半透明矿物允许部分光线通过,但隔着它不能透视另一物体,如闪锌矿、砷砂。不透明矿物不能透过光,如磁铁矿。

(2) 矿物的力学性质。矿物在外力作用下所呈现的性质称为矿物的力学性质。

1) 解理与断口。矿物被敲打后,如果沿着一定方向有规则地裂开成光滑平面,这种性质称为解理;另外,也有一些矿物敲打后呈无规则的裂开,这称为断口。

2) 硬度。矿物的软硬程度称为硬度。

3) 密度。矿物的质量与其体积的比值称为密度。

4) 韧性。受压轧、切割、锤击、弯曲或拉引等外力作用时,矿物所呈现的抵抗性能,称为矿物的韧性。

(3) 矿物的磁学性质。矿物的磁性是矿物可被磁铁吸引或排斥的性质。绝大多数磁性物质与其中的铁、钴、锰、铬等元素有关。按磁性来说,一般矿物可分为两类:一类称为顺磁性矿物,即能被磁石吸引;一类为抗磁性矿物,能被磁石排斥,如自然银。

矿物磁性的强弱以磁化系数的大小来表示,按磁化系数大小可将矿物分以下4类:

1) 强磁性矿物。磁化系数大于 3×10^{-3},此类矿物在较弱的磁场中容易与其他矿物分离(磁场为72~96kA/m),如磁铁矿、磁黄铁矿。

2) 中磁性矿物。磁化系数为 $3\times10^{-4}\sim3\times10^{-3}$,要选此类矿物磁场需要128~320kA/m,如假象赤铁矿。

3) 弱磁性矿物。磁化系数为 $2.5\times10^{-5}\sim3\times10^{-4}$,选此类矿物磁场需高至1280kA/m,如赤铁矿、褐铁矿、菱铁矿。

4) 非磁性矿物。磁化系数低于 2.5×10^{-5},如石英、方解石、萤石。

利用矿物的磁性不仅可以鉴定矿物,还可以进行磁力选矿和磁力探矿。

(4) 矿物的膨胀性和润湿性。

1) 膨胀性是指矿物受热后体积长大的性质,如石英具有膨胀性。

2) 润湿性是指矿物能被液滴所润湿的性质。易被水润湿的矿物称为亲水性矿物,如方解石、石英；不易被水润湿的矿物称为疏水性矿物，如自然硫。

（三）铁矿石

烧结生产使用部分富铁矿粉，不宜直接使用铁矿石，但铁矿石是选取精矿粉的原料，因此，铁矿石的种类、品质对烧结生产十分重要。自然界中含铁矿物很多，目前已经知道的有300多种，但能利用的只有20余种。其中主要是磁铁矿石、赤铁矿石、褐铁矿石和菱铁矿石4种类型。由于它们的化学成分、结晶构造及生成的地质条件不同，因此各种铁矿石具有不同的外部形态和物理特性。

1. 铁矿石的分类

铁矿石可以分为以下几类：

（1）磁铁矿石。磁铁矿石俗称黑矿，含有的主要矿物为磁铁矿，其化学式为 Fe_3O_4，也可看做 $FeO \cdot Fe_2O_3$，其中 Fe_2O_3 的质量分数为69%，FeO 的质量分数为31%，理论铁的质量分数为72.4%。磁铁矿石具有强磁性，晶体呈八面体，组织结构致密坚硬，它的外表颜色和条痕色均为黑色，呈半金属光泽，密度为4.9～5.2 t/m^3，硬度为5.5～6.5，无解理。脉石主要成分为石英、硅酸盐、碳酸盐，还原性差，有害杂质磷、硫的质量分数较高。这种矿石有时含有 TiO_2 及 V_2O_5，组成复合矿石，分别称为钛磁铁矿和钒钛磁铁矿。在自然界中，纯磁铁矿很少，常常由于地表氧化作用，部分磁铁矿转变为半假象赤铁矿和假象赤铁矿。假象赤铁矿就是磁铁矿（Fe_3O_4）氧化成赤铁矿（Fe_2O_3），但它仍保留原来磁铁矿外形，所以称为假象赤铁矿。

为衡量铁矿的氧化程度，通常用磁性率来表示。用矿石中全铁的质量分数 $w(TFe)$ 与矿石中 FeO 的质量分数 $w(FeO)$ 的比值（磁性率）来分类：

1）$w(TFe)/w(FeO) = 72.4\%/31\% = 2.33$，为纯磁铁矿矿石；

2）$w(TFe)/w(FeO) < 3.50$，为磁铁矿矿石；

3）$w(TFe)/w(FeO) = 3.50 \sim 7.0$，为半假象赤铁矿矿石；

4）$w(TFe)/w(FeO) > 7.0$，为假象赤铁矿矿石。

一般开采出来的磁铁矿石中铁的质量分数为30%～60%。当铁的质量分数大于45%、粒度大于10mm时，可供炼铁厂使用；粒度小于8mm者称为富矿粉，可作为烧结原料。当铁的质量分数低于45%，或有害杂质的质量分数超过规定时，必须经过选矿处理。通常采用磁选法获得高品位磁选精矿造块。

（2）赤铁矿。赤铁矿俗称红矿，为无水氧化铁矿石，化学式为 Fe_2O_3，理论铁的质量分数为70%。这种矿石在自然界中常成巨大矿床，从埋藏量和开采量来说，它都是工业生产的主要矿石品种。

赤铁矿的组织结构多种多样，由非常致密的结晶组织到很松散的粉状都有。赤铁矿根据其外表形态及物理性质的不同可分以下几种：晶形多为片状和板状。片状表现有金属光泽，明亮如镜的称为镜矿石。外表呈细小片状的称为云母赤铁矿。红色粉末状，没有光泽的称为红土状赤铁矿。外表形状像鱼子、一粒一粒黏在一起的集合体，称为鱼子状、鲕状、肾状赤铁矿。结晶的赤铁矿外表颜色为钢灰色和铁黑色，其他为暗红色，但条痕均为暗红色。

赤铁矿有原生的，也有再生的。再生的赤铁矿是磁铁矿经过氧化后失去磁性，但仍保存着磁铁矿结晶形状的假象赤铁矿。在假象赤铁矿中经常含有一些残余的磁铁矿，有时赤铁矿中也含有一些赤铁矿的风化产物，如褐铁矿（$2Fe_2O_3 \cdot 3H_2O$）。

赤铁矿具有半金属光泽，密度为4.8～5.3 t/m³，硬度则不一样，结晶赤铁矿硬度为5.5～6.0，土状和粉末状赤铁矿硬度很低，无解理，仅有弱磁性，较磁铁矿易还原和破碎。赤铁矿石有害杂质硫、磷、砷含量比磁铁矿石和褐铁矿石少，冶金性能也比它们优越。赤铁矿主要脉石分别为SiO_2、Al_2O_3、CaO、MgO等。

赤铁矿石在自然界中大量存在，但纯净的较少，常与磁铁矿和褐铁矿共生。实际开采出来的赤铁矿石含量在40%～60%，铁含量大于40%，粒度小于10 mm的粉矿作为烧结原料。一般来说，当铁含量小于40%或含有杂质过多时，需经选矿处理。一般采用重选法、磁化焙烧—磁选法、浮选法或采用联合流程来处理，处理后获得的高品位赤铁精矿作为烧结原料。

（3）褐铁矿。褐铁矿是含水氧化铁矿石，是由其他矿石风化后生成的，在自然界中分布很广，但埋藏量大的并不多见，其化学式为$nFe_2O_3 \cdot mH_2O$（$n=1\sim3$，$m=1\sim4$），从分子式中可以看出氧化铁的水化程度，也就是说，与氧化铁成化合状态存在的结晶水的数量是不同的。按结晶水含量及生成情况和外形的不同，可以分为以下几类：水赤铁矿$2Fe_2O_3 \cdot H_2O$，针赤铁矿$Fe_2O_3 \cdot H_2O$，水针铁矿$3Fe_2O_3 \cdot 4H_2O$，褐铁矿$2Fe_2O_3 \cdot 3H_2O$，黄针铁矿$Fe_2O_3 \cdot 2H_2O$，黄赭石$Fe_2O_3 \cdot 3H_2O$。

自然界中褐铁矿的绝大部分含铁矿物以$2Fe_2O_3 \cdot 3H_2O$的形式存在。褐铁矿的富矿很少，一般铁的质量分数为37%～54%，有害杂质硫、磷、砷的质量分数较高，其结构松软，密度较小，吸水强，焙烧后可去掉游离水和结晶水，矿石的气孔率增加，从而大大提高了矿石的还原性，同时去掉水分，相应地提高了矿石中铁的质量分数。

褐铁矿石的矿物常为葡萄状、肾状和钟乳状集合体，其外表颜色为黄褐色和黑色，密度为3.1～4.2 t/m³，硬度为1～4，无磁性，脉石主要为黏土和石英等。褐铁矿中铁的质量分数低于35%时，需进行选矿。目前主要采用重力选矿和磁化焙烧—磁选法。

自然界褐铁矿因含结晶水和气孔多，烧结造块时收缩性很大，使产品质量降低，延长高温处理时间，产品强度可相应提高，但会导致燃料消耗增大，加工成本提高。

（4）菱铁矿。菱铁矿为碳酸盐铁矿石，化学式为$FeCO_3$，理论铁的质量分数为48.2%，其矿物形态有结晶及集合体两种，结晶者为菱面体，集合体常随其形成条件不同而异，由内生成作用形成的多为结晶粒状，外生成作用形成的为隐晶状、放射状的球形结核或鳞状集合体。外表颜色为灰色和褐色，风化后变为深褐色，条痕为灰色或带绿色，具有玻璃光泽，密度为3.8 t/m³，硬度为3.5～4.0，无磁性，硫的质量分数低，但磷的质量分数高，脉石含碱性氧化物。

自然界中有工业开采价值的菱铁矿比上述3种矿石都少，其铁的质量分数为30%～40%。但经焙烧后，因分解放出CO，使其铁的质量分数提高，矿石也变得多孔而易破碎，还原性好。

上述4种铁矿石的主要性能见表1-5。

表1-5　铁矿石的主要性能

矿石名称	化学式	理论铁的质量分数/%	密度/t·m⁻³	外表颜色	实际铁的质量分数/%	有害杂质	亲水性	冶炼性能		
								强度	还原性	可烧性
磁铁矿	Fe_3O_4	72.4	5.26	黑灰色	45～70	S、P高	差	坚硬、致密	难还原	良好

续表 1-5

矿石名称	化学式	理论铁的质量分数/%	密度 /t·m^{-3}	外表颜色	实际铁的质量分数/%	有害杂质	亲水性	冶炼性能		
								强度	还原性	可烧性
赤铁矿	Fe_2O_3	70.0	5.15	钢灰色、铁黑色、暗红色	55~60	少	较好	易破碎、软	较易还原	差
褐铁矿	$nFe_2O_3 \cdot mH_2O$	48~66	2.5~5	黄褐色、黑色	37~55	P高	好	疏松、软	易还原	差
菱铁矿	$FeCO_3$	48.2	3.8	灰色或褐色	30~40	少	差	易破碎	焙烧后最易还原	差

2. *我国铁矿石分布及特点*

我国铁矿石主要分布地区有：

(1) 东北鞍山地区，储量100亿吨以上。包括东、西鞍山，齐达山等贫矿和本溪地区的部分富矿。

(2) 四川攀西地区，储量80亿吨以上，以钒钛磁铁矿为主。

(3) 冀东地区（以河北迁安地区为主），储量数十亿吨，主要是贫磁铁矿。

(4) 西北地区（包头、甘肃镜铁山），多为复合矿。复合铁矿（complex iron ore）是伴生有多种有利用价值的元素的铁矿石。

(5) 华东及中南地区，主要是梅山、大冶、广东大宝山等。

我国铁矿石的特点是：

(1) 储量相对较少，现在55%以上依靠进口；

(2) 以贫矿为主，采矿、选矿成本较高；

(3) 多共生矿，选矿难度大；

(4) 复合矿储量较大，尤其是包头白云地区和攀西地区，复合矿中其他金属的价值远高于铁的价值。

(四) 烧结用含铁原料

1. *铁精矿粉*

天然矿石经过破碎、磨碎、选矿等加工处理成的矿粉称为精矿粉。精矿粉是含铁贫矿经过细磨选矿处理，除去了一部分脉石和杂质使铁含量提高的极细的矿粉。精矿粉按照选矿方法的不同分为多种精矿粉，如磁选、浮选、重选等精矿粉。

精矿主要含铁矿物是磁铁矿（Fe_3O_4）、赤铁矿（Fe_2O_3）；脉石矿物主要是石英（SiO_2），其次是白云石（$CaCO_3 \cdot MgCO_3$）、云母、角闪石等。包头铁精矿矿物组成复杂，除上述矿物外，脉石矿物还有萤石（CaF_2）、霓石（$NaFeSi_2O_6$）、独居石（$(CeLa)PO_4$）、氟碳铈矿等。

2. *富矿粉*

化学成分符合高炉冶炼要求的天然富矿，在入炉前要经过多段破碎和筛分，使其粒度下限达到8~10mm，也就产生了小于8~10mm的矿粉。这些矿粉在烧结生产时参加配料，既可提高料层透气性，又可合理利用这些富矿粉。通常铁的质量分数在45%以上的称为富矿粉；铁的质量分数低于45%的称为贫矿粉。45%这个界限随着冶炼技术的发展是会变化的。

3. 高炉炉尘

高炉炉尘是从高炉煤气系统中回收的高炉瓦斯灰，它主要由矿粉、焦粉及少量石灰石粉组成。其中，铁的质量分数为30%～55%，碳的质量分数为8%～20%。目前，高炉每炼1t生铁产生炉尘量为30～50 kg。

炉尘可作烧结原料，能节约熔剂和焦炭（燃烧）消耗，降低生产成本。高炉炉尘亲水性较差，但黏性大、水分高的烧结料中添加部分高炉炉尘能降低烧结料水分并提高其透气性。

4. 氧气转炉炉尘和钢渣

氧气转炉炉尘是从氧气转炉的炉气中经除尘器回收的含铁原料，铁的质量分数为60%～70%，并含有钢渣和石灰粉末，粒度小于0.1 mm。每炼1 t钢产生炉尘量达20～50 kg。

转炉钢渣是炼钢生产的废弃物，含有Fe、CaO、MnO、P、S等，利用钢渣作为烧结原料，可以回收资源，还可代替部分石灰石。

5. 轧钢皮

轧钢皮是轧钢过程剥落下来的氧化铁皮。轧钢皮质量一般占总钢材质量的2%～3%，其中，铁的质量分数为60%～75%，并且有害杂质含量少，密度大，是很好的烧结原料。

6. 硫酸渣

硫酸渣是化工厂黄铁矿制硫酸的副产品。硫酸渣有两种：一种是红色的，粒度粗（0.1～3 cm），铁的质量分数低（<35%），主要是赤铁矿；另一种是黑色的，粒度细（<0.1 mm），铁的质量分数高（50%左右），主要是磁铁矿。

国内一些含铁物料（高炉炉尘、转炉炉尘、轧钢皮及硫酸渣）的化学成分见表1-6。

表1-6　国内一些含铁物料的化学成分（质量分数）　（%）

成分		Fe	FeO	CaO	MgO	SiO_2	Al_2O_3	MnO	S	P	烧损
高炉炉尘	鞍钢	41.5	10.10	11.27	1.70	12.62	1.25	0.19	0.23	0.013	12.60
	首钢	33.40	4.48	6.60	2.95	10.60	0.63	2.18	0.33	0.043	19.00
	太钢	41.25	8.6	8.34	2.17	13.90	7.81		0.222	0.03	15.05
轧钢皮	鞍钢	71.31	63.80	0.08	0.031	2.18			0.031	0.04	12.30
	武钢	63.00				7.25			0.25		
硫酸渣	本钢	56.56	7.24	2.11	0.52	9.15	1.35		2.11		
	四川	47～57	0.64～1.26	0.3～2.8	10～14.0	1.0～2.5		1.3～2.7			
转炉炉尘		68.8	67.5	7.17	0.72	2.08		0.187	0.07	0.04	

（五）熔剂

1. 烧结配加熔剂的目的

烧结生产过程中配加熔剂的目的主要有3个：一是将高炉冶炼时高炉所配加的一部分或大部分熔剂和高炉中大部分化学反应转移到烧结过程中来进行，从而有利于高炉进一步提高冶炼强度和降低焦比；二是碱性熔剂中的CaO和MgO与烧结料中的氧化物及酸性脉石SiO_2、Al_2O_3等在高温作用下，生成低熔点的化合物，以改善烧结矿强度、冶金性和还原性；三是加入碱性熔剂，可提高烧结料的成球性和改善料层透气性，提高烧结矿质量和产量。

2. 熔剂的种类

熔剂可分为碱性熔剂、酸性熔剂和中性熔剂3类。多国铁矿的脉石多以SiO_2为主,所以普遍使用碱性熔剂。碱性熔剂即含CaO和MgO高的熔剂。常用的熔剂有:石灰石($CaCO_3$)、生石灰(CaO)、消石灰($Ca(OH)_2$)和白云石(主要是$CaCO_3$和$MgCO_3$)。熔剂的物理化学性质见表1-7。

(1)石灰石。主要化学成分是$CaCO_3$,纯石灰石中CaO的质量分数理论上为56%,CO_2的质量分数为44%。按其矿物结晶的不同,石灰石又分为3种:白色粒状具有明显的菱形解理面的称为方解石;结晶良好、结构致密的称为大理石;青灰色、致密隐晶质称为石灰石。烧结生产中常用的是后者。烧结料中加入石灰石对烧结矿质量的影响是:

1)CaO成分增加,其软化区间缩小,燃烧层厚度减薄,改善料层透气性。

2)石灰石的细粉比精矿黏结性好,有利于混合料成球,而较粗的部分本身就具有良好的透气性,可以改善烧结料透气性。

3)烧结过程中石灰石分解,放出CO_2,起疏松料层作用,大大改善料层透气性。通过石灰石的加入,使垂直燃烧速度增加,产量提高。

4)石灰石的加入量不宜过多。如石灰石量过多,成球条件变坏,由于透气性变好,机速加快,矿物结晶不完全。另外,CaO过多易形成正硅酸钙体系液相,导致冷却时风化碎裂,使烧结矿强度降低。

(2)白云石和菱镁石。白云石的主要成分是碳酸钙和碳酸镁,化学式为$CaMg(CO_3)_2$,理论上CaO的质量分数为30.4%,MgO的质量分数为21.7%,CO_2的质量分数为47.9%。通常呈粒状结晶,灰白色,有时呈浅黄、褐或绿色。菱镁石分子式为$MgCO_3$,纯菱镁石理论上MgO的质量分数为47.6%,外表呈白、黄或褐色等,条痕为白色。

(3)生石灰是石灰石经高温煅烧后的产品,也称为白灰,主要成分为CaO,利用生石灰代替部分石灰石作为烧结熔剂,可强化烧结过程。这是因为生石灰遇水后,即消化成消石灰($Ca(OH)_2$)后,在烧结料中起黏结剂的作用,增加了料的成球性,并提高了混合料成球后的强度,改善了烧结料的粒度组成,提高了料层的透气性。其次,由于消石灰粒度极细,比表面积比消化前增大100倍左右,因此与混合料中其他成分能更好地接触,加快固液相反应,不仅加速烧结过程,而且防止游离CaO存在,并且它还可以均匀分布在烧结料中,有利于烧结过程化学反应的进行。再次,白灰消化放出的热量可以提高混合料料温,减少烧结过程的过湿现象。

从另一个方面来看,生石灰用量也不宜过多,因为:生石灰用量过多,烧结料会过分疏松,混合料堆密度下降,生球强度反而会变坏。由于烧结速度过快,返矿率增加,产量降低。另外,生石灰量过多,烧结料水分不易控制。

生石灰使用的注意事项有:

1)烧结前必须使生石灰全部消化,使用生石灰时必须相应增加混合前打水量,保证必要消化时间,使生石灰颗粒一般在一次混合机内松散开,绝大多数消化,生石灰粒度一般要小于3mm。

2)生石灰在配料前的运输和储运中,尽量避免受潮,以防止事先消化去除CaO。

3)生石灰不宜长途运输和皮带转运,极易产生粉尘,恶化劳动条件。

烧结过程中有的也使用一些酸性熔剂,主要有橄榄石、蛇纹石及石英石。橄榄石的化学

表 1-7　熔剂的物理化学性质

种类	产　地	w(TFe)/%	w(CaO)/%	w(MgO)/%	w(SiO_2)/%	w(Al_2O_3)/%	w(MnO)/%	w(S)/%	w(P)/%	烧损	w(水分)/%	体积密度/$t \cdot m^{-3}$	粒度组成(<3mm)/%
石灰石	武　钢	2.74	48.4	3.71	1.69	0.738	0.035		0.069	41.14			
	密　云	0.37	51.30	2.11	1.15	0.41		0.01		42.77			88.03
	攀枝花	2.8	49.79	0.27	2.84	1.07		0.034		40.40	3.8	1.4	91.48
	本　钢	3.48	49.00	1.77	4.92	0.94				39.55			86.00
	鞍钢甘井子	0.56	51.4	2.52	1.70	1.02	0.032	0.003	0.009	42.65	3.8	1.4	
生石灰	鞍　钢		72.7	3.98	3.00	0.84	0.023	0.087	0.018	16.18		1.41	77(<5mm)
消石灰	鞍　钢		60.04	4.89	5.02	1.06	0.03	0.20	0.025	24.83			
	武　钢	1.63	64.39	1.625	2.23	0.939	0.063	0.02	0.02	29.23			
菱镁石	鞍钢大石桥		5.50	42.3	0.80		0.044	0.08	0.042	49.34			
	鞍钢海北		8.51	37.55	1.22	0.24	0.06	0.03	0.026	48.54			
白云石	水　钢	1.26	36.40	11.7	2.40					41.40			
	本　钢	1.10	30.40	21.7	1.50			0.06	0.04	44.70			

式为$(Mg·Fe)_2·SiO_2$，蛇纹石的化学式为$3MgO·2SiO_2·2H_2O$。对酸性熔剂，要求SiO_2的质量分数在90%以上，Al_2O_3的质量分数在2%以上。

（六）燃料

燃料在烧结过程中主要起发热作用和还原作用，它对烧结过程及烧结矿产量、品质影响很大。烧结生产使用的燃料分为点火燃料和烧结燃料两种。

1. 点火燃料

点火燃料通常为气体燃料，有天然气、高炉煤气、焦炉煤气，一般采用高炉煤气与焦炉煤气混合，有的企业单独采用高炉煤气或单独采用焦炉煤气。气体燃料要求有足够的发热值，点火温度达到1100～1250℃，同时还要安全。

（1）天然气。天然气是由地下开采出来的可燃气体，发热值很高，主要成分甲烷（CH_4）的体积分数在90%左右，发热值为33488～37674 kJ/m^3，便于远距离运输。

（2）高炉煤气。高炉煤气是高炉炼铁过程中的副产品，可燃成分主要是CO，其次是CH_4、H_2。每炼1t生铁可产2000～3000 m^3煤气，其发热值为3000～4000 kJ/m^3。高炉煤气具有毒性，使用时务必注意安全；煤气中含有灰尘，需经洗涤除尘后方可使用，一般情况下，送往烧结厂的煤气压力在2.45～9.94 kPa。

（3）焦炉煤气。焦炉煤气是炼焦过程的副产品，可燃成分主要是H_2、CH_4等，体积分数大约为75%，发热值为15466～18810 kJ/m^3，经清洗过滤后，焦炉煤气中焦油的含量为0.005～0.02 g/m^3，煤气温度为25～30℃。

（4）混合煤气。混合煤气一般由焦炉煤气和高炉煤气混合而成，它的发热值大小取决于高炉和焦炉煤气的混合比例，一般为5016～12540 kJ/m^3。

2. 烧结燃料

烧结燃料是指混入烧结料中的固体燃料。一般采用的固体燃料主要是无烟煤和碎焦粉。

（1）无烟煤。无烟煤是指挥发分的质量分数为4%～10%的煤。同其他煤相比，无烟煤埋藏年代越久，炭化程度越高，挥发分越低，结构致密，表面为深褐色而有光泽，机械强度大，不易破碎，着火点很高，不容易点燃，燃烧时没有煤烟，只有很短的蓝色火焰，不结焦。它的主要成分（质量分数）是固定碳40%～95%，水分5%～10%，灰分5%～20%，挥发分小于10%，低位发热量为21～25 MJ/kg。

（2）碎焦粉。焦炭是炼焦煤在隔离空气条件下干馏的产品，是高炉炼铁的主要燃料，所以又称为冶金焦。碎焦是从冶金焦筛出的0～10 mm或0～25 mm的碎末，经破碎后作为烧结燃料。焦化厂的0～25 mm碎焦约占全焦总量的7%，其中0～10 mm的约4%。高炉槽下筛下的碎焦（0～25 mm）占高炉用焦炭量的2%以下。碎焦具有含固定碳较高、挥发分少等优点。但是，它的硬度比无烟煤大，破碎较困难。

（七）破碎与筛分设备

1. 锤式破碎机

目前，烧结厂石灰石和白云石的破碎广泛使用锤式破碎机。其最大给矿粒度可达80 mm，破碎比（原料粒度与产品粒度的比值）在10～15之间，小于80 mm的石灰石可以直接破碎至 3 mm 以下。

锤式破碎机的优点是:破碎比大,生产效率高,单位产品耗电量小,结构简单紧凑,操作维护容易。锤式破碎机的缺点是:工作部分易磨损,箅条易堵塞(特别是水分含量较高时),破碎过程噪声大、粉尘多等。

锤式破碎机按转子旋转方向,分为可逆式与不可逆式两种。可逆式的转子的旋转方向可以改变,其优点是提高了锤子寿命和破碎机的作业率。

锤式破碎机由镶有衬板的机罩、迎料板、箅条和转子等部分组成(见图 1-2),上下部机罩分别有进料口和出料口。转子是由轴和固定在轴上的圆盘以及铰链在圆盘上的锤头三者构成,锤头可采用锰钢或淬火的 45 号钢。迎料板和箅条位置是可调的。

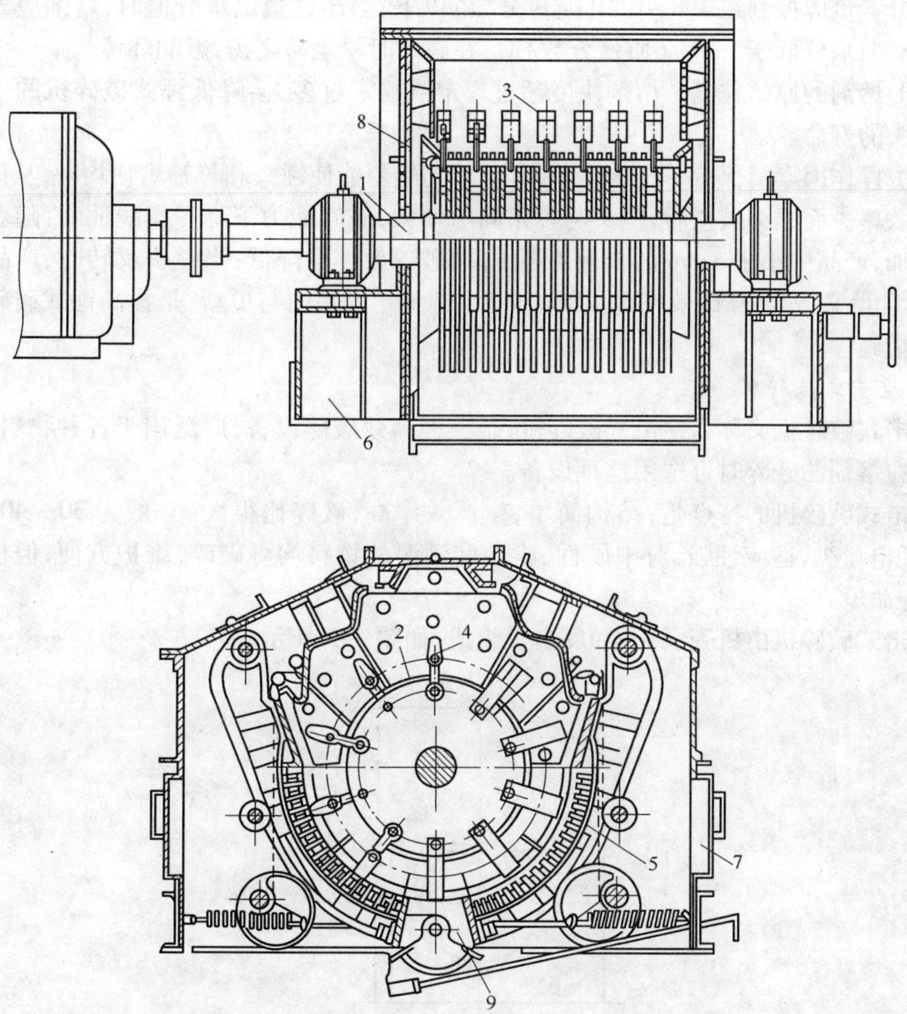

图 1-2　锤式破碎机

1—主轴;2—圆盘;3—锤头;4—轴杆;5—筛板;6—机座;7—检修人孔;8—机壳;9—金属捕集器

锤式破碎机的工作原理是原料进入破碎机中首先遭受到高速回转的锤头冲击而破碎,破碎后的物料从锤头处获得动能,以高速向机壳内壁破碎板和箅条冲击,受到二次破碎。小于箅条缝隙的矿石即从缝隙中漏下,然后从底部排料口排出。而较大的块在破碎板和箅条上还将受到锤子的冲击或研磨而破碎，在破碎过程中也有矿石之间的冲击破碎。锤式破碎机的规格用转子直径 D 和长度 L 的乘积表示，即 DL。

影响锤式破碎机破碎能力的因素有：

（1）设备因素。破碎机的转子长度、直径和转速是确定产量的主要因素。直径大、长度增加、转速快，破碎产量就高。而锤头与箅条间的距离越小，产品粒度就越细，产量则越低；反之，此间距越大，产品中小于 3 mm 粒级的含量越少，影响筛子的产量，循环负荷增大。适宜的间距是应经常保持在 10～20 mm 之间。

（2）熔剂含水量。物料含水量超过一定限度后，会引起箅缝堵塞，使产量降低，电耗增加。堵塞情况取决于箅缝大小，箅缝小时，较低的水分即发生堵塞，一般箅缝为 15 mm 左右。物料水分含量应控制在 3%～4%（质量分数）以下，当超过规定水分值时，熔剂应先经烘干机干燥。但水分低于 1.5%（质量分数）时，在破碎时粉尘易飞扬，影响环境。

（3）熔剂的原始粒度。熔剂块度超过规定或粉末过多，会降低锤式破碎机的生产率及缩短锤头的寿命。

（4）操作因素。保持一定的给料高度、均匀给料能使锤头和箅筛磨损均一，从而提高破碎机的效率。而锤头破损后，锤头与箅条间隙增大，破碎能力下降。实践证明：随着运转时间的增加，产品中小于 3 mm 的含量逐渐下降，破碎效率也降低；当锤头反转时，产品中小于 3 mm 的含量又增高，破碎效率也提高。因此，锤头定期换向与更新，是提高锤式破碎机产量的有效措施。

2. *反击式破碎机*

反击式破碎机又称为冲击式破碎机，是一种高效破碎设备，广泛用于各种物料的破碎。烧结厂在熔剂的破碎时可选用这种设备。

反击式破碎机的特点是：结构简单，生产效率高，破碎比很大（一般为 30～40，最大为 150），耗电量少，适应性强，对中硬性、脆性和潮湿的物料均可破碎，维护方便；但板锤磨损严重，寿命短。

反击式破碎机由机壳、转子和反击板组成，如图 1-3 所示。

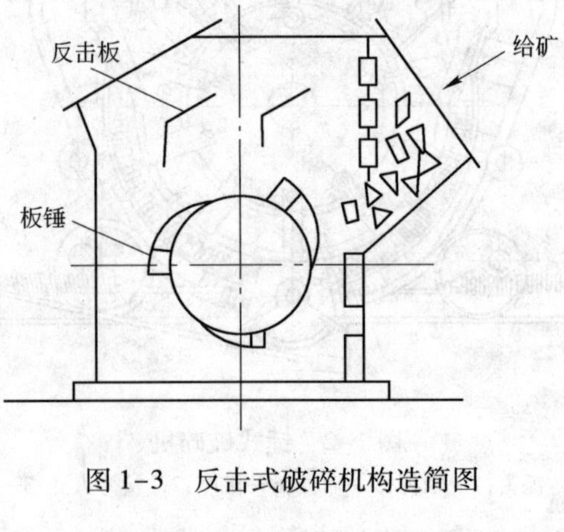

图 1-3 反击式破碎机构造简图

反击式破碎机主要靠冲击方式破碎。当物料落到逆时针方向旋转的转子上时，就会被转子的板锤冲击，而在转子和反击板之间反复碰撞（包括物料间的碰撞）而破碎，直到破碎的物料粒度小于板锤与反击板之间的间隙时，才从下面的排矿口排出。调节反击板下缘与板锤间的间隙，可调节产品粒度的大小。

反击式破碎机的规格也用转子直径 D 和长度 L 的乘积表示，即 DL。

3. 四辊破碎机

四辊破碎机广泛用于烧结厂燃料的破碎。在燃料粒度小于 25 mm 时，能一次破碎到小于 3 mm 的粒度，不需筛分，破碎系统简单，操作维护方便。其缺点是破碎粒度比较小（3 ~ 4 mm），产量较低，辊皮磨损不均匀，生产能力受给料粒度影响较大，粒度越大，产量越低。燃料粒度大于 25 mm 时，不能进入四辊破碎机破碎，需用对辊（或反击式、锤式）破碎机预先粗碎，否则，上辊咬不住大块，不仅加剧对辊皮的磨损，还使产量和质量降低。

四辊破碎机结构如图 1-4 所示。它主要由机架、调整装置、传动装置、防护罩以及两对反向转动的光面辊组成，上下两对辊中各有一个主动辊和一个被动辊，下主动辊通过皮带传送带动上辊，被动辊的轴承座可以移动，两辊间隙借助带有弹簧的调整丝杆来调整。一般上面两辊间隙为 8 ~ 12 mm，下面两辊间隙不大于 3 mm。为了张紧传送皮带，在连接轴的大小皮带轮之间有一个压轮。在主动辊的一端，通过联动节与减速机、电动机相连接。机架上还装有走刀机构，用来车削四辊辊皮，当辊皮磨损后，不用拆卸就可以车辊，从而减少停车时间。

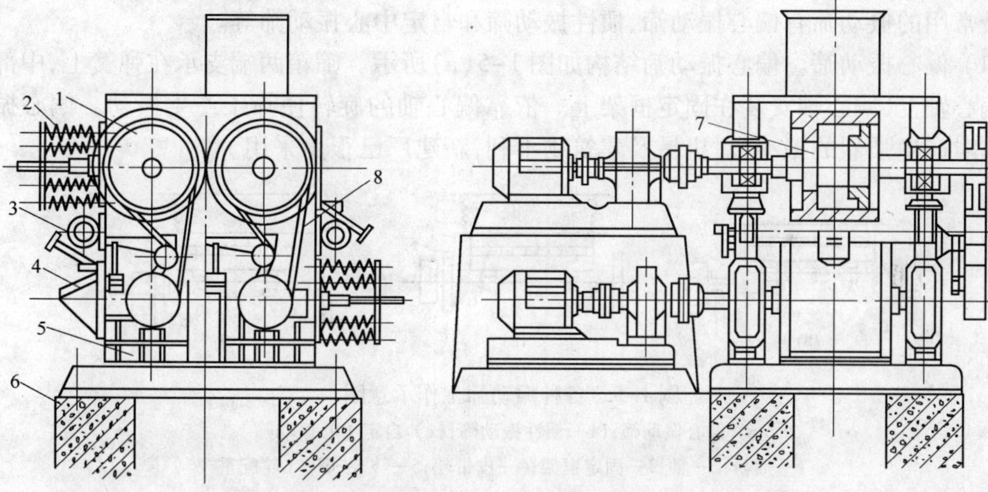

图 1-4　四辊破碎机简图

1—传动轮；2—弹簧；3—车辊刀架；4—观察孔；5—机架；6—基础；7—破碎辊；8—传动带

四辊破碎机的破碎原理是辊子的传动把物料带入两辊子的空隙内，在两个相对反向转动的辊子间物料受挤压、磨剥而破碎。

四辊破碎机的规格用辊子的直径和长度来表示，如 $\phi900 \times 700$ 四辊破碎机，是指辊子直径为 900 mm，辊子的长度为 700 mm。

影响四辊破碎机产量和质量的因素有：

（1）燃料块度的影响。料块越大，产量越低。当燃料块度大于 25 mm 时，不允许进入破碎机，否则，上辊咬不住大块，不仅磨损辊皮，而且引起产品质量和产量的降低。目前，有用沿上辊长度方向堆焊条状硬质合金的方法来提高入炉燃料粒度的上限，收到了一定效果。

（2）燃料水分的影响。在燃料特别潮湿的情况下，会发生粘辊现象，降低破碎的质量和产量,此时,要求适当减少给料量,对水分含量要求一般应不大于6%。

(3) 辊面和辊距的影响。在四辊破碎机使用过程中,必须经常检查辊面,及时调整辊距(一般上辊间隙8~10mm,下辊间隙0~3mm),才能保证破碎质量。破碎机的辊面因生成刻痕很快磨损,而且磨损得不均匀,需要定期对辊面进行车削。

(4) 给料量及其均匀性的影响。四辊破碎机的关键指标就是产量和粒度,在其他条件相同的情况下,当四辊的产量增加时,其产品质量就要下降(即小于3mm部分减少)。

因此,为了保证产品质量,应按照设备定额给料,同时要保证给料沿辊长均匀,同时,降低燃料的给料粒度,清除大块物料,稳定给料量,延长四辊作业时间,严格执行车辊制度。

4. 振动筛

振动筛利用筛网的振动来进行筛分。筛网振动的次数为900~1500次/min,也有的达到3000次/min。振幅的范围在0.5~12mm,振幅越小,振动次数越多。筛子的倾斜角在0°~40°之间。

振动筛筛分效率高,一般是80%~95%;筛分原料粒度的范围大,从大于250mm到0.1mm或0.01mm;单位面积产量大,易于调整,筛孔较少堵塞。这种筛子需要专门的传动设备且消耗动力。振动筛按其筛体的支承形式,有吊筛和座筛两种。前者检修方便,对支承物振动小,经常采用。

最常用的振动筛有偏心振动筛、惯性振动筛和自定中心振动筛等。

(1) 偏心振动筛。偏心振动筛结构如图1-5(a)所示。筛箱两端支承在弹簧上,中部支承在偏心轴上,偏心轴安装在固定框架上。依靠偏心轴的旋转使筛子产生振动。偏心振动筛工作时产生强烈的振动,对机械及建筑物不利,新建厂已很少采用。

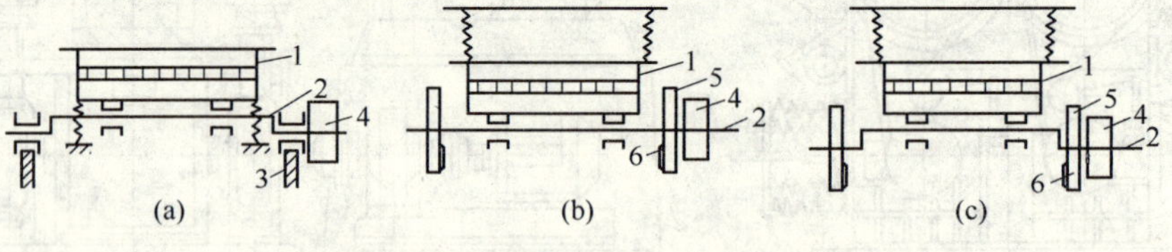

图1-5 各种振动筛工作示意图
(a) 偏心振动筛;(b) 惯性振动筛;(c) 自定中心振动筛
1—筛箱;2—轴;3—固定框架;4—皮带轮;5—飞轮;6—飞轮配重

(2) 惯性振动筛。惯性振动筛结构如图1-5(b)所示。筛体和轴及传动皮带轮全部吊挂在弹簧上。筛体的振动是由固定在轴上的两个装有配重的飞轮旋转时产生的惯性力所引起的。惯性振动筛和偏心振动筛相比,惯性振动筛设备简单,传给支承的振动小。但是振动的振幅取决于载荷,影响筛分效率。

无论是座式还是吊式的惯性振动筛,均以15°~20°倾角倾斜安装在基础或梁上。过去烧结厂用惯性振动筛筛分熔剂,现在多被自定中心振动筛所取代。

(3) 自定中心振动筛。自定中心振动筛工作时传动轴中心线的空间位置自行保持不变,因此称为自定中心振动筛。自定中心振动筛由筛框、筛体和传动机构组成。其结构如图1-5(c)所示。它和惯性振动筛大致一样,不同的是自定中心振动筛主轴是偏心的。其工作原理是依靠偏心传动轴的旋转使筛子产生上下振动,偏重物随轴一起旋转而产生的惯性力平衡筛子上下振动所产生的惯性力,使该振动筛偏心传动轴中心线的空间位置自行保持不变。自定中心振动筛由于克服了前两种振动筛的缺点,因此在工业生产中得到较广泛的应用。

巩固训练

一、选择题

1. 烧结时燃料最适宜的粒度是(　　)。

A. 5~10 mm　　B. 0~5 mm　　C. 0.5~3 mm

2. 铁矿石是(　　)组成的。

A. 一种含铁矿物

B. 几种含铁矿物

C. 一种或几种含铁矿物和脉石

D. 一种或几种含铁矿物

3. 铁矿石破碎成粉矿,其粒度应控制在(　　)以下。

A. 3 mm　　B. 5 mm　　C. 10 mm

4. 石灰石的主要成分为 $CaCO_3$,纯石灰石 CaO 的质量分数为(　　)。

A. 50%　　B. 56%　　C. 62%

5. 烧结原料中加入白云石,主要是为了获得(　　)。

A. MgO　　B. CaO　　C. SiO_2

6. 烧结用无烟煤要求其固定碳的质量分数大于(　　)。

A. 65%　　B. 70%　　C. 85%

7. 烧结用焦粉常为冶金焦,其粒度一般为(　　)。

A. <25 mm　　B. <20 mm　　C. <15 mm

8. 烧结生产中不宜使用的固体燃料是(　　)。

A. 无烟煤　　B. 碎焦粉　　C. 烟煤

9. 烧结料中属于有害杂质的有(　　)。

A. CaO　　B. C　　C. MgO　　D. S

10. 燃料破碎是(　　)破碎。

A. 闭路　　B. 开路　　C. 预先筛分

11. 将储有一定数量的各种原料按预定的比例用机械设备依照规定的程序和方法进行混合的作业,称为(　　)。

A. 配料　　B. 中和混匀　　C. 储存

12. 菱铁矿的理论铁含量为(　　)。

A. 72.4%　　B. 70%　　C. 48.2%

13. 含有结晶水的铁矿物是(　　)。

A. 磁铁矿　　B. 赤铁矿　　C. 褐铁矿　　D. 黄铁矿

14. 固体燃料中固定碳最高、挥发分最少的燃料是(　　)。

A. 无烟煤　　B. 烟煤　　C. 焦粉

15. 活性度是指石灰水化反应速度,即生石灰水化后用 NH_4Cl 中和的(　　)数。

A. 毫升　　B. 克　　C. 百分

二、填空题

1. 磁铁矿的条痕为________,赤铁矿的条痕为________,褐铁矿的条痕为________。
2. 生烧石灰是指未分解的石灰石,它的主要成分是 $CaCO_3$,不能被________。
3. 原料验收的标准一般包括化学成分和________。
4. 原料及燃料的适宜粒度是保证烧结________、优质、低耗地进行生产的重要因素之一。
5. 原料场的主要作用是储存和________。
6. 烧结厂原料破碎主要是熔剂破碎和________。
7. 烧结加熔剂的目的是调整________。
8. 过烧石灰是指石灰石在焙烧过程中,由于局部温度过高,而与硅酸盐相________生成硬块和消化很慢的石灰,不能在指定的短时间内被水化。
9. 原料的化学成分是指某元素或化合物含量占该种________质量的百分比。
10. 含在煤表面的水分通常称为________,置于空气中仍留在煤内的水分称为________。

三、名词解释

富矿粉;精矿粉;全铁(TFe);网目;有效熔剂性。

四、简答题

1. 原料验收的内容是什么,如何验收?
2. 烧结生产用含铁原料有哪些,对含铁原料有哪些要求?
3. 烧结熔剂主要有几种,烧结对熔剂的质量要求有哪些?
4. 试述影响四辊破碎机产品质量的因素及措施。

任务二　配料分析判断、计算调整及操作

教学目标

(1) 根据烧结过程的某些现象,结合所学知识分析引起烧结矿化学成分发生变化的原因。

(2) 能够根据生产要求,确定烧结原燃料基本配比。

(3) 当碱度发生变化、原料条件发生变化时,会进行配料调整计算。

(4) 叙述皮带电子秤的工作原理。

(5) 概括实际生产中烧结配料不稳定可能有关因素。

(6) 明确配料工艺技术操作要点。

一、任务分析

(一) 任务的提出

配料就是根据高炉对烧结矿的产品质量要求及原料的化学性质,将各种原料、熔剂、燃料、代用品及返矿等按一定比例进行配加的工序。配料的目的是根据烧结过程的要求,将各种不同的含铁原料、熔剂和燃料进行准确的配料,以获得较高的生产率和理化性能稳定的优质烧结矿,符合高炉冶炼的要求。

配料分一次配料和二次配料,增设一次配料的原因是由于含铁原料品种繁多,且波动大,为了提高配料精度和减小成分波动而对含铁原料进行预先配料,即一次配料,然后再进行二次配料。

某烧结车间所用的含铁原料有 8 种,熔剂为生石灰、石灰石和白云石,燃料为碎焦粉,高炉生产要求烧结矿的碱度为 1.9,那么配料计算简单地说就是确定各种原燃料的配比。配料计算调整是指当原燃料条件改变或高炉对烧结矿的质量指标要求改变时,要及时地进行计算调整,改变某一种或几种原燃料的配比,以满足高炉的要求,也就是在配料与给定烧结矿产品指标的互相满足过程中的一系列演算。

配料操作就是要按照计算所确定的配比,连续稳定地配料,把实际下料量的波动值控制在允许的范围内。当生产条件发生变化时,快速进行调整,确保烧结矿化学成分的稳定。

(二) 工作任务描述

该任务的工作对象有配料相关设备(圆盘给料机、皮带电子秤等)的检查与维护以及烧结矿的质量指标。所使用的工具有配料安全与技术操作规程、配料操作计算机画面、烧结矿质量分析结果记录表。工作方法为设备运行状态的检查维护、配料计算及调整。工作内容主要包括:

(1) 负责烧结矿品位与碱度的稳定;

（2）负责配料岗位设备的开停操作和故障排除；

（3）负责配料系统的操作检查和维护保养工作；

（4）负责所有矿槽的上料和石灰输送工作；

（5）提出设备缺陷，参加检修的监督及检修后的验收工作；

（6）做好节能降耗工作，搞好矿槽平台的清洁工作，文明生产。

图 2–1 某烧结车间配料室

对该工作的要求是：能检查设备运行状态，并加以维护和保养；能进行相关配料计算调整，能进行配料操作，确保烧结矿质量稳定；能对设备故障、工艺事故采取果断、及时处理；与看火、主控、混合制粒岗位进行料批、原燃料条件等生产信息的相互沟通；严格执行车间的岗位作业标准、安全、技术操作规程和设备维护规程。某烧结车间配料室如图 2–1 所示，某烧结车间计算机配料画面如图 2–2 所示。

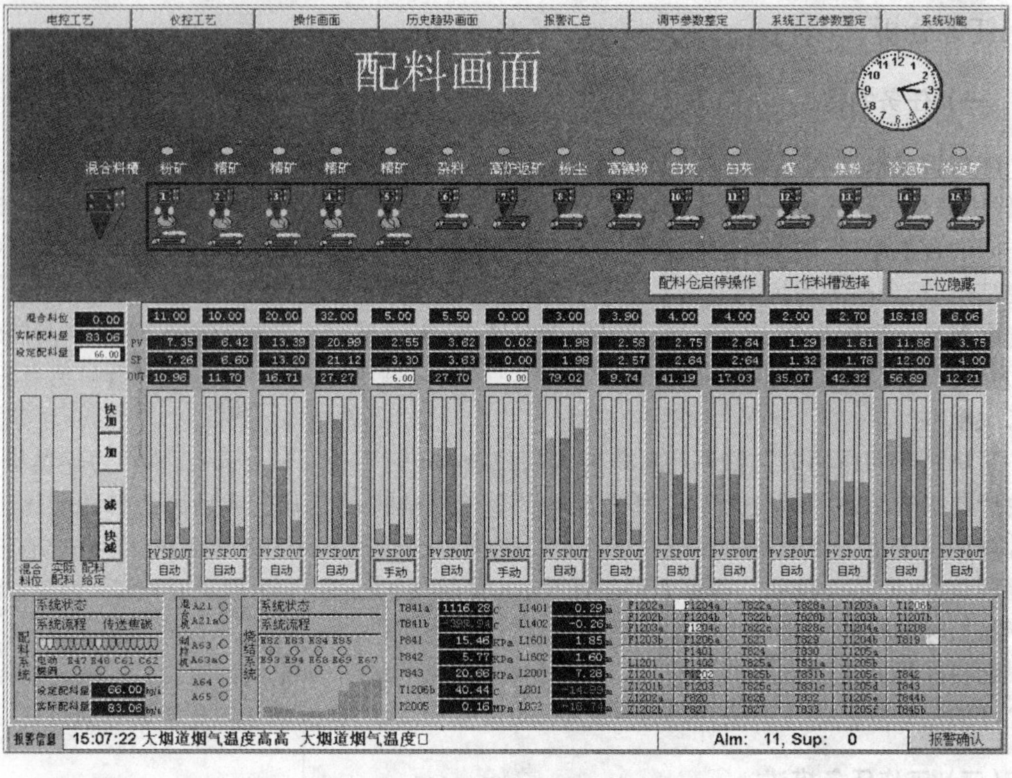

图 2–2 某烧结车间计算机配料画面

二、任务实施

（一）烧结原燃料基本配比计算

1. 反推计算法（即验算法）进行烧结配料计算

进行配料计算前，先要了解有关配料方面需要掌握的一些术语：

（1）烧损。物料的烧损是指（干料）在烧结状态的高温下（1200～1400℃）灼烧后失去的质量相对于物料试样质量的百分比。

（2）烧残。物料的残存量，即物料经过烧结，排出水分和烧损后的残存物量。

（3）水分。烧结原料的水分含量是指原料中物理水的质量分数，即一定的原料（100～200g）加热至1500℃，恒温1h，已蒸发的水分质量占试样质量的百分比。

（4）化学成分。原料的化学成分是指某元素或化合物含量占该种干原料试样质量的百分比。

进行配料计算前，必须已知下列数据：

（1）各种原燃料的有关物理性能与化学成分；

（2）烧结矿的技术条件；

（3）原料的储存与供应量；

（4）配料设备的能力。

验算法进行烧结矿配料计算的步骤是：

（1）给定配料比。根据烧结矿技术条件的要求及原料供应计划、化学成分及生产经验来确定各种原料的配比。

（2）计算干料量：

干料配比（%）＝湿料配比×（100－水分含量）/100

总干料量为：

总干料量＝∑干料＝各种干料量之和

（3）计算残存量（烧残量）：

残存量（%）＝干料配比×（100－烧损）/100

焦粉残存（%）＝焦粉干料配比×（100－烧损）/100＝焦粉干料配比×灰分质量分数

总残存量＝∑残存量＝各种原料残存量之和

烧结残存率＝总残存/总干料×100%

（4）计算进入配合料中的各种组分：

进入配合料中各种原料的铁含量（%）＝该原料 TFe 的质量分数×该原料干料配比

进入配合料中各种原料的 SiO_2 含量（%）＝该原料 SiO_2 的质量分数×该原料干料配比

进入配合料中各种原料的 CaO 含量（%）＝该原料 CaO 的质量分数×该原料干料配比

配合料中总铁含量＝$\sum w(\mathrm{TFe})$＝各原料带入配合料中铁含量之和

配合料中总 SiO_2 含量＝$\sum w(\mathrm{SiO_2})$＝各原料带入配合料中 SiO_2 含量之和

配合料中总 CaO 含量＝$\sum w(\mathrm{CaO})$＝各原料带入配合料中 CaO 含量之和

（5）验算烧结矿碱度 R：

$$R=\frac{\sum w(\mathrm{CaO})}{\sum w(\mathrm{SiO_2})}$$

（6）计算烧结矿的化学成分：

$w(\mathrm{TFe})_{矿}$＝各种原料带入的 TFe 之和/总残存量

$w(\mathrm{SiO_2})_{矿}$＝各种原料带入的 SiO_2 之和/总残存量

$w(\mathrm{CaO})_{矿}$＝各种原料带入的 CaO 之和/总残存量

若验算的烧结矿碱度和烧结矿成分达到要求，则预定的配料比即为实际配料比。否则，应修正配比，重新计算，直至达到要求。

以下是用实例进行烧结简易配料计算，确定烧结原料基本配比。

例 1　当前烧结厂内的含铁矿粉主要有澳矿粉、巴西粗粉、印度粗粉、返矿、钢渣，烧结矿生产使用石灰、石灰石、白云石作为熔剂，固体燃料为焦粉，其中一些原料配比根据情况事前已经确定，返矿的配比要求为12%，钢渣为3%，焦粉为6.0%，印度粗粉为28%，巴西粗粉为15%，石灰石为7.50%，白云石为3.1%，成分见表2-1。现要生产碱度为1.9的烧结矿，试确定石灰和澳矿的配比，并预测烧结矿的化学成分。

表 2-1　烧结原料的品种和成分

名　称	湿配比/%	w(TFe)/%	$w(SiO_2)$/%	w(CaO)/%	w(MgO)/%	$w(Al_2O_3)$/%	$w(H_2O)$/%	烧损/%
返　矿	12.00	54.00	6.95	10.43	3.72	1.75	6.00	0.64
石灰石	7.50		3.65	47.50	3.43			40.00
石　灰			1.90	78.50	5.10			13.54
白云石	3.10		3.00	4.29	42.33			36.00
钢　渣	3.00	24.47	7.95	38.72	11.04	3.64	6.10	1.73
澳矿粉		62.85	4.80		0.51	2.86	7.60	2.00
巴西粗粉	15.00	63.50	5.55		0.65	1.50	7.00	2.02
印度粗粉	28.00	60.65	9.00		0.39	4.37	14.90	4.40
焦　粉	6.00		4.5	0.8		0.35	10.0	90

解：(1) 计算原料配比：以100 kg烧结配合料为计算基础。

1) 原料配比的确定及计算。设配合料中澳矿粉湿配比为 y(%)，石灰配比为 x(%)，其他原料配比根据情况事前确定。

根据公式计算干料、残存量及进入配合料中的TFe、SiO_2、CaO，如：

巴西粗粉干料配比 = 湿料比 ×(100 − 水分) = 15.00% ×(100% − 7%) = 13.95%

巴西粗粉残存量 = 干料比 ×(100 − 烧损) = 13.95% ×(100% − 2.02%) = 13.67%

巴西粗粉进入配合料中 TFe = 巴西粗粉含铁量 × 干配比 = 63.5% ×13.95% = 8.86%

巴西粗粉进入配合料中 SiO_2 = 5.55% ×13.95% = 0.77%

巴西粗粉进入配合料中 MgO = 0.65% ×13.95% = 0.09%

各种原料的计算结果见表2-2。

表 2-2　原料的计算结果

名　称	湿料/%	干料/%	残存量/%	配合料成分(质量分数)/%			
				TFe	SiO_2	CaO	MgO
返　矿	12.00	11.28	11.21	6.09	0.78	1.18	0.42
石灰石	7.50	7.50	4.50	0.00	0.27	3.56	0.26
石　灰	x	x	$0.865x$	0.00	$0.019x$	$0.785x$	$0.051x$
白云石	3.10	3.10	1.98	0.00	0.09	0.13	1.31
钢　渣	3.00	2.82	2.77	0.69	0.22	1.09	0.31
澳矿粉	y	$0.924y$	$0.91y$	$0.581y$	$0.044y$	0.00	$0.005y$

续表 2-2

名　称	湿料/%	干料/%	残存量/%	配合料成分（质量分数）/%			
				TFe	SiO_2	CaO	MgO
巴西粗粉	15.00	13.95	13.67	8.86	0.77	0.00	0.09
印度粗粉	28.00	23.83	22.78	14.45	2.14	0.00	0.09
焦　粉	6.00	5.40	0.54		0.24	0.04	0

2）计算未知数 x、y 的值。设烧结矿碱度 $R=1.9$，根据表 2-2，列出联立方程式，求 x、y 值：

$$\frac{\text{配合料中所有 CaO 的质量分数}}{\text{配合料中所有 } SiO_2 \text{ 的质量分数}}=R$$

$$74.6+x+y=100$$

将已知数字代入上式得：

$$\frac{6.01+0.785x}{4.54+0.019x+0.044y}=1.9 \qquad (2-1)$$

$$x+y=25.4 \qquad (2-2)$$

联立式（2-1）和式（2-2），解得：

$$x=5.7, y=19.7$$

即石灰配比为 5.7%，澳矿粉配比为 19.7%。

配料计算结果见表 2-3。

表 2-3　配料计算结果

名　称	湿配比/%	干配比/%	残存量/%	配合料成分（质量分数）/%				
				TFe	SiO_2	CaO	MgO	Al_2O_3
返　矿	12.00	11.28	11.21	6.09	0.78	1.18	0.42	0.20
石灰石	7.50	7.50	4.50	0.00	0.27	3.56	0.26	0.00
石　灰	5.7	5.7	4.93	0.00	0.11	4.47	0.29	0.00
白云石	3.10	3.10	1.98	0.00	0.09	0.13	1.31	0.00
钢　渣	3.00	2.82	2.77	0.69	0.22	1.09	0.31	0.10
澳矿粉	19.7	18.2	17.84	11.44	0.87	0.00	0.09	0.52
巴西粗粉	15.00	13.95	13.67	8.86	0.77	0.00	0.09	0.21
印度粗粉	28.00	23.83	22.78	14.45	2.14	0.00	0.09	1.04
焦　粉	6.00	5.40	0.54		0.24	0.04	0	0.19
合　计	100	91.78	80.21	41.5	5.52	10.5	2.9	2.3

（2）预测烧结矿成分。

1）烧残量（残存量）计算：

$$\sum\text{残存量}=\text{各原料残存量之和}$$

将已知值代入：

$$\sum\text{残存量}=11.21\%+4.5\%+4.93\%+1.98\%+2.77\%+17.84\%+13.67\%+22.78\%+0.54\%=80.21\%$$

2）烧结矿化学成分计算。计算公式为：

$$\text{烧结矿 } w(TFe、SiO_2、CaO)=\frac{\text{干配合料}(TFe、SiO_2、CaO)}{\sum\text{残存量}}$$

将已知值代入：

$$烧结矿\ w(TFe)=\frac{6.09\%+0.69\%+11.44\%+8.86\%+14.45\%}{80.21\%}=\frac{41.5\%}{80.21\%}=51.70\%$$

$$烧结矿\ w(SiO_2)=\frac{4.54\%+0.019\times5.7\%+0.044\times19.7\%}{80.21\%}=\frac{5.52\%}{80.21\%}=6.88\%$$

$$烧结矿\ w(CaO)=\frac{6.01\%+0.785\times5.7\%}{80.21\%}=\frac{10.5\%}{80.21\%}=13.1\%$$

$$烧结矿\ R-\frac{13.1\%}{6.88\%}-1.9$$

烧结矿化学成分：TFe 51.70%，CaO 13.1%，SiO_2 6.88%，MgO 3.77%，Al_2O_3 2.82%。

2. 燃料配比的计算

例 1 中燃料的配比为事先给定的，在实际生产中，燃料的配比是根据混合料中的固定碳的质量分数确定的，结合实际生产经验，混合料的固定碳的质量分数一般为 2.5% ~3.5%。

燃料配用量和配比的计算公式为：

$$Q_{燃干}=\frac{w_{C混}(Q_{配}+Q_{返})-w_{C返}Q_{返}}{w_{C燃}}$$

$$Q_{燃湿}=Q_{燃干}/[1-w(H_2O)_{燃}]$$

$$B_{燃}=Q_{燃湿}/Q_{配}$$

式中　$Q_{燃}$，$Q_{配}$，$Q_{返}$——分别为燃料配用量、配料室总流量、返矿流量，kg；

$w_{C混}$，$w_{C返}$，$w_{C燃}$——分别为混合料固定碳、返矿残碳、燃料固定碳的质量分数，%；

$w(H_2O)_{燃}$——燃料中水分的质量分数，%；

$B_{燃}$——燃料配比，%。

例 2　已知：混合料固定碳的质量分数为 3.0%，返矿残碳的质量分数为 0.5%，配料室总流量为 70 kg，返矿流量为 25 kg，焦粉固定碳的质量分数为 80%，焦粉水分的质量分数为 10%，求焦粉的湿配比。

解：燃料配用量（干）=[3.0%×(70+25)-(0.5%×25)]/80%=(3.8-0.125)/80%=3.40(kg)

燃料配用量（湿）=3.40/90%=3.78(kg)

燃料湿配比=3.78/70×100%=5.4%

得煤粉的湿配比为 5.4%。

3. 熔剂（含 MgO）配比的计算

烧结矿中 MgO 含量主要是根据高炉炉渣对 MgO 含量的要求确定的，MgO 影响高炉炉渣的流动性，从而影响高炉冶炼效果，高炉炉渣中 MgO 的质量分数一般为 8% ~12%。

已知烧结矿中要求的 MgO 的质量分数及未配用白云石时烧结矿中 MgO 的质量分数，则白云石配加量（干）的简易计算公式为：

$$白云石干配比=[w(MgO)-w(MgO)']A/[1-w(H_2O)_{白}]\times w(MgO)_{白}$$

式中　$w(MgO)$——烧结矿中要求的 MgO 的质量分数，%；

$w(MgO)'$——未加白云石烧结矿中 MgO 的质量分数，%；

A——混合料的残存量，%；

$w(H_2O)_{白}$——白云石中 H_2O 的质量分数，%；

$w(MgO)_{白}$——白云石中 MgO 的质量分数，%。

例 3　已知：高炉对烧结矿中 MgO 的质量分数要求为 2.7%，未加白云石时烧结矿中 MgO 的质量分数为 1.2%，白云石中 MgO 的质量分数为 17.63%，水分为 5%，混合料的残存量为 85%，试计算烧结矿达到 2.7% 时的白云石湿配比。

解：　白云石干配比 = (2.7% − 1.2%) × 85%/[(100% − 5%) × 17.63%]

= 1.275%/16.75% = 7.6%

白云石湿配比 = 7.6%/(100% − 5%) = 8%

得白云石湿配比为 8%。

注意事项：

(1) 配料计算都是以干基为准。因为各种原料水分不一，且波动大，不能成为固定值，另外化学成分都是以干基为准进行化验的。

(2) 配料计算将返矿视为常数，计算时不考虑返矿，这种配料计算方法称为传统的计算方法。目前绝大多数厂家仍然采用这种配料计算方法。返矿的数量和质量的波动，会给烧结矿的产量、质量及能耗带来很大的影响。目前，返矿不能参加配料计算的主要问题的是返矿的称量和控制问题。

（二）给料量的运算

在各种原燃料基本配比确定后，还要确定上料千克数或者说各种原料的下料量。

1. 配料皮带料批的计算

配料皮带料批的计算式为：

$$(H-h)Lv\rho = 60G$$

式中　H——烧结机的实际料层厚度，m；

h——烧结机铺底料厚度，m；

L——烧结机台车的有效宽度，m；

v——烧结机台车的运行速度，m/min；

ρ——混合料的密度，kg/m³；

G——料批，kg/s。

2. 各种原料下料量的计算

已知配料皮带料批和各种原料配比，就可以确定各种原料的给料量，公式为：

某种原料每秒下料量(kg/s) = 料批(kg/m) × 配料比(%) × 皮带速度(m/s)

某种原料每班消耗量(t) = 当班上料时间(h) × 各种物料每小时下料量(t)

例 4　烧结机有效宽度为 3 m，料层厚度为 700 mm，铺底料为 30 mm，烧结机机速为 1.5 m/min，配料皮带速度为 1 m/s，自循环返矿为 20 kg/m，试确定配料皮带料批 M(kg/m)。

解：

$$(0.7-0.03)\times 3\times 1.5\times 1.6\times 10^3 = 60M$$

$$M = 80.4\ \text{kg/s}$$

由于皮带速度为 1 m/s，所以皮带料批 M 为 80.4 kg/m。

根据例 1 计算的原燃料配比，可得：

$$石灰的下料量 = 80.4 \times 5.7\% = 4.58(kg/s)$$

各种原燃料的下料量见表2-4。

表2-4 各种原燃料的下料量

原 料	湿配比/%	下料量/kg·s^{-1}
返 矿	12.00	9.65
石灰石	7.50	6.03
石 灰	5.7	4.58
白云石	3.10	2.49
钢 渣	3.00	2.41
澳矿粉	19.7	15.84
巴西粗粉	15.00	12.06
印度粗粉	28.00	22.51
焦 粉	6.00	4.82
合 计	100	80.40

(三) 配料的分析判断

在生产过程中,由于各种原因,会发生烧结矿实际成分与配料计算值出现偏差的问题。

1. 原料品位、水分及下料量波动的基本类型的分析判断

根据烧结矿成分波动(返矿不变),分析、判断原料品位、水分及下料量波动的基本类型。烧结矿成分的波动类型、原因及调整措施见表2-5。

表2-5 烧结矿成分的波动类型、原因及调整措施

类型	烧结矿成分波动				原因分析	调整措施
	TFe	CaO	SiO_2	CaO/SiO_2		
A	+	0	−	+	铁料品位升高	高铁料与低铁料对调,或减少高品位精矿粉,或增加低品位铁矿配比
B	−	0	+	−	铁料品位下降	高铁料与低铁料对调,或增加高品位精矿粉,或减少低品位精矿粉
C	+	−	+	−	铁料下料量增加或铁料水分减少,或熔剂下料量减少	减少含铁料或增加熔剂
D	0	+	0	+	熔剂 CaO 升高,或 CaO 含量较高的原料配比偏大	验算熔剂配比,检查熔剂料流或减少熔剂配比
E	−	+	−	+	熔剂下料量增加或铁料下料量减少,或铁料水分升高	减少熔剂配比
F	−	MgO +	−	+	白云石(白云灰)配比变大或流量变大	适当减少白云石(白云灰)配比或流量
G	0	MgO −	0	+	白云石(白云灰)中 MgO 含量下降或混入石灰石	取样化验,调整配料比
H	0	−	0	−	熔剂 CaO 下降	增加熔剂配比

注:0 表示正常,+表示升高,−表示降低。

例 5　一般质量事故分析举例：

(1) 含铁原料品位不稳定。当品位变高时，烧结矿的 TFe 升高，SiO_2下降，CaO 正常，R 上升。当品位低时，烧结矿的 TFe 降低，SiO_2升高，CaO 正常，R 下降。

(2) 含铁原料下料量不稳定。当下料量大时，烧结矿的 TFe 上升，SiO_2稍高，CaO 下降，R 下降。当下料量小时，烧结矿的 TFe 下降，SiO_2稍低，CaO 上升，R 上升。

(3) 含铁原料水分波动。相当于下料量的变化，即水分增加或减少相当于下料量的减少或增大。

(4) 熔剂下料量不稳定。下料量大，相当于配比高，SiO_2稍低，烧结矿 TFe 下降，CaO 上升，R 上升。下料量小，相当于配比低，SiO_2稍高，烧结矿 TFe 上升，CaO 下降，R 下降。

(5) 熔剂中 CaO 不稳定。CaO 高时，SiO_2变动不大，R 上升。CaO 低时，SiO_2变动不大，R 下降。

(6) 熔剂水分变化，相当于配比或下料量变化。水分大，SiO_2稍高，铁上升，CaO 下降，R 下降。水分小，SiO_2稍低，铁下降，CaO 上升，R 上升。

2. *返矿成分或下料量的波动对烧结矿成分影响分析*

当原料成分或下料量不波动时，定性分析返矿成分或下料量的波动对烧结矿成分的影响。返矿参加配料计算的公式为：

$$w_A = Mw_{A_1} + Nw_{A_2}$$

式中　w_A——烧结矿某化学成分的质量分数，%；

w_{A_1}——该成分在返矿中的质量分数，%；

w_{A_2}——配合料中该成分的质量分数，%；

M,N——返矿和配合料的比值，且 $M+N=1$。

根据返矿参加配料计算的公式，分析返矿波动对烧结矿成分的影响，见表 2-6。

表 2-6　返矿波动对烧结矿成分的影响

返矿波动		烧结矿成分波动			
		TFe	CaO	SiO_2	CaO/SiO_2
返矿全铁升高		+	−	0	−
		+	0	−	+
返矿全铁降低		−	+	0	+
		−	0	+	−
当返矿全铁比烧结矿全铁低时	返矿下料量增加	−	+	0	+
		−	0	+	−
	返矿下料量降低	+	−	0	−
		+	0	−	+
当返矿全铁比烧结矿全铁高时	返矿下料量增加	+	−	0	−
		+	0	−	+
	返矿下料量降低	−	+	0	+
		−	0	+	−

续表 2-6

返矿波动		烧结矿成分波动			
		TFe	CaO	SiO_2	CaO/SiO_2
返矿碱度升高		−	+	0	+
		+	0	−	+
返矿碱度降低		−	0	+	−
		+	−	0	−
当返矿碱度比烧结矿碱度低时	返矿下料量增加	−	0	+	−
		+	−	0	−
	返矿下料量降低	+	−	0	+
		−	0	+	+
当返矿碱度比烧结矿碱度高时	返矿下料量增加	−	+	0	+
		+	0	−	+
	返矿下料量降低	−	0	+	−
		+	−	0	−

注:0 表示正常,+表示升高,−表示降低。

综上所述,返矿的成分或下料量的波动对烧结矿成分的影响是严重的,影响也是很复杂的,因此,要高度重视,及时发现,及时计算调整,关键是要稳定。

(四)快速调整配料计算

在生产中,经常由于原料化学成分、原料水分或者给料量的波动而引起烧结矿化学成分的波动,或者高炉对烧结矿的要求发生变化,此时需要快速调整烧结原料的配比以保证烧结矿成分稳定或者满足高炉需求。快速调整配料计算最常用的是有效 CaO 法和影响系数法。

1. 有效 CaO 法

例 6 已知不同原料成分及其配比(见表 2-7),试进行下列计算。

表 2-7 不同原料成分及其配比

不同原料		返矿	钢渣	澳矿粉	巴西粗粉	印度粗粉	石灰石	石灰	白云石	焦粉	合计
原料成分/%	TFe	54.00	24.47	62.85	63.50	60.65	0.00	0.00	0.00	0.00	
	SiO_2	6.95	7.95	4.80	5.55	8.70	3.65	1.90	3.00	4.50	
	CaO	10.43	38.72	0.00	0.00	0.00	48.50	80.50	4.29	0.80	
	H_2O	6.00	6.10	7.60	7.00	12.50	0.00	0.00	0.00	10.00	
	烧损	0.64	1.73	2.00	2.02	4.40	40.00	13.54	36.00	90.00	
配合料成分/%	湿配比	11.50	3.00	23.50	14.00	28.00	5.00	5.70	3.40	5.90	100.00
	干配比	10.81	2.82	21.71	13.02	24.50	5.00	5.70	3.40	5.31	92.27
	TFe	5.84	0.69	13.65	8.27	14.86	0.00	0.00	0.00	0.00	43.30
	SiO_2	0.75	0.22	1.04	0.72	2.13	0.18	0.11	0.10	0.24	5.50
	CaO	1.13	1.09	0.00	0.00	0.00	2.43	4.59	0.15	0.04	9.42
	残存	10.74	2.77	21.28	12.76	23.42	3.00	4.93	2.18	0.53	81.60

（1）根据表2-7中数据求石灰石的有效CaO量（设碱度$R=1.9$，要求写出公式）。

（2）根据表2-7数据，设$R_{中限}=1.9$，问该碱度（1.71）是否合格？若碱度达到1.9，石灰石湿配比应该是多少，应增配石灰石配比是多少？

（3）根据表2-7数据，求石灰石、石灰配比波动±1%时，影响烧结矿碱度的幅度和石灰置换成石灰石的系数（烧结矿碱度$R=1.71$）。

（4）当前烧结配比按表2-7进行，假如由于某种原因石灰石粉断料，应如何调整石灰配比？

解：（1）石灰石的有效CaO量$=w(CaO_{石灰石})-w(SiO_{2石灰石})\times R$

$=48.5\%-3.65\%\times1.9=48.5\%-6.94\%=41.57\%$

得石灰石有效CaO量为41.57%。

（2）$R=1.71$，根据考核标准1.9 ± 0.1，考核不合格。

当达到$R=1.9$时，

需要的CaO质量分数$=(5.5\%-0.18\%)\times1.9-(9.42\%-2.43\%)$

$=10.11\%-6.99\%=3.12\%$

石灰石粉的有效CaO量$=w(CaO_{石灰石})-w(SiO_{2石灰石})\times R$

$=48.5\%-3.65\%\times1.9$

$=48.5\%-6.94\%$

$=41.57\%$

所以　石灰石湿配比$=3.12\%/41.57\%=7.51\%$

石灰石应增加的湿配比$=7.51\%-5\%=2.51\%$

验算　$R=[(9.42\%-2.43\%)+7.51\%\times48.5\%]/[(5.5\%-0.18\%)+7.51\%\times3.65\%]$

$=10.63\%/6.77\%$

$=1.9$

（3）因为　石灰石碱度变化$=(w(CaO_{石灰石})-w(SiO_{2石灰石})\times R)\times1\%/w(SiO_{2配})$

$=(48.5\%-3.65\%\times1.71)\times1\%/5.5\%$

$=0.4226\%/5.5\%$

$=0.077$

所以，石灰石配比±1%影响碱度±0.077。

因为　石灰碱度变化$=(w(CaO_{石灰})-w(SiO_{2石灰})\times R)\times1\%/w(SiO_{2配})$

$=(80.5\%-1.9\%\times1.71)\times1\%/5.5\%$

$=0.773\%/5.5\%$

$=0.141$

所以，石灰配比±1%影响碱度±0.141。

因为　石灰置换成石灰石系数=石灰±1%影响碱度/石灰石±1%影响碱度

$=0.141/0.077=1.83$

或　石灰有效CaO量/石灰石有效CaO量$=(80.5\%-1.9\%\times1.71)/$

$(48.5\%-3.65\%\times1.71)$

$=77.25\%/42.26\%$

$=1.83$

所以,石灰置换成石灰石系数为 1.83。

(4) 当前石灰石配比折合成石灰配比 = 5%/1.83 = 2.73%

石灰配比 = 2.73% + 5.7% = 8.43%

所以,此时石灰配比应调整为 8.43%。

2. 影响系数法

影响系数法的计算公式有:

(1) 原料配比波动 ±1%,影响烧结矿 TFe 的计算公式为:

$$\Delta w(\mathrm{TFe}) = \frac{\sum w(\mathrm{TFe})_{i外} + (P_i \pm 1\%)w(\mathrm{TFe})_i(1 - w(\mathrm{H_2O})_i)}{\sum 残存_{i外} + (P_i \pm 1\%)(1 - w(\mathrm{H_2O})_i)(1 - I_{gi})} - w(\mathrm{TFe})_0$$

式中 $\Delta w(\mathrm{TFe})$——烧结矿 TFe 质量分数的波动值,%;

$\sum w(\mathrm{TFe})_{i外}$——除 i 种原料外各种矿粉带入的 TFe 的质量分数之和,%;

P_i——i 种原料的湿配比,%;

$w(\mathrm{TFe})_i$——i 种原料中 TFe 的质量分数,%;

$w(\mathrm{H_2O})_i$——i 种原料中水分的质量分数,%;

$\sum 残存_{i外}$——除 i 种原料外各种原料的残存量之和,%;

I_{gi}——i 种原料的烧损,%;

$w(\mathrm{TFe})_0$——计算的烧结矿 TFe 的质量分数,%。

(2)原料配比波动 ±1%,影响烧结矿碱度 R 的计算公式为:

$$\Delta R = \frac{\sum w(\mathrm{CaO})_{i外} + (P_i \pm 1\%)w(\mathrm{CaO})_i(1 - w(\mathrm{H_2O})_i)}{\sum w(\mathrm{SiO_2})_{i外} + (P_i \pm 1\%)w(\mathrm{SiO_2})_i(1 - w(\mathrm{H_2O})_i)} - R_0$$

式中 ΔR——烧结矿 R 的波动值;

$\sum w(\mathrm{CaO})_{i外}$, $\sum w(\mathrm{SiO_2})_{i外}$——配比中除 i 种原料外各种原料带入的 CaO、SiO_2的质量分数之和,%;

P_i——i 种原料湿配比,%;

$w(\mathrm{CaO})_i$, $w(\mathrm{SiO_2})_i$——i 种原料中 CaO、SiO_2的质量分数,%;

$w(\mathrm{H_2O})_i$——i 种原料中水分的质量分数,%;

R_0——计算的烧结矿 R 值。

(3) 铁料含铁波动 ±1%,影响烧结矿 TFe 的计算公式为:

$$\Delta w(\mathrm{TFe}) = \frac{\sum w(\mathrm{TFe})_{i外} + P_i(1 - w(\mathrm{H_2O})_i)(w(\mathrm{TFe})_i \pm 1\%)}{\sum 残存_{i外} + P_i(1 - w(\mathrm{H_2O})_i)(1 - I_{gi})} - w(\mathrm{TFe})_0$$

式中 $\Delta w(\mathrm{TFe})$——烧结矿 TFe 质量分数的波动值,%;

$\sum w(\mathrm{TFe})_{i外}$——配比中除 i 种矿粉外各种矿粉带入的 TFe 质量分数之和(干基),%;

P_i——i 种原料湿配比,%;

$w(\mathrm{TFe})_i$——i 种原料中 TFe 的质量分数,%;

$w(\mathrm{H_2O})_i$——i 种原料中水分的质量分数,%;

$\sum 残存_{i外}$——除 i 种原料外各种原料的残存量之和,%;

I_{gi}——i 种原料的烧损,%;

$w(\mathrm{TFe})_0$——计算的烧结矿 TFe 的质量分数,%。

(4) 原料 SiO_2波动 ±1%,影响烧结矿 R 的计算公式为:

$$\Delta R=\frac{\sum w(\mathrm{CaO})}{\sum w(\mathrm{SiO_2})_{i外}+P_i(w(\mathrm{SiO_2})_i\pm1\%)(1-w(\mathrm{H_2O})_i)}-R_0$$

式中　ΔR——烧结矿 R 波动值；

$\sum w(\mathrm{CaO})$——各种原料中 CaO 的质量分数之和（干基），%；

$\sum w(\mathrm{SiO_2})_{i外}$——配比中除 i 种矿粉外各种原料中 SiO_2 的质量分数之和（干基），%；

P_i——i 种原料湿配比，%；

$w(\mathrm{SiO_2})_i$——i 种原料中 SiO_2 的质量分数，%；

$w(\mathrm{H_2O})_i$——i 种原料中水分的质量分数，%；

R_0——计算的烧结矿 R 值。

（5）原料 CaO 波动 ±1%，影响烧结矿 R 的计算公式为：

$$\Delta R=\frac{\sum w(\mathrm{CaO})_{i外}+P_i(w(\mathrm{CaO})_i\pm1\%)(1-w(\mathrm{H_2O})_i)}{\sum w(\mathrm{SiO_2})}-R_0$$

式中　ΔR——烧结矿 R 波动值；

$\sum w(\mathrm{SiO_2})$——各种原料中 SiO_2 的质量分数之和（干基），%；

$\sum w(\mathrm{CaO})_{i外}$——配比中除 i 种矿粉外各种原料中 CaO 的质量分数之和（干基），%；

P_i——i 种原料湿配比，%；

$w(\mathrm{CaO})_i$——i 种原料中 CaO 的质量分数，%；

$w(\mathrm{H_2O})_i$——i 种原料中水分的质量分数，%；

R_0——计算的烧结矿 R 值。

例 7　利用上述计算公式，将例 6 所计算的原料配比及成分对烧结矿影响值列成表。

解：原料配比及成分波动对烧结矿的影响值见表 2-8。

表 2-8　原料配比及成分波动对烧结矿的影响　（%）

矿　名	返矿	钢渣	澳矿粉	巴西粗粉	印度粗粉	石灰石	石灰	白云石	焦粉
配比波动 ±1% 影响 TFe 质量分数	±0.02	±0.32	±0.12	±0.13	±0.11	∓0.39	∓0.57	∓0.41	∓0.06
配比波动 ±1% 影响 R	微	∓0.04	∓0.01	∓0.02	∓0.02	±0.08	±0.14	微	∓0.01
含铁波动 ±1% 影响 TFe 质量分数	±0.13	±0.04	±0.27	±0.16	±0.3	微	微	微	微
SiO_2 波动 ∓1% 影响 R	微	±0.01	±0.07	±0.04	±0.08	±0.02	±0.02	±0.01	微
CaO 波动 ±1% 影响 R	±0.02	±0.01	微	微	微	±0.01	±0.01	微	微

例 8　根据原料配比及成分波动的影响，见表 2-9，进行如下快速调整计算。

表 2-9　原料配比及成分波动的影响表

矿　名	峨口矿	尖山矿	进口矿	综合矿	石灰	石灰石	白云石	煤粉
配比波动 ±1% 影响 TFe 质量分数/%	±0.15	±0.15	±0.10	±0.05	∓0.6	∓0.34	∓0.34	∓0.40
配比波动 ±1% 影响 R	∓0.02	∓0.03	∓0.01	∓0.01	±0.1	±0.07	±0.04	∓0.04
含铁波动 ±1% 影响 TFe 质量分数/%	±0.20	±0.15	±0.30	±0.30	—	—	—	—

续表 2-9

矿　名	峨口矿	尖山矿	进口矿	综合矿	石灰	石灰石	白云石	煤粉
SiO_2 波动∓1%影响 R	±0.04	±0.03	±0.07	±0.06	±0.01	±0.03	±0.02	±0.01
CaO 波动±1%影响 R	±0.02	±0.02	±0.03	±0.03	±0.01	±0.015	±0.01	—
配比/%	16	13	24	22	5	9	6	5
范围	TFe 65	TFe 64	TFe 61	TFe 51	CaO 75	CaO 48	CaO 33	C 70

(1) 已知烧结矿合格的考核标准：R 为 1.8±0.15，w(TFe)为±1.0%。今化验烧结矿 R 为2.04，w(TFe)比中限值低0.3%的影响，若将 R 调整到合格需减少多少石灰石配比，石灰石配比减少对烧结矿 w(TFe)的影响如何，烧结矿 w(TFe)是否合格？

(2) 已知烧结矿合格的考核标准：R 为 1.8±0.12，w(TFe)为±0.5%。今化验烧结矿 R 为2.03，w(TFe)比中限值低0.25%的影响，若将 R 调整到中限值需减少石灰石配比多少，石灰石配比减少对烧结矿 w(TFe)的影响如何，烧结矿 w(TFe)是否达到稳定率标准？

(3) 已知烧结矿稳定率的考核标准：R 为 1.8±0.12，w(TFe)为±0.5%。今化验烧结矿 R 为1.58，w(TFe)比中限值高0.2%的影响，若将 R 调整到稳定率标准范围需增配石灰石配比多少，增配石灰石对烧结矿 w(TFe)的影响如何，烧结矿 w(TFe)是否达到稳定率标准？

(4) 已知烧结矿合格的考核标准：R 为 1.9±0.15，w(TFe)为±1.0%。今化验烧结矿 R 为1.64，w(TFe)比中限值高0.3%的影响，若将 R 调整到稳定率标准范围需增加多少生石灰配比，增配生石灰对烧结矿 w(TFe)的影响如何，烧结矿 w(TFe)是否达到稳定率标准？

(5) 已知原烧结矿 R 和 w(TFe)均在中限值，若尖山精矿配比增加5%，试计算尖山精矿配比增高对烧结矿 R 和 w(TFe) 的影响。R 和 w(TFe)是否在合格范围？若 R 不在合格范围，要想达到合格标准，需增配石灰石配比多少，增配石灰石对烧结矿 w(TFe)的影响如何，烧结矿中 w(TFe)是否达到合格标准？

(6) 已知原烧结矿 R 和 w(TFe)均在中限值，若生石灰配比由5%降低到3%，试计算生石灰配比降低对烧结矿 R 和 w(TFe) 的影响。R 和 w(TFe)是否在合格范围？若 R 不在合格范围，要想达到合格标准，需增配石灰石配比多少，增配石灰石对烧结矿 w(TFe)的影响如何，烧结矿 w(TFe)是否达到合格标准？

(7) 已知原烧结矿 R 和 w(TFe)均在中限值，若煤粉配比由5%增加到8.5%，试计算煤粉配比增加对烧结矿 R 和 w(TFe)的影响。R 和 w(TFe)是否在稳定率标准范围？若 R 不在稳定率标准范围，要想达到稳定率标准，需增配石灰石配比多少，增配石灰石对烧结矿 w(TFe)的影响如何，烧结矿 w(TFe)是否达到稳定率标准？

解：(1) 设 $x_{石灰石}$ 为石灰石配比的变化量，则

$$-1\% \qquad -0.07$$

$$x_{石灰石} \qquad -(2.04-1.8)$$

$$(-1\%)\times(-0.24)=(-0.07)x_{石灰石}$$

$$x_{石灰石}=-3.43\%$$

当 $x_{石灰石}=-1.29\%$ 时，对烧结矿 w(TFe)的影响为：

$$-1\% \qquad 0.34\%$$

-3.43%　　$w(TFe)$

$(-1\%)\times w(TFe)=(-3.43\%)\times 0.34\%$

$w(TFe)=1.17\%$

那么,$1.17\%-0.3\%=0.87\%$, w(TFe)合格。

即R调整到合格减少石灰石配比3.43%,烧结矿w(TFe)提高1.17%,综合考虑烧结矿w(TFe)合格。

(2) 设$x_{石灰石}$为石灰石配比的变化量,则

-1%　　-0.07

$x_{石灰石}$　　$-(2.03-1.8)$

$(-1\%)\times(0.23)=(-0.07)x_{石灰石}$

$x_{石灰石}=-3.29\%$

当$x_{石灰石}=-3.29\%$时,对烧结矿w(TFe)的影响为:

-1%　　0.34%

-3.29%　　$w(TFe)$

$(-1\%)\times w(TFe)=(-3.29\%)\times 0.34\%$

$w(TFe)=1.12\%$

那么,$1.12\%-0.25\%=0.87\%$, w(TFe)未达到稳定率标准。

即R调整到中限值减少石灰石配比3.29%,影响烧结矿w(TFe) 1.12%,综合考虑烧结矿w(TFe)未达到稳定率标准。

(3) 设$x_{石灰石}$为石灰石配比的变化量,则

1%　　0.07

$x_{石灰石}$　　$1.68-1.58$

$1\%\times 0.1=0.07\,x_{石灰石}$

$x_{石灰石}=1.43\%$

当$x_{石灰石}=1.43\%$时,对烧结矿w(TFe)的影响为:

1%　　-0.34%

1.43%　　$w(TFe)$

$1\%\times w(TFe)=(-0.34\%)\times 1.43\%=-0.49\%$

那么,$0.2\%-0.49\%=-0.29\%$, w(TFe)能达到稳定率标准。

即R若要达到稳定率标准需要增配石灰石1.43%,增配石灰石降低烧结矿w(TFe) 0.49%,综合考虑烧结矿w(TFe)能达到稳定率标准。

(4)设$x_{生石灰}$为生石灰配比的变化量,则

1%　　0.1

$x_{生石灰}$　　$1.75-1.64$

$1\%\times 0.11=0.1\,x_{生石灰}$

$x_{生石灰}=1.1\%$

当$x_{生石灰}=1.1\%$时,对烧结矿w(TFe)的影响为:

1%　　-0.6%

1.1%　　$w(TFe)$

$w(TFe) = (-0.6\%) \times 1.1\% = -0.66\%$

那么，$0.3\% - 0.66\% = -0.36\%$，w(TFe)能达到稳定率标准。

即 R 若要达到稳定率标准需要增配石灰石 1.1%，增配石灰石降低烧结矿 w(TFe) 0.66%，综合考虑烧结矿 w(TFe)能达到稳定率标准。

(5)尖山精矿配比增高时，因

1%　　　　-0.03

5%　　　　R

$R = 5\% \times (-0.03\%)/1\% = -0.15$

1%　　　　0.15%

5%　　　　w(TFe)

$w(TFe) = 5\% \times 0.15\%/1\% = 0.75\%$

所以，R 和 w(TFe)均不合格。

设 $x_{石灰石}$ 为石灰石配比的变化量，则

1%　　　　0.07

$x_{石灰石}$　　　　$0.15 - 0.12 = 0.03$

$x_{石灰石} = 0.03 \times 1\%/0.07 = 0.43\%$

当 $x_{石灰石} = 0.43\%$ 时，对烧结矿 w(TFe)的影响为：

1%　　　　-0.34%

0.43%　　　　w(TFe)

$w(TFe) = 0.43\% \times (-0.34\%)/1\% = -0.15\%$

那么，$0.75\% - 0.15\% = 0.6\%$，w(TFe)没有达到合格标准。

即增加尖山精矿配比使烧结矿 R 降低 0.15，w(TFe)降低 0.75%；R 和 w(TFe)均不合格。R 若要达到合格标准需要增配石灰石 0.43%，增配石灰石降低烧结矿中 w(TFe) 0.15%，烧结矿 w(TFe)综合考虑未达到合格标准。

(6)当生石灰配比由 5% 降低到 3% 时，因

1%　　　　0.1

-0.2%　　　　R

$R = 0.1\% \times (-2\%)/1\% = -0.2$

1%　　　　-0.6%

-2%　　　　w(TFe)

$w(TFe) = (-0.6\%) \times (-2\%)/1\% = 1.2\%$

所以，R 和 w(TFe)均不合格。

设 $x_{石灰石}$ 为石灰石配比的变化量，则

1%　　　　0.07

$x_{石灰石}$　　　　$0.2 - 0.15 = 0.05$

$x_{石灰石} = 0.05 \times 1\%/0.07 = 0.71\%$

当 $x_{石灰石} = 0.71\%$ 时，对烧结矿 w(TFe)的影响为：

1%　　　　-0.34%

0.71%　　　　w(TFe)

$w(\mathrm{TFe})=0.71\%\times(-0.34\%)/1\%=-0.24\%$

那么，$1.2\%-0.24\%=0.96\%$，$w(\mathrm{TFe})$达到合格标准。

即降低生石灰配比使烧结矿 R 降低 0.2，$w(\mathrm{TFe})$降低 1.2%；R 和 $w(\mathrm{TFe})$均不合格。R 若要达到合格标准需要增配石灰石 0.71%，增配石灰石降低烧结矿 $w(\mathrm{TFe})$ 0.24%，烧结矿 $w(\mathrm{TFe})$综合考虑达到合格标准。

(7) 当煤粉配比由 5% 增加到 8.5% 时，因

1%	−0.04
3.5%	R

$R=3.5\%\times(-0.04\%)/1\%=-0.14$

1%	−0.4%
3.5%	$w(\mathrm{TFe})$

$w(\mathrm{TFe})=(-0.4\%)\times3.5\%/1\%=-1.4\%$

所以，R 和 $w(\mathrm{TFe})$均未达到稳定率标准。

设 $x_{石灰石}$为石灰石配比的变化量，则

1%	0.07
$x_{石灰石}$	0.14 − 0.12 = 0.02

$x_{石灰石}=0.02\times1\%/0.07=0.29\%$

当 $x_{石灰石}=0.29\%$ 时，对烧结矿 $w(\mathrm{TFe})$的影响为：

1%	−0.34%
0.29%	$w(\mathrm{TFe})$

$w(\mathrm{TFe})=0.29\%\times(-0.34\%)/1\%=-0.1\%$

那么，$-1.4\%-0.1\%=-1.5\%$，$w(\mathrm{TFe})$达不到稳定率标准。

即增加煤粉配比使烧结矿 R 降低 0.14，$w(\mathrm{TFe})$降低 1.4%；R 和 $w(\mathrm{TFe})$均未达到稳定率标准。R 若要达到稳定率标准需要增配石灰石 0.29%，增配石灰石降低烧结矿 $w(\mathrm{TFe})$ 0.1%，烧结矿 $w(\mathrm{TFe})$综合考虑达不到稳定率标准。

（五）过渡配料计算

公式推导：

$$加(或减)石灰石配比=\frac{返矿配比\times返矿有效\ CaO\ 质量分数}{石灰石有效\ CaO\ 质量分数} \tag{2-3}$$

$$返矿配比=\frac{返矿皮带上的返矿量\times(84.6/82.8)}{料批} \tag{2-4}$$

式中　84.6——烧结厂混矿皮带速度，m/min；

82.8——皮带速度，m/min。

将式(2-4)代入式(2-3)得：

$$加(或减)石灰石配比=\frac{返矿量\times(84.6/82.8)\times返矿有效\ CaO\ 质量分数}{料批\times石灰石有效\ CaO\ 质量分数}$$

例 9　高碱度返矿向低碱度料中搭配的计算（即降低烧结矿碱度的变料计算）。已知：料批 60 kg/m，皮带速度 82.8 m/min，返矿量 18 kg/m，皮带速度 84.6 m/min，碱度由 1.8 降到

1.6。高碱度返矿成分：w(CaO)为 14.2%，$w(SiO_2)$ 为 7.8%。石灰石成分：w(CaO) 为 49.0%，$w(SiO_2)$ 为 1.9%，$w(H_2O)$为4%。求配用旧返矿期间减少石灰石配比(湿)多少？

解：

$$\text{减少石灰石配比(干)} = \frac{18\times(84.6/82.8)\times(7.8\%\times1.6-14.2\%)}{60\times(49.0\%-1.9\%\times1.6)}$$

$$= \frac{18\times1.02\times(-1.72\%)}{60\times45.96\%} = \frac{-31.58\%}{2757.6\%} = -1.15\%$$

所以，$\text{石灰石湿配比} = \frac{\text{干配比}}{1-w(H_2O)} = \frac{-1.15\%}{100\%-4\%} = -1.2\%$。

例 10　低碱度返矿向高碱度料中搭配的计算(即提高烧结矿碱度 R 的变料计算)。已知：返矿流量 18 kg/m，皮带速度 84.6 m/min，配料室料批 60 kg/m，皮带速度 82.8 m/min。低碱度返矿成分：w(CaO)为 12.3%，$w(SiO_2)$为 7.6%。石灰石成分：w(CaO)为 49.5%，$w(SiO_2)$为 1.8%，$w(H_2O)$为4%。求现生产碱度 1.8 时，在配用旧返矿 30 min 内应增加石灰石配比(湿)多少？

解：

$$\text{增加石灰石配比} = \frac{18\times(84.6/82.8)\times(7.6\%\times1.8-12.3\%)}{60\times(49.5\%-1.8\%\times1.8)}$$

$$= \frac{18\times1.02\times1.38\%}{60\times46.26\%} = \frac{25.34\%}{2775.6\%} = 0.91\%$$

(六) 用 Excel 表格做配料计算

随着计算机在工序控制中的广泛应用，不少企业相继编制了烧结配料计算程序，实现了烧结配料的快速、准确计算，但配料调整问题仍未解决，且由于操作相对复杂，配料计算往往仍由专业人员进行。Microsoft-Excel 软件技术可方便地实现烧结配料计算和调整，且操作简便，易于掌握。

以某烧结厂使用的原料条件为例，利用 Excel 进行验算法配料计算，计算结果见表 2-10。

表 2-10　验算法配料计算电子表格部分

	A	B	C	D	E	F	G	H	I	J	K	L	M	N	O
1	烧结生产配料计算一览表														
2	名　称	湿配比	TFe	SiO_2	CaO	MgO	H_2O	烧损	干配比	残存	TFe	SiO_2	CaO	MgO	吨矿单耗
3	巴西粉	12.82	63.50	5.50	0.00	0.65	7.00	2.02	11.92	11.68	7.57	0.66	0.00	0.08	146.1702
4	返　矿	11.50	54.00	6.95	10.43	3.72	6.00	0.64	10.81	10.74	5.84	0.75	1.13	0.40	132.5602
5	石灰石	5.00		3.65	48.50	3.43		40.00	5.00	3.00	0.00	0.18	2.43	0.17	61.31368
6	白云石	3.40		3.00	4.29	42.33		36.00	3.40	2.18	0.00	0.10	0.15	1.44	41.6933
7	钢　渣	3.00	24.47	7.95	38.72	11.04	6.10	1.73	2.82	2.77	0.69	0.22	1.09	0.31	34.54412
8	澳矿粉	23.50	62.85	4.80	0.00	0.51	7.60	2.00	21.71	21.28	13.65	1.04	0.00	0.11	266.273
9	印度粉	28.00	60.65	8.70		0.39	12.50	4.40	24.50	23.42	14.86	2.13	0.00	0.10	300.437
10	焦　粉	5.90		4.50	0.80		10.0	90.00	5.31	0.53		0.24	0.04	0.00	65.11512
11	石　灰	6.88		1.90	80.50	5.10		13.54	6.88	5.95	0.00	0.13	5.54	0.35	84.40365
12	合　计	100.00							92.35	81.55	42.60	5.46	10.37	2.96	1132.51
13	烧结矿成分		TFe =	52.242		SiO_2 =	6.69		CaO =	12.72		R =	1.90		

续表 2-10

	A	B	C	D	E	F	G	H	I	J	K	L	M	N	O
14	考核基数		TFe =	53.00								R =	1.9		
15															
16		1	1	19.70											
17		-0.097185	0.7689	4.046665											

1. 利用 Excel 进行验算法配料计算的程序

利用 Excel 进行验算法配料计算的程序为：

（1）运行计算机，进入 Microsoft Excel，打开一张空白表。

（2）在相应单元格中输入要计算原料的品种及项目。如在第一行表格中输入表名“烧结生产配料计算一览表”；在相应的 A2、B2、…、Q2 单元格中依次输入：名称、湿配比、TFe、…、吨矿单耗等项目；在相应的单元格 A3、…、A14 中输入：巴西粉、返矿、…、考核基数等项目。

（3）在相应的单元格中输入计算条件。如在（C3∶H11）区域的单元格中输入对应的原料成分、水分和烧损；在 C14 和 D14 单元格中分别输入“TFe =”和考核基数“53.00”；在 L14 和 M14 单元格中分别输入“R =”和考核基数“1.90”。

（4）在（B3∶B11）区域的单元格中输入以经验确定的要验算的湿料配比。

（5）在需要由计算而得到相应数据的单元格中输入相应的计算公式并可同时得到相应的计算结果：

1）在 I3 单元格中输入公式“=B3 * (1 - G3%)”，J3 单元格中输入公式“=(1 - H3%) * I3”，在 K3 单元格中输入公式“=I3 * C3/100”，在 L3 单元格中输入公式“=I3 * D3/100”等，可以得出各自的计算结果，即干料配比、残存量、TFe、SiO_2 量等。

同理，可在相关区域内的单元格中建立其他原料的验算公式，并得到验算结果。

2）在（I12∶O12）区域内的单元格中建立累计，即各种计算结果的求和公式，并同时得到累计结果。

3）在（O3∶O11）区域内的单元格中建立多种物料的单耗公式，并同时得到相应的结果。在单元格 O3 中输入公式“=I3/J12 * 1000”，即可得到影响结果 146.17 kg/t。

4）计算烧结矿成分。在单元格 D13 中建立公式“=K12/J12 * 100”，在单元格 G13 中建立公式“=L12/J12 * 100”，在单元格 J13 中建立公式“=M12/J12 * 100”，可同时在其相应的单元格中得到 TFe、CaO、SiO_2 的计算值；在 M13 单元格中建立公式“=M12/L12”，同时得到 R 的计算结果。

（6）配比调整。将计算结果与考核基数进行对比，若不满意，可调整湿料配比，并即刻得到调整后的质量结果数据，直到满意为止。这样，配料操作者便可快速、准确、方便、直观地得到自己所需要的配比。

以上“烧结生产配料计算一览表”电子表格建立后，若生产过程中某种原料的成分发生变化，则以变化后的新原料成分修正原来的原料成分，便可立即得到对应的质量结果，同时可根据此结果调整生产中的配比。此电子表格保留后，以后需要计算配料比时，无需再建立新的电子表格，直接修改表格中的原料成分、湿料配比即可。

2. *以验算法为基础的方程法*

一般验算法中，烧结配料的计算调整是通过调整一种高 w(TFe)含铁原料(单烧 w(TFe)高于规定考核基数值)和一种低 w(TFe)含铁原料(单烧 w(TFe)低于规定考核基数值)及熔剂配比(其他原料配比预先固定)来实现烧结矿 w(TFe)和 R 控制的目的。这样，在配料计算中就有 3 个未知数需要确定。为了在给定的原料条件下生产尽可能高的 TFe 烧结矿，作为调整烧结矿 w(TFe)的低 w(TFe)原料往往被限制在很小的配比量范围内或几乎固定不变。这样，计算配比就只需要调整高 w(TFe)原料和一种熔剂配比即可。现以表 2-10 为例，来说明以验算法为基础的方程法配料计算程序：

(1)“烧结生产配料计算一览表”的建立和计算条件的输入(方法同验算法配料计算)。

(2) 在湿料配比单元格(B3:B11)区域内的(B4:B10)单元格中分别输入预先确定的各种原料配比。在需由计算而得到的相应数据的单元格内建立相应的计算公式，并可同时得到相应的结果(同验算法配料比计算)。

(3) 在 B3 和 B11 单元格内分别建立由公式计算所得到的湿料配比。B3 和 B11 单元格的公式可利用 $\sum CaO/\sum SiO_2 = R$(考核基数)和 SUM(B3:B11) = 100 建立的二元一次方程组求解得出。所列方程为：

$$x + y = 100 - \mathrm{SUM(B4:B10)}$$

$$\frac{x(1-\mathrm{G3\%})\times \mathrm{E3\%} + \mathrm{SUM(M4:M10)} + y(1-\mathrm{G11\%})\times \mathrm{E11\%}}{x(1-\mathrm{G3\%})\times \mathrm{D3\%} + \mathrm{SUM(L4:L10)} + y(1-\mathrm{G11\%})\times \mathrm{D11\%}} = \mathrm{M14}$$

在单元格 B16 和 C16 中分别输入 1，在 D16 单元格中建立公式“=100 - SUM(B4:B10)”；在单元格 B17 中建立公式“=(1 - G3%) * (E3% - M14 * D3%)”，在单元格 C17 中建立公式“=(1 - G11%) * (E11% - M14 * D11%)”，在单元格 D17 中建立公式“= M14 * SUM(L4:L10) - SUM(M4:M10)”，则分别得到上述两个方程的系数。在 B3 单元格中建立公式“=(D16 * C17 - D17)/(C17 - B17)”，在 B11 单元格中建立公式“=(D16 * B17 - D17)/(B17 - C17)”，则可得到巴西粉与石灰配比的计算值。

(4) 配比调整。该方法输出的 R 计算结果由方程求得，不需要调整；若 w(TFe)与考核基数有差异，只需调整一种低 w(TFe)原料的配比即可，较验算法配料计算更快捷、方便。

配料调整时应注意的问题：

(1) 滞后现象。配料比或给料量调整后有滞后现象，取样时要到第二、第三个样才能反映出来。例如，烧结矿要求 w(TFe) = 50% ± 1%，第一次的化验样 w(TFe) = 49.2%，偏低。调整时有两种措施，第一种是把配料的计算铁调至 50%，当第二次化验升高至 49.5% 时，说明铁品位已调至正常。如果再调整的话，烧结矿的铁就会出格。第二种措施是把配料的计算铁调至 50.8%，但时间要严格控制在从配料到成品烧成的时间的 2/3，随后就恢复到按铁 50% 的计算进行正常操作。

(2) 兼顾其他成分的变化。调整铁分时，要注意碱度等的变化。如铁分正常、碱度低时，调整时除增加石灰石用量外，还要适当调高铁分。又如烧结矿的碱度和铁分偏高时，可以用低铁原料置换高铁原料。因为低铁原料的 SiO_2 含量高，所以可以不增加或少增加熔剂的用量。

（3）返矿的影响。在返矿不增加配料的工艺中，当烧结操作失常，生产返矿恶性循环时，返矿量大幅度增加会造成烧结矿的铁分降低以及碱度的暂时偏低。当烧结过程恢复正常时，又会向相反方向发展。

（4）除尘器放灰的影响。为保护环境，烧结厂都采用除尘器收集扬尘点的灰尘。除尘器收集的灰尘，一般都是直接卸到混合料皮带上，作为烧结的原料。这些灰尘含 SiO_2 较高，CaO 较低，因此放灰时，必然会使烧结矿碱度降低。所以，除尘器放灰时，应适当增加熔剂的配比，使烧结矿碱度符合要求。

（七）配料操作

1. 影响配料准确性的因素

影响配料准确性的因素有：

（1）物料水分的影响。原料水分的波动不仅影响堆积密度，还影响圆盘给料量的均匀性，使配料的准确性变差。当原料水分提高时，物料在矿槽内经常产生"崩料"、"悬料"现象，破坏了配料的连续性和准确性。

（2）物理、化学性能的影响。化学成分的波动直接影响烧结矿成分的波动，如全烧单一精矿粉时，原料 $w(TFe)$ 波动 ±1%，影响烧结矿铁波动 ±(1% ~1.4%)。烧结用料品种多、来源广、成分杂，若事先未经很好地混匀，其成分波动是很大的，如国内精粉较国外矿波动大。

同一种物料，由于组成粒度不同，则不同粒度的堆积密度和其他物理性质是有差别的，因此在同一闸门开启度时下料量也不会一样。

（3）矿槽存料量的影响。圆盘给料是借助摩擦力、离心力和机械作用力来完成的，而摩擦力的大小与料柱的正压力成比例关系。因此，矿槽内存料量的波动会破坏圆盘给料的均匀性。

（4）设备性能的影响。设备性能的好坏对保证均匀给料、准确称量是很重要的，如圆盘的水平度、衬板的磨损情况、圆盘与矿槽的同心度、电子皮带秤的精度、转差离合器或调速电机的稳定性、配料皮带的速度等都会影响配料的质量。

（5）外加料的影响。冷返矿、高炉炉尘、水封拉链料、机头机尾电场灰等若添加不当或添加不匀，都会带来严重的影响。因此，在实际生产过程中，都制定了具体制度，对杂料的存放、使用进行规范，如自循环返矿根据有无机尾除尘灰进行分仓存放等。

（6）操作不当和失职带来的影响。在生产过程中，矿槽料位不断变化，将引起物料静压力变化。随着物料静压力的下降，物料给出量减少，因此，矿槽内存料量的变化会破坏圆盘给料的均匀性；而当原料中有大块物料或杂物时，会使下料不畅，以致堵塞圆盘的闸门。所以，应加强矿槽的料位管理，确保料位稳定。另外，如操作不精心、岗位责任心不强，容易造成如混料、断料等现象，这些都会影响成分稳定。

由于自循环返矿在配料计算中视为常数，当烧结操作失常，产生返矿恶性循环时，对配料的准确性将会带来极大的影响。

（7）取样制样代表性不强、化验的失误等。

综上所述，要想确保配料准确，配料室一定要做到"五勤一准"要求。配料室的"五勤一准”操作内容为：“五勤”，即勤检查、勤联系、勤分析判断、勤计算调整、勤总结交流；“一准”，即配料准确。

(1)“勤检查”即随时观察原料粒度、颜色、水分、给料量的情况。

(2)“勤联系”即经常与内外控、抓斗吊、返矿、烧结机、分析化验等岗位取得联系。

(3)“勤分析判断”即经常分析判断原料成分、给料量、配比与烧结矿的情况，不断提高分析能力与操作水平。

(4)“勤计算调整”即根据分析判断情况，及时进行计算调整。

(5)“勤总结交流”即及时总结当班配料的经验教训，并毫无保留地与下班交流。

(6)“配料准确”，其总的含义应该是：水分稳定、粒度均匀、下料精确、给料连续、判断准确、调整及时、成分合格。

2. 配料正常操作

配料正常操作为：

(1) 严格按配料单准确配料，圆盘给料机的闸门开口度要保持适度，闸门开口度的高度要保持相对稳定，保证下料量稳定。下料量允许波动范围为：铁矿粉 ±0.5 kg/m，熔剂、燃料 ±0.1 kg/m，其他原料 ±0.1 kg/m。

(2) 配炭量要达到最佳值，保证烧结燃耗低，烧结矿中 FeO 含量低。

(3) 根据原料成分、烧结矿成分波动类型进行综合计算，及时调整配比，总配比保证在 100% ±5% 范围内。高碱度变低碱度或低碱度变高碱度时，应根据热返矿成分和数量进行过渡配料计算及调整；在成分、水分波动较大时，根据实际情况做适当调整，确保配合矿成分稳定。

(4) 总料批及燃料的配比要根据烧结工的要求在 1min 内及时准确地调整好，并随时观察微机显示屏上各种原料的瞬时下料情况，发现异常要及时与有关人员联系处理。关于下料千克数，每班必须全面端盘称料四次（接班后每隔 2 h 一次）。

(5) 生产中，岗位工人必须在现场巡回检查，检查出料口是否有堵卡现象，检查矿槽中料位是否在 1/3 ~ 2/3 之间，检查原燃料、热返矿、冷返矿、高炉炉尘的粒度和颜色的变化，检查电子秤的仪表显示是否与微机显示及下料量相符，发现料中有大块要及时拣出，发现问题要及时汇报处理。

(6) 同一种原料的配料仓必须轮流使用，以防堵料、水分波动等现象发生。

(7) 冷返矿、高炉炉尘不允许集中排放，执行计划配比。

(8) 要经常检查清扫电子秤的积灰积料，电子秤皮带托辊要保持转动灵活，不能有黏料。电子秤由机动科负责每季组织标定一次，误差不得超过 1.5%。

(9) 做好上料情况与变料情况的原始记录。

3. 配料异常操作

配料异常操作为：

(1) 生产中，室外必须至少一人值班，某一种原料因设备故障或其他原因造成断料或下料不正常时，必须立即用同类原料代替，开启配料备用设备，并及时汇报，变更配料比。设备故障及时汇报、协助维修处理；电子秤下料量超过误差规定立即汇报中控室校秤，做好记录。

配料系统常见故障的原因与处理方法见表 2-11。

表 2-11　配料系统常见故障的原因与处理方法

序号	故障性质	现　象	原　因	处理方法
1	圆盘转不动	圆盘爬行，转不动	(1)料中有大块卡住； (2)调速控制器坏； (3)接手键滚； (4)圆盘轴承坏	(1)检查处理； (2)排除异物
2	电机故障	电机声响不正常，开不起来	负荷大，选择开关、事故开关位置不对或接触不良	找电工检查处理
3	减速机故障	减速机轴承温度高，有杂声	(1) 齿轮咬合不正，缺油； (2) 轴承间隙小，横轴缺油	(1) 检查加油； (2) 调整间隙
4	撒料	撒料	(1)下料量太大； (2)外围圈不能及时调整； (3)挡料皮、挡料板坏	(1)减少下料量； (2)检查调整外围圈； (3)更换挡料板
5	出料异常	出料不畅、堵料	(1)料仓黏料严重； (2)出料口被杂物堵死； (3)刮刀不合适或出料口小	检查处理

(2) 当电子秤不准，电子秤实际配比与微机给定配比不符时，生产上常将不准的电子秤的配比加大或缩小来保证电子秤下料量与微机给定的下料量相同，并采用人工跑盘称料，增加称料频次。

(3) 在微机出现故障不能自动控制时，应采用手动操作。

(4) 在采取应急操作后，要马上通知大组长，请有关部门立即处理。应急操作不可长时间使用，岗位工人要做记录，在交班时要核算出各种物料的使用量及上料时间等参数，并记入原始记录。

(5) 岗位检修、处理故障、试车需开停机操作。具体如下：

1）开机前的准备工作。检查各圆盘给料机、配料皮带秤、皮带机等所属设备，以及各安全装置是否完好；检查矿槽存料是否在2/3左右。

2）集中连锁控制下的开停机操作。集中连锁操作由中心控制室进行，岗位接到主控室开机通知后，负责将设备“选择开关”打到“自动”位置，待配料皮带运行后，通知主控室上料；岗位接到主控室停机通知后，到现场监护停机，停机后将“选择开关”打到“零”位。在正常情况下，要优先选择集中连锁操作。

3）非连锁控制下的开停机操作。非连锁操作（由配料岗位进行），试车时通知主控室，得到同意后，将“选择开关”拨向“手动”位置，首先按“打铃”按钮，然后按“启动”按钮，启动顺序为先开启有关皮带机，再开启所用原料的配料皮带秤，最后开启相应的圆盘给料机。停机时，按“停机”按钮，停机与开机顺序相反，停机后将“选择开关”拨向“停止位置”，通知主控室并汇报试车情况。正常情况下，要优先选择集中连锁操作。

配料操作的注意事项：

(1) 随时检查下料量是否符合要求，根据原料粒度、水分及时调整下料量。

(2) 运转中随时注意圆盘料槽的黏料、卡料情况，保证下料畅通均匀。

(3) 及时向供料组反映各种原料的水分、粒度、杂物等变化情况。

(4) 运转中应经常注意设备声音，如有不正常声响应及时停机检查处理。

(5) 应注意检查电机轴承的温度，不得超过55℃。

(6) 圆盘在运转中突然停止，应详细检查，确无问题或故障排除后，方可重新启动，如再次启动不了，不得再继续启动，应查出原因后进行处理。

三、相关知识

(一) 烧结矿碱度

1. 碱度的分类

碱度 R 是烧结矿的碱性氧化物与酸性氧化物质量分数的比值。碱度有：二元碱度 $R = w(CaO)/w(SiO_2)$，三元碱度 $R = w(CaO + MgO)/w(SiO_2)$，四元碱度 $R = w(CaO + MgO)/w(SiO_2 + Al_2O_3)$。

烧结矿按碱度分为3种：普通烧结矿、自熔性烧结矿和高碱度烧结矿。

普通烧结矿又称为酸性烧结矿，即烧结矿的碱度低于高炉炉渣的碱度，一般都小于1.0，这种烧结矿在入炉冶炼时需加入一定数量的熔剂。

自熔性烧结矿的碱度等于或稍高于高炉炉渣的碱度，一般为1.2～1.5，其烧结矿在入炉冶炼时不需另加熔剂。

高碱度烧结矿又称为熔剂性烧结矿，其碱度高于高炉炉渣的碱度，一般都大于1.5。其烧结矿在入炉冶炼时，可以代替部分或全部熔剂，可常与富矿或酸性烧结矿、酸性球团矿配合使用。

2. 高碱度烧结矿的特点

现在普遍生产的是高碱度烧结矿，其特点为：

(1) 强度高，稳定性好，粒度均匀，粉末少。

(2) 具有良好的还原性，这是因为高碱度烧结矿是以易还原的铁酸钙为主要液相；随碱度提高，烧结矿中FeO降低，还原性得到改善；高碱度烧结矿处于还原性最好的结构状态，其中的磁铁矿晶粒细小且密集，并被铁酸钙包裹或溶蚀。

(3) 软化开始温度和软化终了温度均有所下降。

(4) 硫含量有所提高，这是因为烧结料中的CaO有吸硫作用，形成CaS留于烧结矿中。

3. 烧结中配加白云石的目的

烧结料中加入白云石主要是为了提高烧结矿的MgO含量，从而改善烧结矿的低温还原粉化性能，并改善高炉炉渣的流动性。

(二) 配料意义、方法及要求

1. 配料意义

配料是高炉优质、高产、低耗的先决条件，是获得优质烧结矿的前提。烧结矿使用的原料种类多，物理化学性质各不相同。为了合理综合利用国家资源，生产出符合高炉冶炼要求而且成分相对稳定的烧结矿，同时还要兼顾生产过程的要求，烧结厂必须根据本厂原料的供应情况及物理化学性质选择合适的原料，通过计算确定配料比，并严格按配比确定每条皮带电子秤下料量，经常进行质量检查，及时调整。

2. 配料方法

目前国内常用的配料方法有两种,即容积配料法和质量配料法。

容积配料法是利用物料的堆积密度,通过给料设备对物料容积进行控制,达到配加料所要求的添加比例的一种方法。此法优点是设备简单,操作方便。其缺点是物料的堆积密度受物料水分、成分、粒度等影响。所以,尽管闸门开口大小不变,若上述性质改变时,其给料量往往不同,造成配料误差。

质量配料法是按照物料质量进行配料的一种方法,该法是借助于皮带电子秤和定量给料自动调节系统实现自动配料的。其优点是:质量配料比容积配料更加精确,特别是对添加数量较少的原料,这一点更明显。

除这两种配料法外,化学成分配料是一种目前最为理想的配料方法。它采用先进的在线检测技术,随时测出原料混合料成分并输入微机进行分析、判断、调整,使烧结矿质量稳固在高水平。这种方法在国外也处于开发阶段,我国的宝钢和首钢已具备开发这种方法的条件。

3. 烧结工艺对配料作业的要求

对配料的基本要求是准确,即按照计算所确定的配比连续稳定地配料,把实际下料量的波动值控制在允许的范围内,不发生大的偏差。生产实践表明,当配料产生偏差时,将影响烧结过程的正常进行并引起烧结矿产量和质量的波动。例如,当固体燃料配入量波动±0.2%时,就足以引起烧结矿强度和还原性的变化;含铁原料配入量的波动会引起烧结矿铁含量的波动;熔剂配入量的波动则会引起烧结矿碱度的波动,而烧结矿成分的波动会导致高炉炉温、炉渣碱度的变化,对高炉炉况的稳定顺行带来不利影响。因此,各国都非常重视烧结矿化学成分的稳定性。为了保证烧结矿成分的稳定,在烧结生产中,当烧结机所需的上料量发生变化时,需按配料比准确计算各种料在每米皮带或单位时间内的下料量;而当料种或原料成分发生变化时,则应按规定的要求重新计算配料比,并准确预计烧结矿的主要化学成分。

配料时,首先根据原料成分和高炉冶炼对烧结矿化学成分的要求进行配料计算,以保证烧结矿的铁含量、碱度、FeO 含量和硫含量等主要指标控制在规定范围内,然后选择适当的配料方法和设备,以保证配料的准确性。

总之,烧结对配料作业的要求可归纳为:

(1) 达到考核指标要求,如 $w(TFe)$、碱度的稳定;

(2) 达到高炉对杂质和化合物的要求,如 S、P、MgO、Al_2O_3、SiO_2等的含量达到要求;

(3) 满足烧结的烧结性能和燃料要求,如各种原料搭配合理,煤粉的用量适当;

(4) 根据供料情况合理利用资源,如澳矿粉限量,杂料配用。

(三) 现场配料计算法

烧结过程是一个非常复杂的氧化还原过程,氧的得失很难确定,原料成分的波动和水分的大小均会对最终结果产生影响,而要精确进行烧结配料的理论计算,在烧结生产中显得尤为麻烦,并且要占用大量的时间,所以,现场配料计算一般多采用简易计算方法,归纳起来大致有如下几种:

(1) 反推计算法。该法是先假定一个配料比,并根据各种原料的水分、烧损、化学成分等原始数据,计算出烧结矿的化学成分,当计算结果符合生产要求时,即可按此料比进行组织生产;如果不符,再重新进行调整计算,直至满足生产要求为止。如果在实际生产中,所计算的配比和实际有误差,可分析其产生误差的原因,并再次进行调整计算。生产中如何确定配料比,也是大家所关心的一个问题,实际上配料比的确定常常是根据炼铁生产对烧结矿的质量指标的要求和原料供应状况以及原料成分等,并结合生产成本进行合理的搭配,反复计算,得出最终使用的配料比。

(2) 分析计算法。该法是通过已知数据列出数个方程联立求解,虽然能满足配料要求,但运算仍较麻烦。

(3) 行列式计算法。该法在解方程组时比较方便,但对行列式不太熟练的人计算仍较麻烦。

(4) 单烧计算法。该法是首先将各种矿粉进行单烧法计算列成表,然后进行综合计算。该种方法计算较为简便,但原料化学成分波动较大时不宜采用该方法。

(5) 图解计算法。该法又分三元图解法和单烧图解法。图解法的优点是简捷。三元图解法用于一次配料最为合适,但超过三元就不行了。单烧图解法仍然不适于用在原料成分波动较大的场合。

(6) 快速调整计算法。该法又分为有效 $CaO(SiO_2)$ 计算法和影响系数计算法。目前,这两种方法在快速调整计算方法中是较好的方法,尤其是影响系数计算法更好。

(四) 配料设备

1. 圆盘给料机

目前,烧结厂容积法配料中广泛采用的配料设备是圆盘给料机。其作用是在一定的时间内,从矿槽中给出一定数量的物料,从而得到所需成分的混合料。

烧结配料圆盘给料机构造如图 2-3 所示。它由传动机构、圆盘、套筒和调节给料量的闸门及刮刀组成。电动机经联轴器通过减速机来带动圆盘。圆盘转动时,料仓内的物料随圆盘一起运动并向出料口的一面移动,经闸门或刮刀排出物料。排出量的大小可用闸门或刮刀装置来调节,当精矿或粉矿用量较大时,宜用带活动刮刀的套筒;而熔剂或燃料用量小,而且要求精确性高时,宜用闸门式套筒。

圆盘给料机按其传动机构封闭与否,分为封闭式和敞开式两种。封闭式圆盘给料机传动的齿轮及轴承等部件装在刚度较大的密封壳里,因而有着良好的润滑条件,检修周期长,但设备重、造价高、制造困难,现在烧结厂普遍采用。

圆盘给料机给料量波动的原因有:圆盘和料槽不同心,盘面不水平,盘面衬板磨损程度不同,原料水分变化,物料粒度变化,矿槽内料位的变化。

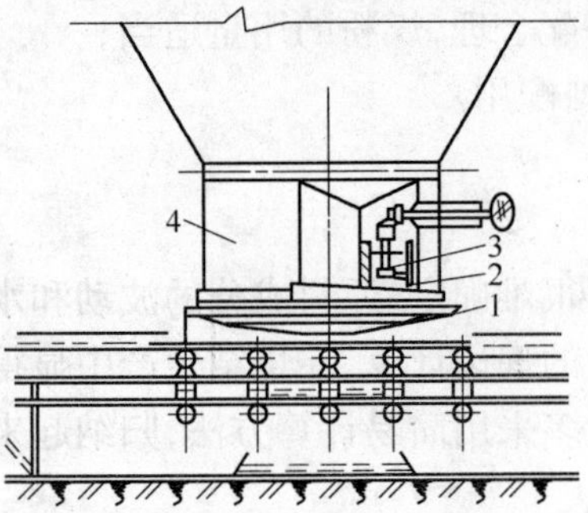

图 2-3　烧结配料圆盘给料机构造

1—底盘;2—刻度标尺;3—出料口闸板;4—圆筒

2. 皮带电子秤的组成及工作原理

在配料设备中,皮带电子秤已被广泛采用。它不但可以进行给料,同时还可以计量。通过物料累计量的计数器和物料瞬时量的指示仪,还可以进行自动或手动的调节。经过使用表明,皮带电子秤具有灵敏、准确、可靠的优点。

皮带电子秤主要由传感器(又称荷重转换器或压头)、秤架和一系列的电气仪表等部分组成。图 2-4 和图 2-5 所示分别为皮带电子秤的原理图和安装示意图。

由图 2-4 可见，皮带运输机有效称量段 L 上的物料重 P，通过秤架压在传感器（压头）上，使传感器中的弹性元件产生应变，其应变量的大小 ε 与皮带上物料的质量 P 成正比。压头上的弹性元件是由 4 片电阻应变弹簧片组成的，这 4 片电阻应变片组成一个等臂平衡电桥，如图 2-6 所示。在静止状态中，由于各路电阻相等，各臂通过的电流也相等，电桥平衡。

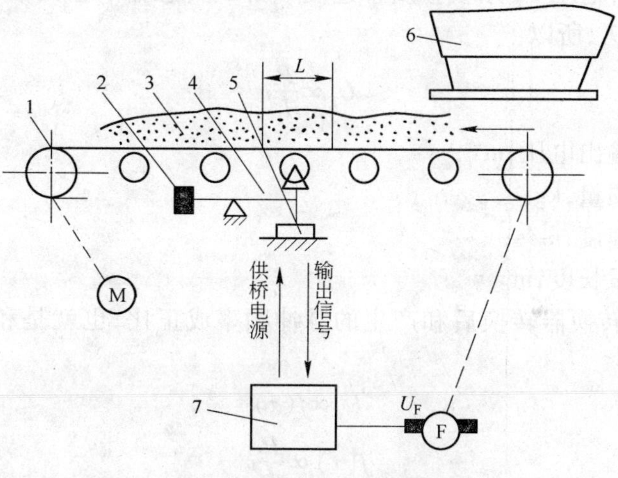

图 2-4　皮带电子秤的原理图

1—皮带运输机；2—平衡锤；3—物料；4—秤架；5—传感器（压头）；6—给料口；7—显示仪表

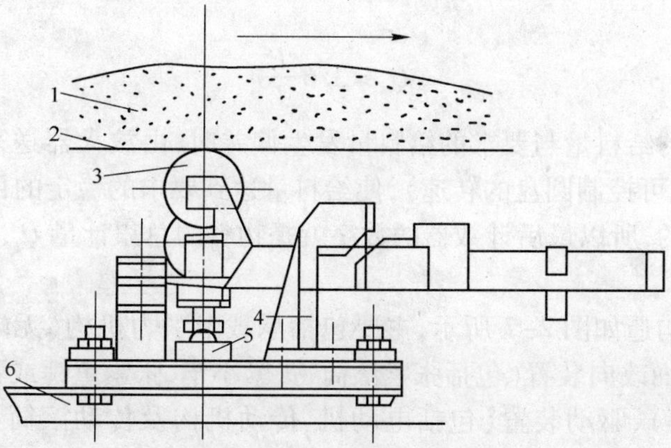

图 2-5　皮带电子秤的安装示意图

1—物料；2—皮带机；3—皮带托轮；4—十字弹簧片框架；5—传感器（压头）；6—皮带机架

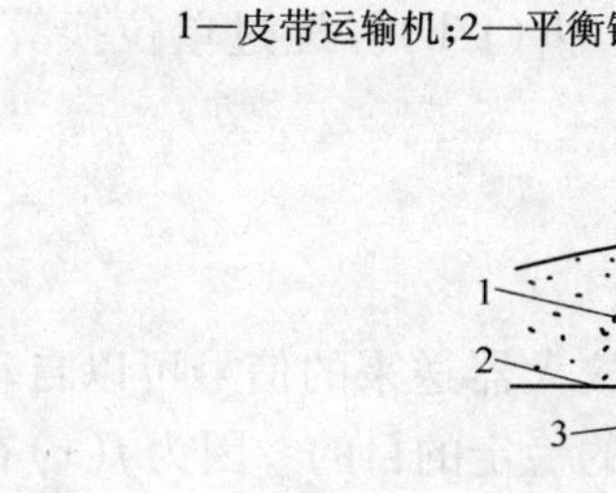

图 2-6　等臂平衡电桥

当皮带上有物料通过时，应变量 ε 的变化线性地转变为电桥各臂应变片电阻值的相对变化 $\Delta R/R$，于是，电桥失去平衡，在有供桥电压 U_F 的情况下，电桥将有输出信号 U_g：

$$U_g = K\frac{\Delta R}{R}U_E \tag{2-5}$$

式中　K——比例系数。

因为皮带有效称量段 L 上的物料重为 P，单位长度上

的物料重为 $P_L = P/L$，若皮带的速度为 v，那么在单位时间内通过的物料质量 Q_x 为：

$$Q_x = \frac{P}{L}v \tag{2-6}$$

比较式(2-5)和式(2-6)，则可用 $\Delta R/R$ 的电量变化来线性模拟非电量 P 的变化，然后再设法用电桥的供桥电压 U_F 来模拟皮带速度 v，那么传感器的输出信号电压 U_g 就可以线性模拟瞬时输送量 Q_x，所以：

$$U_g \propto \frac{P}{L}v$$

式中　U_g——压头输出电压，mV；

P——物料质量，kg；

v——皮带速度，m/s；

L——称量段长度，m。

U_g 经电压频率转换器转换后和产生的脉冲频率成正比，也就是和计数器的跳字数成正比：

$$U_g \propto f(x)$$

即

$$f(x) \propto \frac{P}{L}v$$

因为 $\frac{P}{L}v$ 为瞬时输送量，所以 $f(x)$ 即可代表瞬时输送量 Q_x(t/h)。经过单位换算后，则得：

$$Q_x = 3.6\frac{P}{L}v$$

由仪表上显示的给料量与要求的给料量发生偏差时，由放大器送来的信号可以自动控制皮带机的转速（或可控制圆盘的转速），使给料量达到要求的稳定的目的。因为 $f(x)$ 在计数上的数量是累计的，所以最后计数器的数字就是物料的总累计量 Q_g。

3. *皮带运输机*

皮带运输机的构造如图 2-7 所示，主要包括承载牵引力机构（无端的皮带）、支撑装置（上、下托辊组）、增面改向装置（包括张紧滚筒、张紧小车、张紧重锤或张紧丝杆）、受料及排料装置（装卸料斗等）、驱动装置（包括电动机、传动机构及传动滚筒）、安全装置（制动器等）、清扫装置及机架等，移动式的还有走行机构。

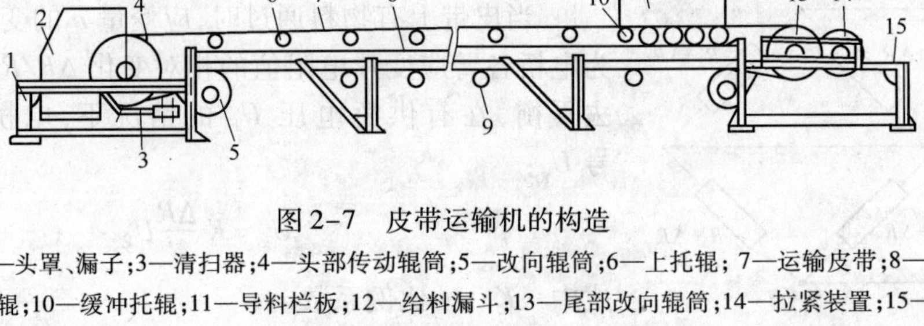

图 2-7　皮带运输机的构造

1—头架；2—头罩、漏子；3—清扫器；4—头部传动辊筒；5—改向辊筒；6—上托辊；7—运输皮带；8—中间架；9—下托辊；10—缓冲托辊；11—导料栏板；12—给料漏斗；13—尾部改向辊筒；14—拉紧装置；15—尾架

(1) 驱动装置。皮带运输机的驱动装置由电动机、减速机、联轴节等组成。

(2) 传动辊筒。传动辊筒根据制造条件分为钢板辊筒和铸铁辊筒，其表面分为光面、包胶和铸胶面3种。在环境比较干燥的地方可采用光面辊筒，环境潮湿消耗功率又大、容易打滑的情况应采取胶面辊筒，其中铸胶辊筒质量较好，包胶辊筒也能基本满足生产要求。

(3) 改向辊筒。改向辊筒也分为钢板和铸铁两种，主要用于180°、90°及小于45°的改向。用于180°的改向辊筒一般为尾轮或“垂直拉紧”，用于90°的改向辊筒一般为垂直拉紧装置；用于小于45°的改向辊筒一般为增面轮。

(4) 托筒。皮带运输机的托辊多为无缝钢管制作，近年来开始用非金属材料进行试验，其中有增强尼龙托辊和橡胶托辊等。增强尼龙托辊在鞍钢三烧等单位试用效果良好。

上托辊分为槽型和平型托辊两种。烧结厂的上托辊一般为槽型托辊，下托辊均为平型托辊。

下托辊的间距一般为3m。为了减少物料对皮带的冲击作用，在受料端的下部选用缓冲托辊。运送特大块度物料时，应选用重型缓冲托辊。

(5) 拉紧装置。拉紧装置是为了使皮带保持一定的张紧状态，以防因皮带太松引起打滑。拉紧装置分为螺旋式、车式和垂直式3种。

螺旋式拉紧装置是靠尾部的螺杆来实现的，它适用于长度较小(小于80m)、功率不大的运输机上。一般按皮带长度的1%选择拉紧行程，分500mm和800mm两种。

车式拉紧装置适用于皮带机较长、功率较大的情况，它的结构简单，工作可靠，可优先选用。

垂直拉紧装置仅适用于在采用拉紧装置有困难的场所，它的优点是利用皮带机在走廊的空间位置，便于布置。缺点是改向辊筒多，而且物料容易落入运输带与拉紧辊筒之间而损坏运输带。

(6)清扫器。皮带运输机的工作面常常黏附着一些物料，特别是当物料的湿度和黏度很大时更为严重，为了清除这些物料，在传动辊筒式增面轮之前安装清扫器。清扫器有弹簧式、重锤式和轮式等多种。在皮带机尾轮辊筒之前的非工作面上也设有清扫器。

(7)制动装置。皮带运输机的倾角大于4°时，为了防止带负荷停车时发生逆转事故，应安装制动装置。

巩固训练

一、填空题

1. 烧结原料中水分的质量分数是指原料中________水的质量分数。

2. 白云石的主要成分是$CaCO_3$、________。石灰石的主要的化合物是________，石灰最主要的化合物是________，消石灰最主要的化合物是________，菱镁石最主要的化合物是________。

3. 简单地说，配料计算就是确定________，它是指以配料比与给定烧结矿产品指标的互相满足过程中的一系列演算。生产中最常用的配料计算方法是________。

4. 物料的残存量即物料经过烧结排出水分和________后的残存物量。

5. 目前，世界上采用的3种配料方法分别为________、________和________。

二、判断题

1. 配合料的干料碱度值应等于烧结矿的碱度值，其化学成分值也应该相等。(　　)

2. 配料计算是以湿料为准进行计算的。( )

3. 为保证配料的准确性,配比调整后的总和应保证在100% ±5%范围内。( )

4. 当电子秤不准,电子秤实际配比与微机给定配比不符,生产上常将不准的电子秤的配比加大或缩小来保证电子秤下料量与微机给定的下料量相符。这种方法临时应急是可行的。( )

5. 烧结矿的全铁和碱度合格了,烧结矿就合格了。( )

三、综合配料计算调整

已知某烧结厂有两台180 m²烧结机,台车宽3 m、长1 m,料层厚度700 mm,铺底料厚30 mm,烧结机机速为1.5 m/min,月产烧结矿350 kt,当前厂内的含铁矿粉主要有以下11种,烧结矿生产使用石灰、白云灰作为熔剂,固体燃料为白煤,根据当前原料市场的情况,国外矿粉的价格比较低,已知返矿的配比要求为15%,杂料为5%,白煤为5.5%。烧结原料的品种和成分见表2-12。

表2-12 烧结原料的品种和成分

序号	料种	成分(质量分数)/%							单价/元
		TFe	SiO_2	CaO	MgO	Al_2O_3	H_2O	烧残	
1	本碱精粉	64.50	4.20	1.17	1.92	0.70	11.00	99.00	872.83
2	涞源精粉	62.15	4.35	0.65	3.87	0.68	9.5	100	869.96
3	伊朗粉	59.00	5.00	0.63	2.06	1.2	6.2	98	930.00
4	FMG粉	59	4.3	0.15	0.42	1.75	6.5	91	860.00
5	巴西粉	64.88	3.72	0.09	0.33	0.53	8.0	98	750.00
6	印度粉	60.5	4.28	0.02	0.1	3.71	9.0	96	750.00
7	返矿	57	4.7	9.2	2.1	1.65		96	400.00
8	杂料	54.16	5.5	10.5	4.5	1.79		96	110.00
9	白灰	0	3.65	75	2.28	0.74	0	83	
10	白云灰	0.00	2.94	47.17	25.37	0.19	0	75	
11	白煤	0.82	7.5	0.7	0.13	5.65	12	15	

注:杂料主要是烧结、竖炉、高炉系统的各种除尘灰等,白煤中固定碳的质量分数为80%。

(1) 现要求烧结矿的碱度达到1.95 ±0.02,烧结矿的品位为56.5% ±0.2%,那么烧结各种原料配比应该如何确定,并计算每月消耗的含铁原料和熔剂的质量。

(2) 预测烧结矿的化学成分。

(3)计算此时配料皮带批重(不包括自循环返矿)。

(4)试计算以上配比下,混合料的固定碳含量为多少。如果要使混合料固定碳含量达到3.5%,应如何调整燃料配比?

(5)燃料水分变化时的调整,原煤水分12%,固定碳含量80%,煤比(湿)5%;现煤水分10%,固定碳含量82%,煤比(湿)应是多少?

(6)现由于生产需要,碱度由1.95调整为1.8,其他配比不变,石灰配比应调整为多少?并预测烧结矿化学成分。

(7)已知自循环返矿流量25 kg/m,皮带速度60 m/min,那么生产碱度1.8的烧结矿时,配用旧返矿40 min内应减少石灰配比多少?

任务三　混合与制粒操作

教学目标

(1) 叙述圆筒混料机结构及其工作原理。

(2) 明确造球过程水分存在的三种形式,并理解造球的基本原理。

(3) 叙述一混、二混的作用及其参数特点。

(4) 运用所学知识,对混合料适宜的水分做出正确的选择与判断。

(5) 采取适当措施,强化混合制粒操作。

(6) 明确一混与二混的技术操作要点,进行一混与二混的正常操作。

(7) 及时发现混合与制粒系统的设备故障并加以正确处理。

一、任务分析

(一) 任务的提出

烧结料的适宜水分是保证造球、改善料层透气性的重要条件。控制烧结料的适宜水分并稳定水分,为烧结机的高产、稳定操作创造了条件。国外烧结厂都相当重视混合造球作业,也进行了相当多的研究工作。这是因为只有将所烧结的原料制成具有足够强度的小球才能促进固体燃料充分燃烧并使各种原料参与反应,使烧结矿产量高、质量好、能耗低且环保。因此,稳定控制适宜的水分和粒度是烧结生产的关键性措施。

在生产过程中,由于原燃料条件、天气及设备等因素的变化,导致烧结料的适宜水分发生变化,进而会影响到制粒的效果,因此作为操作技术人员应根据生产条件适当地加减水量,以稳定烧结料的水分。另外,烧结要实现高产、低耗、优质的操作方针,强化制粒也是其中一项强有力的措施,烧结操作技术人员应能根据实际生产情况,采取措施控制好烧结料的粒度。

(二) 工作任务描述

该工作任务主要由混合料工、中控工完成,工作对象主要是圆筒混合机和中控室混合制粒工艺操作界面,如图 3-1 和图 3-2 所示。工作内容包括:

(1) 负责混合机水分调整及制粒机造球工作;

(2) 负责一混、二混及皮带系统的维护;

(3) 负责混合制粒岗位设备的开停操作和故障排除;

(4) 提出设备缺陷,参加检修的监督、检修后的验收工作;

(5) 做好节能降耗工作,搞好安全生产和文明生产。

对该工作的要求是:能合理地选择混合制粒工艺参数;能对设备故障、工艺事故采取果断、及时处理;能检查设备运行状态,加以维护和保养;与看火、主控岗位进行水分、制粒情况、料温等生产信息的相互沟通；严格执行车间的岗位作业标准、安全、技术操作规程和设备维护规程。

图 3-1　圆筒混合机

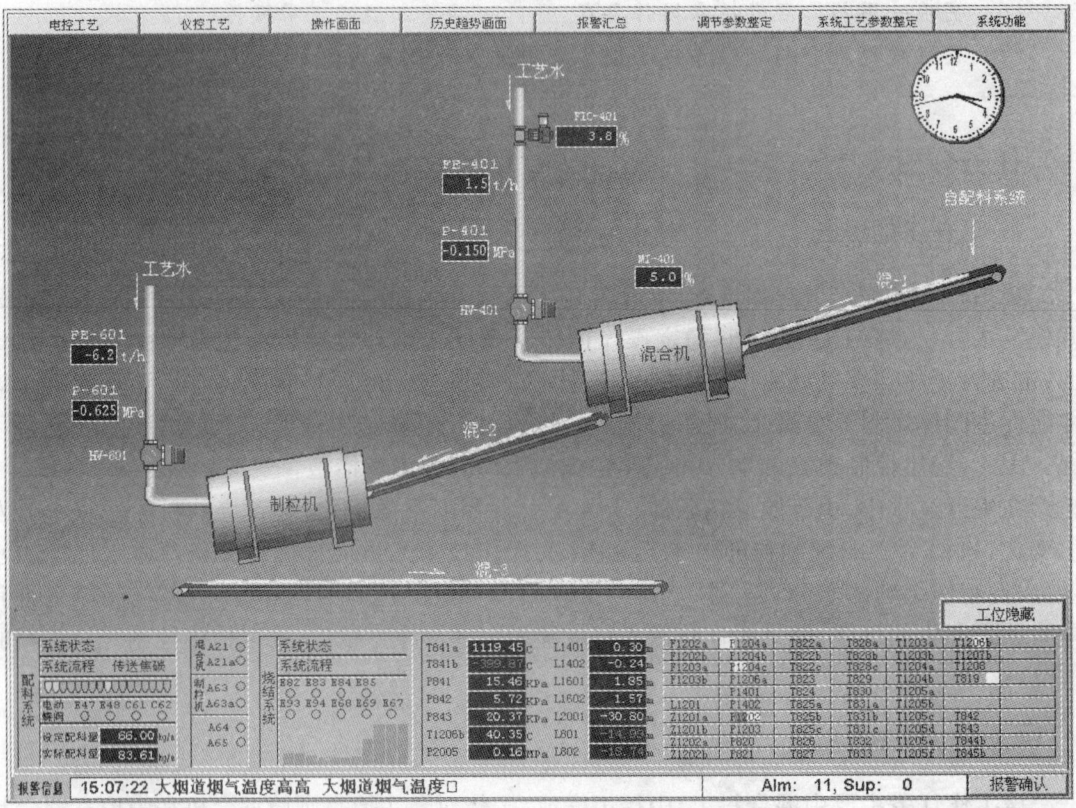

图 3-2　中控室混合制粒工艺操作界面

二、任务实施

（一）影响混匀和制粒的因素

1. *原料性质的影响*

物料的密度、黏结性和粒度都影响混匀与制粒效果。物料中，各组分密度相差悬殊时，由于随混合机回转板带到的高度不同（密度大的物料上升高度小，密度小的物料则相反），在混合时就会因密度差异而形成层状分布,因而不利于混匀和制粒。混合料中各组分之间密度相差太大,是不利于混匀和制粒的。黏结性大和亲水性强的物料易于制粒,难于混匀,一般来说,铁矿石中赤铁矿、褐铁矿比磁铁矿易于制粒。粒度差别大的物料,在混合时易产生偏析,所以难于混匀,也难于制粒;如果是富矿粉烧结,国外对作为核心颗粒、黏附颗粒和介于上述两者之间的中间颗粒的比例也有一定要求,以保证最佳制粒效果。另外,在粒度相同的情况下,多棱角和形状不规则的物料比圆滑的物料易于制粒,且制粒小球强度高。

2. 加水润湿方法及地点

物料在混合过程中,加入适量的水有利于制粒。但水分过大,不仅影响混匀,而且对制粒也不利,通常最适宜的制粒水分与烧结料的适宜水分较为接近。生产实践表明,在返矿皮带上加水,目的是适当降低热返矿的温度,这有利于物料的润湿和制粒。

加水方式是提高制粒效果的重要措施之一。一次混合的目的在于混匀,应在沿混合机长度方向均匀加水,加水量占总水量的80% ~90%。二次混合的主要作用是强化制粒,加水量仅为10% ~20%。分段加水法能有效提高二次混合作业的制粒效果,通常在给料端用喷射流使料形成球核,继而用高压雾状水加速小球长大,距排料端1 m左右停止加水,小球粒紧密坚固。前苏联南方采选公司二次混合采用分段加水后,混合料小于1.6 mm的降低了17%,透气性提高了15%。某些烧结厂混合机的加水管改为渐开式,给水时采用高压空气,改善水的雾化,提高制粒效果,使成品烧结矿沟下筛分5 ~10 mm粒级的下降了1.2%。

3. 混合制粒时间

为了保证烧结料的混匀和制粒效果,混合过程应有足够的时间。世界各国的混合制粒时间大部分为2.5 ~3.5 min,即一次混合1 min,二次混合1.5 ~2 min。国内外新建厂则大都把混合制粒时间延长至4.5 ~5 min或更长。生产实践证明,混合制粒时间在5 min之内效果明显。但日本釜石厂的混合制粒时间达9 min。

烧结混合作业大都采用圆筒混合机,其混合制粒时间可按下式计算:

$$t = \frac{L}{0.105 R n \tan\alpha}$$

式中　L——圆筒混合机长度;

R——圆筒混合机半径;

n——圆筒混合机转速,r/min;

α——圆筒混合机倾角,(°)。

由上式可以看出,混合时间与混合机长、转速和倾角有关。增加混合机长度,无疑可延长混合制粒时间,有利于混匀和制粒。混合机长度:一混达9 ~14 m,二混达12 ~18 m。混合机的转速决定着物料在圆筒内的运动状态。转速太小,筒体所产生的离心力作用较小,物料难以达到一定高度,形成堆积状态,所以混合、制粒效率都低;转速过大,则筒体产生的离心力作用过大,使物料紧贴于筒壁上,致使物料完全失去混匀和制粒作用。目前,我国混合机的转速偏低。

混合机的倾角决定物料在机内的停留时间。倾角越大,物料混合时间越短,所以其混匀和制粒效果越差。一混倾角2.5° ~4°,二混倾角小于2.5°。

4. 混合机的充填率

充填率是以混合料在圆筒中所占体积来表示的。充填率过小时,产量低,且物料相互间作用力小，对混合制粒不利；充填率过大，在混合时间不变时，能提高产量，但由于料层增厚，物料运动受到限制和破坏，对混匀制粒不利。一般认为一次混合的充填率为15%～20%，而二次混合比一次混合的充填率要低些，一般二混充填率为8%～12%。

5. 返矿质量

返矿质量主要表现在粒度大小、碳含量多少和温度的高低。返矿粒度大，对混合料的混匀造球不利，成品率相应下降；返矿粒度过小，返矿碳高，大部分为未烧好的夹生料，使混合料粒度组成波动，透气性变差，生产率下降。对于细精矿烧结，配加一定数量的返矿作为制粒核心。返矿的粒度上限最好控制在5～6 mm，这对于混匀和制粒都有利。

（二）烧结混合料水分的判断与控制

1. 烧结混合料水分的判断

混合料水分的质量分数一般应为6%～10%。判断混合料的水分是否合适可以采取以下几种方法：

（1）烘干法测定混合料水分。将500 g混合料放于电烘干箱内加温至110℃恒温直至烘干，然后再称量料的质量，并按下式计算混合料的水分：

$$\text{混合料水分}=\frac{500\text{ g}-\text{烘干后料的质量(g)}}{500\text{ g}}\times 100\%$$

（2）自动测水仪测定混合料水分。常用的有中子测水仪和红外线测水仪，用它们可进行水分的在线自动检测。

（3）目测法判断混合料水分的大小。具体为：

1）水分适宜时，手紧握料后能保持团状，轻微抖动就能松开；手握料后感到柔和，有少数粉料粘在手上，有1～3 mm小球，料面无特殊光泽。

2）水分过大时，料有光泽，手握成团，抖动不易散开，有泥粘在手上。

3）水分不足时，手握不能成团，料中无小球颗粒或小球颗粒很少。

（4）从烧结机上烧结料的烧结情况加以判断。具体为：

1）水分适宜的烧结料，台车料面平整，点火火焰不外喷，机尾断面解理整齐。

2）水分过高时，下料不畅，布料器下的料面出现鱼鳞片状，台车料面不平整，料层自动减薄，严重时点火火焰外喷，出点火器后料面点火不好，总管负压升高，有时急剧升高，总管废气温度急剧下降，机尾断面松散，有窝料“花脸”，出现潮湿层。

3）水分过小时，台车料面光，料层自动加厚，点火火焰外喷，料面溅小火星，出点火器后的料面有浮灰，烧结过程下移缓慢，总管负压升高，废气温度下降，机尾呈“花脸”，粉尘飞扬。

4）水分不均时，点火不匀，机尾有“花脸”。

2. 烧结混合料水分的控制

烧结混合料水分的控制是烧结生产的重要环节，水分的大小不仅影响烧结过程的垂直烧结度，而且还影响烧结矿的成品率、生产率和转鼓指数。混合料水分大，虽然烧结速度快，但成品率低，返矿量大，转鼓指数下降；混合料水分小，烧结速度慢，生产率低，各种消耗增加。因此，对混合料水分进行准确测定和自动控制是实现烧结生产优质、高产的必要保证。

混合料的水分一般要根据原料的品种、粒度、温度、混合原料的含水量、料批重、返矿量及除尘放灰量的大小来决定。影响一次混合加水量的主要因素有：

（1）物料的原始水分影响。烧结原燃料的水分平常也有波动，若遇雨季波动更大。进口矿水分由于长途运输和储存，物料经常发干；生石灰打水不匀影响也很大；其他外加料如水封刮板泥、除尘灰等对原始水分的稳定更为不利，应当经常检查除尘灰的排放是否均匀，以确保除尘灰水分的稳定。

（2）配料室料批增减的影响。料批增加，一次混合补加水量必然减少，若调整不及时就会造成水分波动。

（3）缓变料及料头料尾的影响。

（4）物料性质的影响。物料的粒度大，比表面积小，需加水分少，如富矿粉；物料的粒度细，比表面积大，需加水分多，如精矿粉。物料的亲水性强，表面松散多孔的需加水分大；组织致密的需加水分少。赤铁矿、磁铁矿比较致密，亲水性差；褐铁矿结构比较松散，亲水性好。

（5）季节不同，加水量也不同。夏季水分蒸发快，加水多一些；冬季水分蒸发慢，水分稍少一些；春秋季节加水要适中。

混合料水分的调整：若水分过大，关闭补充水门；若水分过小，加大补充水，控制混合料水分波动小于规定指标 $\pm 0.5\%$。当水分发生变化时，及时通知看火工，看火工针对情况采取相应的措施。一般应采取固定料层、调整机速的方法，水分偏大时减轻压料，适当提高点火温度和配碳量或降低机速，只有在万不得已的情况下，才允许减薄料层厚度。

（三）烧结混合料粒度的检测及强化制粒

1. 混合料粒度的检测

混合制粒后，为了测定制粒效果，需要测定混合料的粒度组成。其测定方法基本上与普通矿石粒度筛析相同，但考虑到烧结料含有一定水分，所以需进行一定的干燥后才能进行筛析。烧结料的干燥程度应以制粒物料在筛析时不碎散为准则，通常都不达到完全干燥程度，只要物料层干燥后不发生颗粒间的黏附现象，即算合乎筛析的原料。筛分后各粒级应全部烘干，然后分别称重。为了避免水分的影响，国内外有用液氮法进行测定的，但液氮程度掌握不好，也影响到测定的准确性。

根据烧结混合料粒度的特点，选用筛孔为 10 mm、5 mm、3 mm 和 1 mm 四个筛子进行筛分就足够了，制粒效果一般以制粒前后大于 3 mm 或 3～6 mm 级别的质量比例进行比较。

2. 强化制粒的措施

如果制粒效果不好，会影响到烧结料层的透气性，负压升高，有夹生料，进而影响到烧结矿的产量和质量。为了提高烧结料的混匀制粒效果，除了寻求高效率的混合机，延长混合造球时间，控制添加水量，改进加水方式，另外还可采用以下措施强化制粒作业：

（1）添加黏结剂。在细精矿烧结时，添加适量的黏结性物料，如消石灰、生石灰、白云灰、皂土等，这些黏结剂粒度细，比表面积大，亲水性好，黏结性强，能大大改善烧结料的成球性能，既可加快造球速度，又能提高干、湿球的强度与热稳定性。生石灰遇水消化成为消石灰后，不仅能形成胶体溶液，而且还有凝聚作用，使细粒物料向其靠拢，形成球核，在混合中经反复滚动密实，球粒不断长大并具有一定的强度。此外，近期国内外研究有机添加物应用于强化烧结混合料制粒也取得了明显的效果，包括腐殖酸类、聚丙烯酸酯类、甲基纤维素类等。

（2）采用磁化水润湿混合料。当水经过适当强度的磁场磁化处理后，其黏度减小，表面张力下降,因而有利于混合料的润湿和成球。在此条件下,加入物料中的水分子能够迅速地分散并附着在物料颗粒表面,表现出良好的润湿性能。在机械外力的作用下,被水分子包围的颗粒或与未被水分子润湿的干颗粒之间的距离缩小,使水分子的氢键能够把它们紧紧地连接在一起,强化造球。

(3) 预先制粒法。改善以细粒级原料为主的烧结混合料透气性的方法之一是将细粒组分预先制粒,然后再与其粗粒组分混合。日本的君津、室兰、釜石等厂就将高炉灰、烧结粉尘或细粒精矿添加大约3%的皂土,制成2~8 mm的小球送至二次混合机。前苏联研究了一种细粒精矿添加生石灰预先制粒的方法,已经在西伯利亚钢厂的K 2 18型烧结机上进行了半工业性试验。这对提高烧结机利用系数,降低固体燃料消耗起到一定的作用。

(四) 混料工技术操作要点

混料工技术操作要点主要有:

(1) 与配料室、主控联系,经常了解和掌握料批、各组分配比、粒度组成、亲疏水性、返矿数量与质量及除尘灰量等情况,正确估计来料与断料的时间,及时调整确保水分适中。

(2) 及时观察判断混合料水分的大小,定期检查加水管水眼是否被堵塞,发现水分波动及时调整,并迅速通知烧结机岗位。

(3) 经常观察料流情况,及时开动料嘴子震动器,保证料流畅通,混料均匀,发现混合机入料量太大或太小时,要及时与有关岗位取得联系,力争做到料流均匀稳定。

(4) 为防止水汽的再凝结形成过湿层,同时避免蒸汽浪费,降低蒸汽消耗,应掌握料温不宜过高。在蒸汽压力正常的情况下,料温应掌握在60~70℃。

(5) 料温过低时(小于50℃),及时查明原因,一方面加大蒸汽量,另一方面检查蒸汽管是否堵塞,并组织处理;及时与取样工联系,掌握料温情况。

(6) 经常与取样工联系,掌握混合料的粒度组成,发现粒度不合适时,协助有关部门及时查找原因,予以调整。

(7) 经常检查相关设备,加强维护,发现故障与隐患要及时汇报与处理。

(五) 圆筒混料机操作

1. 开机前的检查与准备

开机前,除按混合机通用开停机规程要求进行设备的传动、润滑、电气、水管与阀门检查外,要对下列位置和部件进行认真检查:

(1) 检查并清除圆筒内衬板上滞留的一切钢铁件。

(2) 检查刮刀、刮刀杆与刮刀梁相对位置是否正常,刮刀杆、刮刀与梁的连接是否开焊与松动。

(3) 检查衬板有无螺栓松动、衬板翘起、压条开焊脱落等,并对出现的问题及时处理。

(4) 检查刮刀梁与进出口支架及支架与基础的焊接有无开焊与缺焊处。

(5) 检查水管、阀门、喷头是否齐全且严密不漏水,管道内是否已进水,各闸阀是否处于关闭状态。

(6) 清除设备周围及漏斗中的障碍物。

2. 集中连锁操作

开机操作:接中控指令,将所选设备工作开关打到"联动"位置,确认运转准备完毕报中控启动，机旁监视设备运转状况。

停机操作：接停机通知后，待尾料进入混合机后，应立即停止加水，通知中控室并到现场监控停机。

3. 非连锁操作

开机操作：接到中控室开机通知后，将设备工作开关打到“手动”位置，自下游开始逐一启动设备。

停机操作：待料转完后，确认上游设备停止后自上游开始逐一停止设备，并通知中控室。

4. 特殊操作：混合机微动运转

具体的操作步骤为：

(1) 切断混合机高压电源，接通微动电源，将“选择开关”选在正确位置。

(2) 将微动用操作手柄推向减速机机侧，抽出手柄固定销，确认棘爪离合器连接，用固定销固定手柄，方可进行微动启停操作。

(3) 微动停止后，将微动“选择开关”选在“停止”位置，然后将微动用操作手柄拉向微动电机机侧，确认棘爪离合器分离，用固定销固定手柄。

(4) 切断微动电源，接通混合机高压电源，通知中控室微动运转结束。

5. 混料机加、停水操作

停机时水路系统各闸阀处于关闭状态；加水时先开总阀，再开支阀，待混合机进料后需加水时再开加水流量调节阀；进料后视混合料水分大小决定是否加水，加减水效果待加减水后观察 2 min；停机时要立即停水（先关流量调节阀，再关闸阀）；利用停机停水机会及时排放水过滤器内的过滤杂物。

（六）混料系统常见故障及处理

一次混合巡检路线：进料嘴→翻板→操作箱→电机→减速机→传动轴→托轮挡轮→皮带→下料嘴。

二次混合巡检路线：操作箱→电机→减速机→传动轴→托轮挡轮。

圆筒混合机在生产过程中容易出现的故障及处理方法见表 3-1。

表 3-1　圆筒混合机常见故障及处理方法

故障性质	原　因	处理方法
进料嘴堵	料潮、积料； 卡有大块杂物，衬板变形	经常开启振动筛； 查明原因后处理
机尾撒料	喇叭口磨损； 来料量大，机尾集料多而厚	焊补或更换喇叭口； 清除机尾积料
喷水管水眼堵死	水质不好，泥沙较多； 水蒸气将料黏在喷水管上	查明原因后清理疏通或更换
混匀制粒效果差	充填率过大或过小； 加水过量	适当掌握充填率； 水分掌握适当
筒体振动	4 个托轮位置不正； 托轮或滚圈磨损； 齿圈或滚圈螺丝松动； 齿轮咬合不良	查明原因后处理
筒体移位	挡轮磨损； 挡轮底座活动	用千斤顶将筒体顶回后，加固挡轮底座

续表 3-1

故障性质	原 因	处理方法
电器跳闸	负荷重； 衬板翘起碰刮料板等； 电器故障	查明原因后处理
轴承发热	滚珠磨坏； 给油不足或油质不良	更换轴承； 检查润滑
齿轮啮合有异响	齿轮啮合不正或齿轮磨损； 轴承间隙过大或轴承损坏； 地脚螺丝松动，润滑不良	找正中心，检修或更换齿轮； 调整轴承间隙或更换轴承； 拧紧螺丝，加强润滑

混料操作过程中应注意的问题：

(1) 要经常观察混合料水分的大小，进行料温测定和粒度组成测定，并做好记录，以此作为操作的依据。

(2) 当混合机内料衬不足时，要增加加水量，以增加混合料表面水（水直接加在料面上），混合机黏料过多时，要减少加水量。

(3) 圆筒内壁不应挂料过多，应在停机时及时进行清理，以保持良好的混合效果和造球能力。

(4) 变料与缓料时水分的开停必须掌握适当，避免发生跑“干料”和“湿料”的现象。

(5) 发现加不上水，应立即通知中控室，严重时，停止上料。

(6) 若混合机有剧烈振动，或发现异常时应立即向中控室汇报，必要时可先停车。

(7) 当混合机未停稳时，不准重新启动，不准超负荷启动与运行。

三、相关知识

（一）原料混合制粒的目的与要求

混合制粒的目的有二：第一，将配料配好的各种物料以及后来加入的返矿进行混匀，得到质量比较均一的烧结料；第二，在混合过程中加入烧结料所必需的水分，使烧结料为水所润湿，并进行烧结料的造球，提高烧结料的透气性。总之，通过混合得到化学成分均匀、粒度适宜、透气性良好的烧结料。

为了达到上述目的，根据原料性质不同，混合作业可采用一段混合或两段混合。一段混合是混匀、加水润湿和粉料成球在同一混合机中完成。由于时间短，工艺参数难以合理控制。我国大中型烧结厂均采用两段混合工艺：一次混合主要是加水润湿、将配料室配制的各种原料混匀，使混合料的水分、粒度和原料各组分均匀分布，并达到造球所需的水分；二次混合除继续混匀外，主要作用是制粒，还可通蒸汽补充预热，提高混合料温度，使混合料的水分、粒度及料温满足烧结工艺的要求。通蒸汽预热烧结混合料，是为了防止烧结过程中水分转移再凝结形成过湿层，对提高料层透气性极为有利。

（二）混合与制粒设备

1. 混合机结构

混合制粒设备有搅拌机、碾磨机、圆锥混合机、轮式混合机、圆筒混合机和圆盘造球机等。烧结厂常用的混料设备是圆筒混合机，其构造如图 3-3 所示，它是一个带有倾角的回转圆筒，内壁衬有扁钢衬板以防磨损，也有衬角钢或不加衬板的。圆筒内装有喷水嘴，以便均匀供水。

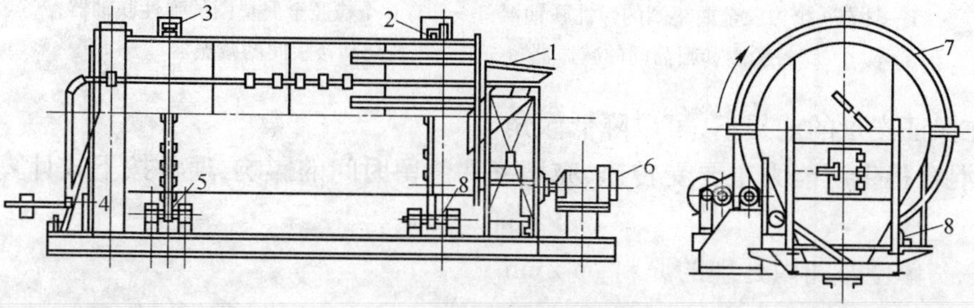

图 3-3　圆筒混合机

1—装料漏斗；2—齿环；3—箍；4—卸料漏斗；5—定向轮；6—电动机；7—圆筒；8—托辊

筒体为圆柱形的钢结构。筒体外两个同心圆滚圈固定在筒体上，筒体通过滚圈放置在 4 个托辊上，其承受着混合机的全部质量，辊道下部两侧还有挡轮，以限制混合机轴向窜动。

混合机的传动是电动机通过减速机和一组齿轮来实现的。在圆筒中部或端部装有一个大齿圈，由传动装置的小齿轮带动大齿圈，使整个圆筒转动。混合机的进料端比出料端高，使整个设备具有一定的倾角。对于大型圆筒混合机，为了检修、安装和调整的方便，有的混合机在主传动电动机的对侧设置一套微动装置。这套微动装置包括 1 个制动器和 1 个齿轮减速机的电动机。电动机通过爪形离合器与减速机高速轴的另一端连接，在微动用电动机旁边设有换向开关，微动时通过爪形离合器使筒体正转或反转。

给水装置有一根安装在筒体内部的带不锈钢喷嘴的给水管，整个给水管固定在一条沿筒体纵向悬挂的钢丝绳上，钢丝绳的两端分别固定在头部给料装置的支架和尾部排料流槽的支架上。在筒体尾部固定的钢丝绳上设有螺旋拉紧装置机构，以便于调整钢丝绳的张紧程度。为了避免物料对给水装置工作的影响，在钢丝绳的外面套上胶管，在水管的上部焊上 V 形挡料板。

圆筒混合机混料范围广，能适应原料的变动，构造简单，生产可靠且生产能力大，是一种行之有效的混料设备；但是筒内有黏料现象，混料时间不足，同时振动较大。为了改善这种情况，鞍钢等烧结厂采用了增长混料圆筒长度的办法，收到一定效果。为了减轻振动，一些工厂改用浮动滚道（即与筒体不固接，允许有蠕动），国外更新了不少防振与传动装置，如前苏联查波罗什厂在混合机的电机和减速箱之间、轮圈与支承辊之间、支承托架与楼板之间安装减振器，同时使用具有橡胶金属减振器的补偿式联轴器（见图 3-4），以减轻或消除圆筒混合机的强烈振动；德国鲁奇公司采用橡胶摩擦传动等。

2. 混合机性能参数

圆筒混合机倾角：一次混合机不大于 4°，二次混合机不大于 2°30′。为了加强混匀和造

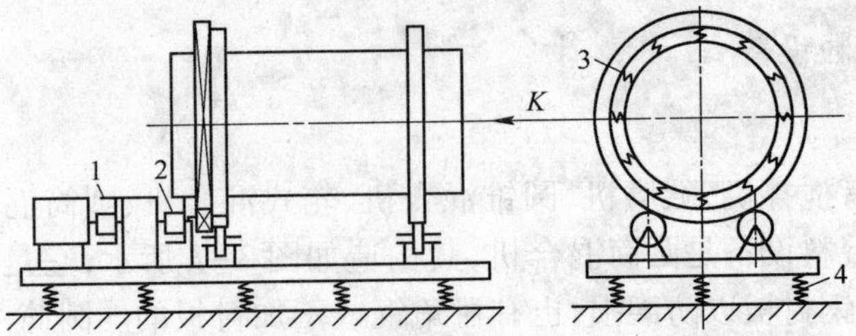

图 3-4　具有橡胶金属减振器的圆筒混合机

1—具有 4 个橡胶金属垫圈的弹性联轴器；2—具有 6 个橡胶金属垫圈的弹性联轴器；3—轮圈和圆筒间的减振器；4—混合机托架和楼板间的减振器

球效果，在保证产量的前提下，可以降低倾角。

圆筒混合机生产能力主要受转速、充填率和停留时间的影响，通常按下式计算：

$$V = 60LA\mu/t$$

式中　V——单位时间内处理的原料，m^3/min；

t——停留的时间，min；

μ——充填率，即圆筒混合机内物料占圆筒体积的百分数，%；

L——圆筒长度，m；

A——圆筒断面积，m^2。

对于一次混合，充填率为 10% ~20%，停留时间为 2 min，转速为 $(0.2 \sim 0.3)n_C$（n_C 为临界转速）；对于二次混合，充填率为 10% ~15%，停留时间为 3 min，转速为 $(0.25 \sim 0.35)n_C$。

3. 圆筒混合机的工作原理

由于配合料与筒体内壁、配合料与配合料之间有摩擦力，借助筒体旋转离心力的作用，将配合料带到一定的高度（这个高度相应于物料的休止角），然后开始向下滚动，由于筒体是倾斜的，配合料的滚动方向与回转面成一个角度，因此，配合料就沿圆筒轴线的方向逐渐向下移动。这样反复循环，配合料的运动轨迹就可以绘成螺旋形曲线。与此同时，通过给水管向物料加适量的水，物料被润湿，配合料在多次这样运动中得到混匀，并滚动成为具有一定强度和粒度的小球。

物料在圆筒混合机中有 3 种运动状态，即翻动、滚动和滑动。翻动对混匀有利；滚动对造球有利；滑动对造球和混匀都不起作用。

（三）混合制料基本理论

1. 水在混合料中的作用

含铁混合料中水的质量分数一般为 6% ~10%，水在混合料准备过程中起润湿物料、促进物料成球的作用，从而确保烧结过程的料层透气性。同时，水在烧结过程中还起传递热量、氧量与溶质的作用。

2. 吸附水、薄膜水、毛细水和重力水的形成

当干燥的固体颗粒与水接触时，在电场范围内的极化水分子被吸附于干燥颗粒表面，水分子由于具有偶极构造而中和干燥颗粒表面的电荷，颗粒表面过剩能量因放出润湿热而减少，结果表面形成一层吸附水。

当固体表面达到最大吸附水后,再进一步润湿颗粒时,在吸附水的周围就形成薄膜水。这是由于颗粒表面吸着吸附水后,还有未被平衡掉的范德华分子力(主要是颗粒表面的引力,其次是吸附水内层的分子引力)的作用。但是,这种引力较小,水分子定向排列较差,较松弛。

当细磨物料继续被润湿,而超过最大分子结合水分时,物料层中就出现毛细水。这是矿粒的电分子引力作用范围以外的水分。毛细水的形成是靠表面张力的作用,张力的大小与物料的亲水性和毛细管的直径有关。

当细磨物料完全为水所饱和,即超过最大毛细水含量之后,超过的水分子不能为毛细管张力所保持,而受重力支配,沿着矿粒间大孔隙向下移动,这种水称为重力水。

吸附水和薄膜水的形成如图 3-5 所示,分子结合水(包括吸附水和薄膜水)是靠电分子力形成的分子膜把颗粒紧密地黏在一起,它对物料成球的强度具有决定意义。毛细水是依靠表面张力作用将粉料颗粒拢到一起来的。物料的成球速度就取决于毛细水的迁移速度,毛细水在成球过程中起着主导作用。重力水是处于矿粒本身的吸附与吸附力作用影响之外,在重力及压力差的作用下发生移动的自由水。重力水对矿粒具有浮力作用,所以对造球起不利的作用。

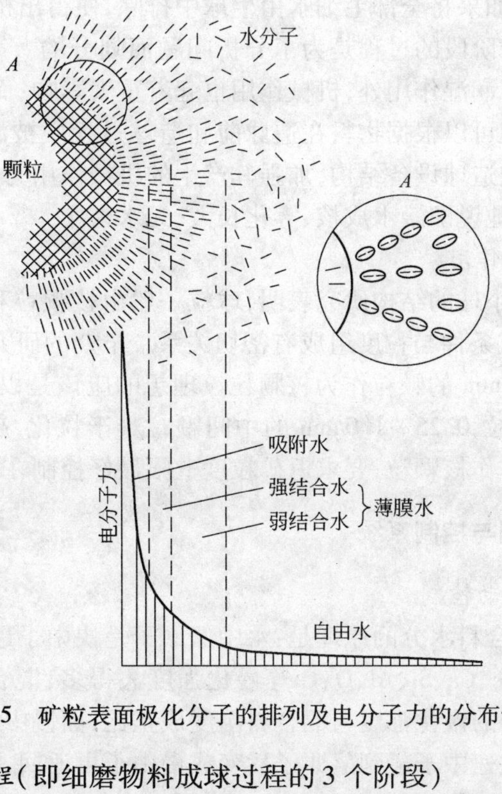

图 3-5　矿粒表面极化分子的排列及电分子力的分布情况

3. 混合料的造球过程(即细磨物料成球过程的 3 个阶段)

造球过程一般分为 3 个阶段,第一阶段形成母球(球核),第二阶段母球长大,第三阶段长大的母球(又称生球或准颗粒)进一步紧密。上述 3 个阶段主要是靠加水润湿和用滚动方法产生机械作用来实现的。

(1) 形成母球。这一阶段具有决定意义的是加水润湿。当物料润湿到最大分子结合水以后，成球过程才明显地开始。当物料继续润湿到毛细水阶段时，成球过程才得到应有的发展。因为当已润湿的物料在造球机中受到滚动和搓动的作用后，借毛细力的作用，颗粒被拉向水滴的中心形成母球。母球实际上就是毛细水含量较高的紧密颗粒的集合体。

（2）母球长大。成球第二阶段是紧接着第一阶段进行的。母球长大的条件是：在母球表面其水分含量要求接近于适宜的毛细水含量；在精矿层中其水分含量要求比较低一些，只需接近最大分子结合水含量。

第一阶段形成的母球在造球机内继续滚动，母球就被进一步压紧，引起毛细管状和尺寸的改变，从而使过剩的毛细水被挤压到母球的表面上来。这样，过湿的母球表面在运动的过程中就很容易粘上润湿程度较低的颗粒。母球的这种长大过程是多次重复的，一直到母球中颗粒间的摩擦力比滚动成形的机械压密作用大时为止。

（3）长大了的母球进一步紧密。长大到符合标准要求尺寸的生球，在成球的第三阶段发生紧密。利用造球机所产生的机械力的作用，即滚动和搓动的机械作用会使生球内的颗粒发生选择性地按接触面积最大的排列，并使生球内的颗粒被进一步压紧，使薄膜水层有可能相互接触，会使一个为若干颗粒所共有的总的薄膜水层形成，这样得出的生球，其中各颗粒靠着分子黏结力、毛细黏结力和内摩擦阻力的作用相互结合起来。这些力的数值越大，生球的机械强度就越大。如果将全部毛细水由生球中排除，便得出机械强度最大的生球。

必须指出，上述成球阶段的过程是为了分析问题而划分的。第一阶段具有决定意义的是润湿；在第二阶段除了润湿作用外，机械作用也起着重大影响；而在第三阶段，机械作用同样为决定因素。这样，就可以根据物料在造球前和造球过程中被润湿情况决定加水等操作措施，也可以进一步改进造球设备结构，加强其产生的机械作用力，以保证造球机高产优质。混合料的成球机理简单地说即滴水成核、雾化长大、无水密实。

4. 准颗粒的定义及作用

对烧结混合料制粒小球的结构研究表明，球粒一般由核颗粒和黏附细粒组成，称为“准颗粒”。“准颗粒”的形成条件与粒度组成有密切关系。早期的研究是以小于0.2mm的颗粒作为黏附细粒，大于0.7mm的颗粒作为核颗粒。理想的应该是以1～3mm的颗粒作核，小于0.25mm的为黏附细粒，0.25～1.0mm的中间颗粒难于粒化，越少越好。对于铁精矿烧结，配加一定数量的返矿作核颗粒，要求返矿粒度上限最好控制在5～6mm。

（四）水分自动检测与控制系统

1. 中子法测水及自动控制

中子水分计测量混合料水分的原理是：水中氢原子是快中子最强烈的慢化体，并且比烧结混合料中各元素，如Fe、Ca、Si、Al、O、C等慢化强度大得多，混合料中氢又主要存在于水中，所以混合料中快中子的慢化强度与混合料湿度成正比，而慢中子探测器对快中子是不敏感的，这样中子源发出快速中子碰到氢原子后变成慢中子再返回，探测器测量返回的慢中子数目就可了解混合料含水量。

水分计主要由中子源、计数管和放大器3部分组成。为了便于测量和安装，通常把中子源、计数管和放大器中的前级放大装成一个整体，安装在流动的料流或槽中，这部分称为探测器或探头。把主放大及甄别、整形、积分等电子线路装在一起称为主放大器。它安装在远离测量点的仪表盘上。加给计数管的直流高压电源也装在外边，不和探测器装在一起，为保证探测器内电子线路工作可靠,当料温太高时,要进行冷却,如图 3-6 所示。

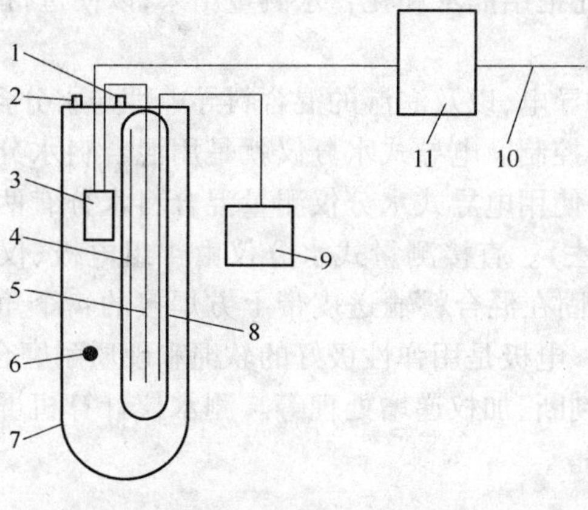

图 3-6　中子水分计示意图

1,2—冷却水入口和出口;3—中子计数管(BF_3 计数管);4—计数管的负极;
5—计数管正极;6—中子源;7—探测器;8—前级放大器;
9—直流高压电源;10—信号输出;11—主放大器

计数管一般是充有三氟化硼(BF_3)气体的正比计数管。硼是精制的硼同位素 B^{10}。计数管的管壳有的用玻璃制成,也有的用金属制成。若是玻璃的管壳,其内壁则镶有一层金属膜作负极。工作时一极接高压电源,另一极接前级放大器的输入端。

中子源是产生中子的能源。中子在自然界是不单独存在的,它只能在放射性元素的射线直接打击铍原子核之后才释放出来。这是一种不带电的中子射线。工业上常用的中子源有镭-铍、镤-铍、钍-铍、钚-铍和镅-铍等若干种。

中子源所产生的快速中子射入任何物质时,都会被那种物质所散射。散射即快中子与物质的原子核相碰撞时,把本身的动能部分地或全部地传给带电原子核,它本身变成慢中子的过程。而氢原子的质量与中子的质量相差无几,所以,氢原子慢化快中子最有效。也就是说,氢原子散射的有效面积比任何其他元素都大。因而,对快中子慢化起决定作用的是氢原子而不是别的元素的原子。慢中子在计数管内产生如下的核反应:

$$_5B^{10} + _0n^1 = _3Li^7 + \alpha(_2He^4) + 2.79MeV$$

式中　$_5B^{10}$——硼的同位素;

$_0n^1$——中子;

$_3Li^7$——锂原子;

$\alpha(_2He^4)$——带正电的氦核。

此反应放出能量,在高压电场的作用下,把产生的电脉冲信号送到前级放大器进行放大之后,输入主放大器作进一步放大,甄别、整形积分,最后把信号送到指示仪表和控制仪表,完成指示、记录和整个系统的自动控制。

中子源每秒钟放出一定数量的快中子,射入混合料中。快中子数变成慢中子数的多少几乎完全由混合料氢含量的多少来决定,而氢原子数又与混合料含水量成正比,所以测得慢中子的变化也就相应地反映出混合料水分的情况。值得注意的是,慢中子数量与料中总的氢含量成正比,总的氢含量包括混合料中的结晶水、化合水以及碳氢化合物中的氢原子。如在测量和自动控制混合料水分时,结晶水和化合水并不起造球作用,这样就会引起误差,为了克服这一缺点,最好预先把结晶水和化合水测量出来,以便进行校正。

2. 电导式水分仪

利用干燥的混合料不导电,以及润湿的混合料导电性与水分含量成线性关系的原理,也可以进行水分测量和自动控制。电导式水分仪就是用混合料水分与其电导率的关系,从而测出烧结混合料的水分。使用电导式水分仪测量混合料水分有两种形式,即直接测量式和采样式(分路式水分测量法)。直接测量式水分仪由4组电极、仪表本体和工控机组成,如图3-7所示。4组电极紧固在混合料输送皮带上方焊接的4个角钢架上,电极与物料表层保持接触,与角钢架绝缘。电极是用弹性极好的软绳和硬质耐磨合金头制成。PC机对信号进行异常信号剔除、模糊判断、加权递增处理等。测水仪计算机屏幕显示水分值瞬时值、每分钟平均值和连续曲线等。

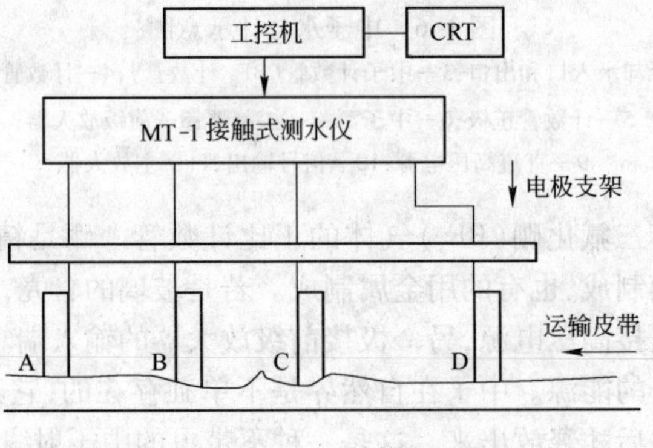

图3-7 MT系列水分仪系统原理框图

由于把电导式水分仪的电极放置于皮带运输机上被输送物料的表面时,信号受物料随机波动的影响较大,其测量精度较差。因此,一些烧结使用分路式水分测量法,即利用自动取样装置将被测混合料从工艺皮带运输机上取出,给到分路皮带运输机上,用整形机构将之整定为规则的形状后,再对分路皮带机上的物料进行测量。该仪表由自动取样装置(见图3-8)、自动整形装置、传感器、电导变送器和计算机组成。传感器由一对电导电极和一个温度电极(电导值受温度影响,温度-电导特性曲线在20℃以上时基本为线性,所以要按混合料的温度进行补偿)构成。电导变送器加入的交流激励源与电极物料组成测量回路,测

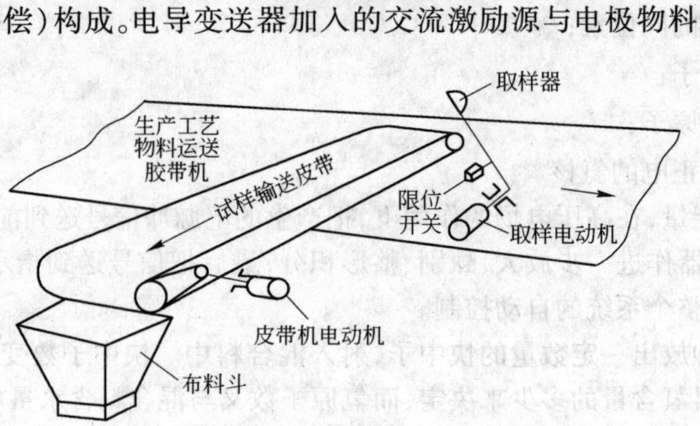

图3-8 粉粒状物料自动取样装置示意图

得与水分成比例的电导值,经电导变送器转换成与电导成比例的电压信号,水分值与温度值均送至计算机进行处理并显示。电导信号采样 10 次,做中值滤波处理,去掉最大值与最小值,其余 8 个数据取平均值,并且均值递推;5 小组的平均值再做一次均值滤波处理,作为水分输出值。

自动取样装置由取样器和驱动机构组成,它顺着工艺皮带运输机的运动方向旋转,连续将物料取至分路皮带机上。取出的试样先抛到散料器上,将大颗粒排除,让小颗粒落到分路皮带上;整形装置由压辊和整形机构组成,混合料经整形机构整形后,形成具有矩形断面的条状物料流,再经压辊压平后,获得平整的表面。然后进入电极区,电极与物料上表面接触,实施电导测量。这套装置能使物料料量、密度、电极与物料的接触状态保持一定。取样器线速度为 1.8 m/s,分路皮带机速度为 17 mm/s。自动取样装置安装在一次混合机出口,它连续从工艺皮带机上取出试样,从而保证烧结混合料水分在线监测的需要。

3. 红外线测水

另一种最近常用以检测烧结混合料水分的是红外线水分仪。它是基于红外线光谱的吸收特性。红外线辐射经湿料反射后的衰减程度与湿料含水量有关。水吸收的波长是 1.93 μm 和 2.95 μm。带有中心波长为 1.93 μm(对于吸收能力较强的矿粉、焦料等用 2.95 μm)和 1.70 μm 的干涉滤光片的扫描圆盘,依次连续选择从光源投射到湿物料上的光带,用硫化铅光电元件测定反射强度。这两个波长辐射的反射强度比经处理后输出,此信号即反映湿物料的湿度,反射型红外测湿器原理如图 3-9 所示。现在已生产更准确的红外三波长水分仪,这是由于反射率还取决于物料表面状态、颜色、化学成分和其他因素,为消除这些影响,用一种能被水分强烈吸收的波长作为检测光和 2 个被水吸收比例很小的波长作为比较光,通过检测和计算这三个波长反射光的能量之比,即可消除其他因素对水分测量的干扰,因为物料表面不平、颜色等对三种波长有同样影响,所以其精度比两种波长的准确,这种仪表测量范围为 0～40%,测定距离为 350 mm,测量面积为 60 mm,响应时间为 0.5 s,二次仪表为 6 位数字。

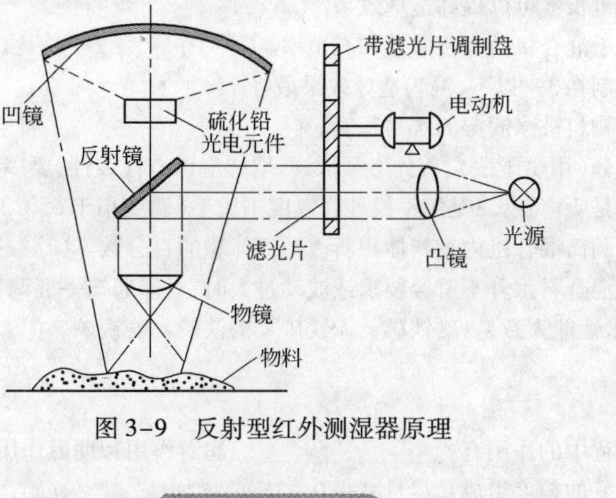

图 3-9　反射型红外测湿器原理

巩固训练

一、选择题

1. 如果需要生石灰加水的放热,生石灰应在(　　)位置消化完全最好。

A. 一混前　　B. 二混前　　C. 烧结机布料矿槽前

2. 二次混合在烧结生产中的主要作用是(　　)。

A. 混匀　　B. 加水　　C. 造球

3. 生产高碱度烧结矿,只是为了减少高炉(　　)的加入量。

A. 燃料　　B. 熔剂　　C. 矿石

4. 烧结矿中残留有自由的(　　)称为白点。

A. SiO_2　　B. MgO　　C. CaO　　D. Al_2O_3

5. 混合制粒的主要目的是减少混合料中(　　)级别。

A. 0 ~ 3 mm　　B. 3 ~ 5 mm　　C. 5 ~ 8 mm

6. 成球性最好的铁矿粉是(　　)。

A. 赤铁矿　　B. 磁铁矿　　C. 褐铁矿

7. 不同的烧结料,其适宜的水分是不一样的,一般物料(　　)所需水分大。

A. 粒度细　　B. 粒度粗　　C. 密度大　　D. 密度小

8. 物料在圆筒混合机中有 3 种运动状态,(　　)对造球有利。

A. 翻动　　B. 滚动　　C. 滑动

9. 烧结厂混料工主要技术操作指标有(　　)。

A. 混合料的水分、粒度、温度

B. 混合机的充填系数、混匀效率、混合时间、混合料水分

C. 混合料的水分、混合时间、混匀效果

10. 蒸汽预热通常是在(　　)混合机中进行。

A. 一次　　B. 二次　　C. 三次

二、判断题

1. 物料颗粒有棱角的比圆滑的不易造球。(　　)
2. 延长圆筒混合机长度可以提高造球效果。(　　)
3. 混合时间取决于混合机的安装倾角和充填率。(　　)
4. 混合料水分控制在 3% 以下,混匀造球效果最好。(　　)
5. 亲水性是表示物料被水润湿的难易程度。(　　)
6. 测定混合料水分(用烘干法),首先必须取样,取样应该有代表性,要多点取样。(　　)
7. 检查电动机一是听声音,二是用手摸外壳温度不烫手(温度小于 65℃)。(　　)
8. 充填系数是指圆筒混合机内物料体积所占圆筒体积的百分数。(　　)
9. 二次混合发现混合料水分不符合要求或波动过大时,立即通知一混调整。(　　)
10. 铁矿石的亲水性能大致是:磁铁矿 < 赤铁矿 < 褐铁矿 < 菱铁矿。(　　)

三、填空题

1. 水分在烧结过程中的作用有________、________、润滑作用和助燃作用。

2. 烧结混合料较好的粒度组成是尽量减少 0 ~ 3 mm,增加________ mm,尤其是增加 3 ~ 5 mm 的含量。

3. 二次混合的主要目的是进行________,改善烧结混合料的________,补加一定的水并通入蒸汽,预热混合料,使混合料的水分和________满足烧结工艺要求。

4. 二次混合小矿槽的料位保持在________为好,如果矿槽料太少,会造成布料不平整,矿槽料太满,矿槽下部的料受压力________,可能使________破坏。

5. 清除圆筒混合机的内黏料必须从出料口处开始,顺序由________,由________进行,在上部黏料未清除前,不得进入内部清理,以防上部黏________。

6. 烧结工艺要求矿粉粒度 0～8 mm，熔剂粒度________，燃料粒度________。

四、问答题

1. 混料工序根据哪些因素来控制混合料水分达到适宜？
2. 如果混合料粒度不能满足要求，企业可以通过采取哪几项措施去强化混合制粒？
3. 试述目测法判断混合料水分的大小。
4. 总结混料工技术操作要点。

任务四　布料、点火操作与控制

教学目标

(1) 叙述铺底料的来源和作用。

(2) 明确烧结对布料作业的要求。

(3) 综合运用所学知识,分析烧结布料可能出现的异常现象,并分析其产生的原因。

(4) 明确烧结点火参数的控制原则。

(5) 叙述烧结点火器的结构形式。

(6) 根据烧结现象或仪表判断点火参数是否合理,并采取措施加以调整。

(7) 完成点火的日常操作,并明确点火器开炉与停炉的操作程序。

一、任务分析

(一) 任务的提出

原料在烧结机台车上的分布是否均匀,直接关系到烧结过程料层透气性的好坏与烧结矿的产量和质量,它是烧结生产中的主要问题之一。烧结过程是从台车上混合料表层的燃料点火开始的。点火的目的是供给足够的热量,将表层混合料中的固体燃料点燃,并在抽风的作用下继续往下燃烧产生高温,使烧结过程自上而下进行;同时,向烧结料层表面补充一定热量,以利于表层产生熔融液相而黏结成具有一定强度的烧结矿。所以,点火的好坏直接影响烧结过程的正常进行和烧结矿质量。

(二) 工作任务描述

该工作任务主要由看火工和中控工协作完成。工作环境主要是烧结机平台以及烧结中控室。主要工作对象为烧结点火器(见图4-1)及中控操作画面(见图4-2)。工作内容是进

图4-1　烧结点火器

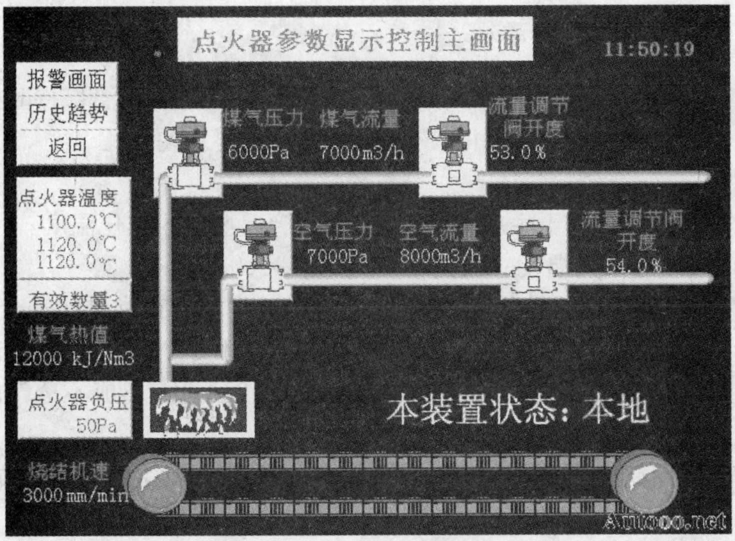

图 4-2　点火器参数控制画面

行布铺底料、布混合料与点火操作。对该工作的要求是:能合理地确定点火工艺参数;能对设备故障、工艺事故采取果断、及时处理;能检查设备运行状态,加以维护和保养;严格执行车间的岗位作业标准、安全、技术操作规程和设备维护规程。

二、任务实施

(一) 布料操作

布料操作时要注意:

(1) 铺底料要铺平,沿台车宽度均匀铺平,厚度 20 ~ 40 mm,铺底料槽料位达到 1/3 时,方能进行铺料,无铺底料不能生产。

(2) 铺底料扇形闸门通过设在作业平台上的手轮进行开闭,开度的大小由摆动漏斗中矿料堆积程度决定,铺底料的层厚可由摆动漏斗上的闸门进行调节,调节范围为 0 ~ 100 mm。

(3) 混合料给出量的大小除了与圆辊转速有关,还取决于混合料闸门的开度。主闸门的开闭操作由人工操作手轮进行控制。

(4) 料层厚度按车间规定控制,混合料应沿台车宽度均匀布料,保证布料平整、布满、不拉沟、不压料、不欠料,泥辊两侧无黏料。

(5) 平料板的移动范围为距箅条面 400 ~ 700 mm,通过操作千斤顶的手轮可使平料板上下移动,将平料板的高度调至设定的料层厚度。

(6) 保证下料畅通,不堵散料漏斗和单辊。及时检查小格是否有大块,并及时处理。

(7) 生产上,一般利用挂在给料器下边的压料板或压料辊进行压料。压料辊吊挂的高低或轻重应根据混合料的性质进行调整,若压料辊变形应及时更换;压料操作是否合理可以从点火、机尾断面反映出来,压料严重则点火器火焰往外喷,机尾断面烧不透。拉沟或局部压料时,将使机尾烧结矿断面不整齐。

（二）烧结点火参数的控制

烧结点火应满足如下要求：有足够高的点火温度，有一定的高温保持时间，适宜的点火真空度，点火废气的氧含量应充足，并且沿台车宽度点火要均匀。

1. 点火温度

点火温度的控制原则：低于生成物的熔化温度，接近物料的软化温度。一般点火表面熔融物不要超过1/3，国内点火温度一般控制在1000~1200℃。

点火温度既影响表层烧结矿强度，还关系到烧结过程能否正常进行。点火温度太低，表层烧结料得不到足够的热量，使表层烧不着，下层着火也不好，料层温度低，结果是烧结矿强度很差，产生大量返矿；而点火温度过高，表层烧结料过度熔化，形成不透气的外壳，使垂直烧结速度降低，并且烧结矿还原性变差。

适宜的点火温度取决于烧结料性质、混合料水分及配碳量多少，应通过试验确定。当混合料水分低、含碳量大时，可适当降低点火温度；若混合料水分高、含碳量小，可适当提高点火温度。

点火温度受燃料发热值、燃料用量和过剩空气系数的影响。一般采用的点火燃料为焦炉煤气或焦炉与高炉的混合煤气，混合煤气的发热值 $Q_{低}^{用}$ 应不低于5880~6720 kJ/m^3。常用混合煤气（焦炉煤气15%，高炉煤气85%）的发热值为5880 kJ/m^3，煤气和空气的混合比控制在1∶1~1∶1.5之间。

2. 点火时间

在一定的点火温度下，为了保证表面料层有足够的热量使烧结过程正常进行，还需要足够的点火时间，一般为1 min左右。点火时间取决于点火器的长度和台车移动速度。生产中，点火器长度已定，实际点火时间受机速变动影响。在采取强化烧结过程，加快烧结速度的情况下，点火时间往往不足，此时，可通过提高点火温度或延长点火器长度加以弥补。

3. 点火热量

我国烧结厂过去多以每吨成品烧结矿所需的点火热量来表示烧结点火热量，通常为126~168 MJ（$30\times10^6\sim40\times10^6$ kcal）。但是这不能真实反映出料层表面所获得的点火热量。例如，在烧结堆积密度不同的烧结料时，如果单位时间点火热量不变，那么每吨烧结矿的点火热量可能因为产量变化不大而相近。但堆积密度小时，机速快，而堆积密度大时，机速慢，堆积密度大的表面料层的点火热量比堆积密度小的大。因此，考虑到不同堆积密度的烧结料表面都能得到相近的点火热量，采用单位料层表面所获得的点火热量 q（kJ/m^2）作为点火制度的选择指标比较合理。国外有的资料建议 q 值为（33.5~56.7）$\times10^3$ kJ/m^2。在原料含结晶水和 CO_2 多、软化温度高时，q 值取上限，反之取下限。q 值可以用点火时间 t（min）和点火器的供热强度 J（kJ/（m^2·min））来决定：

$$q = tJ$$

在单位点火时间内，给单位点火面积所提供的热量称为点火器的供热强度 J（kJ/（m^2·min））。目前，我国多数烧结厂点火器的供热强度 J 为（42~54.6）$\times10^3$ kJ/（m^2·min），接近或高于一般水平，但点火热量普遍较低，这主要是由于机速快、点火器长度不够、点火时间短造成的。

为了改进点火工作，往往采用延长点火器长度、增设保温段的方法，使点火时间延长，也使点火更趋于均匀,并有保温作用。烧结料表层温度水平增高,受高温作用时间较长,可以获得充足的热量,有利于表层粉料固结,提高表层烧结矿强度和成品率。这种方法在料层较薄时有很好的作用。例如,某厂把点火器长度由2.25m延长到4.5m后,烧结各项指标有了明显提高,烧结矿小于5 mm的部分减少了12.4%,烧结矿硫含量由0.160%减小到0.065%。现在,烧结料层高度有了很大提高,表层烧结矿所占整个烧结料层的比例很小,因此,这种方法也就不那么重要了。

在不采取其他加热措施(如热风烧结)的条件下,表层烧结温度水平和热量在极大程度上是受点火制度影响的。在生产熔剂性烧结矿时,因料层透气性好,机速快及石灰石分解耗热,所以适当提高点火温度和增加供热强度(6% ~10%),对改善烧结矿强度是有利的。当前国内外研制的许多新型点火器,都是采用集中火焰点火,可以有效地使表层混合料在较短时间内获得足够热量,而且还可以降低点火燃耗。

4. 点火深度

为了使点火热量都进入料层集中于表层一定厚度内,更好地完成点火作业,并促使表层烧结料熔融结块,必须保证有足够的点火深度,通常应达到30~40 mm。实际点火深度主要受料层透气性的影响,也与点火器下的抽风负压有关。料层透气性好,抽风真空度适当高,点火深度就增加,对烧结是有利的。

5. 点火真空度

点火真空度是指机头第一风箱内的负压。若点火真空度过高,会使冷空气从点火器四周的下沿大量吸入,导致点火温度降低和料面点火不均匀,以致台车两侧点不燃,另外,表面料层也随空气的强烈吸入而紧密,降低了料层的透气性。同时,过高的真空度还会增加煤气消耗量。真空度过低,抽力不足,又会使点火器内燃烧产物向外喷出,不能全部抽入料层,造成热量损失,恶化操作环境,且容易使台车侧挡板变形和烧坏,增大有害漏风,降低台车的寿命。因此,点火器下抽风箱的真空度必须要能灵活调节控制,使抽力与点火废气量基本保持平衡。一般点火真空度控制在6000 Pa左右为宜,这样可使点火器与台车间的压力维持在0~30 Pa的水平。

6. 点火废气氧含量

点火煤气燃烧后的废气氧含量也需要加以控制,特别是对大型烧结机更为重要。因为废气中含有足够的氧可保证混合料表面的固体燃料充分燃烧,这不但可以提高燃料利用率,而且也可以提高表层烧结矿的质量。若废气中氧含量太低,则对表面料层中炭的燃烧不利,燃烧速度减慢,高温区延长,温度降低;同时,碳还可能与CO_2及H_2O作用而吸收热量,使上层温度进一步降低,表层烧结矿的强度下降,影响点火效果。实验研究表明,通常燃料燃烧必须保证点火废气中氧含量达到12%,否则,固体燃料将不会燃烧,而只能达到灼热状态,要到离开点火器之后燃烧反应才能进行,这实际上就降低了有效烧结面积。根据前苏联经验,当点火废气中的氧含量为13%时,固体燃料的利用率与混合料在大气中烧结时相同。在氧含量为3% ~13%的范围内,点火废气增加1%的氧,烧结机利用系数提高0.5%,烧结矿的燃料消耗降低0.3 kg/t。

废气中氧含量的高低取决于使用的固体燃料量和点火煤气的发热值。固体燃料配比越高,要求废气氧含量越高;点火煤气发热值越高,达到规定的燃烧温度时,允许较大的过剩空气系数,因而废气中氧含量越高。当使用低发热值煤气时,可采用预热助燃空气来提高燃烧温度,从而为增大过剩空气系数、提高废气氧含量创造条件。前苏联生产实践表明,利用300℃的冷却机废气助燃点火,可提高氧含量2%,并可减少天然气或焦炉煤气17%、高炉煤气6.6%,降低固体燃耗0.5～0.7kg/t,同时增产0.6%～0.8%。另外,无论对高发热值煤气或低发热值煤气,采用富氧空气点火都是提高废气氧含量的重要措施。点火废气中氧含量增加到9%～10%,氧消耗为3.5m^3/t时,烧结矿生产率可提高2.5%～4.5%,固体燃耗可降低10kg/t。但是采用富氧空气费用高,而且氧气供应困难。

(三)点火器日常操作

点火器有以下日常操作:

(1)混合煤气压力大于2500Pa时方可生产。

(2)点火温度应控制在1000～1200℃以内。根据料面点火情况,调整点火温度。点火温度可通过空燃比进行调整,且保证火焰最高温度达到料面。

1)观察火焰的颜色来判断空燃比是否合适:比例合适,火焰呈黄白亮色;空气不足,火焰呈蓝色浑浊状;空气过多,火焰呈暗红色。

如煤气不完全燃烧时,应增加一次流量,其方法可采用调节一次空气流量阀或调整空气主管流量阀,但应注意火焰长度。

2)调整火焰长度。必须使火焰最高温度达到料面,可采用调节二次空气流量来实现,一般增加二次空气流量,其火焰长度拉长。

3)观察料面,表面过熔时,减小煤气流量;料面表面点火不足时,应增加煤气流量。

4)可采用手动或自动操作增减煤气或空气流量,但需保持规定的空燃比和炉膛不出现正压。

5)通过上述方法依然达不到生产需要时,必须查明原因:混合料水分是否偏大,煤气发热值是否偏低等。

(3)保证点火炉内微负压操作,严禁火焰外喷。

(4)烧结机点火时间应控制在相应的点火器所要求的时间内。

(5)保持沿台车宽度均匀点火。发现点火不良,应首先调整相应部位烧嘴的煤气和空气量,或与中控联系调整点火器1～5号风箱闸门。

(6)料层表面不能过熔,也不能出现生料。

(四)点火器烘炉操作

点火器的烘炉操作可分为以下两种情况:

(1)烧结机短期停机(停止时间小于24h),点火器不需熄火,只需进行保温烘炉;此时煤气控制在较小程度,只保留2～3个烧嘴燃烧,保证点火器在温度600～800℃之间进行保温。在启动烧结机前2h,逐渐点燃炉顶两排烧嘴,将点火炉温度逐渐升高到正常生产温度。

(2)新建或检修后的点火器,点火器在长时间停机(停止生产时间大于24h),烘炉的基本原则是:烘炉的升温速度慢、保温时间长,使炉衬的水分蒸发,耐火材料稳定升温,从而不致引起破裂,延长点火器的寿命。所以在启动烧结机前10h开始对点火保温炉进行升温,按照100℃/h的升温速度控制,当点火炉温度达到600℃时,如果烧结机台车上无料则定时转动烧结机台车,以免烧坏台车;当点火炉温度达到1000℃时,可以启动烧结机生产。

（五）点火器的点火操作

用气体燃料点火时，由于气体燃料混入一定比例的空气会发生爆炸，煤气还会使人中毒窒息，因此必须严格遵守安全操作规程。

1. 点火前的准备工作

点火前的准备工作主要有：

（1）检查所有闸阀是否灵活好用。

（2）关闭煤气头道阀、空气闸阀以及所有烧嘴的煤气闸阀，打开煤气旁通阀。

（3）检查冷却水流是否畅通。

（4）由主控与仪表工联系，做好点火前的仪表准备工作。检查煤气和空气仪表的阀门是否关闭。

（5）向煤气管道通蒸汽，打开放散管阀门，并打开煤气的放水阀进行放水，待无水（含旁通管）时，立即关闭放水阀，同时准备好点火工具；关闭 1 号、2 号风箱，然后启动助燃风机。

（6）由主控工与煤气混合站联系，做好送煤气的准备，并通知调度安排煤气防护站做爆发试验。

2. 点火程序

点火程序是：

（1）点火准备完毕后，发现点火器末端排水管处冒出大量蒸汽时，即可打开头道阀门，关闭蒸汽阀门。

（2）通知仪表工把煤气、空气仪表阀门打开。

（3）放散煤气 10 min。

（4）在点火器煤气管道末端取样做爆发试验，合格后即可关闭放散管，否则要继续放散，重做爆发试验，直至合格为止。

（5）确认能安全使用煤气后，关闭放散阀。

（6）准备好点火棒，并用胶管与煤气主管连接；将煤气主管上的阀门与点火棒上的煤气小阀打开，点燃点火棒，并调整火焰大小；确认点火棒火焰稳定燃烧。

（7）打开空气总阀，并将烧嘴上的空气手动阀、煤气自动调节阀和手动阀适度打开；将点火棒通过观察孔，放进点火器内需要点火的烧嘴下方，开启该烧嘴的煤气阀门，把烧嘴点着（如果有两排烧嘴，先点其中一排，待点着后再点下一排）；若煤气点不着火，或点燃后又熄灭时，应立即关闭煤气阀，查明原因并确认问题排除后再行点火。

（8）确认全部烧嘴点燃后，调节空气、煤气电动调节阀进行温度调节、火焰长度调节；达到点火要求后，即可投入生产。

（9）点火棒放在炉内，待生产正常后方可退出熄火。

（六）点火器停炉操作

1. 点火器停炉分类

点火器的停炉分为短期和长期（大、中修）两种情况。当点火器短期停炉时，通过保留 2～3个烧嘴或减少煤气来控制炉内的温度即可；长期停炉时应先关闭烧嘴上的阀门和总阀门,打开煤气放散阀,并通蒸汽,堵盲板。对于设有助燃风机的点火器,当熄火后应继续送风一段时间以后停机,点火器熄火 2 h 后才能停止送冷却水。

2. 点火器停炉灭火程序(含堵盲板)

点火器停炉灭火程序(含堵盲板)是:

(1) 关小煤气管道流量调节阀,使之达到最小流量,然后逐一关闭点火器烧嘴的煤气阀门。

(2) 打开煤气放散阀进行放散,通知仪表工关闭仪表阀门。

(3) 确认炉内无火焰,关闭煤气头道阀。

(4) 手动打开煤气切断阀。

(5) 打开蒸汽阀门通入蒸汽驱赶残余煤气,残余煤气驱赶完后,关闭蒸汽阀、调节阀。

(6) 关闭空气管道上的空气调节阀,停止助燃风机送风。

(7) 若检查点火器或处理点火器的其他设备需要动火时,应事先办动火手续及堵好盲板。

(8) 堵盲板顺序:确认残余煤气赶尽,关闭蒸汽阀门。经化验合格后,关闭眼镜阀。

(七) 点火器控制方式

点火器控制方式通常有 3 种:清扫方式、手动方式和自动控制方式。

(1) 清扫方式。在此方式下,所有自动控制阀门均能在操作站上远方手动。

(2) 手动方式。在此方式下,所有流量、压力调节阀均能在操作站上远方手动,但是主燃系统煤气低压快速自动切断阀受如下条件制约:当煤气、空气压力正常,引燃系统低压快速自动切断阀开,烧结机主抽风机运转正常时,可以在操作站手动打开,但不能在操作站手动关闭,当条件不正常时,自动关闭;当煤气、空气压力正常,引燃系统低压快速自动切断阀可以在操作站手动打开,但不能在操作站手动关闭,当条件不正常时,自动关闭。

(3) 自动控制方式。此方式分为:点火温度控制、点火强度控制和定流量控制。

1) 在点火温度控制方式下,操作人员可根据具体情况设定点火温度及空气、煤气比例。当烧结机速度为零时,自动转到以点火温度控制的自动保温状态。

2) 在点火强度控制方式下,操作人员可根据具体情况设定点火强度及空气、煤气比例。当烧结机速度为零时,自动转到以点火温度控制的自动保温状态。

3) 在定流量控制方式下,操作人员可根据具体情况设定煤气流量值及空气、煤气比例。当烧结机速度为零时,自动转到以点火温度控制的自动保温状态。

烧结点火应注意的问题:

(1) 点火时应保证沿台车宽度的料面要均匀一致。

(2) 当燃料配比低、烧结料水分高、料温低或转速快时,点火温度应掌握在上限;反之则掌握在下限。

(3) 点火时间最低不得低于 1 min。混合料点火时间与混合料的温度、湿度有关,混合料温度低、湿度大时,点火时间要长一些,可把烧结机机速减慢。

(4) 点火面要均匀,不得有发黑的地方,如有发黑,应调整对应位置的火焰。一般情况下,台车边缘的各火嘴煤气量应大于中部各火嘴煤气量。若台车两边仍点不着火,可适当关小点火器下部的风箱闸门或适当提高料层厚度;点火后料面应有适当的熔化,一般熔化面应占 1/3 左右,不允许料面有生料及浮灰。

(5) 对于90 m^2 烧结机来说，台车出点火器后3～4 m，料面仍应保持红色，以后变黑；如达不到时，应提高点火温度或减慢机速；如超过6 m，应降低点火温度或加快机速，保证在6号、7号风箱处结成坚硬烧结矿。

(6) 为充分利用点火热量，增加点火深度，既保证台车边缘点着火，又不能使火焰外喷，就必须合理控制点火器下部的风箱负压，其负压大小通过调节风箱闸门实现。

(7) 点火器停水后送水，应慢慢开水门，防止水箱炸裂。

(8) 点火器灭火后，务必将烧嘴的煤气与空气闸门关严，以防点火时发生爆炸。

(9) 点火温度的调节可通过调节煤气与空气的大小来实现。操作煤气调节器可以使点火温度升高或降低，操作空气调节器可以使煤气达到完全燃烧。使用煤气或空气调节器时，调节流量大小可用操纵把柄停留时间的长短来控制，操作调节器不要过猛、过快，应一边操作一边观察流量表的数字，最后将点火温度调到要求数值。

三、相关知识

（一）烧结生产对布料作业的要求

1. 布铺底料

在台车上布烧结料之前，先布一层铺底料，根据试验结果和生产实践，铺底料粒度以10～25 mm为宜，铺底料层的适宜厚度为20～40 mm，铺底料从烧结整粒系统中分出。铺底料仓的储存时间原则上应等于烧结时间、冷却时间、烧结矿整粒系统分出铺底料的时间以及输送时间之和。一般情况下，铺底料仓储存时间可考虑为40～80 min。

铺底料的作用有：

(1) 将混合料与箅条隔开，防止烧结时燃烧带的高温与箅条直接接触，既可保证烧好烧透，又能保护箅条，延长其使用寿命，提高作业率。

(2) 铺底料组成过滤层，可防止粉料从炉箅缝隙被抽走，减少烟气含尘量，从而减轻除尘设备的负担，延长抽风机转子的使用寿命。

(3) 防止细粒料或烧结矿堵塞与黏结箅条，保持炉箅的有效抽风面积不变，使气流分布均匀，减小抽风阻力，加速烧结过程。

(4) 改善烧结机操作条件，便于实现烧结过程的自动控制，同时，因消除了台车黏料现象，撒料减少，劳动条件也大为改善。

2. 布混合料

布混合料在铺完底料之后紧接着进行。台车上布料工作的好坏直接影响烧结矿的产量和质量。合理地均匀布料是烧结生产的基本要求。布料作业应满足以下几个方面：

(1) 布料应连续供给，防止中断，保持料层厚度一定。

(2) 按规定的料层厚度，使混合料的粒度、化学成分及水分等沿台车长度和宽度方向都均匀分布，料面应平整，保证烧结料具有均一的、良好的透气性；应使料面无大的波浪和拉沟现象，特别是在台车挡板附近，避免因布料不满而形成斜坡，加重气流的边缘效应，造成风的不合理分布和浪费。

(3) 使混合料粒度、成分沿料层高度方向分布合理，能适应烧结过程的内在规律。最理想的布料应是：自上而下粒度逐渐变粗，碳含量逐渐减少，从而有利于增加料层透气性和利于上下部烧结矿质量的均匀。双层布料的方法就是据此而提出来的。采用一般布料方法时，只要合理控制反射板上料的堆积高度，有助于产生自然偏析，也能收到一定效果。

（4）保证布到台车上的料具有一定的松散性，防止产生堆积和压紧。但在烧结疏松多孔、粒度粗大、堆积密度小的烧结料，如褐铁矿粉、锰矿粉和高碱度烧结矿时，可适当压料，以免透气性过好，烧结和冷却速度过快而影响成形条件和强度。

（二）影响布料作业的因素

布料的均匀合理性既受混合料缓冲料槽内料位高度、料的分布状态、混合料水分、粒度组成和各组分堆积密度差异的影响，又与布料方式密切相关。

1. 缓冲料槽内料面平坦、料位高度的影响

缓冲料槽内料位高度波动时，因物料出口压力变化，使布于台车上的料时多时少，影响布料的均匀性，为此应保证1/2～1/3的料槽高度。混合料矿仓应安装料位计。缓冲料槽料面是否平坦也影响布料，若料面不平，在料槽形成堆尖时，则因堆尖处料多且细，四周料少且粗，将会引起下料量有多有少，从而造成料面不平。为避免这种现象，必须采用合理的布料设备。

2. 混合料水分、粒度组成的影响

若混合料水分、粒度组成发生大的波动，会使混合料沿烧结机长度方向形成波浪形料面。在料层高度方向，因混合料中不同组分的粒度和堆积密度有差异，以及水分的变化，会产生粒度、成分偏析，从而使烧结矿内上、中、下各层成分和质量很不均一。

3. 布料设备的影响

我国烧结厂目前采用的布料方式基本有4种：一是圆辊给料机＋反射板；二是梭式布料机＋圆辊布料机＋反射板联合布料；三是梭式布料机＋圆辊布料机＋辊式布料器联合布料；四是宽皮带给料机＋辊式布料机联合布料。圆辊给料机＋反射板布料的最大优点是工艺简单、设备事故少、运转可靠，但混合料是从二次混合机出口直接落到圆辊上方的小矿槽里，料面呈尖峰状，自然偏析导致大颗粒的物料落到矿槽的边缘，较细的颗粒落在矿槽的中间。布料偏析会使沿台车宽度方向透气不均：靠台车两侧粒度较粗，透气性较好，而台车中间粒度较细，尤其是反射板经常挂料，下料忽多忽少，堆料现象严重，料面凹凸不平，因而，有的烧结厂增设了自动轻料装置。梭式布料机把向缓冲料槽的定点给料变为沿宽度方向的往复式直线给料，消除了料槽中料面的不平和粒度偏析现象，从而大大改善台车宽度方向布料的不均匀性。第二种布料方式克服了第一种布料方式的一些缺点，但仍不够理想。第三种布料方式消除了反射板的黏料现象，使混合料沿烧结机台车宽度均匀分布，料层平整，并且在一定程度上能实现粒度上小下粗。第四种布料方式避免了圆辊布料机在下料过程中由于挤压对小球的破坏。

（三）布料设备

往烧结机上布料是否均匀直接关系到烧结矿的产量与质量，因此，布料成为生产中的关键问题之一。

1. 圆辊布料机

圆辊布料机又称为泥辊,它由圆辊、清扫装置和驱动装置组成。圆辊外表衬以不锈钢板,以便于清除黏料;在圆辊排料侧的相反方向设有清扫装置;布料机由调速电机驱动。图 4-3所示为烧结机用圆辊布料机布料示意图。给料量的大小由圆辊转速及闸门来控制。

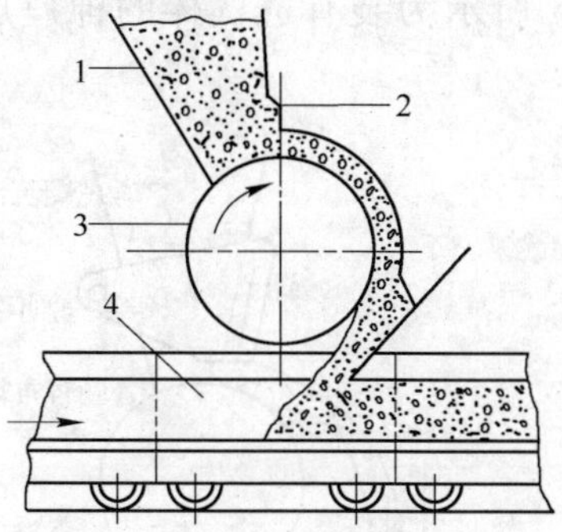

图 4-3　烧结机用圆辊布料机布料示意图
1—小矿槽;2—闸门;3—圆辊;4—台车

圆辊的宽度和烧结机宽度相等,当圆辊旋转时,其上各点速度相等,因而能做到沿烧结机宽度上均匀给料。

2. 梭式布料机

梭式布料机实质就是带小车的给料皮带机。它主要由运输带、移动小车以及小车传动装置和皮带传动装置组成。靠小车的往复运动,混合料不是直接卸入料槽,而是经梭式布料机均匀布到混合料矿槽内,使槽内料面平整。梭式布料机与圆辊布料机构成联合布料机。

3. 反射板

反射板设在圆辊布料机的下部,它的作用是把圆辊给料机给出的料经反射板滚到台车上。反射板的合适角度要根据混合料的性质来选择。角度小时,混合料的冲力小,料流松散性好,但下料不畅快,容易黏料;角度大时,混合料的冲力大,料易砸实,恶化料层的透气性。

4. 辊式布料器

混合料由圆辊布料机经反射板布于台车上,反射板经常黏料,造成混合料沿台车宽度方向布料偏析,影响烧结正常生产,现烧结厂用辊式布料器代替反射板布料。辊式布料器是由5 ~9 个辊子组成的布料设备,如图 4-4 所示,布料辊的转向和转速都相同,则相邻两辊靠近处运动方向相反,借以消除混合料黏辊现象。

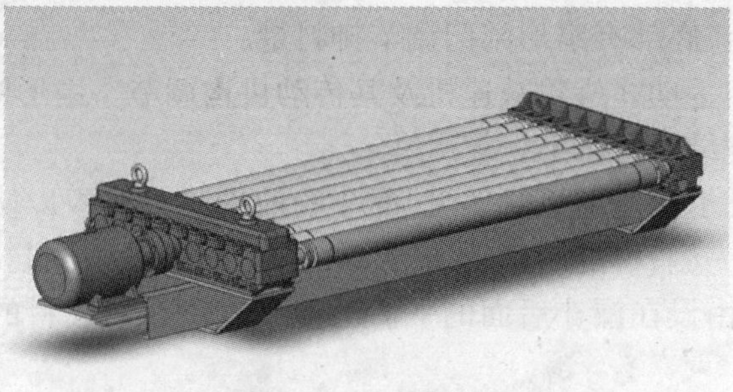

图 4-4　辊式布料器

5. 松料器与压料板

在全精粉烧结或厚料层烧结时，为了改善烧结料层的透气性，可以在反射板下面安装松料器，即在料层的中部水平方向装一排直径约 40 mm 的钢管，间距 200 mm 左右，铺料时把钢管埋上，台车行走时钢管从料层中退出，在台车中形成一排松散的条带，减轻料层的压实程度，改善料层的透气性。图 4-5 所示为装有透气棒的神户加古川烧结厂布料系统设备示意图。

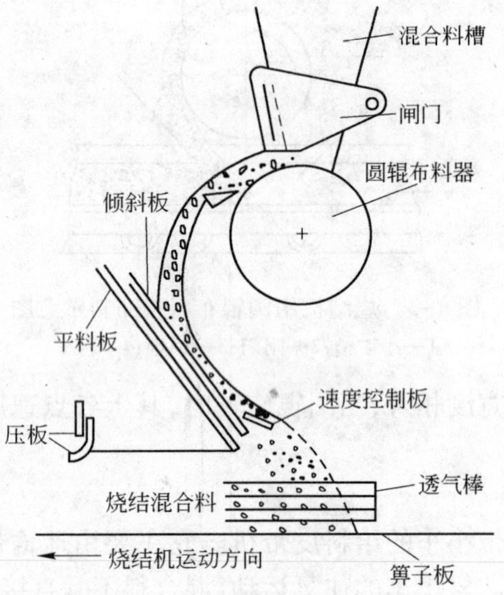

图 4-5　安装透气棒的布料装置

混合料布到台车以后，在生产上还需要根据混合料的粒度和透气性的要求，于点火之前进行压料。在粉矿配比量较大或者生石灰、消石灰配比量大，料层比较松散的情况下，压料更为重要，否则混合料过分松散，在烧结过程中，风速过大，热交换差，风量不能充分利用，结果使烧结矿产品气孔大、体积密度小。在生产上，一般是利用挂在给料器下边的压料板或压料辊进行压料。这些压料装置一般只对料层的表层或上层有效，也就是说对点好火能起到一些作用。压料板吊挂的高低或轻重应根据混合料的性质进行调整。

6. 布铺底料装置

铺底料仓由上、下两部分组成，为焊接钢结构。上部矿仓用两个侧力传感器和两个销轴支承在厂房梁上，或通过法兰直接固定在梁上，前者应装限位装置，以防矿仓平移。下部矿仓支承在烧结机骨架上，底部有扇形闸门调节排料量。

扇形闸门开闭度由手动式蜗轮减速机及其传动机构调节。扇形闸门排出的铺底料通过其下的摆动漏斗布于烧结机台车上。

摆动漏斗由轴承支承在烧结机骨架上，漏斗的前端装有衬板以防磨损。漏斗是偏心支承，略偏向圆辊给矿机一侧，可前后摆动。当台车黏矿槽或箅条翘起时，漏斗向台车前进方向摆动，待异物通过后由设在漏斗后面的平衡锤使其复位。铺底料的厚度由设在漏斗排料口的平板闸门调节。

(四) 点火装置

烧结点火装置布置在第一真空箱的上方,点火所用燃料主要是气体燃料。气体燃料由于具有便于运输、与空气可以充分混合、燃烧充分、没有灰分、成本较低、设备简单可靠、劳动条件好、便于实现自动控制等优点,被烧结厂广泛使用。常用的气体燃料有焦炉煤气、高炉煤气、天然气以及焦炉煤气与高炉煤气的混合气体。

气体燃料点火器外壳为钢结构,设有水冷装置,内砌耐火砖,在耐火砖和外壳之间充填绝热材料。点火器顶部装有两排喷嘴,喷嘴设置个数根据烧结机大小而定,且应保证混合料点火温度均匀。点火器拱顶净空高度应保证火焰燃烧和利于拱顶维护,点火器宽度要略大于台车宽度,以保证台车两侧混合料能均匀点火。点火器长度由台车速度和工艺要求的点火时间确定,必须保证台车在最大运行速度下,点火时间不少于 0.5 min。点火器燃烧产生的废气量要与下面风箱的抽风能力相适应。废气量过大,会造成外喷,烧坏设备;废气量过小,冷空气会被大量吸入,降低料面的点火温度,影响烧结过程正常运行。

目前,点火装置主要有点火保温炉和预热点火炉两种。

点火保温炉由点火炉和保温炉两段组成。中间用隔墙分开,两侧和端部外壳由钢板焊接而成,炉墙用耐火材料砌筑,在炉顶上留孔布置烧嘴。图 4-6 所示为顶燃式点火保温炉的典型结构。

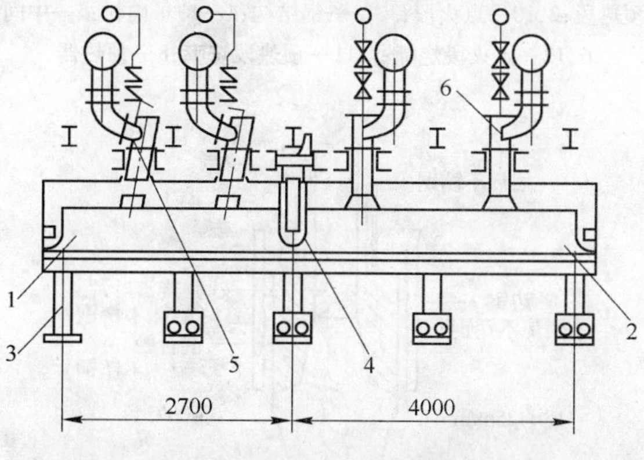

图 4-6　顶燃式点火保温炉的典型结构

1—点火段;2—保温段;3—钢结构;4—中间隔墙;5—点火段烧嘴;6—保温段烧嘴

预热点火炉由预热段和点火段组成。它在下列两种情况下采用:一种情况是对高温点火爆裂严重的混合料,例如褐铁矿和氧化锰矿等;另一种情况是缺少高发热值煤气而只有低发热量煤气的烧结厂。预热点火炉有顶燃式和侧燃式两种,分别如图 4-7(a)和图 4-7(b)所示。

旧式点火炉一般采用顶部布置的低压涡流式烧嘴,满炉膛点火,点火效果差,能耗高。近十年来,国内外烧结点火技术迅速发展,各种不同类型的烧结点火烧嘴不断产生,使烧结点火能耗大幅度下降,如煤气－煤粉混烧式烧嘴、多缝式烧嘴(结构如图 4-8 所示)、线性组合式多孔烧嘴、幕帘式烧嘴等。与过去相比,近期发展的新型点火炉由于烧嘴的火焰短,因此炉膛高度较低,同时点火热量集中,沿点火装置横剖面在混合料表面形成一个带状的高温区,使混合料在很短的时间内被点燃并进行烧结。这种点火装置节省气体燃料比较显著,质量也比原来的点火装置要轻得多,使我国的点火能耗逐年下降。

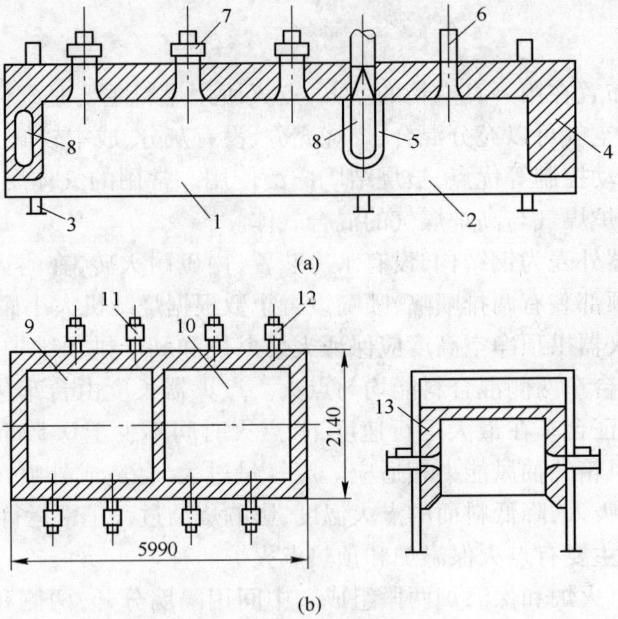

图 4-7　顶燃式和侧燃式预热点火炉

（a）顶燃式；（b）侧燃式

1，9—预热段；2，10—点火段；3，13—钢结构；4—炉子内衬；5—中间隔墙；6，12—点火段烧嘴；7，11—预热段烧嘴；8—预热器

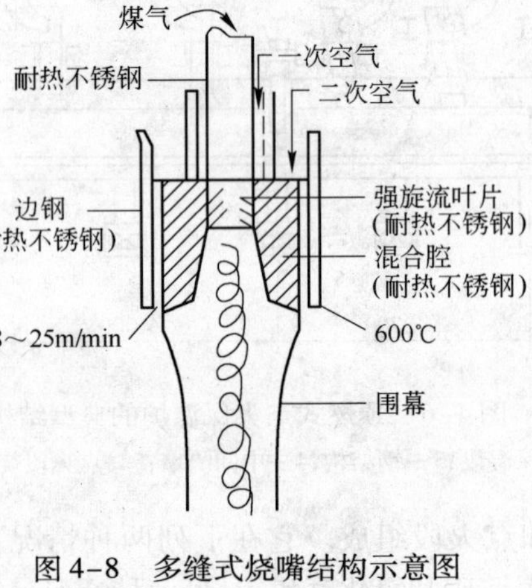

图 4-8　多缝式烧嘴结构示意图

巩固训练

一、选择题

1. 烧结混合料布料要求，沿台车宽度方向粒度均匀分布，沿料层高度自上而下粒度（　　）。

   A. 逐渐变粗　　B. 逐渐变细　　C. 均匀分布

2. 工作现场允许的煤气浓度是(　　)。

A. 0.03%　　B. 0.3%　　C. 0.5%

3. 点燃高炉煤气，火焰呈蓝色，表明空气比例(　　)。

A. 多　　B. 不足　　C. 适宜

4. 当点火炉火焰呈暗红色时，说明(　　)。

A. 空气比例大于煤气　　B. 煤气比例大于空气　　C. 空气与煤气燃烧比例合适

5. 设备运行时，应(　　)巡检一次。

A. 1 h　　B. 3 h　　C. 5 h

6. 点火时间一般不低于(　　)。

A. 1 min　　B. 2 min　　C. 5 min　　D. 3 min

7. 煤气爆发实验，必须至少连续做(　　)次合格后方可使用。

A. 2　　B. 5　　C. 3

8. 煤气放散时间一般为(　　)。

A. 5 min　　B. 10 ~ 15 min　　C. 15 ~ 30 min

9. 高炉煤气是一种剧毒性气体，若空气中 CO 体积分数达到(　　)会使人立即死亡。

A. 0.2%　　B. 1%　　C. 0.06%

二、判断题

1. 烧结的点火强度低，可通过延长点火时间或加大煤气流量来提高。(　　)

2. 水分适宜的烧结料，台车料面平整，点火火焰不外喷，机尾断面解理整齐。(　　)

3. 高炉煤气易中毒、焦炉煤气易着火爆炸。(　　)

4. 过剩空气系数即理论需要空气量与实际所用空气量的比值。(　　)

5. 集中火焰点火即火焰直接点火，也就是线型点火，多缝式烧嘴是其中的一种。(　　)

6. 点火时间与烧结机的机速成反比，与点火器的有效长度成正比。(　　)

7. 煤气爆炸主要是由于空气和煤气形成爆炸的混合气体，同时混合气体达到必要的温度(着火点)或遇上明火造成，两者缺一不可。(　　)

8. 点火器烘炉原则是快速将耐火材料中水分烘干。(　　)

9. 停机 8 h 以上，点火器不用灭火。(　　)

10. 梭车布料均匀，关键是在两端换向时停留时间长，造成布料堆尘。(　　)

11. 点火后，料面呈青黑色并有金属光泽局部熔融为最好。(　　)

三、问答题

1. 合理布料要求是什么，偏析布料有何优点？

2. 铺底料的作用有哪些，对铺底料的厚度有何要求？

3. 烧结点火的目的是什么，对点火有哪些要求？

4. 在使用煤气进行点火时，如何通过火焰来判断煤气与空气的比例是否合适，为什么要采用低负压点火？

5. 叙述烧结机开车前正确的点火操作步骤。

任务五　烧结机操作

教学目标

(1) 叙述烧结过程发生哪些物理化学变化。

(2) 分析烧结过程中主要黏结相的生成条件。

(3) 正确判断与控制烧结过程的风量与负压。

(4) 根据生产现象,对烧结料的固定碳含量及水分加以正确判断与调整。

(5) 根据烧结过程所产生的现象对烧结终点做出正确的判断,发现问题能快速调整。

(6) 完成烧结机的日常检查与维护。

(7) 能对设备故障、工艺事故采取果断、及时处理。

一、任务分析

(一) 任务的提出

在点火后直至烧结终了的整个过程中,混合料借点火和抽风使其中的碳燃烧产生热量,并使烧结料层处在总的氧化气氛中,又具有一定的还原气氛,因而,混合料发生分解、还原、氧化和脱硫等一系列反应,同时在矿物间产生固液相转变,生成的液相冷凝时把未熔化的物料黏在一起,体积收缩,得到外观多孔的块状烧结矿。

为了使烧结过程正常进行,获得良好的生产指标,对烧结风量、真空度、料层厚度、烧结机速度和烧结终点的准确控制是很重要的。

在烧结过程中,固体燃料燃烧所获得的高温和 CO 气体,为液相生成和一切物理化学反应的进行提供了所必需的热量和气氛条件。燃料燃烧所产生的热量占全部热量的 90% 以上。燃烧带是烧结过程中温度最高的区域,也是一些主要反应的策源地。因此,碳的燃烧是决定烧结产量和品质的重要条件,也是影响其他一系列过程的重要因素。所以,技术操作人员应当能够根据生产过程中的现象或仪表参数对烧结料中的碳加以正确判断与控制,以保证烧结过程稳定进行。

简单地说,烧结终点即烧结结束之点。正确而严格地控制烧结终点一般具有两方面的意义:一方面是充分利用烧结面积,提高产量,降低燃耗;另一方面是保证得到优质烧结矿的优质返矿。烧结技术操作人员的任务之一就是要根据相关仪表显示参数和烧结断面监控整个烧结过程,正确控制烧结终点,要求烧结终点不能提前也不能延后,如果出现异常,应迅速采取措施加以调整。

(二) 工作任务描述

该工作任务主要是由烧结看火工和中控工协作完成。工作环境主要是烧结机平台(见图 5-1)以及烧结中控室(图 5-2 所示为烧结中控室的烧结机操作画面)。工作内容主要包括:

图5-1　180 m²带式抽风烧结机平台

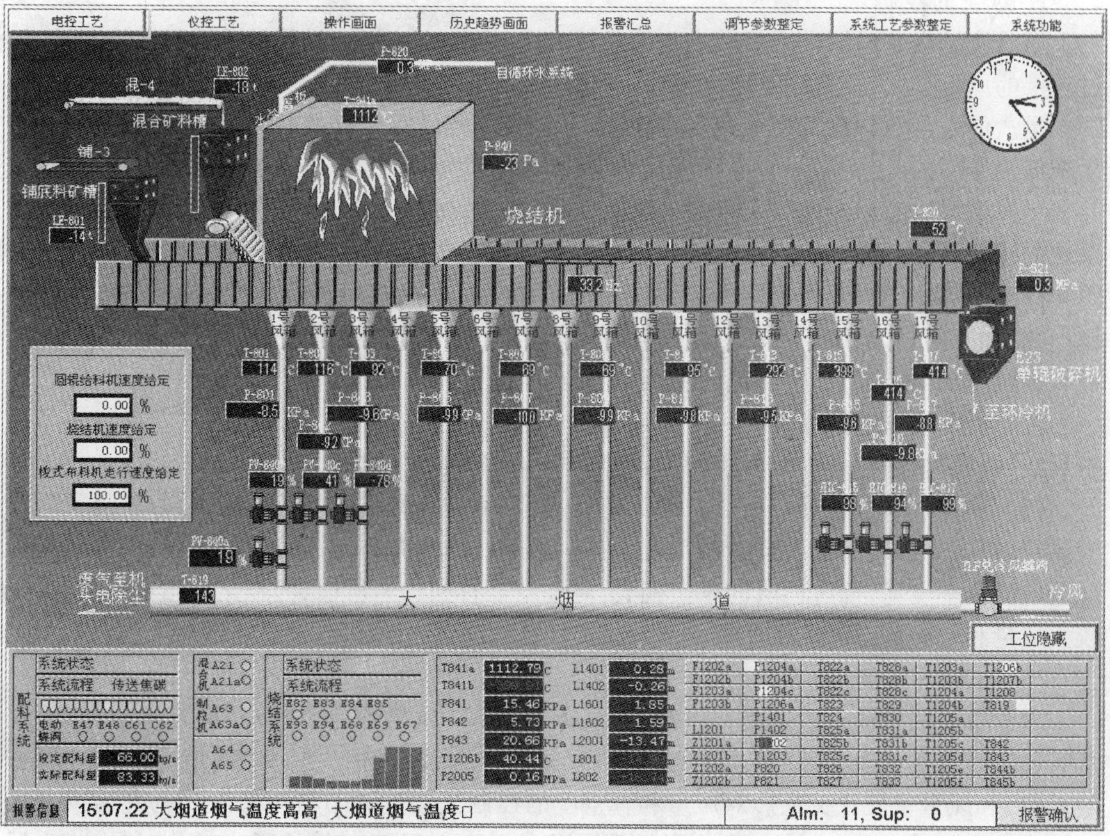

图5-2　烧结中控室的烧结机操作画面

(1) 进行烧结水分、碳、终点的控制与调节。结合布料情况、点火情况及机尾断面、负压和终点温度对混合料水分和碳含量进行判断，发现不合理处结合实际情况进行调整。发现生产波动、质量（粒级、化学分析）异常时，应及时协助相关岗位进行问题检查并处理。

（2）维护烧结机设备。负责烧结机的操作检查和维护保养工作，更换台车、更换箅条、栏板丝紧固；对烧结机进行检查巡视；及时提供设备检修项目，参加检修和检修后的试车调整及验收工作。

（3）烧结机事故处理及烧结机开、停机操作。处理紧急停煤气事故，助燃风机急停、主抽停机、冷却风机停机的处理，紧急停水的处理，紧急停电处理，煤气大量泄漏的处理，台车掉道的处理，烧结机开、停机的集中连锁与非连锁操作。

对工作的要求包括：工序内各岗位成员之间、各工段各岗位之间、职工与完成任务涉及的其他部门相关人员之间进行熟练的专业沟通；能判断混合料水分和配碳量，能正确控制烧结终点；能检查设备运行状态，加以维护和保养；能对设备故障、工艺事故采取果断、及时的处理；严格执行车间的岗位作业标准、安全、技术操作规程和设备维护规程。

二、任务实施

（一）烧结风量和负压的判断与控制

1. 风量的控制

风是烧结作业赖以进行的基本物质条件之一，也是加快烧结过程最活跃积极的因素，抽过料层的风量越大，垂直烧结速度越快，在保持成品率不变的情况下，可大幅度提高烧结机的产量。但是，风量过大，烧结速度过快，混合料各组分没有足够的时间互相黏结在一起，结果降低烧结矿的成品率，同时由于风量增加，冷却速度加快，也会引起烧结矿强度的降低。

生产中常用的加大料层风量的方法有 3 种，即改善烧结料的透气性；改善烧结机及抽风系统的密封性，降低漏风率；提高抽风机能力。具体介绍如下：

（1）改善烧结料的透气性，减少料层阻力损失，在不提高风机能力的情况下，可以达到增产的目的；同时，烧结生产的单位电耗降低。因为这种措施使通过料层的风量相对增加，而有害风量相对减少，提高了风的利用率。

（2）目前烧结机的漏风率一般为 40% ~60%。也就是说，抽风消耗的电能仅有一半用于烧结，因此，堵漏风是挖掘风机潜力、提高料层风量的十分重要的措施。

（3）抽风烧结过程是在负压状态下进行的，为了克服料层对气流的阻力，以获得所需要的风量，料层下必须保证一定的真空度。在料层透气性和有害漏风一定的情况下，抽风箱内能造成的真空度高，抽过料层的风量就大，对烧结是有利的。所以，为强化烧结过程，都选配较大风量和较高负压的风机。

2. 负压（真空度）的控制

因为负压的测量位置通常在风箱、大烟道（总管）、风机前等，所以相应有各风箱负压、总管负压等。在其他条件（料层的透气性、风机的能力、漏风损失）一定的情况下，负压（指绝对值）和风量呈反比关系。对风量和真空度的控制是通过调节各风箱闸门的开启度来实现的。在实际生产中，一般 1 号、2 号风箱以及最后两个风箱闸门关闭一部分，相应减小风量和真空度，其他各风箱全部开启。随着烧结过程往下推移，料层的透气性和物料状态不断变化，因此，生产过程中对各风箱负压的控制是不一样的。表 5-1 是 180 m^2 烧结机正常生产时各风箱真空度的分配情况。1 号、2 号风箱处于点火燃烧部位，此时需风量较少，有的烧结车间为了保证点火时的微负压，3 号、4 号风箱也不全开，因为风箱之间的漏风比较严重；5～18 号风箱部位燃烧过程激烈进行，料层透气性较差，要求大风、高真空度；最后 3 个风箱处，烧结过程即将结束，烧结料层透气性好，相应减少风量和真空度，也可以防止烧结矿急冷而变脆。

表 5-1　180 m^2 烧结机各风箱真空度的分配情况

风箱号	1～2	3～4	5～6	7～8	9～18	19	20	21	集气总管（除尘器前）	抽风机前
真空度/kPa	2.5～3.5	8	11.5	12.5	14.5～15	14.2	14.2	13.7	15.5	16.5

真空度的大小取决于风机的能力、抽风系统的阻力、料层的透气性及漏风损失的情况。当风机能力确定后，真空度的变化也是判断烧结过程的依据之一。正常情况下，各风箱及总管有一个相适应的真空度，当真空度出现反常情况时，则表明烧结抽风系统出现了问题。当真空度反常地下降时，可能发生了跑料、漏料、漏风现象，或者风机转子被严重磨损，管道被堵塞等；当真空度反常地上升时，可能是返矿质量变差、混合料粒度变小、烧结料压得过紧、含碳含水波动、点火温度过高以致表层过熔、风箱堵塞或台车箅条缝隙堵塞严重等。据此可进一步检查证实，采取相应措施进行调整，以保证烧结过程的正常进行。

（二）料层厚度与机速的控制

一般来说，料层薄，机速快，生产率高，但在薄料层操作时，料面表层强度差的烧结矿数量相对增加，使烧结矿的平均强度降低，返矿和粉末增多，同时还会削弱料层的自动蓄热功能，增加燃料用量，降低燃烧矿的还原性。生产中，在烧好、烧透的前提下，应尽量采用厚料层操作。这是因为烧结矿层有自动蓄热作用，提高料层厚度能降低燃料消耗。而低碳厚料操作一方面既有利于提高烧结矿的粒度组成，使烧结矿大块降低，粉末减少，粒度趋于均匀，成品率提高；另一方面又有利于降低烧结矿氧化亚铁含量，改善烧结矿的还原性；此外还有利于减轻劳动强度，改善劳动条件。国内烧结厂一般采用 500～700 mm 的料层厚度，个别的达到 800 mm。实际生产中，提高料层厚度，首先需要改善烧结料层的透气性，另外需降低烧结漏风率或提高风机能力。

合适的机速是在一定的烧结条件下，保证在预定的烧结终点烧透、烧好。影响机速的因素很多，如混合料粒度变细、水分过高或过低、返矿数量减少及品质变坏、混合料制粒性差、预热温度低、含碳波动大、点火煤气不足及漏风损失增大等。此时就需要减低机速、延长点火时间来保证烧结矿在预定终点烧透、烧好。

烧结机的速度是根据料层厚度及垂直烧结速度的快慢而决定的，机速的快慢以烧结终点控制在机尾倒数第二或第三个风箱为原则（机上冷却除外）。在正常生产中，一般稳定料层厚度不变，以适当调节机速来控制烧结终点。机速的调整要求稳定、平缓，防止忽快忽慢，不能过快过急。10 min 内调整的次数不能多于两次，每次增减不得大于 0.5 m/min。

（三）烧结料水分的判断与控制

1. 烧结料水分的判断

烧结料水分的判断的具体情况分析如下：

(1) 混合料水分合适时,混合料用手捏后成团,轻轻抖动又能散开,台车料面平整,点火器中火焰能均匀地顺利抽入料层,火焰不外喷,烟道负压和废气温度平稳正常,机尾烧结矿断面解理整齐,无生料和"花脸",浮尘少。

(2) 混合料水分过大时,混合料有光泽,用手捏后成团,抖动不散开,下料不畅,布料器下的料面出现鱼鳞片状,台车料面不平整,料层透气性变坏,总管负压升高,垂直烧结速度下降,总管废气温度降低,点火火焰温度降低,火焰发暗,并向外喷射,出点火器后料面点火不良,有黑印,机尾烧结料断面发红,出现"花脸",有夹生料。

(3) 混合料水分过小时,混合料用手捏后不易成团,台车料面光,料层自动加厚,点火器内火焰外喷,料面迸小火星,烧结过程下移缓慢,总管负压升高,废气温度下降,机尾断面呈现"花脸",浮尘急剧增多。

(4) 水分不匀时,点火不匀,机尾烧结矿断面出现"花脸"。

2. 烧结料水分的控制

如果发现烧结料水分异常,烧结工要及时与混合制粒岗位联系,并针对具体情况采取相应的措施。一般应采取固定机速、调整料层厚度的方法。水分偏大时,减轻压料,适当提高点火温度或降低料层厚度;水分小时,适当调整圆辊转速或宽皮带速度,降低料层厚度,适当降低点火温度。

(四) 烧结过程碳的判断与控制

1. 烧结料碳的判断

烧结料碳的判断的具体情况分析如下:

(1) 混合料含碳合适时,负压和废气温度平稳,机尾断面清楚,气孔均匀,没有浮灰。

(2) 混合料固定碳高,离开点火器后的表层烧结矿过分发红,赤红部分过长,表示过熔结硬壳,总管负压升高,当料层和机速不变时,废气温度下降;当终点位置不变时,废气温度上升,机尾断面冒蓝、红色火苗,烧结带过熔,赤红部分超过1/2,烧结矿黏台车,烧结矿气孔大,呈蜂窝状,FeO升高。

(3) 混合料固定碳低,表层点不好,离点火器台车的红料面比正常缩短,料面有粉尘,垂直烧结速度减慢,总管负压、废气温度降低,机尾断面红层薄,火色发暗,严重时有"花脸",浮尘多,烧结矿 FeO 低。

(4) 燃料粒度大,点火不均匀,机尾断面冒火苗,局部过熔,断面呈"花脸",有黏台车现象。

2. 烧结料固定碳的控制

混合料固定碳的质量分数目前应控制在3%左右,烧结矿 FeO 的质量分数控制在10%以下。根据实际生产情况,发现碳多或碳少时,应及时与中控和配料室联系,进行相应的煤比调整。固定碳高时,在降低燃料配比的同时,可采取降低点火温度、减薄料层、加快机速等措施;固定碳低时,在增加燃料配比的同时,可采取提高点火温度、减慢机速等措施。燃料粒度大时,应及时与配控(配料室)联系,在严格加工粒度的同时,可采取适当减少配碳量、提高料层厚度或加快机速等措施。

(五) 烧结终点的判断与控制

控制烧结终点,就是控制烧结过程全部完成时台车所处的位置。

中小型烧结机的烧结终点一般控制在机尾烧结倒数第二个风箱的位置上，大型烧结机的终点一般控制在烧结倒数第三个风箱上。正确而严格地控制烧结终点可以充分利用烧结面积，提高产量，降低燃耗；另外，对于无铺底料的烧结机还具有减少炉箅消耗、改善机尾劳动条件和延长主风机转子使用寿命的作用。如果烧结终点提前了，这时烧结面积未得到充分利用，同时使风大量从烧结机后部通过，破坏了抽风制度，降低了烧结矿产量；而烧结终点滞后时，必然造成生料增加，返矿量增加，成品率降低，此外没烧完的燃料进入冷却段，会继续燃烧，破坏设备，降低冷却效率。

1. 烧结终点的判断

烧结终点的判断的具体分析如下：

（1）从机尾矿层断面上看。燃烧层已抵达铺底料，无火苗冒出，上面黑色矿占2/3，红色矿占1/3。

（2）从机尾末端3个风箱及总管的废气温度和负压水平看。终点风箱的废气温度最高，一般要求不低于280℃，此风箱废气温度较前后风箱高25～40℃。主管废气温度不能太低，否则，由于终点控制不当，会使烧结矿质量下降，同时也会使废气中蒸汽冷凝，导致风机叶片挂泥及废气中的SO_2生成亚硫酸，腐蚀风机叶片，缩短了风机转子的使用寿命。因而，一般规定主管废气温度为110～150℃。终点以后的风箱，由于上部台车的物料全部变成烧结矿层，透气性良好，再加上烧结机尾部漏风的影响，所以负压随之下降，与前一个风箱的差值在1000 Pa（100 mmH_2O）左右。

若总管废气温度降低，负压升高，倒数第二、第三个风箱废气温度降低，最后一个风箱温度升高，3个风箱废气负压均升高，则表示终点延后；反之，总管温度升高，负压下降，倒数第二、第一个风箱废气温度下降，3个风箱的负压都下降，表示终点提前。

（3）从成品烧结矿和返矿的残碳看，终点正常时，两者残碳都低且稳定，返矿残碳质量分数小于1%。

2. 烧结终点的控制

调节烧结终点的措施是变动机速、变动料层厚度和调整真空度。常用方法是调整机速，迫不得已时，调整料层厚度。在混合料透气性波动不大的情况下，应采取稳定料层厚度、调整机速的办法来调整控制烧结终点。如料层透气性波动较大时，应先根据不同情况稳定影响料层透气性的各种因素，并适当地调整料层厚度，然后再通过调整机速来正确控制烧结终点。终点提前，适当加快机速；终点滞后，可减慢机速。机速调整幅度不宜过大，一般控制在±0.2 m/min，机速调整应有一定的间隔时间。

烧结终点有人工和自动控制两种，烧结终点的自动控制采用模糊控制，原因在于：(1)烧结终点及对烧结终点有直接影响的参数无法直接检测；(2)不同的操作者调节终点的经验各有差异，以及烧结终点人为判断依据的模糊性；(3)烧结终点状态的自然语言描述具有明显模糊性。模糊控制基于模糊推理、模仿专家知识以及操作人员的经验，而不依赖于被控对象的模型，具有较好的鲁棒性、适应性以及控制精度。而烧结终点的过程控制具有典型的模糊特性，所以比较适合用模糊逻辑进行控制。烧结终点自动控制通常是据终点处风箱的废气温度进行自动控制。

（六）烧结机常见故障及处理方法

烧结机在生产过程中的常见故障及处理方法见表5-2。

表 5–2　烧结机常见故障与处理方法

序号	故障性质	现　象	原　因	处 理 方 法
1	烧结机轮上回车道	（1）台车轮上回车轨道； （2）电流升高、波动大； （3）有异响	台车跑偏	（1）立即停车； （2）倒车退回； （3）先固定上轨道的后一块台车，盘车出现 200 mm 间隙后，用起重机吊起
2	烧结机台车轮卡弯道	（1）烧结机自动停； （2）电流升高	台车轮脱落引起	（1）倒车将车轮顶出； （2）气焊切割
3	烧结机台车塌腰卡风箱隔板	（1）两台车之间拉开间缝； （2）烧结机自动停	（1）台车塌腰变形； （2）塌腰台车卡住风箱隔板	将塌腰台车吊起更换
4	烧结机台车挡板卡辊式布料器，或反射板，或点火器	（1）机头台车拉缝； （2）烧结机自动停	台车挡板螺丝脱落	（1）立即停车； （2）倒转； （3）拧紧挡板螺丝或更换挡板
5	烧结机换台车时，新台车放不进去	新台车放不进去	更换的台车吊起后，其余的台车发生位移	（1）将机尾摆动架或移动固定； （2）烧结机倒转； （3）转至机头反射板或辊式布料器前，用两根 1.05 ~ 1.1 m 长的道木顶住台车，打正转，转到吊车下换新台车
6	烧结机台车在轨道上蠕动	台车在轨道两边蠕动，前进轨迹不成匀速运动	（1）润滑不良； （2）安装误差； （3）轨道两边膨胀不均匀	（1）加强润滑； （2）找准烧结机中心线
7	烧结机台车脱轨	（1）电流升高； （2）烧结机自动停	台车塌腰，在运行中偏离轨道	（1）与台车回车轨道的处理方法相同； （2）更换坏（塌腰）台车
8	台车挡板变形	挡板变形	螺丝松动，烧损变形	紧固螺栓，更换挡板
9	炉箅掉落	缺少箅条	箅条松动歪斜，压紧销失效	补齐箅条
10	台车轮掉落	台车轮掉落	挡圈掉，轴承坏，珠粒松动	检修或更换新台车

（七）烧结机紧急事故处理

在烧结生产中，有时会出现突然停电、停煤气、停蒸汽、停水以及主风机停等异常事故。具体事故的处理方法介绍如下：

（1）突然停电事故处理。在正常生产期间，如遇突然停电，按以下程序进行操作：

1）立即关闭煤气阀门，紧急停火。

2）马上向中控汇报。

3）关闭混合矿槽加蒸汽阀门。

4）将烧结机操作开关打零位。

5）对现场、设备进行检查确认。

6）接到开机指令后，将烧结机开关打自动位，由中控连锁自动开机生产。

（2）突然停煤气事故处理。在正常生产期间，突然停煤气，按如下程序操作：

1）看火发现停煤气，立即向中控汇报，关闭所有煤气阀门，检查快切阀是否已关闭。

2）看火通知中控采取紧急停机措施，齐停烧结机及冷却系统、配料及混料系统，待成品整粒系统料走完后停成品整粒系统。

3）对煤气管道、水封进行检查，用便携式煤气报警仪测量有无煤气泄漏。

4）通知中控让做煤气防爆试验的人员提前到位。

5）煤气恢复后首先放散10 min，做煤气防爆试验，合格后按开机程序组织生产。

（3）停蒸汽或蒸汽压力低时处理要点：

1）因蒸汽压力低，造成料温低于40℃或停蒸汽时，应当增加燃料配比，或减薄料层厚度，或降低机速。

2）发现蒸汽压力低时，汇报厂调度室。

（4）断水处理要点：

1）立即停止上料。

2）迅速查明原因，通知有关岗位（如抽烟机、烧结机、混合料及水系统各岗位）采取相应的措施，并向领导汇报和对外联系，根据具体情况采取相应的处理措施（如打开备用水门）。

3）停水事故消除后，要及时与有关岗位联系，做好送水准备和生产准备。

（5）主风机停机处理方法：

1）主风机停机时，立即停烧结机。

2）逐级汇报。

烧结机操作时应注意的问题：

（1）烧结机机速的调整应缓慢，不得过急。

（2）随时注意烧结过程各主要参数（点火温度、废气负压、温度等）的仪表反应是否正常，发现问题应及时处理。

（3）每班必须活动风箱阀门一次，特别是点火器下风箱阀门。

（4）经常检查烧结机运行情况。比如，台车上箅条是否完整，如有短缺应及时补齐；台车上有无挂料现象，如有应及时清理；风箱阀门开闭是否灵活，风箱堵塞要及时处理等。

（八）烧结机启动与停车操作

在烧结机的电气系统中，考虑到生产工艺的要求，烧结机之前与配料室、皮带运输系统、返矿给料圆盘、一次混合、混合料矿槽给料圆盘、二次混合、梭式布料器、给料圆辊，烧结机之后与冷却机、成品破碎机、筛分机等工序成连锁控制。

工艺要求的启动顺序是：冷却机—破碎机—烧结机—给料圆辊—梭式布料器—二次混合机—圆盘给料机—一次混合机—配料皮带。停车顺序恰恰与启动相反。中途某一设备突然因故停车时，该设备顺流水线上的设备继续运转，但逆流水线上的设备全部停止运转。这种连锁启动的操作制度，可以保证上料畅通以及一旦某一设备停车不致发生堆料、跑料，压住设备等事故。

烧结机上料前，应预先启动抽风机，然后才能启动烧结机和上料系统。当料铺到点火器下的台车时，停烧结机和上料系统，进行点火操作，在风箱阀门全部关闭的情况下，逐步打开抽风机阀门，将点火器下的风箱阀门适度打开，调整点火温度，随着上料台车向前移动，逐个打开上料台车下的风箱阀门，待烧结机所有的风箱阀门打开后，通知抽风机将阀门打开到正常工作位置。

烧结机停车操作分两种情况，一种是事故停车，一种是计划停车。烧结机事故停车时，首先停止烧结机至混合料给料圆盘的连锁系统，及时停止往烧结机给料，减少煤气流量，控制温度在700～900℃。如停车时间不超过10 min，抽风机不必关阀门，但停车时间较长时应关闭抽风机阀门。凡是超过2 h以上的计划停车，应提前停止向混合料槽上料，矿槽混合料完全倒空后，依次停止混合料给料圆盘、二次混合机、梭式布料器。待烧结机小矿槽倒空后，再停烧结机。减少点火器煤气，只维持烘炉温度，待负压降至5000 Pa（500 mmH_2O）时，关闭抽风机阀门，然后停抽风机。若烧结机需卸空检修，应随料尾台车的移动依次关闭风箱阀门。如点火器也需检修或停车8 h以上，点火器也应熄火。

注意事项：

（1）开机前各岗位做好检查准备工作。

（2）正常时，烧结机及其他设备均参加系统连锁，一般不单独采取手动操作，只有在检修后试车或处理事故时，才单独手动操作。

（3）开车及停车均由主控操作掌握，但遇到事故紧急停车时，可切断机旁操作箱上的事故开关。若不是紧急事故，未经主控或组长许可不能停车。

在长期的生产实践中，根据烧结生产过程的主要因素，把提高生产能力的经验做了归纳，提出了20字的技术操作方针：“精心备料、稳定水碳、减少漏风、低碳厚料、烧透筛尽”。

（1）“精心备料”是烧结生产的前提条件。其内容很广泛，它包括原燃料的质量及其加工准备，以及配料、混合、造球等方面，只有做到“精心备料”，才能为烧结机提供稳定的生产条件。

（2）“稳定水碳”是稳定生产的保证条件。它是指烧结料的水分、固定碳的含量要符合烧结的要求，且波动要小。烧结料的适宜水分是保证造球、改善料层透气性的重要条件。烧结料中的固定碳是烧结过程的主要热源。减少烧结料中水、碳的波动就为烧结机的稳定操作创造了条件。因此，稳定水、碳是稳定烧结生产的关键性措施。

（3）“减少漏风”是稳定生产的关键性措施。对抽风系统而言就是减少漏风，提高有效抽风量，充分利用主风机能力。对烧结机而言就是风量沿烧结机长度方向要合理分布，而沿台车宽度方向要均匀一致。主风机是烧结生产的心脏，而合理用风，提高有效抽风量对优质、高产、低耗具有重要的意义。

（4）“低碳厚料”是指在允许的条件下，采用低配碳、厚料层的操作。该操作可以相对地减少烧结机表层低质烧结矿的数量，提高烧结矿的强度和成品率，还可以充分利用料中的自动蓄热作用，提高热能的利用率，降低燃料消耗及FeO含量，是获得优质、高产、低耗烧结矿的途径。

（5）“烧透筛尽”是烧结生产的目的，它体现了质量第一的思想，烧透才能保证强度高、粉末少。烧透是根本，筛尽是辅助，烧不透也就筛不尽。如果保证了烧透，既可使质量提高，产量也不会降低。相反，不保证烧透而一味地快转会适得其反，质量保不了，产量会降低，能耗还会升高。因此“烧透筛尽”也是获得优质、高产、低耗烧结矿的途径。

烧结操作经验中的几个方面是相辅相成的，假如某一因素、某一环节控制不好，其他环节就会失调。

三、相关知识

（一）抽风烧结过程

由于烧结过程是由料层表面开始逐渐向下进行，因而沿料层高度方向有明显的分层性。按烧结料层中温度的变化和烧结过程中所产生的物理化学反应，烧结料层可分为五个带（或五层），点火后，从上往下依次出现烧结矿层、燃烧层、预热层、干燥层、过湿层。这些反应层随着烧结过程的发展而逐步下移，在到达炉箅后才依次消失，最后只剩下烧结矿层，如图5-3所示。

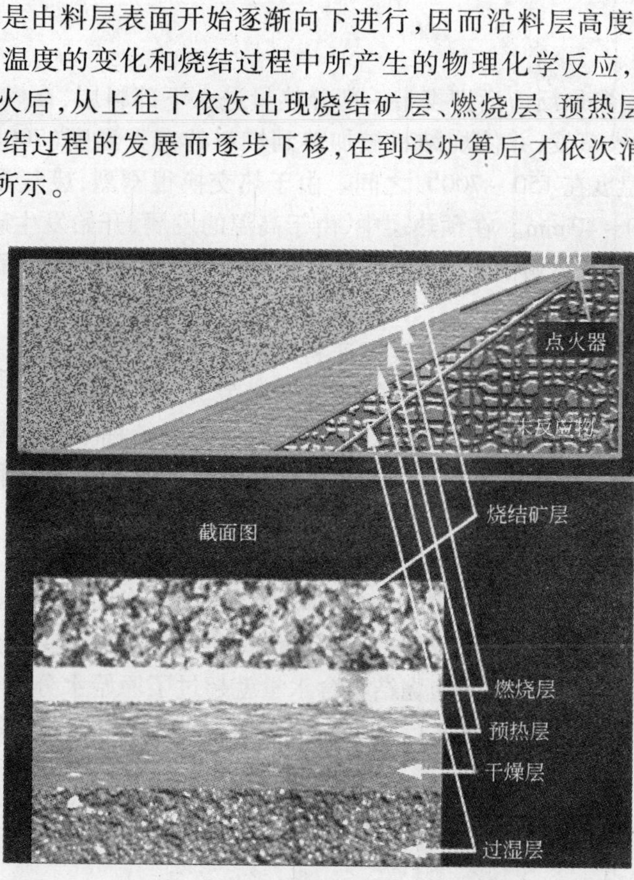

图5-3　带式烧结机烧结过程进行情况

1. *烧结矿层*

在烧结料中燃料燃烧放出大量热量的作用下，混合料中的脉石和部分含铁矿物在固相下形成低熔点的矿物，在温度提高后熔融成液相。随着燃烧层的下移及冷空气的通过，物料温度逐渐下降，熔融液相被冷却凝固成多孔结构的烧结矿。高温熔体在凝固过程中进行结晶，析出新矿物。

烧结矿层的主要变化是,高温熔融物凝固成烧结矿,伴随着结晶和析出新矿物。同时,抽入的空气被预热,烧结矿被冷却,与空气接触的低价氧化物可能被再氧化。

2. 燃烧层

燃烧层又称为高温带,该层燃料激烈燃烧,产生大量的热量,使烧结料层温度升高,部分烧结料熔化成液态熔体。燃烧层温度一般为 1200 ~ 1500℃。由于从固体燃料着火(约 700℃)到燃烧完毕需要一定的时间,所以燃烧层有一定的厚度,一般为 15 ~ 50 mm,其厚度取决于燃料用量、粒度和通过的空气量。由于熔融物液相对空气穿透阻力很大,因此,为改善料层透气性,强化烧结过程,人们总设法减弱该层厚度。

燃烧层是烧结过程中温度最高的区域。这里除碳的燃烧、部分烧结料熔化外,还伴随着碳酸盐的分解、硫化物和磁铁矿的氧化、部分赤铁矿的热分解和还原等。燃料燃烧和上部下来的空气显热一起产生的热量将烧结料加热到一定温度,同时供给下层料以热的气体。

3. 预热层

空气通过燃烧层参加反应后即携带一部分热量进入下部料层,在燃烧排出的热废气作用下,料层中的水分被蒸发,并使烧结料被加热到燃料的着火温度(700℃),这一区域称为预热层。其所处的温度在 150 ~ 700℃之间。由于热交换很剧烈,废气温度很快降低,所以此层较薄,一般为 20 ~ 40 mm。在预热层中,由于高温的发展,开始发生碳酸盐的分解、硫化物的分解和氧化、结晶水分解、部分低价铁氧化物的氧化以及组分间的固相反应。

4. 干燥层

从预热带进入下层烧结料的热废气迅速将物料加热到 100℃以上,因此烧结料中水分激烈蒸发,这一区域称为干燥层,干燥层的厚度一般为 5 ~ 25 mm,温度为露点到 150℃。在实际烧结过程中,预热层与干燥层难于截然分开,因此有时统称干燥预热层,干燥层虽然很薄,但在混合料中料球的热稳定性不好时,会在剧烈升温和水分蒸发过程中产生炸裂现象,使料层透气性变差。

5. 过湿层

从烧结开始,通过烧结料层中的气体含水量就开始逐渐增加,这是因为点火后部分烧结料所蒸发的水汽进入气流中。当下部烧结料温度低于"露点"温度(一般为 55 ~ 65℃)时,气流中的水汽冷凝。因此,这部分的烧结料含水量就超过了原始水分而出现了过湿现象,所以这一区域称为过湿层,它位于干燥层之下。由于水汽冷凝,使得料层的透气性恶化,对烧结过程产生很大的影响。

(二)固体碳的燃烧

1. 烧结过程碳燃烧的特征

烧结过程碳燃烧的特征有:

(1) 碳少,稀而均匀。按质量计,燃料只占总料质量的 3% ~ 5%;按体积计,不到总体积的 10%。

(2) 传热条件好。燃料燃烧从料层上部向下部迁移,料层中热交换集中,燃烧速度快,燃烧层温度高。

(3) 小颗粒的炭分布于大量矿粒和熔剂之中,致使空气和炭接触比较困难,为了保证完全燃烧，需要较大的空气过剩系数（通常为1.4～1.5）。

2. 碳的燃烧过程

燃烧反应就是在着火温度下，燃料中的可燃成分被激烈氧化的过程，并放出大量热量。固体碳的燃烧过程所发生的化学反应按下列反应式进行。

碳的初级反应：

$$C + O_2 = CO_2 \qquad \Delta H = 33034\ kJ/kg$$

$$2C + O_2 = 2CO \qquad \Delta H = 9797\ kJ/kg$$

碳的次级反应：

$$CO_2 + C = 2CO \qquad \Delta H = -13816\ kJ/kg$$

$$2CO + O_2 = 2CO_2 \qquad \Delta H = 23614\ kJ/kg$$

由于碳的燃烧速度及温度降低很快，因此次级反应不会有明显发展。另外，烧结过程实际约有80%的碳是完全燃烧的，20%的碳是不完全燃烧。因此，燃烧废气成分有：CO、CO_2、N_2、H_2、O_2。

3. 空气过剩系数

计算固体碳燃烧，空气过剩系数具有重大作用，空气过剩系数不但影响CO和CO_2的相对含量，也可使$\varphi(CO)/\varphi(CO_2)$比值发生变化。空气过剩系数$\alpha$可按下式计算：

$$\alpha = V_a / V_0$$

式中　V_a——进入燃烧层的实际空气量；

V_0——按燃烧反应方程式$C + O_2 + 3.76N_2 = CO_2 + 3.76N_2$，使碳完全燃烧理论上所需最小空气量。

由于空气中N_2不参与化学反应，固体燃料挥发分中的N_2可以忽略不计，生产中可根据废气中N_2量计算空气过剩系数α：

$$\alpha = \varphi(N_2) / [\varphi(N_2) - 3.76\varphi(O_2)]$$

式中　$\varphi(N_2)$，$\varphi(O_2)$——废气中N_2、O_2的含量；

3.76——干空气中氮氧之比（0.79/0.21）。

根据多次测定，通过烧结料层的空气过剩系数$\alpha = 1.4 \sim 1.5$，当考虑烧结机的漏风损失时，α值增大到2.7～3.0。

根据空气过剩系数，可以计算烧结漏风率：

$$\beta = (\alpha_2 - \alpha_1) / \alpha_2 \times 100\%$$

4. 烧结料层的气氛条件

根据废气成分确定废气气氛条件。烧结料层中废气成分表明，自由氧含量一般为2%～6%，可以认为是弱氧化性或氧化性气氛。但对磁铁矿来说，在上述气氛中，可能被氧化，也可能被还原。因此，在评价废气的气氛性质时，不仅要看废气的成分，还要考虑烧结的具体条件以及某些局部区域的气氛。固体燃料燃烧是在炭粒表面进行的，燃烧反应为：

$$C + O_2 = CO_2$$

$$2C + O_2 = 2CO$$

第一个反应为碳的完全燃烧反应，产物为CO_2。当供氧充足时，将发生碳的完全燃烧反应。第二个反应为碳的不完全燃烧反应，产物为CO。当供氧不足时，将发生碳的不完全燃烧反应。

在炭粒附近，由于燃料燃烧反应的连续进行，可能供氧不足，碳按第二个反应式燃烧的可能性大，同时可能发生 $CO_2 + C \longrightarrow 2CO$ 反应。因此，炭粒附近 CO 浓度较高，呈现还原气氛；在远离炭粒的地区，自由氧较高，呈现氧化性气氛。还原大小的相对量取决于单位体积烧结料中燃料的表面积，所以，燃料用量增加和燃料粒度越细，则还原区相对大些。这就是随着燃料用量增加，烧结矿中 FeO 含量高的原因。因此，适宜的燃料用量和燃料粒度是改善烧结矿品质的重要因素。

综上所述，宏观讲烧结料层的气氛是氧化性气氛，但在炭粒附近存在局部还原性气氛。

5. 固体碳燃烧速度

固体碳燃烧反应速度取决于两个因素：固体碳与气体的化学反应速度和气体向固体碳表面扩散的速度。燃烧过程的总速度取决于两者之间最慢的一个过程，如果过程主要是受前一个因素的影响，则称为“动力学燃烧区域”，反之则称为“扩散燃烧区域”。

当燃烧处于动力学燃烧区域时，过程的速度主要受温度的影响，反应速度随温度增加而增加；当反应温度增高一定值时，反应速度主要取决于扩散燃烧区域的气体的扩散速度。凡是影响气体扩散的因素，如固体燃料的粒度、气流速度和压力都影响反应过程的总速度。烧结过程是在高温下进行的，所以其反应基本上是在扩散区域内进行，即扩散阻力阻碍着燃烧反应速度的进一步加快，直接影响烧结速度。

为了提高燃烧速度，加速烧结过程的进行，就要求改善固体燃料配加方式（如外配碳）和烧结料层中的流体力学条件，如减少漏风率、加大抽风速度及改善烧结料层的透气性等。

（三）水分的蒸发、分解和冷凝

1. 烧结料中水分的来源和作用

水分是影响烧结过程的又一因素。烧结混合料中水的来源有两个方面：一是物料自身带入的；二是烧结料混合制粒时加入的。一定数量的水分在烧结过程中的作用是：

（1）制粒作用。在粉状的烧结料中加入水，有助于混合料的成球，改善料层的透气性，使烧结过程得以顺利进行。

（2）导热作用。由于烧结料中有水的存在，提高了烧结混合料的传热能力。这是因为水的导热系数远远超过矿石的导热系数，水的导热系数为 126 ~ 419 kJ/(m^2 · h · ℃)，矿石的导热系数为 0.63 kJ/(m^2 · h · ℃)。水的存在改善了料层的热交换条件，促进了燃烧带限制在较窄的范围内，减少了料层气流阻力。同时，保证了在较少燃料消耗的情况下，获得必要的高温区。

（3）润滑作用。水分子覆盖在矿粉颗粒表面，起类似润滑剂作用，可降低表面粗糙度，减少气流阻力。

当然，从热平衡的观点看，去除水分要消耗热量。因此烧结料含水要适宜，不能过多。由于烧结料的性质和组成的差异，一般混合料中水的质量分数在 6% ~ 9% 之间。当烧结过程开始后，在料层的不同高度和不同的烧结阶段水分含量将发生变化，出现水分的蒸发和冷凝现象。

2. 水分的蒸发

烧结过程中水分蒸发的条件是：气相中的水蒸气的实际压力 p_{H_2O} 小于该温度下水的饱和蒸气压 p'_{H_2O}，即 $p_{H_2O} < p'_{H_2O}$；饱和蒸气压随温度升高而增大，在热气体与湿料接触的开始阶

段，水蒸气蒸发缓慢，物料含水量无大的变化。废气的热量主要用于预热物料，使它的温度明显升高。当物料温度升到100℃时，水的饱和蒸气压p'_{H_2O}可达1.013×10^5 Pa(1 atm)。物料中水分迅速蒸发到废气中去，当物料中水的饱和蒸气压p'_{H_2O}等于总压$p_{总}$时，即$p'_{H_2O}=p_{总}$，水分便激烈蒸发，出现沸腾现象。在烧结过程中，废气压力约为0.912×10^5 Pa(0.9 atm)。在温度为100℃时，$p'_{H_2O}>p_{H_2O}$，所以应在小于100℃的条件下完成水分的蒸发过程。但实际上，在温度高于100℃的混合料中仍有水分存在。原因是废气对混合料的传热速度快(最快可达1700~2000℃/min)，当料温达到水分蒸发的温度时水分还来不及蒸发；此外，少量的分子水和薄膜水同固体颗粒的表面有巨大的结合力，不易逸去。

3. 水蒸气的冷凝

烧结过程中从点火时起，水分就开始受热蒸发，转移到废气中去，废气中的水蒸气的实际分压p_{H_2O}不断升高。当含有水蒸气的热废气穿过下层冷料时，由于存在着温度差，废气将大部分热量传给冷料，而自身的温度将大幅度下降，使物料表面水的饱和蒸气压p'_{H_2O}也不断下降。当实际分压p_{H_2O}等于饱和蒸气压p'_{H_2O}时，蒸发停止；当$p'_{H_2O}<p_{H_2O}$时，废气中的水蒸气就开始在冷料表面冷凝，水蒸气开始冷凝的温度称为“露点”。水蒸气冷凝的结果使下层物料的含水量增加。当物料含水量超过物料原始水量时称为过湿。这就是烧结时水分的再分布现象。

在过湿层，冷凝水充塞料粒之间的空隙中使料层过湿，增加了气流阻力，而且过湿现象会破坏下部料层松散的小料球，过湿严重时甚至会变成糊状，进一步恶化了料层的透气性，影响烧结过程的正常进行。因此，目前采取预热混合料(将料温提高到露点以上)及降低水分等措施，减缓过湿的不良影响。

4. 结晶水的分解

混合料中结晶水的分解温度比游离水蒸发温度高得多。褐铁矿结晶水在250~300℃分解；高岭土($Al_2O_3\cdot SiO_2\cdot 2H_2O$)结晶水在400℃开始分解，500~600℃大量分解，完全去除结晶水要到1000℃左右。结晶水分解吸热，可能降低高温区的烧结温度，因此，在用含结晶水的物料烧结时，要考虑增加燃料消耗。

5. 防止烧结料层过湿的技术措施

防止烧结料层过湿的技术措施有：

(1) 热返矿预热混合料。将热返矿直接添加在铺有混合料的皮带上，再进入混合机，在混合过程中，返矿的余热将混合料加热到一定温度。但是，由于热返矿工艺具有一些缺点，例如不利于设备的正常运行与维护，热筛处在高温多尘的工作环境(正常温度在600℃以上)，一旦发生故障，维修极为困难；不利于稳定生产，热筛的存在对稳定混合料水分极为不利，原因有二，一是因热返矿温度高，在下料过程中难以进行计量，导致其流量极不稳定，造成混合料水分波动大，二是当生产过程出现波动时，热返矿温度也会随之波动，此时即使热返矿的流量一定，也会因水分的蒸发量发生变化而引起混合料水分波动；另外，热返矿工业也不利于改善环境，所以新建的烧结机都取消了热返矿工艺。

(2) 蒸汽预热混合料。在二次混合机内通入蒸汽来提高料温。其优点是既能提高料温又能进行混合料润湿，保持混合料水分稳定。由于预热在二次混合机内进行，预热后的混合料即进入烧结机上烧结，因此热量的损失较小。生产实践证明，蒸汽压力越高，预热效果越好，当蒸汽压力为0.3~0.4 MPa，每吨烧结矿蒸汽消耗量为20~40 kg时，料温可提高10~

15℃。使用蒸汽预热混合料的主要缺点是热利用效率较低，一般仅为40% ~50%。可以考虑改进蒸汽的加入装置以进一步提高热利用率。

（3）生石灰预热混合料。在烧结料中配加生石灰，不仅有利于物料成球、提高料球强度和热稳定性，还能提高料温。利用生石灰消化放热提高混合料的温度，其消化反应如下：

$$CaO + H_2O \xlongequal{} Ca(OH)_2 \qquad \Delta H = 64.9\ kJ/mol$$

一般配料时加入4% ~5%的生石灰，若消化热能完全被利用，理论上可提高料温40 ~ 50℃，扣除多加消化水和散热损失的影响，实际可提高料温10 ~15℃。

（4）热空气或热废气预热混合料。国外有的烧结厂利用冷却烧结矿的热废气预热，将250 ~300℃废气从箅条自下而上吹入料层，1 min后下部料层温度可升到60℃，并因热风向上吹吹松了料层，改善了透气性，提高了产量。

另外，发明了利用加热炉热废气预热烧结混合料工艺，在烧结机的二次混合机上依次连接着添加蒸汽装置、混气室以及煤气加热炉，它们内部均安装着温度和流量传感器并通过导线相连；煤气加热炉内的煤气燃烧产生的高温热废气进入装有鼓风机的混气室内，由鼓风机向混气室内鼓入一定量的冷空气对热废气温度进行适当调整，在混气室内混合好的热废气再进入添加蒸汽装置内与蒸汽混合增湿至湿度饱和，增湿后的热废气再进入二次混合机并沿与烧结混合料料流相反的方向吹向混合料。这个发明不仅工艺流程简单，而且能够有效地提高烧结混合料的温度，烧结产量高。

（5）低水分烧结。近年来，采用低水分烧结收到了一定的效果。低水分烧结就是将装入台车前的混合料水分尽量降低。在点火以前，均匀地向料面喷洒约为料质量0.1% ~ 0.5%的水分，这样可以改善上部料层的透气性，增大料层密度，有利于提高烧结矿产量和品质，既避免了下部料层过湿，同时还因减少了水的蒸发热而节省燃料。在生产实际中，为了减轻过湿现象的影响，往往控制混合料的水分，使其比原始透气性最好时的含水量低1.0% ~1.5%，因为过湿增添的冷凝水量介于1% ~2%之间。

（6）提高烧结混合料的湿容量。凡添加具有较大表面积的胶体物质，都能增大混合料的最大湿容量。生石灰消化后，呈极细的消石灰胶体颗粒，具有较大的比表面积，可以吸附和持有大量水分。因此，烧结料中添加一定量的生石灰，料层中的少量冷凝水将为料球中的这些胶体颗粒所吸附和持有，既不会引起料球的破坏，也不会堵塞料球间的通气孔道，仍能保持烧结料层的良好透气性。

（四）碳酸盐分解及氧化钙的矿化作用

烧结料常常配入石灰石（$CaCO_3$）、白云石（$MgCO_3 \cdot CaCO_3$）等，尤其生产熔剂性烧结矿配入的熔剂就更多。这些碳酸盐类矿物在烧结过程中被逐渐加热，当温度达到一定值时，碳酸盐发生分解，并进入渣相。如果没有分解或者分解后没有造渣，烧结矿就带有“白点”，影响烧结矿的品质。所以要研究碳酸盐的分解过程及其控制因素。

1. 碳酸盐分解

碳酸盐受热，温度达一定值时，发生分解反应。以石灰石为例，其分解反应为：

$$CaCO_3 \xlongequal{} CaO + CO_2 \qquad \Delta H = -178\ kJ$$

分解压是衡量化合物稳定程度的尺度。分解压大，分解反应平衡时，气体产物多，说明化合物容易分解，则化合物稳定性差。反之，分解压小时，化合物稳定性强。

碳酸盐的分解条件是：当碳酸盐的分解压 p_{CO_2} 大于气相中 CO_2 的分压 p'_{CO_2}（$p_{CO_2} > p'_{CO_2}$）时，即开始分解。升高温度，分解压 p_{CO_2} 增大，分解速度加快。当碳酸盐分解压等于外界总压时，即 $p_{CO_2} = p_{总}$，碳酸盐进行激烈的分解，这称为化学沸腾，此时的温度称为化学沸腾温度。实际烧结时，$CaCO_3$ 开始分解的温度约为750℃，而化学沸腾温度约为900℃。其他碳酸盐开始分解温度较低，可在预热带进行；石灰石的分解反应主要在燃烧带进行。

在生产熔剂性烧结矿时，石灰石的分解不同于纯 $CaCO_3$ 的分解。烧结时石灰石分解产物 CaO 可与其他矿物作用生成化合物，这样就使得烧结料中石灰石的分解压力在相同的温度下相应地增大，使其分解反应较容易进行。

碳酸盐分解反应从矿块表面开始向中心进行。因此，分解反应速度与碳酸盐矿物的粒度大小有关，粒度越小，分解反应速度越快。实验研究表明，将小于110 mm的石灰石加热到1000℃，并通过10% CO_2 气体造成类似烧结料层中的气氛，结果在1～1.5 min就完全分解。显然，一般烧结料层中高温停留时间可以达到上述要求。但是，在实际烧结层中，可能由于碳酸盐分解吸收大量热量，使得给热速度小于吸热速度，结果石灰石颗粒周围的料温下降；或者由于燃料偏析使高温区温度分布不均匀，常常出现石灰石不能完全分解的现象。据实验测定，烧结添加石灰石熔剂，由于分解反应吸收大量热量，使得燃烧带的温度下降200～300℃。因此，生产中要求石灰石的粒度必须小于3 mm，同时，应使用稍高的燃料用量。

2. 氧化钙的矿化作用

生产熔剂性烧结矿时，不仅要求添加的石灰石完全分解，而且分解产物 CaO 与矿石中的某些矿物应很好地化合。也就是说，不希望在烧结矿中存在着游离的 CaO，否则游离的 CaO 与水消化：$CaO + H_2O = Ca(OH)_2$，其结果使体积膨胀1倍，致使烧结矿粉化。

$CaCO_3$ 的分解产物 CaO 与 SiO_2、Fe_2O_3、Al_2O_3 等矿化作用分别形成 $CaO \cdot SiO_2$、$CaO \cdot Fe_2O_3$、$CaO \cdot 2Fe_2O_3$、$2CaO \cdot Fe_2O_3$、$CaO \cdot Al_2O_3$。反应生成新的化合物，使石灰石的开始分解温度降低。

其矿化程度与烧结温度、石灰石粒度、矿粉粒度有关。温度越高，粒度越小，则矿化程度越高。实验表明，在同一温度下，石灰石粒度对矿化作用影响最大。矿石或精矿粒度对 CaO 矿化作用影响也很大。当粒度为0～0.2 mm的磁铁精矿粉与0～3 mm的石灰石混合后，在温度1300℃实验持续1 min，CaO 几乎完全矿化。如果矿粉粒度增大，则矿化作用大为降低，如磁铁矿的上限粒度到6 mm时，CaO 矿化作用下降到87%。由此可知，烧结时石灰石的适宜粒度与矿石粒度有关，当用细磨精矿粉时，石灰石的粒度可适当大些（一般为0～3 mm）；而用粗粒度粉矿烧结时，石灰石的粒度应小些（0～1 mm）。

（五）烧结过程中金属氧化物的分解、还原与氧化

在烧结过程中，由于温度和气氛的影响，金属氧化物要发生热分解、还原与氧化反应，这些反应的发生对烧结熔体的形成、烧结矿的强度和冶金性能关系极大。

1. 铁、锰氧化物的分解

金属氧化物分解的条件是：金属氧化物的分解压 p_{O_2} 大于气相中氧的实际分压 p'_{O_2} 时，氧化物分解；若 $p_{O_2} = p'_{O_2}$，分解反应处于平衡状态；当 $p_{O_2} < p'_{O_2}$ 时，金属被氧化。

在空气中，氧的分压 $p'_{O_2}=0.21278\times10^5$ Pa（0.21 atm）。而铁、锰氧化物的分解压均小于此值。所以铁、锰氧化物在空气中能稳定存在。铁、锰与氧生成一系列氧化物，铁的氧化物有 FeO、Fe_3O_4、Fe_2O_3，锰的氧化物有 MnO、Mn_3O_4、Mn_2O_3、MnO_2。在同一金属氧化物中，高价氧化物比低价氧化物的分解压大，也就是说，高价氧化物稳定性差，容易分解。实验测定和计算的一些铁、锰氧化物的分解压见表 5-3。

表 5-3　铁、锰氧化物的分解压　　(Pa)

温度/℃	$(p_{O_2})_{Fe_2O_3}$	$(p_{O_2})_{Fe_3O_4}$	$(p_{O_2})_{FeO}$	$(p_{O_2})_{MnO_2}$	$(p_{O_2})_{Mn_2O_3}$
460				21278	
550				101325	37.5
927		2.2×10^{-8}	10^{-11}		21278
1100	2.6				101325
1200	3.2				
1300	199.6				
1327		3.7×10^{-3}	$10^{-5.6}$		
1383	21278				
1400	28371				
1452	101325				
1500	303975	10^{-2}	$10^{-3.2}$		

在烧结矿层和燃烧层中离开燃料颗粒的混合料周围，气体中的 O_2 的分压 p'_{O_2} 为 $0.18\times10^5\sim0.19\times10^5$ Pa（0.18 ~ 0.19 atm），进入预热带的废气中氧的体积分数一般为 8% ~ 10%，其氧化物的分解压在 $0.07\times10^5\sim0.097\times10^5$ Pa（0.07 ~ 0.097 atm）之间。将表 5-3 中各氧化物的分解压与废气中氧的分压做比较，可以看出，烧结时 Fe_2O_3 是能分解的，其反应式为：

$$3Fe_2O_3 = 2Fe_3O_4 + 1/2O_2$$

但由于烧结物料在高温区停留时间短及 Fe_2O_3 大量被还原，因此 Fe_2O_3 分解率小。

而磁铁矿在烧结温度下理论上是不可能进行热分解的，但有 SiO_2 存在的条件下，大大地改善了分解条件，在温度高于 1300 ~ 1350℃时，分解有可能进行：

$$2Fe_3O_4 + 3SiO_2 = 3(2FeO\cdot SiO_2) + O_2$$

在烧结条件下，FeO 的分解是不可能的。烧结中有少量金属铁出现是铁氧化物被还原的结果。

从表 5-3 还可以看出，MnO_2 和 Mn_2O_3 在 1100℃具有较大的分解压。因此，在燃烧带是可以分解的：

$$2MnO_2 = Mn_2O_3 + 1/2O_2$$
$$3Mn_2O_3 = 2Mn_3O_4 + 1/2O_2$$

2. 铁、锰氧化物的还原

烧结料层中由于碳的燃烧，在炭粒周围具有还原性气氛，因此可能发生铁、锰氧化物的还原。还原的热力学条件取决于温度水平和气相组成，不同的铁氧化物还原反应进行的情况是不同的。

Fe_2O_3还原成Fe_3O_4的平衡气相组成中CO浓度是很低的。在气相中有微量的CO存在，就可以使Fe_2O_3还原成Fe_3O_4，基本是不可逆反应。因此，在燃烧带、预热带均可以发生Fe_2O_3的还原反应。反应按下式进行：

$$3Fe_2O_3 + CO = 2Fe_3O_4 + CO_2$$

但在生产熔剂性烧结矿时，若固相反应形成$CaO \cdot Fe_2O_3$系列，则难还原。

Fe_3O_4还原时要求平衡气相中CO的浓度较高，但烧结条件下，在燃烧带仍可进行还原反应。在900℃以上的高温下，Fe_3O_4还原反应按下式进行：

$$Fe_3O_4 + CO = 3FeO + CO_2$$

另外，在有SiO_2存在的条件下，将有利于Fe_3O_4的还原，反应如下：

$$2Fe_3O_4 + 3SiO_2 + 2CO = 3(2FeO \cdot SiO_2) + 2CO_2$$

当有CaO存在时，则不利于Fe_3O_4的还原，这是因为CaO对SiO_2的亲和力比FeO对SiO_2的亲和力大，影响铁橄榄石$2FeO \cdot SiO_2$的生成，所以提高烧结矿碱度会使FeO含量降低。FeO与SiO_2、CaO能生成多种低熔点液相，这些物质的生成不利于FeO还原，但有利于提高烧结矿的强度。

在一般烧结条件下，FeO被CO还原的可能性很小，因为FeO的还原需要相当高的CO浓度，而一般烧结条件下很难达到。但如果燃料配比比较大，或者燃料分布不均匀，则因局部还原气氛增强，FeO也能被还原一部分，获得一定数量的金属铁。

Mn_3O_4的分解压低，分解难，但易被CO还原，其还原反应如下：

$$Mn_3O_4 + CO = 3MnO + CO_2$$

MnO在烧结条件下是难还原的物质，与SiO_2等组成难还原的硅酸盐。

3. 铁氧化物的氧化

烧结料层总的气氛是弱氧化性的，特别是远离炭粒的混合料处和在烧结矿的冷却过程中，都会发生Fe_3O_4和FeO的再氧化现象，其反应如下：

$$2Fe_3O_4 + 1/2O_2 = 3Fe_2O_3$$

$$3FeO + 1/2O_2 = Fe_3O_4$$

再氧化反应在高温下进行得很快，在温度低时，反应速度减慢甚至停止。烧结矿中Fe_3O_4和FeO的再氧化，提高了烧结矿的还原性，因此在保证烧结矿强度条件下，发展氧化过程是有利的。烧结矿的氧化程度可用氧化度Ω来表示：

$$\Omega = \left[1 - \frac{w(Fe_{FeO})}{w(TFe)}\right] \times 100\%$$

式中　$w(Fe_{FeO})$——烧结矿中以FeO形态存在的铁量，%；

　　$w(TFe)$——烧结矿中全部铁量，%。

由上式可以看出，在烧结矿含铁相同的情况下，烧结矿含FeO越少，则烧结矿的氧化度越高。试验表明，氧化度高，还原度也高。因此，在保证烧结矿强度的条件下，生产高氧化度的烧结矿，对于改善烧结矿还原性也有重要意义。

烧结配料中的燃料用量是影响FeO质量分数的主要因素。随碳含量增加，FeO质量分数增加，还原度降低。原因是燃料增加后，烧结料层中还原气氛增加。因此，控制燃料用量是控制FeO质量分数的重要措施。但最恰当的燃料用量应兼顾烧结矿的强度和还原度，当矿石性质不同时，适宜的燃料用量是不同的。磁铁精矿烧结，一般燃料干配比为4.5%～

5.5%；而赤铁矿烧结时，燃料用量要高1%～2%。因为前者存在Fe_3O_4的氧化放热，后者则无。菱铁矿和褐铁矿烧结时，因碳酸盐和氢氧化物分解耗热，需要增加燃料用量，但分解产物CO_2和H_2O可以加强氧化气氛，有助于FeO的降低。

（六）固相之间的反应

固相反应是指烧结料在没有熔化前，在物料接触面上以固体状态发生的化学反应。反应产物也是固态。固相反应的化合物一般熔点比较低，这样的低熔点化合物形成后有利于促进液相的生成，而液相是烧结过程中使铁矿粉结成块并且具有一定强度的主要条件，因此，固相反应的进行情况直接影响烧结矿的质量。

1. 固相反应的机理

固体分子与液体和气体分子一样，都处于不停的运动状态之中。只是因为固体物质质点间结合力较强，其质点只能在平衡位置上做小范围的振动。因此，在常温下，固相间的化学反应即使发生，反应速度也是很缓慢的。但是，随着温度升高，固体表面晶格的一些离子（或原子）获得越来越多的能量而激烈运动起来。温度越高，就越容易取得进行位移所必需的能量。当温度高到使质点（离子或原子）具有参加化学反应所必需的能量时，这些高能量质点就能够向所接触的其他固体表面扩散。这种固体质点扩散过程就导致了固相反应的发生。

对于固相反应，反应物质颗粒大小具有重要意义，反应速度常数K与颗粒半径r的平方成反比，其公式如下：

$$K = Cr^{-2}$$

式中　C——比例系数。

烧结所用的铁精矿粉和熔剂都是粒度较细的物质，它们在被破碎时固体晶体受到极大的破坏，而破坏严重的晶格具有较大的自由表面能，因而质点处于活化状态。活化质点都具有降低自身能量的倾向，表现出激烈的位移作用。其结果是晶格缺陷逐渐得到校正，微小晶体也将聚集成较大晶体，反应产物也就具有较为完整的晶格。

2. 固相反应的特点

固相反应具有以下特点：

（1）固相反应均为放热反应，并且反应温度远低于固相反应物的熔点或它们的低共熔点。根据实际测定，固体质点开始位移的温度为：

金属　　$T_{移} = (0.3 \sim 0.4)T_{熔化}$

盐类　　$T_{移} = 0.57\ T_{熔化}$

硅酸盐　$T_{移} = 0.9\ T_{熔化}$

$T_{熔化}$为该物质的熔化温度（K）。当固体物质被加热到可位移温度$T_{移}$时，其质点具有可移动性，可以在晶格内进行位置交换——内扩散；也可能扩散到晶格表面，并进而扩散到与之相接触的其他物质晶格内进行化学反应——外扩散。

（2）两种物质间反应的最初产物，无论其反应物的分子数之比如何，只能形成同一种化合物，而且是结晶构造最简单的化合物。要想得到组成与反应物分子数相当的最终产物，往往需要很长时间。在烧结过程中，烧结料处于500～1500℃的高温区间一般不超过3 min，因此，对烧结具有观察意义的是固相反应开始的温度以及最初形成的反应产物。

现在以SiO_2和CaO的混合料为例，将过量的SiO_2与CaO混合，在空气中加热到1000℃，两种物质固相反应的进程如图5-4所示。

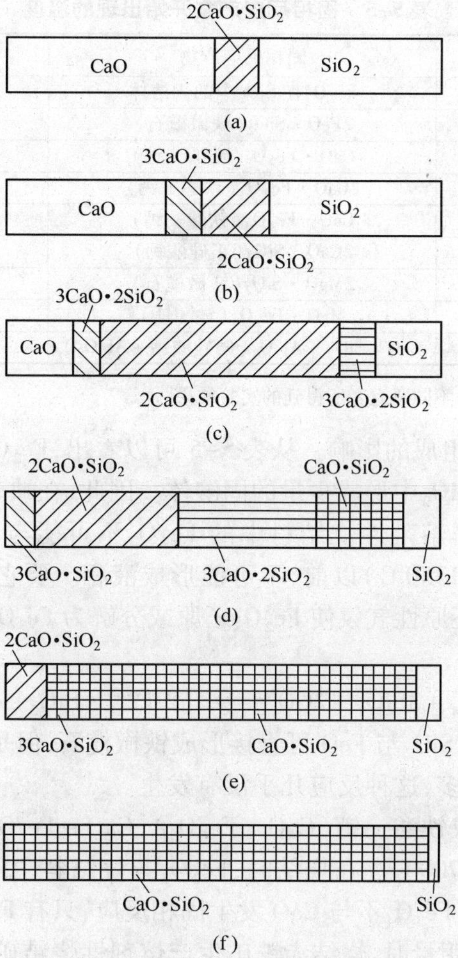

图5-4　CaO与SiO_2固相反应示意图

固相接触面的初始产物是$2CaO \cdot SiO_2$，继而沿着$2CaO \cdot SiO_2 - CaO$界面形成一层$3CaO \cdot SiO_2$，而沿着$2CaO \cdot SiO_2 - SiO_2$界面逐渐形成一层$3CaO \cdot 2SiO_2$，含CaO最少的$CaO \cdot SiO_2$仅在过程的最后才出现。

表5-4列出了固体组分不同配比时，有关固相反应的实验数据。从表5-4可以看出，不论混合料中的CaO和SiO_2的比例如何变化，固相中的最初产物总是$2CaO \cdot SiO_2$。同样，在烧结条件下$2CaO + Fe_2O_3$及$CaO + Fe_2O_3$的反应，在固相反应中只能得到最初产物$CaO \cdot Fe_2O_3$。

表5-4　固相反应的最初产物

固相反应	混合物中分子比例	反应的最初产物
$CaO—SiO_2$	3:1，2:1，3:2，1:1	$2CaO \cdot SiO_2$
$MgO—SiO_2$	2:1，1:1	$2MgO \cdot SiO_2$
$CaO—Fe_2O_3$	2:1，1:1	$CaO \cdot Fe_2O_3$
$CaO—Al_2O_3$	3:1，5:3，1:1，1:2，1:6	$CaO \cdot Al_2O_3$
$MgO—Al_2O_3$	1:1，1:6	$MgO \cdot Al_2O_3$

表5-5汇集了烧结过程中可能生成的某些固相反应产物开始出现的温度的实验数据。

表5-5　固相反应产物开始出现的温度

反　应　物	固相反应产物	反应产物开始出现的温度/℃
$SiO_2+Fe_2O_3$	Fe_2O_3在SiO_2中的固溶体	575
$SiO_2+Fe_3O_4$	$2FeO\cdot SiO_2$（铁橄榄石）	990,995
$CaO+Fe_2O_3$	$CaO\cdot Fe_2O_3$（铁酸一钙）	500,600,610,650
$2CaO+Fe_2O_3$	$2CaO\cdot Fe_2O_3$（铁酸二钙）	400
$CaCO_3+Fe_2O_3$	$CaO\cdot Fe_2O_3$（铁酸一钙）	590
$CaO+SiO_2$	$2CaO\cdot SiO_2$（正硅酸钙）	500,610,690
$2MgO+SiO_2$	$2MgO\cdot SiO_2$（镁橄榄石）	680
$MgO+Fe_2O_3$	$MgO\cdot Fe_2O_3$（铁酸镁）	600
$CaO+Al_2O_3\cdot SiO_2$	$CaO\cdot SiO_2+Al_2O_3$（偏硅酸钙$+Al_2O_3$）	530

注：表中出现两个以上温度为不同研究者所得到的实验结果。

（3）固相反应受化学组成的影响。从表5-5可以看出，Fe_2O_3不与SiO_2发生固相反应。从575℃开始，Fe_2O_3溶于SiO_2中形成少量的固溶体。因此，在缺乏还原气氛时（如燃料用量少或远离燃料的区域），非熔剂性烧结料中的Fe_2O_3不可能与SiO_2相互作用。这就使得Fe_2O_3在开始分解（温度约1350℃）以前，不可能形成液相。要它产生液相——铁橄榄石型（$2FeO\cdot SiO_2$），必须创造还原性气氛使Fe_2O_3还原或分解为Fe_3O_4才能形成。铁橄榄石生成反应为：

$$2Fe_3O_4+3SiO_2+2CO=\!=\!=3(2\ FeO\cdot SiO_2)+2CO_2$$

如果燃烧用量较大时，SiO_2与FeO可直接形成铁橄榄石，但是，在燃料普通用量条件下，烧结料层中游离的FeO不多，这种反应几乎没有发生。

CaO与Fe_2O_3反应生成铁酸一钙（$CaO\cdot Fe_2O_3$），$CaO+Fe_2O_3=\!=\!=CaO\cdot Fe_2O_3$，在固相中，反应开始温度为500～700℃。在烧结时，Fe_2O_3与烧结料中的石灰石、石灰接触机会很多，有利于铁酸钙的生成。Fe_3O_4不与CaO发生固相反应，只有Fe_3O_4被氧化成Fe_2O_3才能出现固相反应。在正常燃料用量时，烧结赤铁矿生产熔剂性烧结矿，以及在较低燃料用量，在氧化性气氛中烧结磁铁矿生产熔剂性烧结矿时都有利于铁酸钙的形成。

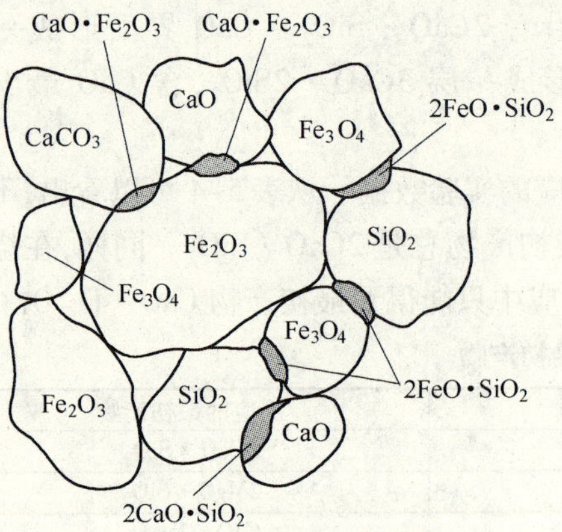

图5-5　烧结料中各主要矿物间的固相反应示意图

图5-5所示为烧结料中各主要矿物间的固相反应示意图。除了上述铁橄榄石、铁酸钙固相化合物生成外，当温度在500～600℃时，在SiO_2与CaO的接触处有正硅酸钙出现，其反应为：

$$2CaO+SiO_2=\!=\!=2CaO\cdot SiO_2$$

在赤铁矿生产熔剂性烧结矿时，烧结料中，SiO_2与CaO的接触数目比Fe_2O_3与CaO的接触数目要少得多。虽然SiO_2对CaO的化学亲和力比Fe_2O_3对CaO的亲和力大得多，但在相同的温度下，铁酸钙（$CaO\cdot Fe_2O_3$）的生成速度快，固相中铁酸钙的数量就多些。

（4）固相反应的产物不等于烧结矿最终矿物

组成。固相反应的发生保证了原始烧结料中所没有的易熔物质的形成。促使烧结过程中产生大量的黏结相,有利于提高烧结矿强度。但固相反应的产物不等于烧结矿最终矿物组成,在固相反应中形成的复杂化合物,在烧结料熔化时大部分分解成较简单的化合物组分。烧结矿是熔融物再结晶的产物,烧结矿的矿物组成受熔融物冷却再结晶规律的支配,而碱度是熔融结晶时的决定因素,因此,在燃料用量一定的条件下,成品烧结矿的最终矿物组成仅仅取决于烧结矿的碱度。

在固相反应时,即使形成了铁酸钙,如果碱度不高,也得不到含铁酸钙的烧结矿。相反,当碱度足够高时,不论固相反应是否有铁酸钙生成,最后总能得到含铁酸钙的烧结矿。只有当烧结配碳较低时,料层温度低,生成液相少,一般固相中产物可转到烧结矿中,在这种情况下,尽管碱度较低,也可得到含铁酸钙的烧结矿。因此,低燃料用量,高碱度烧结,不仅在固相中形成的铁酸钙可转移到成品烧结矿中,而且熔融物再结晶时作为另外的相也形成铁酸钙,可明显提高烧结矿强度。

（七）液相生成与冷却结晶

固相反应速度慢,其反应产物晶格发展不完善,结构疏松,烧结矿强度差。因此,对矿粉来说,属于液相型烧结,也就是说,烧结过程中,液相生成是烧结料固结成形的基础。液相的组成、性质和数量在很大程度上决定了烧结矿的产量和品质。

1. 液相生成的概念

在烧结过程中,由于燃料燃烧放出大量热量,加热烧结料,当其温度超过固相反应的温度时,就有低熔点化合物及低熔点共熔物生成,如 $2FeO \cdot SiO_2$ 和 $CaO \cdot Fe_2O_3$ 等。矿物的熔点低,首先熔化,较早形成液相。由于液相的存在,固体颗粒被一层液相所包围,在液相表面张力的作用下,使颗粒互相靠紧。因此,烧结料密度增加、空隙缩小、颗粒变形、冷凝时颗粒质点重新排列,生成具有一定强度的烧结矿。随着烧结过程的发展,烧结温度迅速提高,初期形成的液相不断扩大,与此同时,又形成新的化合物继续熔化;液相量不断增加,使液相区进一步扩大,各液相区互相合并连通成为黏结相。

2. 烧结过程的主要液相

烧结过程中的主要液相有:铁－氧体系、硅酸铁体系、硅酸钙体系、铁酸钙体系、钙铁橄榄石体系等。

(1) 铁－氧体系($FeO - Fe_3O_4$)。烧结磁铁矿粉时,磁铁矿的部分分解或还原将生成FeO,FeO 可与 Fe_3O_4 形成固溶体,其熔化温度比纯 FeO 和 Fe_3O_4 都低,在烧结温度下可熔化成为液相。例如,由 45% FeO 和 55% Fe_3O_4 组成的固溶体,熔化温度为 1220℃,在一般烧结温度下,可形成一定数量的低熔点液相。所以当烧结高品位磁铁矿粉时,虽然渣相极少,但由于固溶体的熔化,也能使烧结料固结起来,并具有一定的强度。

(2) 硅酸铁体系($FeO - SiO_2$)。富矿粉和铁精矿粉的脉石中总是含有一定数量的 SiO_2。从图 5-6 可以看出,FeO 与 SiO_2 生成低熔点的化合物铁橄榄石($2FeO \cdot SiO_2$),含 FeO 70.5%、SiO_2 29.5%,其熔化温度是 1205℃。$2FeO \cdot SiO_2$ 分别与 FeO 和 SiO_2 形成两个共熔混合物 $2FeO \cdot SiO_2 - FeO$ 和 $2FeO \cdot SiO_2 - SiO_2$,前者含 FeO 76%,SiO_2 24%,熔化温度为 1177℃;后者含 FeO 62%,SiO_2 38%,熔化温度为 1178℃。此外,铁橄榄石还与磁铁矿组成低熔点的共晶混合物,共晶点的液相成分为 Fe_3O_4 17%,$2FeO \cdot SiO_2$ 83%,共晶点为

1142℃,如图 5-7 所示,从图中可以看出,铁橄榄石熔化后,混合料中的磁铁矿 Fe_3O_4 被溶解,随着 Fe_3O_4 溶解量的增加,这种含铁硅酸盐熔融物的熔化温度将逐渐升高。

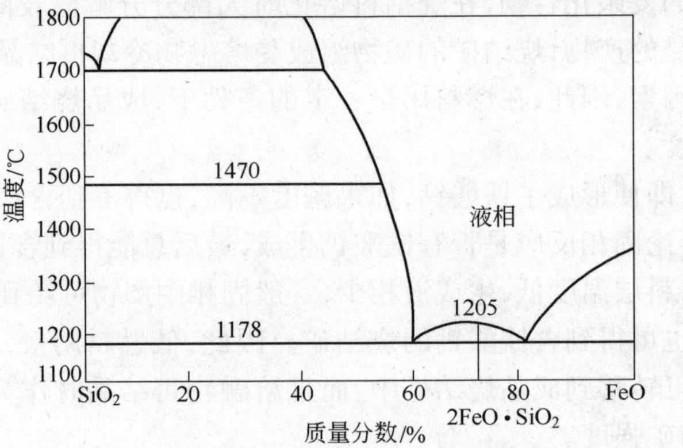

图 5-6 $FeO-SiO_2$ 系相图

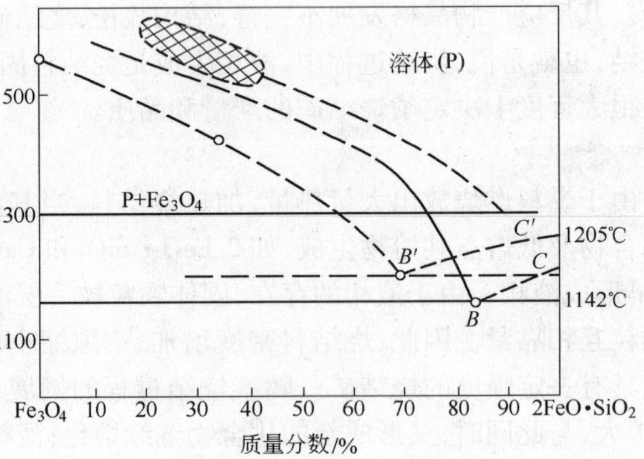

图 5-7 $Fe_3O_4-2FeO\cdot SiO_2$ 系相图

硅酸铁体系化合物在烧结过程中是经常见到的液相之一,尤其是烧结非熔剂烧结矿时,硅酸铁体系液相是烧结矿固结的主要黏结相。其生成条件是较高的烧结温度和还原性气氛,以保证形成必要的 Fe_3O_4 和 FeO,且烧结料中含有较多的 SiO_2。工艺上增加燃料用量,烧结料层的温度提高,还原气氛加强,有利于 FeO 的还原,铁橄榄石也就多,液相量增加,可提高烧结矿强度。应注意的是,燃料量过高,液相量过多,制成的 $2FeO\cdot SiO_2$ 就越多,而铁橄榄石的还原性差,从而使烧结矿难还原。因此,在烧结矿强度足够的情况下不希望铁橄榄石过分发展。

(3) 硅酸钙体系($CaO-SiO_2$)。在生产熔剂性烧结矿时,通常需添加石灰石或石灰,其中的 CaO 与烧结料中 SiO_2 作用可形成一系列化合物。所以,熔剂性烧结矿中常存在硅酸钙矿物,如图 5-8 所示。

从 $CaO-SiO_2$ 体系状态图可以看出,该体系化合物有:$CaO\cdot SiO_2$(硅灰石),熔点为 1544℃;$3CaO\cdot 2SiO_2$(硅钙石),熔点为 1478℃;$2CaO\cdot SiO_2$(正硅酸钙),熔点为 2130℃;$3CaO\cdot SiO_2$(硅酸三钙),熔点为 1900℃。另外,该体系还有 3 个共晶混合物:$CaO\cdot SiO_2-$

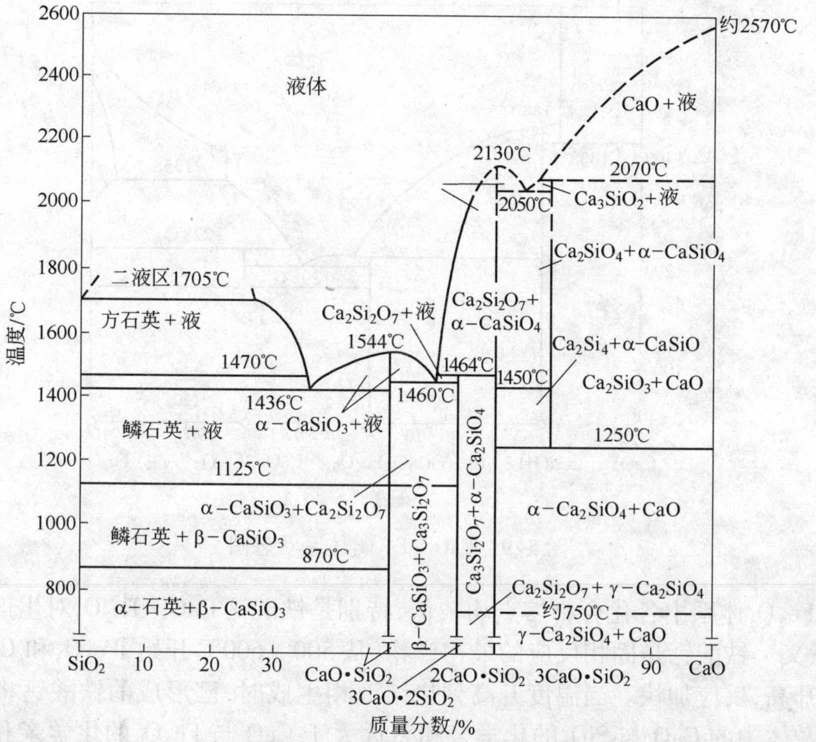

图 5-8　CaO－SiO_2体系状态图

SiO_2，CaO · SiO_2 －3CaO · $2SiO_2$和 2CaO · SiO_2 － CaO，其共晶温度分别为 1436℃、1460℃和 2065℃。

该体系中无论化合物或共晶混合物的熔化温度都很高，最低也在 1436℃以上，因此，在烧结条件下硅酸钙体系液相极少。正硅酸钙 2 CaO · SiO_2熔点虽高，但它却是固相反应的最初产物，开始形成时温度也低，因此在烧结矿中可能存在正硅酸钙矿物，它的存在将影响烧结矿的强度。这是由于 2CaO · SiO_2在冷却时，发生晶型转变。正硅酸钙在不同温度下有 α、α′、β、γ 四种晶型，它们的密度（g/cm^3）依次为：3.07、3.31、3.28、2.97。正硅酸钙冷却时晶型变化：

$$\alpha-2CaO\cdot SiO_2\xrightarrow{1436℃}\alpha'-2\,CaO\cdot SiO_2\xrightarrow{1234℃}\beta-2CaO\cdot SiO_2\xrightarrow{675℃}\gamma-2CaO\cdot SiO_2$$

上述的正硅酸钙晶型变化中，影响最坏的是 β－2CaO · SiO_2向 γ－2CaO · SiO_2的晶型转化，因为这一晶型转变可使其体积增大 10%，从而发生体积膨胀，导致烧结矿在冷却时自行粉碎。

（4）铁酸钙体系（CaO－Fe_2O_3）。铁酸钙是一种强度高、还原性好的黏结相。当用赤铁矿生产熔剂性烧结矿时，或在燃料用量要较低的情况下用磁铁矿生产熔剂性烧结矿时，都可产生铁酸钙体系化合物。

从图 5-9 可以看出，该体系有 CaO · Fe_2O_3、2CaO · Fe_2O_3、CaO · $2Fe_2O_3$三种化合物，它们的熔化温度分别是 1216℃、1449℃、1226℃。CaO · $2Fe_2O_3$只有在 1150～1226℃范围内才稳定存在，1150℃时分解为 CaO · Fe_2O_3和 Fe_2O_3。另外，CaO · Fe_2O_3和 CaO · $2Fe_2O_3$能形成低共熔混合物，熔点为 1195℃。

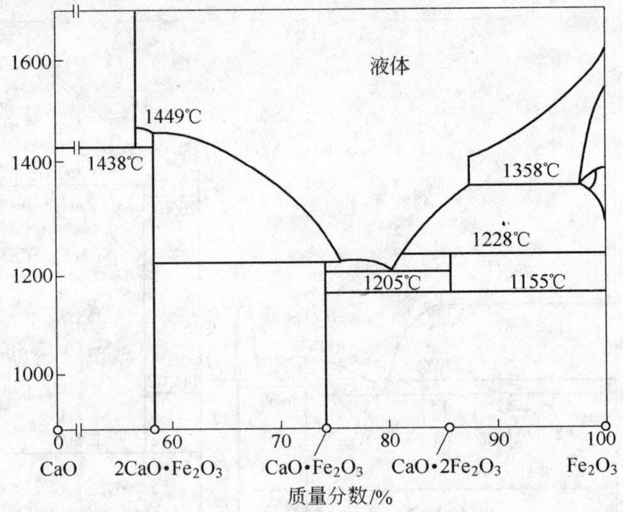

图 5-9 $CaO-Fe_2O_3$体系状态图

$CaO-Fe_2O_3$体系中各化合物熔点均较低，特别是铁酸钙$CaO \cdot Fe_2O_3$对生产熔剂性烧结矿有实际意义。铁酸钙是固相反应的最初产物，从500～600℃开始，Fe_2O_3和CaO就形成铁酸钙，温度升高，反应加快。当温度升高到烧结液相生成时，已形成的铁酸钙将分解熔于熔融体中，熔融体中的CaO与SiO_2的化学亲和力远大于CaO与Fe_2O_3的化学亲和力。这就是低碱度（小于1.0）烧结矿中几乎不存在铁酸钙黏结相的原因。因此，只有当CaO含量大到CaO与SiO_2结合后还有多余的CaO时，CaO才能与Fe_2O_3化合生成铁酸钙，使自由的CaO减少，提高了烧结矿强度和储存强度，同时也减少了Fe_2O_3、Fe_3O_4的分解和还原，从而减少了铁橄榄石的生成，改善了烧结矿的还原性。所以，在生产高碱度烧结矿时，铁酸钙才是主要黏结相。

铁酸钙体系液相的生成条件是：烧结温度较低，氧化性气氛强，碱度高，SiO_2含量低，工艺上要求燃料配用较低。由于生成$CaO \cdot Fe_2O_3$需要Fe_2O_3，所以烧结赤铁矿粉比烧结磁铁矿粉更有利于该体系的形成。

有人认为，烧结过程形成$CaO \cdot Fe_2O_3$体系的液相不需要高温和多用燃料，就能获得足够的液相，改善烧结矿强度和还原性，这就是“铁酸钙理论”。

（5）钙铁橄榄石体系（$CaO-FeO-SiO_2$）。生产熔剂性烧结矿时，如燃料用量大，料层温度高，还原性气氛强，就可以生成钙铁橄榄石体系的液相成分。该体系的主要化合物为钙铁橄榄石（$CaO \cdot FeO \cdot SiO_2$）、钙铁辉石（$CaO \cdot FeO \cdot 2SiO_2$）及铁黄长石（$2CaO \cdot FeO \cdot SiO_2$），其熔化温度依次为1208℃、1150℃和1280℃。这些化合物的特点是能形成一系列的固溶体，并在固溶体中产生复杂的化学变化和分解作用。

钙铁橄榄石与铁橄榄石属于同一晶系，构造相同，生成的条件也相同。要求较高温度和还原气氛，在铁橄榄石中增加石灰石用量，则形成钙铁橄榄石，并且熔化温度下降，最低熔点为1170℃。钙铁橄榄石液相黏度小，比铁橄榄石有较好的透气性，有利于强化烧结过程。缺点是液相流动性过好，易形成薄壁大孔结构，影响烧结矿强度。

研究证明，我国一些以磁铁矿为主要原料的烧结厂生产碱度为1～1.3的烧结矿时，烧结矿的液相组成中钙铁橄榄石体系化合物占14%～16%。可见，该体系对熔剂性烧结矿的固结起很大作用。

(6) 钙镁橄榄石体系($CaO-MgO-SiO_2$)。烧结熔剂性烧结矿时,除配加石灰石外,还常加入白云石或白云灰,因此,可生成钙镁橄榄石体系的液相成分。该体系化合物有:钙镁橄榄石($CaO\cdot MgO\cdot SiO_2$),熔点为1490℃;透辉石($CaO\cdot MgO\cdot 2SiO_2$),熔点为1391℃;镁蔷薇辉石($3CaO\cdot MgO\cdot 2SiO_2$),熔点为1570℃;镁黄长石($2CaO\cdot MgO\cdot 2SiO_2$),熔点为1454℃;此外还有二元系化合物镁橄榄石($2MgO\cdot SiO_2$)和偏硅酸镁($MgO\cdot SiO_2$)等,它们的熔化温度分别为1890℃和1557℃。

可见,在熔剂性烧结料中加入适量的MgO时,可使硅酸盐的熔化温度降低,在烧结温度下,其低熔点混合物及透辉石、镁黄长石可以完全熔融,这就增加了烧结料层中的液相数量;同时,因MgO的存在,生成镁黄长石和钙镁橄榄石,减少了正硅酸钙和难还原的铁橄榄石、钙铁橄榄石的生成机会;此外,MgO的存在可以稳定$\beta-2CaO\cdot SiO_2$,抑制其晶型转变。不能熔化的部分高熔点钙镁橄榄石矿物在冷却时成为液相结晶的核心,可减少玻璃质的形成等。

(7) 铁钙铝的硅酸盐体系($CaO-Al_2O_3-FeO-SiO_2$)。当烧结料中含有适当数量的Al_2O_3时,有助于生成低熔点(1030~1050℃)的该体系四元化合物,增加烧结矿的液相量,并能减少$2CaO\cdot SiO_2$的生成,使烧结矿强度提高。

(8) 钛钙硅酸盐体系($CaO-SiO_2-TiO_2$)。烧结含钛铁矿的熔剂性烧结矿时,可产生这个体系的化合物。$CaO-SiO_2-TiO_2$的熔化温度为1382℃,它与$CaO\cdot SiO_2$、$CaO\cdot TiO_2$和$SiO_2\cdot TiO_2$的混合物的最低共熔点分别为1353℃、1375℃和1373℃,这种温度水平在烧结过程中是可以达到的。

(9) $MnO-SiO_2$和$MnO-FeO-SiO_2$体系。烧结锰矿石或烧结含锰的铁矿石可生成这个体系的化合物。$MnO-SiO_2$二元体系中有锰橄榄石($2MnO\cdot SiO_2$)和蔷薇辉石($MnO\cdot SiO_2$),它们的熔点分别是1365℃和1285℃,而$2MnO\cdot SiO_2$与$MnO\cdot SiO_2$形成的最低共熔点为1170℃。当添加石灰石生产熔剂性烧结矿时,可生成$2CaO\cdot SiO_2-2MnO\cdot SiO_2$,其最低共熔点为1170℃,可见它们都是一些易熔化合物,有利于在较低温度下烧结。

根据体系状态图,较为详细地讨论了烧结过程可能出现的液相。但由于烧结料中的组分多种多样,其数量也各不相同,烧结料层的温度和气氛也是变化的,因而形成的化合物和液相组成也是极为复杂的。

液相的数量和性质密切关系着烧结矿的产量和品质。显然,为了获得强度好的烧结矿,就必须具有足够数量的液相作为烧结过程中的黏结相。研究表明,在相同燃料消耗下,熔剂性烧结料生成的液相比非熔剂性烧结料多。而在燃料增多时,液相生成也普遍增多,但液相过多,烧结矿呈粗孔蜂窝结构,强度反而不好。这说明烧结过程中的液相量要有一个合适的量。由于原料条件不同,各烧结厂烧结的合适液相量也不同,这要通过试验和生产实践去求得。此外,液相的性质也直接影响矿物的黏结状况,液相的表面张力越小,越易润湿周围的固体颗粒,起到良好的黏结作用。钙铁橄榄石和铁酸钙比钙橄榄石$(CaO)_{0.5}\cdot(FeO)_{1.5}\cdot SiO_2$润湿性好,但温度升高到1350~1400℃时,这一差异就缩小了。若熔融物中有少量的NaCl和MnO,也可改善润湿性。烧结料组分不同,受液相的润湿程度也不同,CaO和MgO的润湿性最好,SiO_2次之,Fe_2O_3和Fe_3O_4最差。液相的黏度影响液相润湿烧结料的速度,黏度应适宜,过大或过小对烧结矿强度都不好。对亚铁酸盐熔融物的润湿速度，依 $CaO \cdot FeO \cdot SiO_2$、$(CaO)_{0.5} \cdot (FeO)_{1.5} \cdot SiO_2$ 和 $2FeO \cdot SiO_2$ 次序递减。

影响液相生成量的重要因素有：

（1）烧结温度与液相量的关系。图 5-10 所示为 SiO_2 的质量分数分别为 4% 和 6%，不同碱度 CaO/SiO_2（0.8，1.2，1.5，1.8，2.2，3.0）时，烧结温度与液相量的关系。可以看出，随着烧结温度提高，液相不断增加。

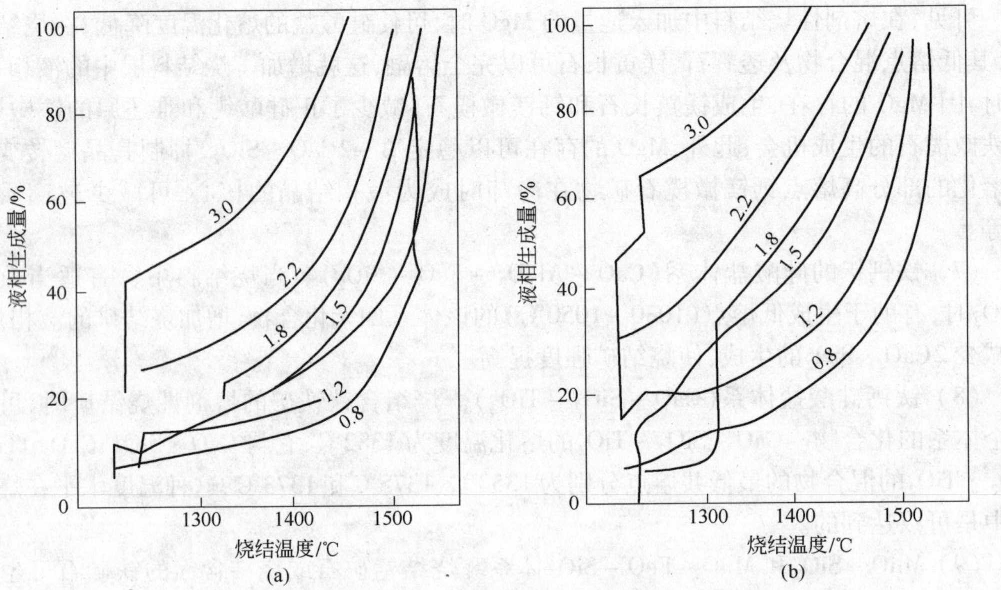

图 5-10　烧结温度与液相量的关系

（a）SiO_2 的质量分数为 4%；（b）SiO_2 的质量分数为 6%

（2）烧结料碱度与液相量的关系。同样，从图 5-10 中可以看出，液相量随碱度提高而增加，换句话说，碱度越高，烧结越容易。

（3）FeO 含量与液相量的关系。烧结配碳增加，烧结料层中还原气氛有所增加，铁的氧化物逐级还原的机会也就多了，FeO 量就多。一般来讲，FeO 多，则熔点下降，易于生成液相。

（4）SiO_2、Al_2O_3 和 MgO 含量与液相量的关系。一般烧结要求 SiO_2 的质量分数为 5% 左右，过高则液相量太多，过低则液相量不足。Al_2O_3 和 MgO 的影响尚待进一步研究。

3. *液相冷却结晶*

随着燃烧带下移，料层上部烧结矿便开始冷却结晶。烧结矿在冷却过程中仍发生许多物理化学变化，冷却过程对烧结矿品质影响很大。

随着烧结矿层的温度降低，其液相中的各种化合物开始冷却结晶。结晶的原则是：熔点高的矿物首先开始结晶析出，所剩液相熔点依次越来越低，然后才是低熔点矿物析出，来不及结晶的就成为玻璃质。因此，矿物组成就是在高熔点矿物周围出现低熔点矿物。

（1）冷却。冷却速度是影响冷却过程的主要因素。烧结矿层温度的下降速度，在表层是 120～130℃/min，下层冷却过程只有 40～50℃/min。冷却速度过快，液相不能将其潜能释放出来，就形成易破碎的玻璃质，这是烧结矿强度降低的重要因素。根据研究，烧结矿由烧结温度缓冷（冷却速度为 10～15℃/min）到 800℃，烧结矿再结晶进行完全，其强度高。但在 800℃以下降低冷却速度，并不能得到好的效果，因缓冷有助于 $2CaO \cdot SiO_2$ 的低温相变，使烧结矿强度有所下降。冷却太慢也降低烧结机产量，造成烧结矿卸下温度太高，给运输胶带带来困难。抽风速度、抽风量、料层透气性等都影响冷却强度。

（2）结晶与再结晶。液相随温度降低而逐渐冷凝，各种化合物开始结晶。未熔融的烧结料中的 Fe_2O_3、Fe_3O_4 颗粒，以及从烧结料中随抽风带来的结晶碎片、粉尘等，都可充当晶核，然后围绕晶核，依各种矿物熔点高低先后结晶。晶核沿着传热方向呈片状、针状、长条状和树枝状不断长大。因各处冷却条件不同，晶粒发展也不一样。一般来说，表面层冷却速度快，结晶发展不完整，易形成无一定结晶形状、易碎的玻璃质。下部料层冷却缓慢，结晶较完整，这是下部烧结矿层品质好的主要原因。液相冷凝速度过快，大量晶粒同时生成而互相冲突排挤，又因各种矿物的膨胀系数不同，结晶过程中烧结矿内部晶粒间产生的内应力不易消除，甚至使烧结矿内产生细微裂纹，降低了烧结矿强度。

已经凝固结晶了的物质继续冷却时发生晶型转变，称为再结晶。正硅酸钙（$2CaO \cdot SiO_2$）在 675℃时的低温晶型转变为：$\beta-2CaO \cdot SiO_2 \rightarrow \gamma-2CaO \cdot SiO_2$，使烧结矿体积增大 10%，这是影响烧结矿品质的主要因素，应注意加以避免。

（八）烧结料层中的传热现象

1. 烧结料层的温度分布和热交换

燃料燃烧的结果直接影响烧结料层的温度，燃烧过程不是等温过程，烧结温度是指反应烧结料层中某一点所能达到的最高温度。图 5-11 所示为点火烧结后，在不同的时间内沿料层高度的温度分布曲线，由图可知，不管料层高度、混合料性质以及其他因素如何，这些温度曲线的形状和变化趋势都是相似的。

从温度分布规律可以看出烧结过程热交换特性。在燃烧带的上部区域主要是对流传热，烧结矿的热量与自上而下的冷空气进行热交换，此时，温差和传热面积是对流传热的决定因素，烧结料孔隙度高，总表面积大，热交换进行得十分激烈，使气体温度升高很快。在燃烧带下部区域，炽热的气体将热量传给下层烧结料，使之预热干燥，由于热交换面积大，气体温度很快降低，预热干燥料层温度升高，主要是靠对流传热。但燃烧带温度高，颗粒因熔融而密集以及空气通过等特点，其他两种热交换形式传导和辐射也有发生。

总之，烧结料层中热交换是非常激烈的，废气通过极短的路程（一般小于 40 mm），温度从 1300～1400℃迅速下降到 50～60℃；而混合料温度迅速升高，如预热带的升温速度最高可达 1700～2000℃/min，干燥带物料的升温速度最高可达 500℃/min。因此，烧结过程可在较短时间内完成。

2. 烧结过程的自动蓄热作用

热烧结矿将热量传给气体，气体温度上升，然后气体将热量带给下层燃烧带，这种现象称为自动蓄热作用。自动蓄热作用对燃烧带的温度影响很大，可以提供燃烧带全部热量的 40% 以上；料层越厚，自动蓄热作用越强。据试验测定，当燃烧带上部的烧结矿层达 180～

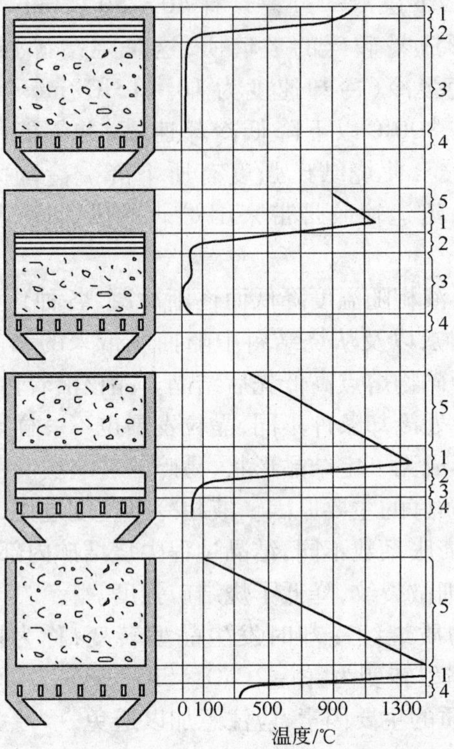

图 5-11　沿烧结料层高度温度分布特性曲线

(a) 点火开始;(b) 点火后 1 ~ 2 min;(c) 烧结开始后 7 ~ 8 min;(d) 烧结终了以前

1—燃烧层;2—干燥及预热层;3—原始混合料;4—箅条;5—烧结矿层

220 mm 时,上层烧结矿层的自动蓄热作用可提供燃烧层总热量的 35% ~ 45%,所以燃烧层的最高温度是沿料层高度自上而下逐渐升高的。但是,当上部烧结矿层超过 200 mm 以后,换热量的增长速度变慢,此时从上部空气带进燃烧带的热量达到接近恒值的最高水平。因此,从烧结的经济性和节约燃料用量的观点来看,采用高料层烧结是有利的,也能改善产品的品质,这是当今发展高料层烧结的理论依据。或者采用上层配碳多、下层配碳少的双层烧结工艺。

燃烧层的最高温度对烧结过程的影响表现在 3 个方面:高温区的移动速度、高温区的温度水平以及高温区的厚度。

3. 高温区的移动速度

高温区的移动速度 v 也称为垂直烧结速度,指烧结料层中温度最高点的移动速度,与料层内的风量(料层透气性)成正比。

$$v = \frac{H}{t}$$

式中　H——烧结料层高度,mm;

t——自点火开始到烧结终了的时间,min。

垂直烧结速度是决定烧结矿产量的重要因素,产量同垂直烧结速度基本上成正比关系。但是,当烧结速度过快时,因不能保证烧结料进行物理化学反应必须的高温保持时间,会使烧结矿强度下降,从而影响烧结矿的成品率。因此,只有成品率不降低或是降低不多的情况下,提高垂直烧结速度才是有利的。

实验资料表明:高温区移动速度与风速成0.77~1.05次方关系,因此,凡能增加风速的因素都可以增加高温区移动速度。这是因为,当烧结配料中碳量较低时(如3%~4%),烧结过程的总速度由传热速度决定;当配碳适宜和较高时,烧结过程的总速度取决于碳的燃烧速度。而空气在料层中是传递热量的介质,加大风速就加快了传热速度,且增加风速可改善气流与物料之间的传热条件;另外,增加风速,供氧充足,可加快燃料的燃烧速度。

此外,高温区移动速度还与烧结料的性质有关。烧结料的热容量大、导热性好、粒度小以及吸热反应的发展,都能增加烧结料从气体中吸收热量的能力,因此高温区的移动速度减慢。另外,一些工艺因素的影响也是多方面的,如混合料水分增加和石灰石配比增加后,虽然增加了吸热反应,但同时又改善了料层透气性,通过料层的风速增大,而且风速增大超过了吸热的影响,所以总的结果是使高温区的移动速度加快。

4. 高温区的温度水平和厚度

高温区的温度水平和厚度对烧结矿的产量和品质影响很大。高温区温度高,生成液相多,可提高烧结矿的强度;但温度过高,又会出现过熔现象,恶化烧结料层的透气性,气流阻力大,从而影响产量,同时烧结矿的还原性变差。高温区的厚度过大同样会增加气流阻力,也易造成烧结矿过熔;但厚度过小,则不能保证各种高温反应所必需的时间,当然也会影响烧结矿的产量和品质。因此,获得适宜的高温区温度和厚度,是改善烧结生产的重要问题。高温区的温度水平可以从以下关系式求出:

$$Q + Q_T = Q_1 + Q_2 + Q_3 + Q_4$$

式中　Q——空气显热及从烧结上层下来的废气中吸收的热量之和,kJ;

Q_T——烧结过程中燃料燃烧放热以及所发生的各种反应的热效应总和,kJ;

Q_1——用于加热高温区上层烧结矿的热量,kJ;

Q_2——用于加热高温区混合料(干)的热量,kJ;

Q_3——用于加热高温区下层料的热量,kJ;

Q_4——废气带走的热量,kJ。

即:

$$Q_2 = mct_{高}$$

$$t_{高} = Q_2/(mc) = (Q + Q_T - Q_1 - Q_3 - Q_4)/(mc)$$

式中　m——高温区物料质量,kg;

c——烧结料比热容,kJ/(kg·℃);

$t_{高}$——高温区的最高温度,℃。

在烧结过程中,影响高温区温度和厚度的因素有:

(1) 燃烧速度与传热速度间的配合。燃烧速度与传热速度的配合对高温区的温度和厚度有重要的影响。当燃烧速度≈传热速度时,上层烧结矿积蓄的大量热量被用来提高燃烧层燃料燃烧的温度,使物理热与化学热叠加在一起,此时可以获得最高的燃烧温度和最低的高温区厚度。当燃烧速度<传热速度时,这时燃烧反应放出的热量是在该层通过大量空气带来的物理热之后,高温区温度水平下降,高温区加厚。当燃烧速度>传热速度时,这时上部的物理热不能大量地用于提高下部燃料的燃烧温度,燃烧层温度也降低,厚度增加。实际生产中多属于两种速度同步的情况,这样,燃料消耗少,料层温度高,燃烧层厚度也薄。

（2）燃料用量。增加燃料用量，高温区内部热源增加，这是提高高温区温度水平的主要手段。由于烧结料层热平衡关系的特殊性和自动蓄热作用的影响，燃料用量变化对沿料层高度方向温度水平的影响变得较为复杂。随着烧结过程的进行，Q_T不断增加，Q_1也在增加。前者使高温区温度水平升高，后者使温度水平降低，因此高温区的温度水平就取决于这两种因素的总和。当燃料用量正常或较高时，Q_T值较大，此时$Q_T > Q_1$，而且由于上部烧结矿层的自动蓄热作用，越往下Q_T值越大，所以烧结过程越往下进行，高温区温度水平越高；相反，当燃料配比减少，可能出现$Q_T < Q_1$的情况，这样，由于供热不足，越往下温度水平越低。在实际生产中，多属于前一种情况。要得到$Q_T = Q_1$的情况，使上下层温度稳定在一个水平上是比较困难的。

另外，燃料用量增加，通过高温区的气流中氧含量相对降低，使燃烧速度降低，高温区厚度随之增加。并且在其他条件相同时，越向下，高温区越厚，温度越高，结果使烧结矿质量不均的现象更严重，上层强度差，而下层还原性不好。

采用热风烧结，使外部热源Q增加，Q_1也随之增加，Q_T相应减小（燃料配比降低所致）。因Q主要对提高上部温度起较大作用，而Q_T还对下部温度起作用，这样就使上下部热量趋于平衡，从而既可提高表层烧结矿的强度，又不致引起下层烧结矿过熔，使烧结矿质量得到改善。不过，热风温度不能过高，否则因Q增加过多而Q_T减少过多，导致下部温度降低，使烧结过程恶化，对产品质量产生不利影响。另外，最好在烧结过程的前期供热风。

（3）燃料粒度。燃料粒度对高温区温度也有较大影响。燃料粒度小，比表面积大，与空气接触条件好，燃烧速度快，因此，高温区温度水平高、厚度小；但是燃料粒度过小，使燃烧过快，既达不到应有的高温，又达不到必要的高温保持时间，且会因粒度过小降低料层的透气性和被气流吹动而产生偏析。当燃料粒度大时，会降低燃烧速度和改善料层透气性，使燃烧层变厚和高温区温度降低，并且布料易产生偏析，使烧结矿强度下降。因此，适宜的燃料粒度为0.5～3mm，生产中筛去小于0.5mm粒级的燃料很困难，实际使用燃料粒度为0～3mm。

（4）燃料的燃烧性能。固体燃料的燃烧性能也会影响高温区的温度和厚度。与焦粉相比，无烟煤孔隙度小得多，反应能力和可燃性差，所以用大量无烟煤代替焦粉时，烧结料层中会出现高温区温度水平下降和厚度增加的趋势，从而导致垂直烧结速度下降。如某烧结厂使用无烟煤粉代替焦粉，成品烧结矿产出量从53.5%下降到41.0%。但无烟煤来源充足，价格便宜，试验证明用无烟煤粉代替20%～25%焦粉时，对烧结矿的产量和品质没有影响。当使用无烟煤粉作燃料时，必须注意改善料层的透气性，把燃料粒度降低一些，同时还要适当增加固体燃料的总用量。

（5）返矿用量。当增加返矿用量时，由于它能减少吸热反应，有助于提高高温区的温度水平。

（6）熔剂用量。当增加石灰石、白云石或菱镁石时，由于分解吸热反应的进行，会使Q_T减少，从而引起燃烧层温度降低。

（九）带式烧结机本体

我国带式烧结机主要有两种结构形式，一种是摆架式，另一种是弯道式。前者的特点是尾部有摆架（或水平移动架），用以吸收台车的热膨胀，避免台车的撞击和减少有害漏风，头部链轮与尾部链轮大小相同；后者的主要特点是在烧结机的尾部采用一种固定弯道，以吸收台车的热膨胀，尾部没有链轮，回车道具有一定的斜度，弯道采用圆形曲线。

烧结机本体主要包括：传动装置、台车、真空箱、密封装置。烧结机主体设备如图5-12所示。

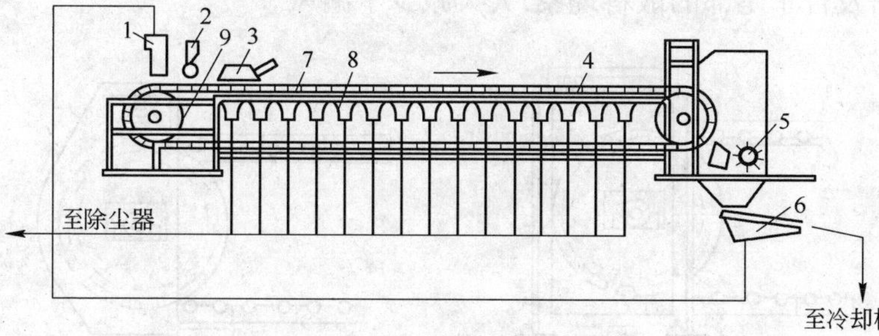

图5-12　烧结机主体设备

1—铺底料布料器；2—混合料布料器；3—点火器；4—烧结机；5—单辊破碎机；6—热矿筛；7—台车；8—真空箱；9—机头星轮

1. 传动装置

烧结机的传动装置主要靠机头链轮（驱动轮）将台车由下部轨道经机头弯道，运到上部水平轨道，并推动前面台车向机尾方向移动。如图5-13所示，链轮与台车的内侧滚轮相啮合，一方面台车能上升或下降，另一方面台车能沿轨道回转。台车车轮间距 a、相邻两台车的轮距 b 和链轮的节距 c 之间的关系是 $a=c, a>b$。从链轮与滚轮开始啮合时起，相邻的台车之间便开始产生一个间隙，在上升及下降过程中，保持相当于 $a-b$ 的间隙，从而避免台车之间摩擦和冲击造成的损失和变形。从链轮与滚轮开始分离时起，间隙开始缩小，由于台车车轮沿着与链轮回转半径无关的轨道回转，因此，相邻台车运动到上下平行位置时，间隙消失，台车就一个紧挨着一个运动。

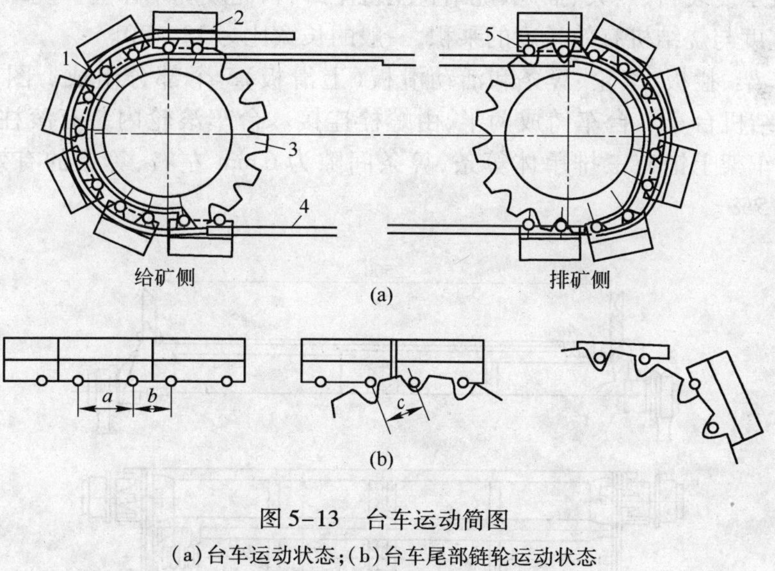

图5-13　台车运动简图

（a）台车运动状态；（b）台车尾部链轮运动状态

1—弯轨；2—台车；3—链轮；4—导轨；5—滚轮

烧结机头部的驱动装置由电动机、减速机、齿轮传动和链轮等部分组成。机尾链轮为从动轮，与机头大小形状相同，安装在可沿烧结机长度方向运动的并可自动调节的移动架上（见图5-14）。首尾弯道为曲率半径不等的弧形曲线，使台车在转弯后先摆平，再靠紧直线轨道的台车以防止台车碰撞和磨损。移动架(或摆动架)既解决台车的热膨胀问题,也消除台车之间的冲击及台车尾部的散料现象,大大减少了漏风。

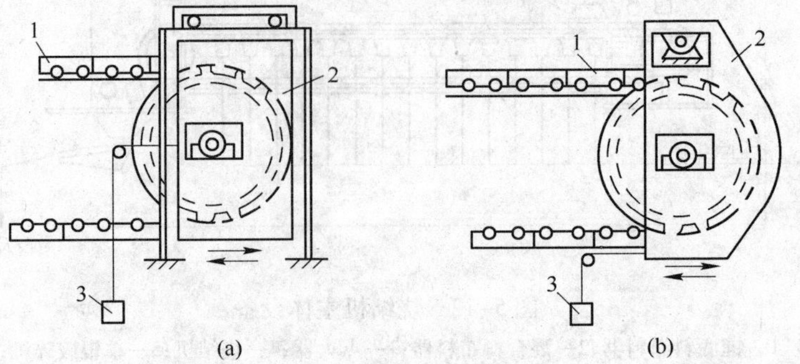

图5-14　尾部可动结构

(a)水平移动式尾部框架;(b)摆动式尾部框架

1—台车;2—移动架;3—平衡锤

旧式烧结机尾部多是固定的,为了调整台车的热膨胀,在烧结机尾部弯道开始处,台车之间形成一断开处,间隙为200 mm 左右,此种结构由于台车靠自重落到回车道上,彼此之间因冲击而发生变形,造成台车端部损坏,不能紧靠在一起,增加漏风损失;同时使部分烧结矿从断开处落下,还需增设专门漏斗以排出落下的烧结矿。

2. 台车

带式烧结机是由许多台车组成的一个封闭式的烧结带,所以,台车是烧结机的重要组成部分。它直接承受装料、点火、抽风、烧结直至机尾卸料,完成烧结作业。烧结机有效烧结面积是台车的宽度与烧结机有效长度的乘积,一般的长宽比为12 ~20。

台车由车架、拦板、滚轮、箅条和活动滑板(上滑板)5 个部分组成。图5-15 所示为国产75 m²烧结机台车。台车铸成两半,由螺栓连接。台车滚轮内装有滚柱轴承,台车两侧装有拦板,车架上铺有三排单体箅条,箅条间隙为6 mm 左右,箅条的有效抽风面积一般为12% ~15% 。

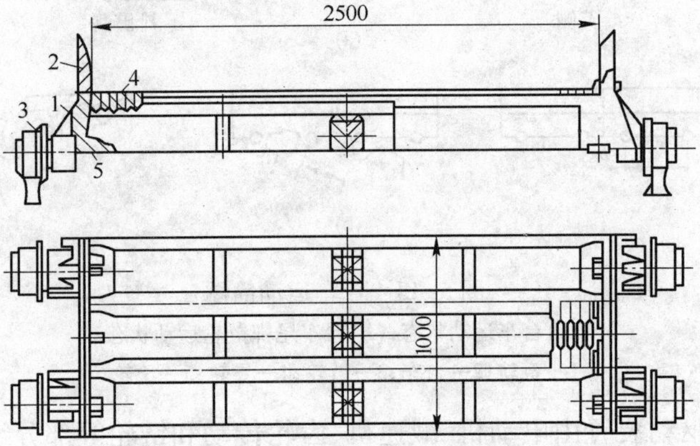

图5-15　国产75m²烧结机台车

1—车架;2—拦板;3—滚轮;4—箅条;5—滑板

台车的结构形式有整体、二体及三体装配 3 种形式（见图 5-16）。通常宽度为 1.5 ~ 2 m 的台车为整体结构；宽度为 2 ~ 2.5 m 的台车多为二体装配结构；宽度大于 3 m 的台车多采用三体装配结构。台车的材质为铸钢或球墨铸铁。

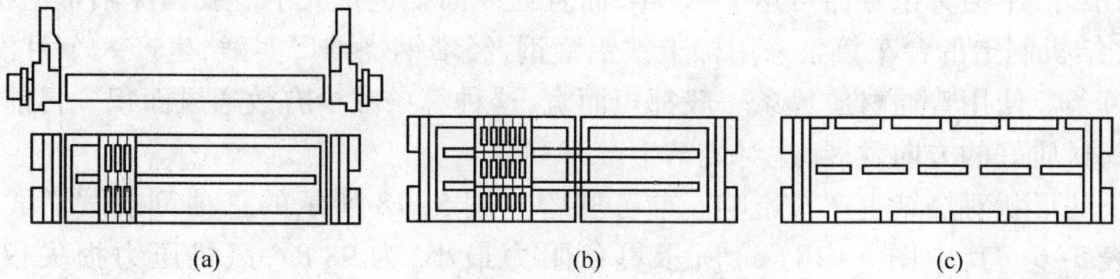

图 5-16 台车形式

（a）三体装配；（b）二体装配；（c）整体结构

在烧结过程中，台车在倒数第二个（或第三个）风箱处，废气温度达到最高值，在返回下轨道时温度下降。所以台车在整个工作过程中，既要承受本身的自重、箅条的重力、烧结矿的重力及抽风负压的作用，又要受到长时间反复升降温度的作用，台车的温度通常在 200 ~ 500℃之间变化，这将产生很大的热疲劳。因此，要求台车车架强度好，受热不易变形，箅条形式合理，使气流通过阻力小，而又保证抽风面积大、强度高、耐热耐腐蚀。

台车寿命主要取决于台车车架的寿命。据分析，台车的损坏主要由于热循环变化以及与燃烧物接触而引起的裂纹与变形，此外还有高温气流的烧损，所以建议台车材质采用可焊铸铁或钢中加入少量的锰铬等。

由于烧结机大型化，台车宽度不断加大，防止台车"塌腰"已成为突出的问题。为解决这个问题，从改善台车的受热条件出发，减少箅条传给台车车体的热量，在台车车架横梁与箅条之间装上绝热片（见图 5-17）。绝热片与横梁间还留有 3 ~ 5 mm 的空气层。安装铸铁类材料的绝热片后，可使台车温度降低 150 ~ 200℃，从而降低由于温差引起的热应力。日本采用加钼的球墨铸铁制成绝热件与台车车架，效果很好。

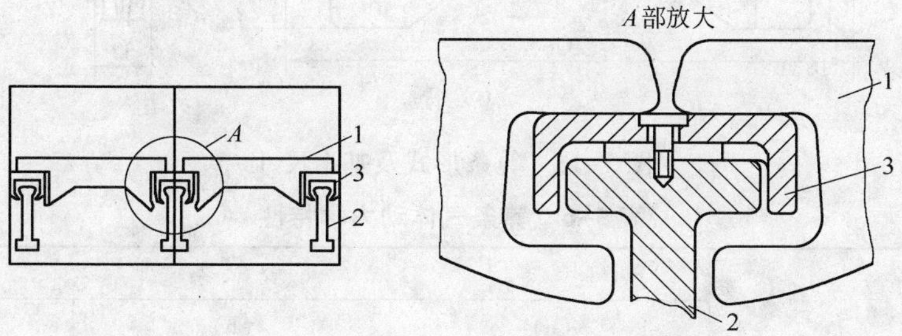

图 5-17 绝热片

1—箅条；2—台车车架；3—绝热片（或称隔热帽）

每一台车安有 4 个转动的车轮（滚轮），轮子轴使用压下法将轴装在车体上。车轮一般采用滚动轴承。轴承的使用期限是台车轮寿命的关键，其使用期限一般较短，主要原因是使用一段时间后，车轮的润滑脂被污染及流出，使阻力增大、磨损加剧。现在用滑动轴承代替滚动轴承。

台车底是由箅条排列于台车架的横梁上构成的。箅条的寿命和形状对生产的影响很大。一般要求箅条材质能够经受住激烈的温度变化，能抗高温氧化，具有足够的机械强度。铸造箅条的材质主要是铸钢、铸铁、铬镍合金钢等。前苏联和日本几乎全部采用25铬系材料，效果很好，不但箅条寿命可达2～3年，而且通风面积也扩大了。我国沈阳重型机械厂为130 m^2烧结机制造的台车箅条采用稀土铁铝锰钢，经攀钢烧结厂实践，生产8个月没有检修和更换箅条。使用普通材质箅条一般都短而宽，这种箅条减少有效通风面积。目前，箅条正向长、窄、材质好的方向发展，这对烧结生产有利。

箅条的形状对烧结生产有影响。前苏联曾对图5-18所示的三种箅条做了试验，一些数据见表5-6。其中图5-18(c)所示箅条阻力最小，为98 Pa，风机压力损失仅为1%。图5-18(a)、(b)所示箅条阻力很高，相应为931 Pa和735 Pa，风机压力损失为8%～10%。

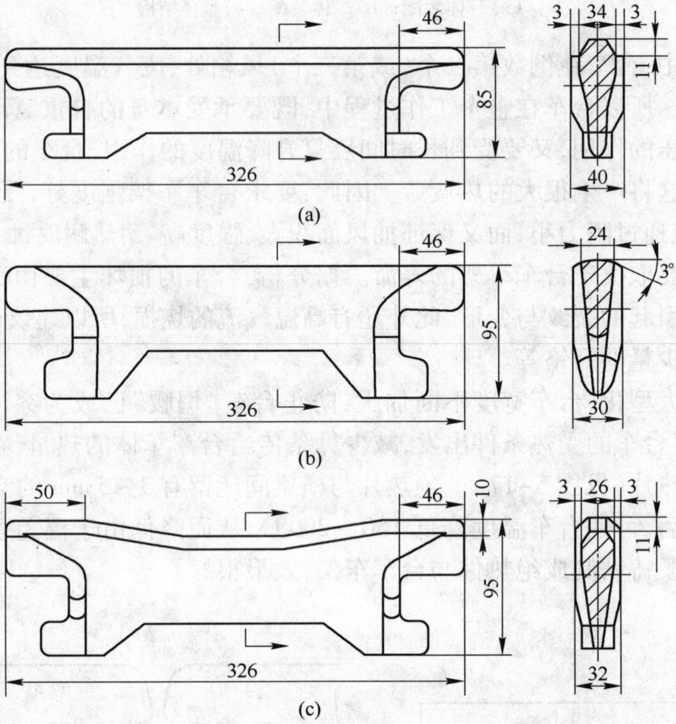

图5-18　箅条形式及基本尺寸

表5-6　箅条气体动力学特性

指　标	箅　条		
	(c)	(b)	(a)
箅条宽度/mm	32	30	40
当致密排列时箅条间隙/mm	6	6	6
实际间隙/mm	8.3	7.1	9.3
过滤速度为0.52 m/s时，箅条面阻力/Pa(mmH_2O)	98(10)	735(75)	931(95)
在箅条上风机压力损失/%	1.0	7.9	10.8
箅条面阻力系数	910	6800	8600

3. 真空箱

真空箱装在烧结机工作部分的台车下面，风箱用导气管（支管）同总管连接，其间设有调节废气流的蝶阀。真空箱的个数和尺寸取决于烧结机的尺寸和构造。

在日本，台车宽度大于 3.5 m 的烧结机上，风箱分布在烧结机的两侧，风箱角度大于 36°。400 m^2 以上的大型烧结机多采用双烟道，用两台风机同时工作。

4. 密封装置

台车与真空箱之间的密封装置是烧结机的重要组成部分。运行台车与固定真空箱之间的密封程度好坏影响烧结机的生产率及能耗。风箱与台车之间的漏风大多发生在头尾部分，而中间部分较少，如图 5-19 所示。

新设计的烧结机多采用弹簧密封装置，它是借助弹簧的作用来实现密封的。根据安装方式的不同分为上动式和下动式两种。

（1）上动式（见图 5-20（a））。上动式密封是把弹簧滑板装在台车上，而风箱上的滑板是固定的。在滑板与台车之间放有弹簧，靠弹簧的弹力使台车上的滑板与风箱上的滑板紧密接触，保证风箱与大气隔绝。当某一台弹性滑板失去密封作用时，可以及时更换台车，因此，使用该种密封装置可以提高烧结机的密封性和作业率。目前，这是一种较好的密封装置。一些老式烧结机也改为这种形式的密封。

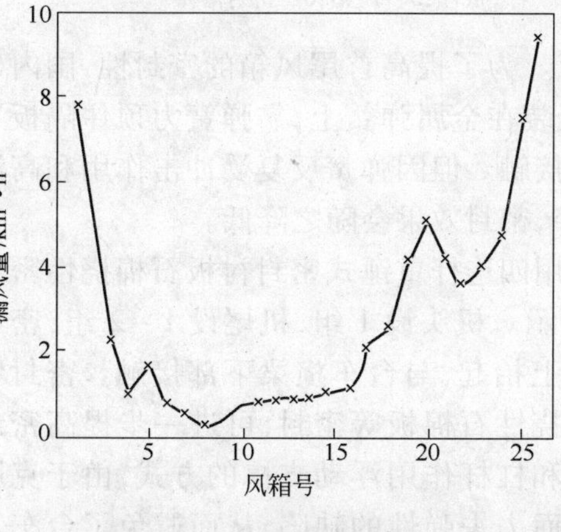

图 5-19　风箱的漏风量

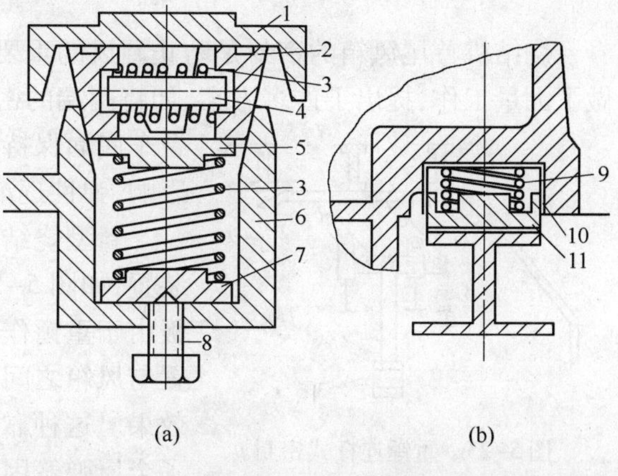

图 5-20　弹压式密封

（a）上动式；（b）下动式

1—弹性滑板；2—游动板；3，9—弹簧；4—固定销；5—上垫；6—弹簧槽；7—下垫；8—调整螺丝；10—游板槽；11—游动板

（2）下动式（见图 5-20（b））。下动式密封是把弹簧装在真空箱上，利用金属弹簧产生的弹力使滑道与台车滑板之间压紧。这种装置主要用于旧结构烧结机的改造上。本钢和首钢的实践表明，该密封装置比水压胶管密封的使用寿命长，可达 1 年或更长时间。

胶管水压式密封是烧结厂过去采用的一种密封装置（见图 5-21），它是利用水的压力和胶管的弹性力，使胶管上的滑板与台车上的滑板紧密接触。最初是用并排两条水管压紧滑道，若其中一条胶管损坏后，弹性滑道倾斜，不仅失去密封作用，而且易发生“赶道”事故，所以改为一条胶管。但在烧结过程中，靠机尾的几个风箱和台车温度较高，此处粉尘又大，一般使用寿命不超过 3 个月，就会因胶管烧漏或老化而不起密封作用。对此生产中进行了一些改进，如滑道靠风箱一侧加一隔热水管，将头、中、尾三段胶管分开，单独通水等。

美国考伯公司所生产的台车采用T形落棒式密封（见图5-22）。T形落棒采用铸钢件，滑道采用工具钢。为防止灰尘对落棒的影响，把滑道和落棒做成倾斜形式。

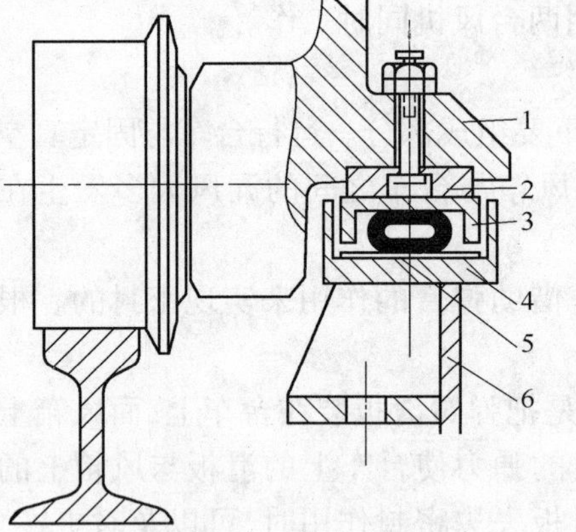

图5-21　胶管水压式密封

1—台车；2—固定式滑板；3—弹性滑板；4—胶管；5—胶垫；6—风箱

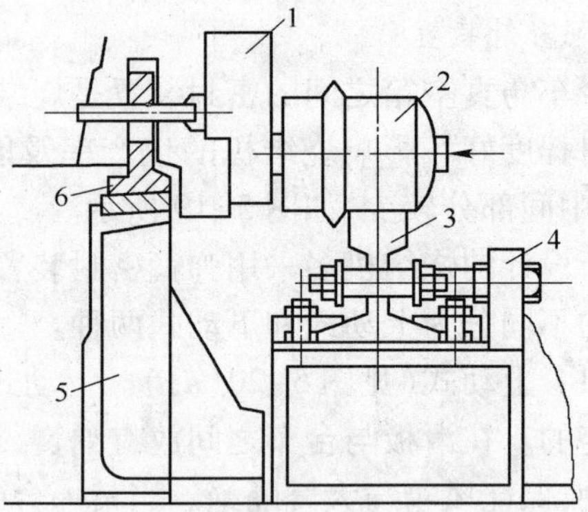

图5-22　落棒式密封

1—台车体；2—车轮；3—导轨；4—导轨底座；5—风箱；6—密封落棒

烧结机首尾风箱的密封是防止漏风的重要环节。为了提高首尾风箱的密封性，国内外做了大量工作，提出了许多方案，如将两端的密封板装在金属弹簧上，靠弹簧力顶住隔板与台车底面保持紧密接触。但因弹簧反复受冲击作用和高温影响，弹性逐渐下降，密封效果会随之降低。

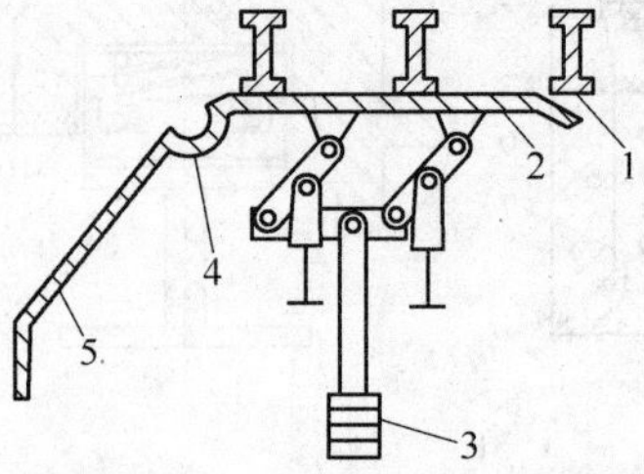

图5-23　重锤连杆式密封

1—台车；2—浮动密封板；3—配重；4—挠性石棉密封板；5—风箱

新型烧结机采用四连杆重锤式密封衬板石棉挠性密封装置，如图5-23所示。机头设1组，机尾设1～2组，密封板由于重锤作用向上抬起，与台车横梁下部接触。密封装置与风箱之间采用挠性石棉板等密封，可进一步提高密封效果。这种靠重锤和杠杆作用浮动支撑的方式，由于克服了金属弹簧因疲劳而失去弹性的缺陷，从而避免了台车与密封板的碰撞，比弹性密封效果好。也有的工厂在首尾风箱两端加一个“死风箱”，充填石棉水泥，使台车底面与充填物接触来达到密封目的。

（十）烧结料层中的气流运动

烧结过程之所以能顺利进行，就是气流在料层中自上而下运动的结果，如果没有气流运动，烧结过程就会终止。在料层中气流运动是畅通还是受阻，就是常说的透气性。烧结料层的透气性是决定烧结过程的顺利进行和影响烧结矿产量和质量的一个重要因素，对烧结过程的强化有很大意义。

1. 透气性概念

透气性有两种表示方法：

(1) 在一定的料层厚度和真空条件下，透气性按单位时间内通过单位面积烧结料层的气体量表示。

$$G=\frac{Q}{tF}$$

式中　G——透气性，$m^3/(m^2\cdot min)$；

Q——气体流量，m^3；

t——时间，min；

F——抽风面积，m^2。

显然，在抽风面积一定时，单位时间内通过料层的空气量越大，则说明烧结料层的透气性越好。

（2）在一定料层厚度和抽风量条件下，透气性可用气体通过料层时的压头损失 Δp 来表示，即用真空度（负压）的大小来表示，真空度越高，透气性越差，反之亦然。由此可见，在料层透气性改善后，风机能力即使不变，也可增加通过料层的空气量。

研究烧结料层的透气性，应考虑两个方面，一是烧结料层的原始透气性；二是点火后，烧结过程中料层透气性。前者在一定生产条件下变化不大，而后者由于烧结过程的特点，如料层被抽风压紧密实，烧结料层因温度升高产生软化、熔融、固结等，使透气性发生变化。因此，烧结料的透气性对烧结生产的影响主要取决于烧结过程的透气性，它的好坏决定着垂直烧结速度的大小。

2. 透气性的变化

烧结过程中烧结料层透气性的变化规律如图 5-24 所示。可以看出，在点火初期，料层被抽风压紧，气体温度骤然升高和液相开始生成，使料层阻力增加，负压升高。烧结矿层形成后，烧结矿层的阻力损失出现一个较平稳的阶段。随着烧结矿层的不断增厚及过湿层的逐渐消失，整个矿层阻力减小，透气性变好，所以负压又逐渐消失。废气流量的变化规律和负压的变化相呼应。当料层阻力增加，在相同的压差作用下，废气流量降低，反之则废气流量增加。而温度的变化规律是和燃料燃烧及烧结矿层的自动蓄热作用相关的。

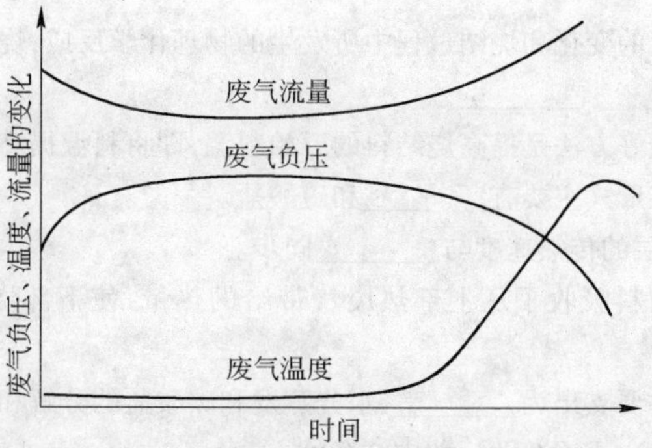

图 5-24　烧结过程中废气负压、温度及流量的变化

烧结料每一层的透气性相差很大。熔化带即燃烧带，与其他各带比较，阻力最大、透气性最差，因为这一带燃料燃烧料层温度最高，并生成一定数量的液相，所以燃烧带气流阻力最大。显然，温度越高，液相量越多，熔化带厚度的增大，都会促使该层阻力增加。

预热带和干燥带虽然厚度较小，但其单位厚度的气流阻力较大。这是因为湿料球干燥预热时会发生碎裂，料层孔隙度变小，同时，预热带温度高，通过此层实际气流速度增加，从而增加了气体运动的阻力。

过湿层气流阻力与原始料层比较，增大 1 倍左右。这是由于料层过湿，导致粒料的破坏，彼此黏结或堵塞孔隙，使料层孔隙度减小，增加了气流运动阻力。特别是烧结未经预热的细精矿时，过湿现象及其影响更为显著。

烧结矿带即冷却带，由于烧结矿气孔多、阻力小，所以透气性好。随烧结过程自上而下进行，烧结矿层变厚，这一层的增加有利于改善整个料层中的透气性。但在烧结料过熔时，烧结矿气孔率下降，结构致密，透气性变差。

在烧结过程中，由于各带的厚度相应发生变化，所以料层的总阻力是变化的。在开始阶段，由于烧结矿层尚未形成，料面点火温度高，抽风造成料层压紧以及过湿层的形成等原因，料层阻力升高，与此同时，固体燃料燃烧，熔融物形成，以及预热带、干燥带混合料粒破裂，也会使料层阻力增加，所以点火后 2 ~ 4 min，料层透气性激烈下降，随后，由于烧结矿层的形成和增厚，以及过湿带的逐渐消失，料层阻力逐渐下降，透气性增加。据此可以推论，垂直烧结速度并非固定不变，而是越向下速度越快。

除此以外，气流在料层各处分布的均匀性对烧结生产有很大影响。不均匀的气流分布会造成不同的垂直烧结速度，而料层各处的不同垂直烧结速度又会加重气流分布的不均匀性。这就必然产生料层中有些区域烧得好，有些区域烧得不好，势必产生烧不透的夹生料。这不仅减少了烧结矿成品率，而且也降低了返矿品质，容易破坏正常的烧结过程。因此，均匀布料和减少粒度偏析是保证透气性均匀的必要手段。

巩固训练

一、填空题

1. 按照烧结料层中温度的变化和烧结过程中所发生的物理化学反应，烧结料层可分为五带，分别是烧结矿带、燃烧带、预热带________、________。
2. 消除水蒸气冷凝的最好方法是提高烧结料的原始料温，即将料温提高到________以上。
3. 烧结原料中硫的存在形式主要有________和硫酸盐。
4. 烧结过程中，要求料层的传热速度与________同步。
5. 烧结过程中，下部物料吸收了从上部热废气带给的热量，使下部烧结温度升高，这种现象称为________作用。
6. 燃烧过程中热量的主要支出为________、水分蒸发和碳酸盐的分解和废气带走的热量。
7. 写出 $2FeO \cdot SiO_2$、$CaO \cdot FeO \cdot SiO_2$ 的中文名称________、________。
8. 烧结过程中垂直烧结速度是由固体碳的燃烧速度和________共同决定的。
9. 严格三点温度即点火温度、________和________。
10. 最适宜的燃料用量是保证烧结矿具有________和良好的还原性。
11. 烧结过程中总体是氧气性气氛，局部是________气氛。
12. 高碱度烧结矿的主要黏结相是________。
13. 烧结终点，料层中燃烧反应完毕，该风箱废气温度________。

14. 烧结过程中三碳是指返矿碳、________和________。

15. 烧结机台车是由车体、拦板、滚轮、________、隔热件等部分组成的。

16. 生石灰消化后，呈粒度极细的________颗粒。

17. 在烧结过程中，生产以铁酸钙为主要黏结相的烧结矿必须具备三个必要条件，它们分别是________、低温、氧化气氛。

18. 混合料预热方法有返矿预热、________和蒸汽预热。

19. 在一定真空条件下，烧结料层透气性用单位时间内通过单位面积料层的________表示。

20. 烧结机台车上回车轨道的原因是：________。

21. 在一定的漏风率条件下，负压的高低取决于________、________和________。

22. 生产中一般________风箱以及________风箱闸门关闭一部分，相应减小风量和真空度，其他各风箱全部开启。

23. 控制烧结终点，就是________。

24. 在一定真空条件下，烧结料层透气性用单位时间内通过单位面积料层的________表示。

25. 烧结机台车轮卡弯道的原因是：________。

二、选择题

1. 随着烧结矿碱度升高，烧结矿中(　　)的含量较低。
   A. FeO　　B. S　　C. 铁酸钙

2. 烧结过程中，透气性最好的是(　　)。
   A. 过湿层　　B. 干燥层　　C. 烧结矿层

3. 在烧结过程，混合料熔融之前，物料中的一些成分就已经开始在固体状态下进行反应，生成新的化合物，这就是(　　)。
   A. 固相反应　　B. 矿化反应　　C. 自动蓄热反应

4. 垂直烧结速度是指(　　)。
   A. 燃烧带移动速度　　B. 固体燃料燃烧速度　　C. 料层传热速度

5. 在生产中强调低水、低碳，但水分太低会引起(　　)。
   A. 透气性变差　　B. 点火比较困难　　C. 能源消耗太大

6. 在正常生产中，系统漏风率高的特征是(　　)。
   A. 废气中氧气含量低　　B. 废气中氧气含量高　　C. 系统的负压高

7. 铺底料是将烧结料与炉箅条分开，从而防止烧结时炉箅与(　　)直接接触。
   A. 过湿带　　B. 燃烧带　　C. 烧结矿层　　D. 预热带

8. 在烧结过程中，气相中水蒸气开始冷凝的温度称为露点，露点温度一般为(　　)。
   A. 40～50℃　　B. 55～65℃　　C. 70～80℃

9. 在烧结过程中，燃烧带的温度可达(　　)。
   A. 1050～1150℃　　B. 1200～1500℃　　C. 1550～1650℃　　D. 1700～1800℃

10. 在烧结过程中，烧结料中有害杂质硫大约可去除(　　)。
   A. 50%　　B. 20%　　C. 100%　　D. 90%

11. 若总管负压上升，废气温度下降，最后三个风箱温度下降，说明烧结终点(　　)。
   A. 合适　　B. 提前　　C. 后移

12. 烧结温度是指烧结料层中某一点达到的(　　)。
   A. 点火温度　　B. 最高温度　　C. 平均温度

13. 当烧结机机尾断面发亮，间或有火苗，说明混合料中(　　)。
   A. 固定碳含量适中　　B. 固定碳偏高　　C. 固定碳偏低

14. 烧结过程中有利矿化作用的因素是(　　)。

A. 高品位　　B. 高碱度　　C. 高温

15. 燃料的用量直接影响到烧结料层的(　　)。

A. 厚度　　B. 温度和气氛　　C. 透气性

三、改错题

1. 抽风系统漏风,总管负压升高。
2. 风机转子磨损严重,总管负压升高。
3. 主风机闸门关小,总管负压升高。
4. 燃烧带由于燃烧产物温度高并有液相生成,所以这层的阻力损失较小。
5. 烧结终点提前,总管负压升高。
6. 风箱闸门关小,风箱负压升高。
7. 除尘器堵塞总管负压升高。
8. 若倒数第二个风箱的废气温度低于倒数第一个风箱的废气温度,说明烧结“终点”滞后。
9. 当料层厚度及抽风量一定时,真空度越高,则料层透气性越好。
10. 返矿残碳即全碳,它由固定碳及未分解的碳酸盐里非固定碳(化学碳)所组成。

四、问答题

1. 如何减轻或消除过湿层对烧结过程的影响?
2. 论述影响烧结全压的因素。
3. 固体燃料用量对烧结过程有哪些影响?
4. 什么是烧结机有效风量,如何提高烧结机的有效风量?
5. 烧结终点的控制对烧结矿产量和质量有什么意义,如何正确控制烧结终点?

任务六　烧结矿处理操作

教学目标

(1) 叙述烧结矿冷却与整粒的目的与意义。

(2) 明确设备工作原理及其性能。

(3) 进行烧结矿冷却控制与操作。

(4) 进行烧结矿整粒操作。

一、任务分析

(一) 任务的提出

烧结矿从烧结机机尾台车上自然落下时，温度高达700～800℃。因靠自重摔碎，块度大小很不均匀，部分大块超过200 mm，甚至达到300～500 mm，大块中还夹杂着未烧好的矿粉或生料，不能满足高炉冶炼的要求，而且给烧结矿的储存、运输带来不少的问题。因此，机尾卸下的烧结矿需要进一步处理。

(二) 工作任务描述

该工作任务主要由成品处理工、设备维检人员以及中控工完成。相应的工艺环节包括烧结饼破碎、烧结矿冷却、大粒度烧结矿的破碎与筛分。从事的工作主要包括：(1) 操作破碎机破碎烧结矿；(2) 操作环冷机或带冷机冷却成品矿；(3) 操作冷矿筛筛分烧结矿，进行粒度分级，保证各项粒度合格；(4) 操作皮带机将合格品送出，铺底料送往铺底料仓，不合格品返回；(5)处理故障，维护保养设备，提出设备缺陷，参与检修的监督和检修后的验收。

二、任务实施

(一) 单辊破碎操作

1. 单辊破碎机的主要操作步骤

单辊破碎机的主要操作步骤有：

(1) 开机前检查单辊破碎机的安全装置、各部连接螺丝、轴承润滑情况是否正常；各漏斗是否堵塞，齿冠、箅板的磨损情况如何。

(2) 连锁工作制时，检查合格后接到开车信号，将操作箱上的转换开关转向“通”的位置，稍后设备按料流方向依次启动。

(3) 连锁工作制停机时，烧结机停机后，单辊破碎机方可停机；系统停机后，将转换开关置于“断”位。

2. 单辊破碎机的检查与维护

运转中的检查维护及注意事项：

(1) 单辊破碎机为剪切式破碎，所有烧结矿必须通过星轮剪切后，从箅板缝中排出，所以不许烧成熔融烧结矿，以免与星轮及箅板产生严重黏结形成卡料事故，要严格控制烧结终点温度，机尾不应有堆料现象。

(2) 保证冷却水不断供应，压力保持在0.1～0.2 MPa。

(3) 单辊水冷辊与辊轴端温度在50℃以下，要定期检查与清除水冷轴承的通水管中的水垢(3个月检查一次)。

(4) 岗位上的电机温度不应超过65℃，轴承温度不超过60℃。

(5) 要经常检查衬板与齿冠磨损情况，当表面磨损量达到50 mm左右时应予更换。

(6) 当衬板与齿冠及刮刀有松动变形或磨损严重时，应立即停车更换处理，以免形成卡料事故。

(7) 更换齿冠时必须把螺钉拧紧，然后试用一个班后重新紧固，最后把螺钉尾部螺帽焊死。

(8) 更换衬板后应检查螺钉是否拧紧，箅板上是否有异物遗留，否则不准开车。

(9) 发现烧结矿粉末过多或固定碳过高应向看火工及时反应。

(10) 发现马鞍漏斗、单辊箱内堵塞后，要用工具捅，不要打水，以免设备变形。

停车后的维护：

(1) 要检查锤头是否松动，并设法紧固，若已松动并且磨损严重，应及时更换。

(2) 检查更换开式齿轮的润滑油(半月一次)。

(3) 3个月检查一次水冷轴承和通水管的水垢。

(4) 检查并紧固电机、减速机的地脚螺栓，并搞好环境卫生，做到机光、电动机亮。

(二) 烧结矿冷却操作

1. 冷却技术操作要点

冷却技术的操作要点有：

(1) 开车前要检查螺丝、螺栓的紧固情况，摩擦轮压紧弹簧的使用情况，各润滑点的给油情况，各种信号仪表的灵敏情况，各部件的风冷、水冷情况等。

(2) 正常操作由烧结集中控制室集中统一操作，机旁操作是在集中操作系统发生故障或试车时使用。

(3) 风机必须在得到调度室和高压室的允许下才可以转动。

(4) 布料要铺平铺满，控制好料层的厚度。

(5) 要勤观察冷却情况，发现问题应及时查找原因，并采取措施。

(6) 检修停机时，鼓风机不能与烧结机同步停机，必须将料冷却到要求范围内方可停鼓风机。

(7) 经冷却后的烧结矿温度应在100℃以下，直观不烧皮带；出料口废气温度不得大于120℃。

烧结矿冷却时的注意事项：

(1) 冷却机的启动必须等风机启动完毕后进行；风机停转，冷却机应立即停止生产；冷却机后面的设备发生故障时，冷却机应立即停转，而风机可继续运行，直至冷却机内热烧结矿温度降低到150℃为止；冷却机前面的设备发生故障时，冷却机可继续运转直到机内物料全部运完为止；冷却机短期停机，一般不停风机，需长时间停机时，可按正常停机处理。

(2) 冷却机应保持料层厚度的相对稳定，保证料铺平铺匀，以充分提高冷却效果。冷却机的机速应根据烧结机机速快慢变化，及时做相应调整，尽量避免跑空台车或台车布料过厚，影响冷却效果。当冷却机的来料过小时，应减慢冷却机的运行速度；反之则应增加，以充分利用冷风，提高冷却效果，避免烧坏皮带；当透气不好时，应加快冷却机运行速度。

(3) 当运行皮带严重损坏时，必须停冷却机进行检查并及时处理。

(4) 要经常检查卸料漏斗、卸料弯道、空心轴销子、台车轮，出现问题应及时处理。

(5) 要经常检查风机有无不正常的振动，各部机械是否有不正常的噪声，当抽风机突然发生很大振动时，必须停车检查。

(6) 手动操作时，如果冷却机有料，必须经主控允许，待机及下一工序运转正常方可运转。

(7) 出现冷筛皮带严重损坏或其他不利于设备安全运转等情况时，必须停冷却机进行检查等。

2. 冷却操作的监测

判断烧结矿达到冷却要求的经验：

(1) 冷却后的烧结矿表面温度应在100℃以下，小块能用手摸，直观不烧皮带。

(2) 出料口废气温度一般小于100℃，料口料层静压应控制在一定范围内。

(三) 烧结矿整粒操作

1. 烧结矿破碎技术操作要点

烧结矿破碎的技术操作要点有：

(1) 烧结矿采用对齿辊破碎机破碎。

(2) 根据车间要求及时调整辊间隙。两辊间隙大小的调整方法为：

1) 先打开氮气，具有压力后再启动液压泵来调整辊子间隙。

2) 液压泵电机启动后，打开需要调整辊间隙的液压螺旋开关，当达到需要的辊间隙时，应先关闭液压螺旋开关，再停止液压泵电机的工作。

3) 通过液压调整达到满意的出料粒度后，应用手动定位装置将辊子固定，从而起到双重保险的作用。

4) 手动定位装置通过手动蜗轮时，使推杆前后移动，达到固定辊间隙的目的。

(3) 经常检查辊子运行情况，避免大块卡住现象。

(4) 对齿辊破碎机的衬板、箅条等磨损情况及时检查，保持完好。

烧结矿破碎时的注意事项：

(1) 非破碎物体应在破碎物料进到料斗前取出，以防发生事故；

(2) 设备运转正常后再给料，停机前应先停止给料，待辊内物料全部排出后才可以停机；

(3) 严禁在氮气系统工作情况下用手动定位装置直接调整辊间隙；

(4) 为提高生产率以及保护齿辊尽可能少磨损，必须使物料沿辊子全长均匀分布；

(5) 经常注意氮气瓶的压力情况,用肥皂水检查氮气是否泄漏;

(6) 经常检查氮液缸压力状况,以保持齿辊有足够的压力;

(7) 按规定向轴承加油,轴承最高温度不得超过65℃,冬季要防止润滑油冻结;

(8) 辊子被大块物料挤住或有金属物进入辊内时,应停机处理,不得在运转中用手扳或用钩子钩,停机处理要通知集中控制室,得到允许后要切断事故开关。

2. 烧结矿筛分技术操作要点

烧结矿筛分的技术操作要点有:

(1) 经常检查筛下物质量,检查筛板有无错动和筛板磨损情况,发现问题及时汇报处理,确保各粒级质量。

(2) 经常检查烧结矿在进料口和筛上的分布情况,保证物料的均匀分布。

(3) 随时观察筛子的运转情况,发现振动不正常或有物体撞击声时,必须停机检查,找出原因,排除故障,发现减振架振动大时,应及时检查并处理,防止损坏设备和楼板等建筑物。

(4) 为达到筛分效率,筛子必须在没有负荷的情况下方可启动,等筛子运转正常后才允许给料生产,停机前先将筛子内的烧结矿排空。

(5) 要经常紧固装置螺丝,防止筛板脱落。

(6) 利用定期检查检查筛网情况,筛网堵塞面积不得超过20%,确保铺底料粒度符合工艺要求,粉末不带入高炉,筛箅板不得有磨坏现象,以免大块进入铺底料和成品返回烧结厂。

(7) 掌握铺底料量的仓存情况,调节相关皮带速度控制铺底料量。

(8) 注意铺底料粒级和冷返矿粒级变化情况,发现不正常时应及时汇报工段。

(四) 成品处理设备常见事故处理

环式冷却机与带式冷却机常见故障及处理方法分别见表6-1和表6-2。

表6-1 环式冷却机常见故障及处理方法

故障性质	原因	处理方法
烧结矿顶台车	下料嘴堵	捅开料嘴、打倒车
台车跑偏	台车轮子不转	更换车轮
	传动环与挡轮之间间隙过大使传动环径向位移过大	调整挡轮与摩擦板之间的间隙
台车转动不灵活、掉轮	轴承坏	更换轴承和更换车轮
	挡圈脱落、珠粒磨损松动	更换轴承和更换车轮
	间隙没有达到要求	调整间隙
摩擦轮与摩擦板打滑	摩擦轮对摩擦板压力不够	调整弹簧,增大压力
	摩擦轮与摩擦板之间有杂物	装好清扫器,清除杂物
	冬天停车有水结冰	除冰层
	扇形台车卡道	处理卡道台车

续表 6-1

故障性质	原　因	处理方法
台车卡弯道	台车轮子不转或脱落	打倒车、挂倒链、更换轮子
	弯道、曲轨变形或损坏	处理弯道
	台车轮轴销子脱落	上销子
风机振动	风机叶轮失去平衡	处理更换叶轮
	轴承坏	处理更换轴承
台车内布料不均匀	给矿漏斗结构有问题	修正漏斗及结构
	烧结矿料下偏	在漏斗底板上安装分料器
台车冷空气进不去	箅条变形或间隙有阻碍物	清除杂物，更换箅条
冷却效果差	风机叶片装置不当，风量不够	调整风机叶片
	台车钢丝网堵塞	清理钢丝网
	密封不好，有害漏风增加	修理密封装置
	布料厚度不适应	调整机速
	烧结矿筛分效果差	加强筛分

表 6-2　带式冷却机常见故障及处理方法

故障性质	原　因	处理方法
台车跑偏	对称两辊轴心线与机体纵中心线不垂直，误差大	调整托辊找正中心
	头部链轮中心线与机体纵中心线不垂直，误差大	检查调整头部链轮
	机尾链轮不正	调整尾部拉紧重锤的重量
	头尾部链轮一左一右窜动	检查头尾部链轮窜动间隙，按要求调整
台车掉大块，冷却效果差	箅条变形，间隙大	修理或更换箅条，重新排列
	筛网堵塞	清除堵塞物
电动机振动过大	电机轴承坏	更换轴承
	电机与减速机快速轴不同心	检查重新找正
减速机及轴承发热	减速机油量不足	加油
	轴承间隙过小	调整轴承间隙
	轴承有杂物或损坏	清洗轴承、更换轴承
	透气孔堵塞	勤捅透气孔

单辊破碎机和振动筛常见故障及处理方法分别见表6-3和表6-4。

表6-3 单辊破碎机常见故障及处理方法

故障性质	原因	处理方法
保险销子断	(1) 齿冠松动、偏斜断裂； (2) 铁块卡住单辊或烧结矿堆积过多； (3) 衬板断裂而偏斜	(1) 紧固或更换齿轮； (2) 处理障碍物； (3) 更换衬板
轴瓦温度高	(1) 轴瓦缺油； (2) 冷却水流量小或断水	(1) 加油； (2) 处理冷却水，检查水压、水质及管道
单辊窜动严重	(1) 负荷不均、不水平； (2) 止推轴瓦失效	(1) 检查轴的水平； (2) 更换轴瓦
马鞍漏斗堵塞	(1) 烧结机碰撞间隙大； (2) 马鞍漏斗衬板变形； (3) 大块卡死	(1) 调整烧结机碰撞间隙； (2) 处理马鞍漏斗变形； (3) 勤捅漏斗
机尾簸箕堆料	(1) 过烧黏炉箅子； (2) 清扫器磨损； (3) 未及时处理积料	(1) 严格控制烧结终点； (2) 检查补焊或更换清扫器； (3) 及时清理积料
单辊箱体连接螺丝断裂	前后壁变形	更换螺栓，检修箱体前后壁

表6-4 振动筛常见故障及处理方法

故障性质	产生原因	处理方法
振动器轴承温度高或抱轴	润滑油太少，轴承装配太紧，冷却水量小或断水	加强润滑和冷却水，调整或更换轴承
振幅偏小或不规则振动	振动器不均衡，底座螺丝松动或底座裂纹，支撑弹簧堆料	紧固螺栓补焊裂纹，调整振动器，清理弹簧处的物料
布料不均，返矿粒度大	进料溜槽衬板变形，挡料板磨损，不规则振动，筛箅板磨损或压料板脱落	焊补更换箅板和压条，调整振动器和挡料板
筛箅板跳动(有敲打声)	筛板的地脚开焊，筛板锁紧装置松动	加焊紧固或更换锁紧装置
返矿顶筛子或烧结矿压筛子	返矿漏斗堵塞(衬板变形或卡有杂物)，阶梯溜槽衬板变形	处理返矿漏斗和阶梯溜槽

三、相关知识

(一) 烧结矿冷却的意义及方法

1. *烧结矿冷却的意义*

烧结矿冷却的意义有：

(1) 为烧结矿的整粒及分出铺底料创造条件，并降低成品矿粉末，达到“匀、净、小”的要求，可以强化高炉冶炼，降低焦比。

(2) 保护高炉炉顶设备及高炉矿槽，并为实现高炉生产技术现代化创造条件。

(3) 冷矿可用带式输送机运输和上料，保护运输设备，使厂区配置紧凑。

(4) 采用鼓风冷却时，有利于冷却废气的余热利用，并有利于改善烧结厂和炼铁厂的厂区工作环境。

2. *冷却方法*

烧结矿的冷却方法很多。从方法上来分，有自然冷却和强制通风冷却两类。强制通风冷却又可分为抽风冷却和鼓风冷却。从冷却的地点和设备来分,有在烧结机以外进行冷却和在烧结机上进行冷却两种。

自然风冷速度太慢,冷却周期长,占地面积大,环境条件恶劣,现代化生产无法采用;水冷冷却强度大,效率高,成本低,但因急冷会使强度大大降低,尤其对熔剂性烧结矿,遇水产生粉化的现象更为严重,并且难以再进行筛分。目前广泛采用强制通风冷却,一般来说,抽风式冷却机用于厚度小于500 mm 的料层,鼓风式冷却机用于厚度大于500 mm 的料层。从发展趋势来看,鼓风式冷却机将被广泛采用,它具有以下特点:(1) 冷却面积相对减少,与薄料层抽风冷却相比,鼓风冷却采用厚料层,转速低,冷却时间长,因而相对减少了冷却设备的有效面积,冷却效果好,同时也减少了冷却设备所占用的面积。(2) 鼓风冷却有利于节能,可以有效地回收利用冷却机废气废热。(3) 鼓风冷却设备耗电量少,容易维修。(4) 风机吸入的空气含尘量小,风机叶轮磨损较小。

机上冷却的方法是将烧结机延长,将烧结机的前段作为烧结段,后段作为冷却段,当台车上的混合料在烧结段已烧成为烧结矿后,台车继续前进,进入冷却段,通过抽风将热烧结矿冷却下来,冷却的空气是通过烧结饼的裂缝、孔隙以及冷却过程中因收缩而新产生的裂隙而将烧结矿冷却下来的,一般情况下,烧结段与冷却段备有专用风机。机外冷却,即烧结矿在烧结机上烧成之后卸出来,另外进行冷却,主要冷却设备有带式冷却机和环式冷却机。

3. *影响冷却效果的因素*

影响冷却效果的因素有:

(1) 风量的影响。风量越大,冷却效果越好,但风量过大将引起电耗增加;同时,风量大,风速高,将导致气流含尘量增加,使风机叶片磨损加剧。

(2) 风压的影响。一般来说,如果风压低,阻力大,通过料层的风速将达不到额定值,冷却效果将降低。

(3) 冷却时间的影响。冷却时间短,将达不到预期的冷却效果,但过长的冷却时间将降低冷却机的处理能力。

(4) 料层厚度的影响。在冷却机面积一定时,选择较厚的料层可使冷却时间延长,有利于大块热矿的冷却。但料层增厚,阻力变大,相应提高风压,动力消耗增大。料层太薄,容易造成铺料不平,透气性不均,并且加快了机速,冷却时间短,影响冷却效果。

(5) 铺料的影响。铺料要求均匀,当铺料不均时,料层薄处的气流阻力小,冷空气势必在此大量通过,降低了冷却效果。热矿的粒度大小对冷却效果的影响也是很大的。因此,要求操作人员根据料层厚度、粒度大小等情况调整机速或料层厚度,使冷却效果达到最佳值。

(6) 筛分效率。筛分效率低时,会使大量的粉尘或小粒级矿料进入冷却机,堵塞料块之间和台车的网眼,从而增大抽风阻力,降低冷却效果。

(7) 烧结工艺制度的影响。烧结过程燃料的粒度与用量直接影响冷却效果,所以焦粉或煤粉的粒度与用量应严格控制在规定的范围内,严格控制烧结终点,否则,残碳较高的烧结矿在冷却机内将继续燃烧,不仅降低冷却效果,严重时会烧坏冷却机。此外,冷却机本身的漏风也会降低冷却效果。

(二) 烧结冷却设备

用于烧结矿冷却的设备种类很多,按大的流程划分,有机上冷却和机外冷却两种。用于机外冷却的设备有环式冷却机、带式冷却机、塔式冷却机、盘式冷却机、格式冷却机等。使用效果较好的有环式冷却机、带式冷却机和机上冷却。

1. 环式冷却机

环式冷却机由机架、导轨、扇形冷却台车、密封罩及卸矿漏斗等组成,如图 6-1 所示。

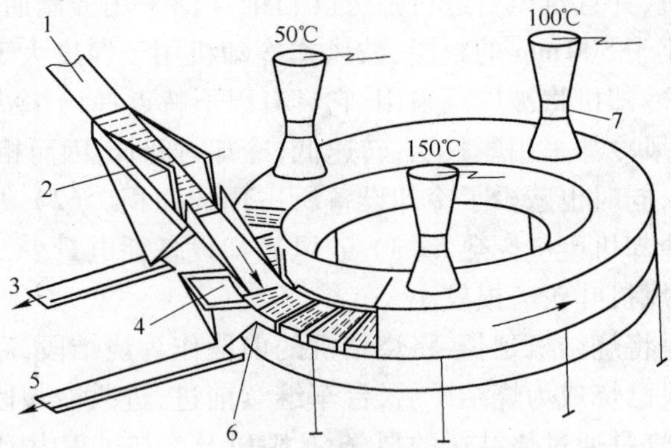

图 6-1　烧结机机尾热振筛及环式冷却机

1—热烧结矿;2—热振筛;3—热返矿;4—卸矿;5—冷烧结矿;6—布料;7—轴流风机

传动装置由电机、摩擦轮和传动架组成。传动架用槽钢焊接成内外两个大圆环,每个台车底部的前端有一个套环,将台车套在回转传动的连接管上。后端两侧装有行走轮,置于固定在内外圆环间的两根环形导轨上运行。外圆环上焊有一个硬质耐磨的钢板摩擦片,该摩擦片用两个铸钢摩擦轮夹紧,当电动机带动摩擦轮转动时,供两者间摩擦作用,使传动架转动而带动冷却台车做圆周运动。

根据通风方式不同,环式冷却机可分为抽风式环冷机和鼓风式环冷机两大类。

抽风式环冷机的台车底部安装有百叶窗式箅板和铁丝网,上部罩在密封罩内。在环形密封罩上等距离设置 3 个烟囱,内安装轴流式抽风风机。风机布置在排气罩的上方,利用风机在料层上方产生的负压把冷空气从台车底部吸入,冷空气在穿过料层时与烧结矿进行热交换而达到冷却的目的。被加热的空气由风机通过各自的烟囱排入大气。为避免冷空气从料面吸入,排气罩的两侧与台车拦板之间必须严格密封。抽风机的数量取决于冷却机的处理能力以及排风量,一般应设置两台以上。

鼓风式环冷机与抽风式环冷机的区别在于冷空气是由鼓风机从台车底部鼓入,通过烧结矿加热后从烟罩排入大气。因此,台车需要设置风箱和空气分配套,风箱与台车底部需严格密封,而排气罩除高温段因防止粉尘外逸需采取密封措施外,其余部分可采用屋顶式的排气罩。

按台车运行方向,卸矿槽设在烧结机尾部给矿点的前面位置。卸矿槽上的导轨是向下弯曲的。热烧结矿经热矿筛的给矿装置进入台车,台车运动的过程中,受到从台车下经百叶窗式箅条抽入的冷风冷却,当台车行至曲轨处时,后端滚轮沿曲轨下行,台车尾部向下倾斜 60°,在继续向前运行过程中,将冷却后的烧结矿卸入漏斗内。卸完后,又走到水平轨道上,重新接受热烧结矿,如此循环不断,工作连续进行。

环式冷却机是一种比较好的烧结矿冷却设备。它的冷却效果好,在 20 ~ 30 min 内烧结矿温度可降到 100 ~ 150℃。台车无空载运行,提高了冷却效率且运行平稳,静料层冷却过程中烧结矿不受机械破坏,粉碎少。环式冷却机结构简单,维修费用低。

2. 带式冷却机

带式冷却机也是目前世界上广泛应用的一种冷却设备,它是一种带有百叶窗式通风孔的金属板式运输机,如图6-2所示。带式冷却机由许多个台车组成,台车两端固定在链板上,构成一条封闭链带,由电动机经减速机传动。工作面的台车上都有密封罩,密封罩上设有抽风(或排气)的烟囱。

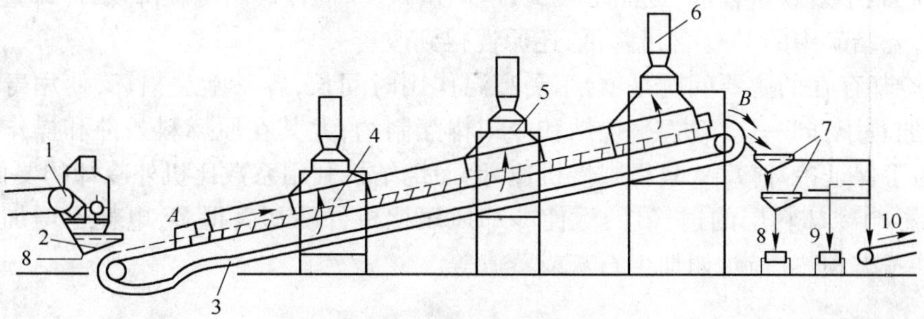

图6-2　带式抽风式冷却机示意图

1—烧结机;2—热矿筛;3—冷却机;4—排烟罩;5—冷却风机;6—烟囱;7—冷矿筛;8—返矿;9—铺底料;10—成品烧结矿

带式冷却机的工作原理是热烧结矿自链带尾端加入台车,靠卸料端链轮传动,台车向前缓慢地移动,借助烟囱中的轴流风机抽风(或自台车下部鼓风)冷却,冷却后的烧结矿从链带头部卸落,用胶带运输机运走。

带式冷却机除了设备可靠外,还具有如下特点:

(1) 烧结矿边冷却边运输,适于多台布置,有利于老厂改建,增添冷却设备。

(2) 冷却效果较好,热矿由700~800℃冷却到100℃,冷却时间一般为20~25 min。

(3) 布料均匀。由于带式冷却机台车是矩形的,并且沿直线运行,因而烧结矿能够均匀地布在台车上,不易产生布料偏析和短路漏风现象。

(4) 带式冷却机可安装成一定的倾角,兼作运输设备,把冷却的烧结矿运至缓冲矿槽。

(5) 带式冷却机设备制造比环式冷却机简单,且在运转过程中不易出现跑偏、变形等问题,因而设备的密封性能好。

(6) 由于带式冷却机卸矿时翻转180°,细粒烧结矿一般能掉下来,所以箅条不易堵塞,冷却效果好。

(7) 带式冷却机的回车道是空载的,因而设备质量较相同处理能力的环式冷却机要大约1/4。同时,带式冷却机的轴流风机安装在带式冷却机上方的高架式机架上,对安装检修不便。

3. 烧结机上冷却系统

机上冷却不需单独配置冷却机,只是把烧结机延长,前段台车用做烧结,后段台车用做冷却,分别称为烧结段和冷却段。两段各有独立的抽风系统,中间用隔板分开,防止互相窜风。强制送入的冷风穿过料层,进行热交换。冷却后的烧结矿从机尾卸下,热废气经除尘后从烟道排出。

机上冷却方式于20世纪60年代末获得成功并开始应用,70年代以来发展很快。机上冷却与机外冷却各有长短。

机上冷却的优点是:工艺流程简单,布置紧凑。因冷却过程中烧结矿自行破碎,可以取消热矿破碎机、热矿振动筛(热振筛为普通振动筛取代)和单独的冷却机等几项重要的设备,减少了环节,减少了事故,降低了维修费用,提高了作业率。同时,减少了产生灰尘污染环境的来源地,冷却系统的环境得到改善;烧结矿自行破碎后,透气性好,冷却速度快;另外,机上冷却产品中残碳量较低,成品率较高,返矿量减少,固体燃料消耗降低,冷却过程中氧化条件充分,烧结矿中的FeO含量降低,还原性得到改善。

机上冷却存在的主要问题是:台车受高温作用时间长,容易断裂损坏,使用寿命降低或者需要增加费用;同一烧结机上,烧结和冷却相互制约,尤其在原燃料条件和操作条件波动较大时,为了保证冷却效果,只得减慢机速,因而烧结机利用系数比机外冷却的要低;烧结矿细粒粉末影响冷却料层的透气性,致使冷却风压比机外冷却高得多,电耗也增加且无热返矿,需另外考虑预热措施,如加生石灰或蒸汽等。

(三) 烧结矿的整粒流程

1. 烧结矿整粒的意义

从改善烧结矿还原性和高炉料柱透气性出发,必须将烧结矿粒度控制在一个适当的水平,通常是5~50 mm。通过整粒后,烧结矿粒度的分布中,中级粒度(10~40 mm或10~50 mm)占了很大一部分(55%~70%),其中经整理后的粉末含量(0~5 mm)不超过5%,这就使烧结矿粒度趋于均匀。另外,从改善铺底料质量、完善铺底料工艺出发,应在整粒过程中分出适宜粒度的一部分成品烧结矿作为铺底料,其粒度范围在10~20 mm。虽然表面看来减少了入炉成品矿量,但由于铺底料在烧结过程中发挥的良好作用,反而促进了烧结矿产量和质量的提高,最终为高炉提供了更好的条件。

总之,烧结矿整粒具有以下意义:

(1) 使供给高炉的成品烧结矿粉末含量降到最低限度;

(2) 消除大块烧结矿,烧结矿各级含量趋于合理;

(3) 可得到满意的铺底料;

(4) 使烧结矿强度提高;

(5) 高炉获得利益。

2. 整粒流程

烧结矿整粒一般采用一段破碎、四段四次筛分流程,图6-3所示为某厂烧结矿整粒流程,为保证整粒系统的作业率,采用了双系列的布置方式,每个系统的生产能力为烧结机生产能力的50%。

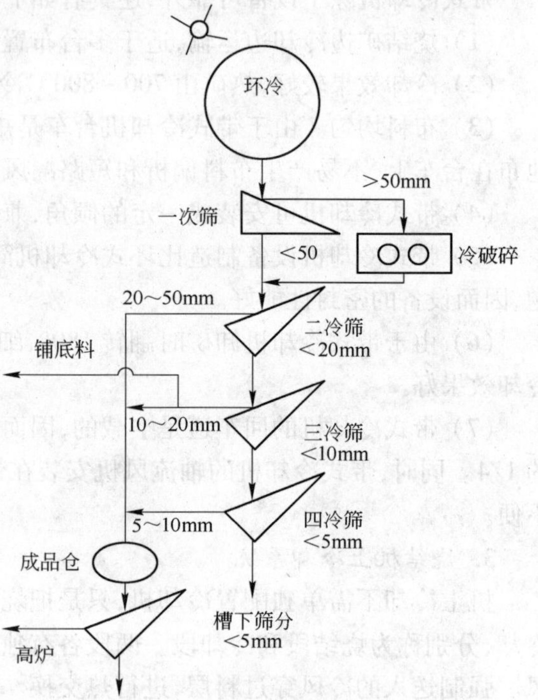

图6-3　烧结矿整粒流程

从冷却机卸出的烧结矿由均匀分配机分配至两个系列，分别进入成品第一次筛分。一次筛分采用固定筛，筛孔为 50 mm。大于 50 mm 的筛上产品进入双齿辊破碎机破碎至 50 mm 以下，与筛下产品一起进入第二次筛分。二次筛分采用自定中心振动筛，筛孔为 20 mm。20 ~ 50 mm 的筛上产品进入成品系统，小于 20 mm 的筛下产品进入第三次筛分。三次筛分采用低头式（直线式）振动筛，筛孔为 10 mm，筛上 10 ~ 20 mm 的产品通过溢流槽分出一部分作铺底料，其余进入成品系统，筛下小于 10 mm 的产品进入第四次筛分。四次筛分采用低头式振动筛，筛孔为 5 mm。筛上 5 ~ 10 mm 的产品进入成品系统，筛下 0 ~ 5 mm 的产品为冷返矿。

为保证整粒系统有较高的作业率，除采用双系列布置外，还在双齿辊破碎机前设置了备用旁通漏斗，当破碎机检修时用它代替固定筛，使烧结矿绕过破碎机直接进入二次筛分。另外，在二、三、四次筛分机旁还设置了备用筛，以便检修时能整体更换。

（四）烧结矿整理设备

1. 双齿辊破碎机

冷烧结矿破碎一般采用双齿辊破碎机，它有如下优点：破碎过程的粉化程度小，成品率高；构造简单，故障少，使用维修方便；破碎能量消耗少。

双齿辊破碎机由传动装置、齿辊和齿辊间隙调整装置等组成。

（1）传动装置。双齿辊破碎机有两个齿辊，即主动齿辊和从动齿辊。主动齿辊是固定齿辊，通过安全联轴节与交流电动机相连。从动齿辊是可动齿辊，可做水平移动。从动齿辊与主动齿辊保持一定的间隙，并通过一组小齿轮传动装置，使固定齿辊和可动齿辊相对运转，如图 6-4 所示。

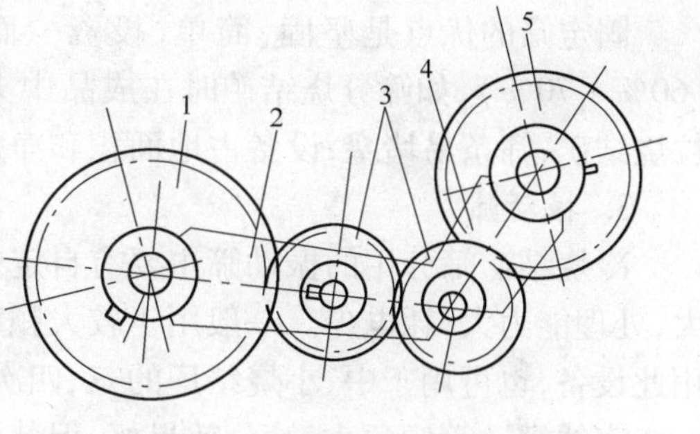

图 6-4　小齿轮传动装置的结构
1,5—大齿轮；2,4—连杆；3—小齿轮

（2）齿辊。它由辊体和齿板组成，辊体外形为正多边形，用高强度螺栓把齿板连接在辊体上，如图 6-5 所示。

（3）齿辊间隙调整装置。齿辊间隙的调整是靠移动可动齿辊来实现的，中型双齿辊破碎机一般采用螺旋弹簧调整装置；大型双齿辊破碎机一般采用液压调整装置。

双齿辊破碎机属于强制排料的破碎机，是破碎 50 ~ 100 mm 物料的良好设备，被破碎的物料给入固定齿辊和可动齿辊之间的破碎腔内，经过破碎后的产品由辊子之间的安装间隙强制排出。齿辊的安装位置如图 6-6 所示。在正常生产情况下，主动齿辊和可动齿辊保持一段间距，即破碎机的安装间隙，但是，一般将主动齿辊固定，从动齿辊能够移动。固定齿辊的传动是由交流电动机通过安全联轴节和齿轮减速机装置带动的。在固定齿辊和可动齿辊之间，通过一种特制的传动器，使固定齿辊和可动齿辊保持相对运转。两辊的平行度（间隙一致）是借助平行联动机构的同步调整运动来完成的。

2. 固定筛

固定筛由筛框和一组平行排列的钢制筛板构成。位置固定不动，一般筛子与水平成 35° ~ 40°倾角，倾角可调，筛条间隙为 50 mm、40 mm 或 35 mm 等。

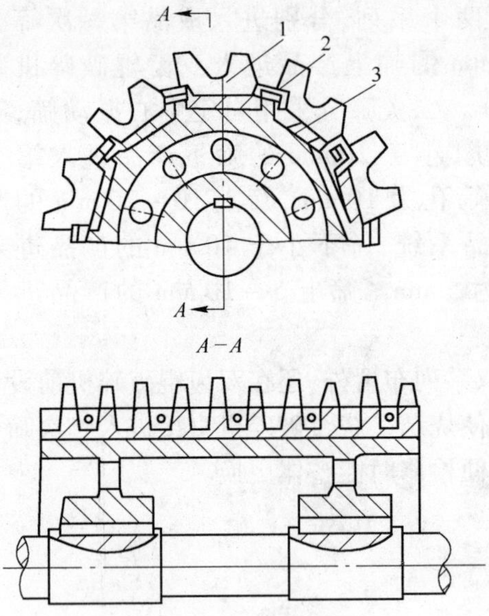

图6-5　齿辊

1—齿板;2—螺栓;3—辊体

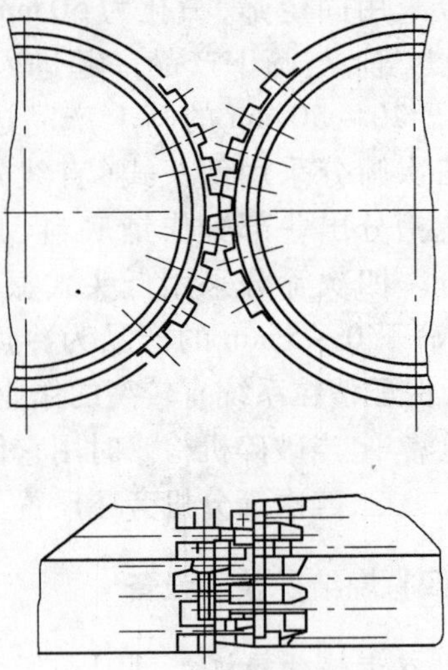

图6-6　齿辊安装位置

固定筛的优点是坚固、简单、投资少而且不用传动设备和动力。缺点是筛分效率低(60%～70%),如筛分烧结矿时在成品中夹杂有大量粉末,筛下返矿中含有一定数量大颗粒烧结矿,筛条易堵塞,设备占地面积和净空高度都大。

3. 振动筛

冷烧结矿筛分用的振动筛主要有自定中心振动筛和直线振动筛。自定中心振动筛倾角大,处理能力大,耗电少。一般用于较大颗粒的筛分。大型烧结厂整粒流程中二次筛分可选用此设备,也可用于中、小烧结厂的三、四次筛分。

直线振动筛倾角小,筛分效果好,但装机容量大。一般用于整粒系统的三、四次筛分。

巩固训练

一、选择题

1. 烧结机尾部的散料及大烟道的散状物料的运输,一般采用(　　)。

   A. 水封拉链机　　B. 斗式提升机　　C. 皮带运输机

2. 烧结矿破碎筛分目的是(　　)。

   A. 便于冷却,提高烧结料料温和透气性

   B. 便于冷却,提高烧结料料温和透气性,强化高炉作业

   C. 便于运输

   D. 得到返矿,铺底料

3. 烧结矿的成品是指(　　)部分的烧结矿。

   A. 小于5 mm　　B. 大于10 mm　　C. 大于5 mm

4. 冷却机的有效冷却面积与烧结机的有效面积之比,称为(　　)。

A. 料比　B. 冷烧比　C. 冷热比　D. 比热

5. 高炉冶炼要求烧结矿的合理粒度为(　　)。

A. 5 ~ 50 mm　B. 5 ~ 10 mm　C. 10 ~ 60 mm

6. 烧结矿的成品率为(　　)。

A. 成品烧结矿量占烧结饼量的百分含量

B. 烧结饼量占烧结料量的百分含量

C. 烧结矿合格品量占烧结矿量的百分含量

7. 以下三种烧结矿的冷却方式中被广泛采用的是(　　)。

A. 抽风冷却　B. 鼓风冷却　C. 自然冷却

8. 烧结矿出矿率是(　　)的比率。

A. 成品矿与配料量　B. 含粉量与总产量　C. 烧成量与配料量

9. 环冷机的传动方式是(　　)。

A. 齿轮传动　B. 摩擦传动　C. 链轮传动

10. 成品烧结矿经鼓风冷却，要求排放温度低于(　　)。

A. 200℃　B. 150℃　C. 100℃

二、问答题

1. 简述剪切式单辊破碎机的工作原理、常见事故与排除方法。
2. 烧结矿冷却有哪些方法，各有何特点？
3. 简述环冷机和带冷机的构造、常见事故及其处理措施。
4. 烧结矿的整粒度流程有哪几种，常见的整理设备有哪些？

任务七 返矿及混合料仓料位的平衡与控制

教学目标

(1) 根据返矿和混合料仓料位变化情况及生产要求,进行计算调整。

(2) 根据生产过程中的某些现象,结合所学知识分析引起返矿和混合料仓料位变化的原因。

(3) 明确搞好返矿和混合料仓料位平衡的工艺技术操作要点。

一、任务分析

(一) 任务的提出

烧结生产无论从物化反应还是从物流方向分析均是一个动态平衡过程,只有全面控制好各环节的平衡性才能达到质量和效益双赢,搞好返矿料与混合料仓料位的平衡,即烧结工艺生产中物料的总平衡,对保证烧结生产的稳定是至关重要的。

1. 返矿平衡

铁矿石烧结后因强度较差和未完全烧结的烧结矿经破碎筛分处理而返回烧结工序的筛下物称为返矿。返矿量与烧结混合料总量之比为返矿率。所谓返矿平衡就是烧结矿筛分所得的返矿(RA)与加入到烧结混合料中的返矿(RE)保持平衡。研究和生产证明,在烧结矿机械强度一定,燃料用量不变时,中等返矿量可达到最高烧结生产率的目的。正常生产状况下自循环返料配量应是相对的稳定值。自循环返料配量变化,则说明烧结生产过程的不稳定。因此,自循环返料仓位的控制管理是烧结生产组织管理的一个重要环节。

目前,烧结工作者对返矿平衡十分重视,若科研中不考虑返矿平衡,则研究结果将失去实际意义;生产中不考虑返矿平衡,则很难实现高产、优质、低耗,同时使料层透气性、烧结矿中 FeO 含量及成品烧结矿小于 5 mm 数量急剧变化,使烧结过程难以控制。因此,必须稳定返矿量。

2. 混合料仓料位平衡

所谓混合料仓料位的平衡就是烧结机正常生产时需要烧结料的量与进入混合料仓中混合料的量保持平衡。这种平衡是烧结生产得以正常进行的必要条件。烧结投产后,需经过一段时间,才能达到平衡。在确保烧结趋势正常的情况下,如果混合料仓料位增加,则应减少混合料上料料批数,使其达到平衡;若混合料仓料位减少,则应增加混合料上料料批数,使其达到平衡。

生产实践证明,在烧结生产中不考虑混合料平衡,则很难实现高产、优质、低耗,同时使烧结机机速调整频繁、上料系统开停频繁、配料下料量波动大,进而对高压用电设备(如混合机、制粒机等)不利,对烧结矿的成分稳定造成影响,使烧结过程难以控制。因此,必须平衡混合料仓料位。

（二）工作任务描述

该工作任务需要配料、混料、看火、中控、成品处理等岗位以及作业长协作完成。通过对整个烧结过程进行监控，到生产现场进行表象分析、排查分析，对设备运行状态进行检查，及时做好信息传递，保证返矿及混合料仓料位平衡，从而保证整个烧结过程的稳定。

二、任务实施

（一）自循环返矿平衡

1. 平衡返矿料位的措施

平衡返矿料位的措施有：

（1）加强对自动称量设备传感器或红外仪的日常维护和校对，确保数据显示准确；

（2）积极开展岗位练兵，统一测量标准和测量工具的校对；

（3）及时校对自循环返矿下料量，发现波动及时调整；

（4）利用检修或停机时间检查 5 mm 筛板磨损情况，并及时清理筛孔堵塞；

（5）定期清理自循环返矿料仓黏料，保证料仓的正常容积；

（6）稳定整个工艺的生产过程，及时分析断面，稳定烧结矿实物质量；

（7）严格执行机头、机尾电场放灰制度和水封拉链操作制度。

2. 检修开停机时返矿的控制

检修时，要根据返矿量情况，提前将自循环返矿料仓留出足够的容量，因此检修停机前必须增加返矿使用量。首先必须掌握料仓的实际容量及自循环返矿的循环周期（返矿下料点到返矿入仓的运行时间）和生产正常时自循环返矿产生量。计算公式如下：

$$T = 60gh$$

式中　T——停机前必须保证的容量，t；

g——生产正常时自循环返矿量，kg/s；

h——自循环返矿的循环周期，min。

如德龙钢厂 156 m^2 烧结机，自循环返矿的循环周期为 120 min，生产正常时自循环返矿量为 10 kg/s，因此检修停机前必须保证的容量为：$60 \times 10 \times 120 = 72000$ kg = 72 t，转换为容积为 72/2.0 = 36 m^3（其中 2.0 t/m^3 为返矿的堆积密度）。

3. 返矿排放与控制的原则

返矿排放与控制的原则有：

（1）配控要保证一定的仓存，配比按技术科规定的配比进行配加，调整是要听从主控的指令，每次变动后要做详细记录。

（2）配料时要经常检查差值称的运转情况，如有问题及时汇报反应。

（3）返矿排放配加要稳定，每班变动次数不得超过 4 次，变动幅度不能太大，单机不大于 ±5%，双机不大于 10%。

（4）每月测定 1 ~ 3 次返矿粒度，抽查样大于 5 mm 的不得超过 15%。

4. 配加返矿的规定

烧结返矿的配加要按工段规定的正常圆盘转速范围操作，若返矿发生异常情况需增减返矿时，操作工要及时通知中控，中控工要了解返矿的配加情况并记录好圆盘转速，同时通知烧结工调整煤粉配比，通知一次混合调整水分。

（二）混合料仓料位平衡

生产中稳定混合料仓料位的技术措施如下：

（1）检修时及时清理仓内黏料，确保有效的容量。

（2）加强实践生产经验的积累，对烧结过程有预见性，做到提前判断提前调整。

（3）减少和杜绝频繁开停机。

（4）稳定下料量，稳定水碳，稳定布料工作，稳定烧结机机速，减少生产波动。

（5）应用混合料仓料位自动控制系统，先计算入料量与排出量之间质量收支的偏差值，当计算偏差超过一定范围时，原料仪表调节器输出信号，改变各配料仓的排料量，使其料位处于动态平衡。

（6）应用铺底料仓料位自动控制系统，使铺底料料仓的进料量与排料量平衡。根据烧结机的速度变化来改变铺底料带式输送机的速度作为前馈控制，由铺底料仓设定的料位与料位传感器实测料位值的偏差经调节器的 PID 运算进行反馈控制。

三、相关知识

（一）返矿的分类及其对烧结的影响

1. 返矿的分类

烧结矿返矿分为热返矿、冷返矿和高炉料槽下返矿 3 种。

（1）热返矿。烧结台车运行到烧结机尾时，烧结机两侧和表层的未烧好的烧结矿及黏结成块的热烧结饼经机尾单辊破碎机剪切和热振动筛筛分后的筛下物。

（2）冷返矿。热烧结矿经冷却和整粒后的筛下物。

（3）高炉料槽下返矿。高炉料槽中的烧结矿在入炉前进行筛分时的筛下物。

返矿粒度一般都在 5 mm 以下。热返矿送到烧结混合料皮带上返回烧结；冷返矿和高炉料槽下返矿则返回烧结配料室。

2. 返矿率与返矿质量

烧结返矿率取决于原料的性质、原料的准备技术和设备状况以及烧结的操作技术。赤铁矿、褐铁矿和含结晶水脉石高的矿粉，以及不易脱水的高湿度的细精矿等返矿率一般较高，可达 40% ~50%。混合料的混合和制粒不好、烧结机的布料不均、烧结点火热量不足、烧结终点控制不好或未能烧透以及烧结矿卸出后的多次破碎及筛分等都会增加返矿率。此外，当烧结制度（如料层高度、点火温度、燃料用量、抽风负压等）与原料性质不相适应，或烧结作业失常未能及时调整时，返矿率也会升高。返矿中如含有大量未经烧结的烧结混合料，则返矿细粉多、含碳高、质量差，对烧结过程有不利的影响。质量良好的返矿多数是已烧结成矿但机械强度较差的粒状物料，其粒度一般应在 5 mm 以下。

3. 返矿对烧结过程的影响

质量良好的返矿可改善混合料的粒度组成，提高料层的透气性，特别是在细精矿烧结时，返矿有利于细精矿制粒，从而提高细精矿的烧结生产率。质量好的返矿在烧结过程中易形成液相，可增加烧结过程的液相量，从而提高了烧结矿的机械强度。对于脉石难熔的难烧矿粉，返矿的作用更加显著。德国的卡佩尔（F. Cappel）的研究表明：在燃料配比（占矿石量）一定、烧结矿的机械处理流程一定，且保持返矿平衡的条件下，提高返矿率（占混合料量），则烧结生产率上升；但当返矿率达到一定值时，继续增加返矿率，则烧结生产率下降，如图7-1所示。所以对烧结矿生产来说，有一个最佳返矿率，它可以使生产率达到最高点。他的研究还表明：当料层高度 H 一定时，烧结矿的机械强度随着燃料比（占矿石量的比例）及返矿率的增加而增加；但当返矿平衡时，返矿率增加，配入混合料的矿石及燃料量必然减少，因而烧结矿的机械强度也随之下降，如图7-2所示。导致烧结生产过程不稳定的另一原因是进入烧结混合料中的热返矿量的波动引起烧结混合料中水、碳的波动，因而导致烧结矿的产量及质量的波动。采用热冲击秤或将热返矿经冷却后送入配料室参加配料，可以解决此问题。

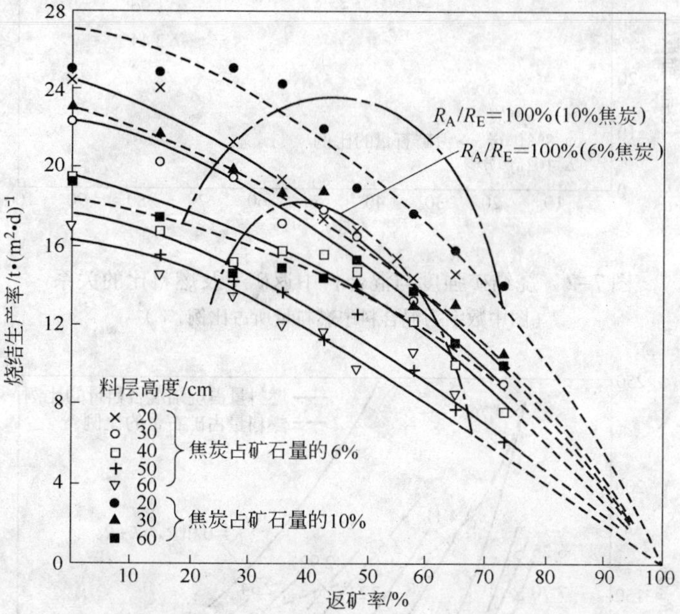

图7-1　烧结生产率与返矿率及燃料比的关系（鲕褐铁矿）

R_A—烧结产出的返矿量；R_E—烧结混合料中配入的返矿量

4. 返矿平衡

返矿平衡是烧结生产过程得以进行的必要条件。烧结机投产后，需要经过较长时间才能达到返矿平衡（$B=1$）。如果返矿槽的料位增加，即 $B>1$ 时，则可增加混合料中的燃料量以获得强度较大的烧结矿，促进平衡；如果返矿槽料位下降，使槽内存料有被用尽的危险时，要降低配加的燃料量，使返矿量增加。如果较长时间内未能达到返矿平衡，表明烧结过程的目标参数与操作参数之间的关系不相适应，则应调整操作参数。同理，在烧结杯试验（实验室小规模烧结模拟实验）中也必须遵循这个原则。如果没有返矿平衡，很容易导致错误的结论。图7-3和图7-4示出返矿与返矿率的关系。从图中可知：(1)其他条件不变，随着返矿率的增加，返矿平衡值不断下降，因为混合料中的燃料量未变；(2)随着燃料量的增加或料层高度提高，这些曲线移向较小的平衡值；(3)若燃料量按占矿石总量的百分数计算，则当返矿率增大到一定值后，随着返矿率继续增加，返矿平衡移向较大的平衡值，这是因为烧结混合料中的燃料量减少的缘故。

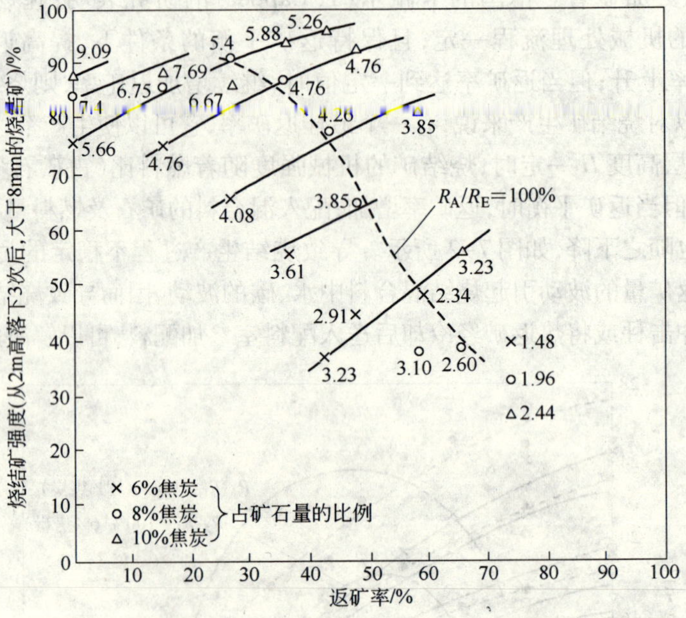

图 7-2　烧结矿强度与混合料中返矿率及燃料比的关系

（图中数字为混合料中燃料量所占比例，%）

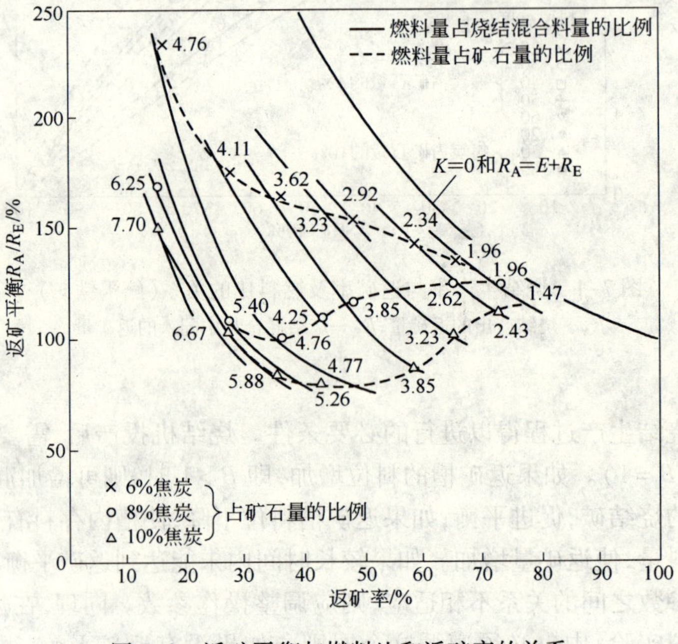

图 7-3　返矿平衡与燃料比和返矿率的关系

（H=20 cm；图内数字为混合料中燃料量所占比例，%）

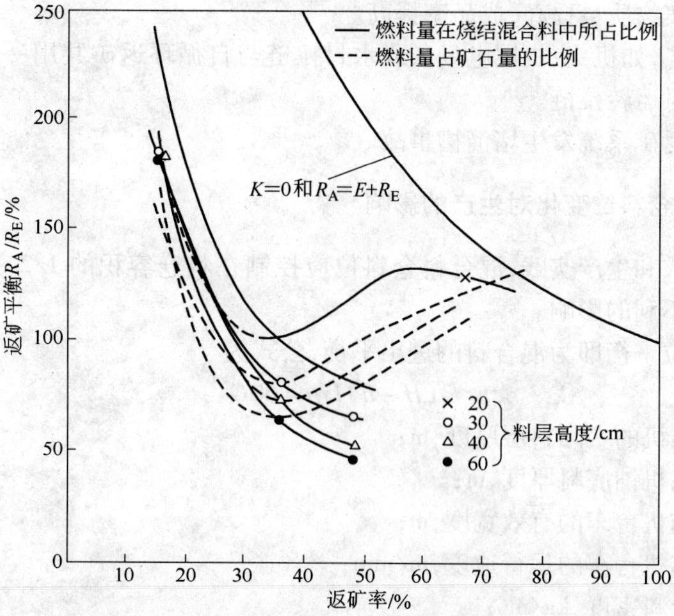

图 7-4　返矿平衡与返矿率及料层度的关系

（焦炭占总混合料的4.76%；虚线适用于焦炭占矿石量的8%，相当于返矿率为35.7%时，在总混合料中占4.76%焦炭）

（二）返矿料位变化的原因

对于机外冷却工艺，自循环返矿量一般占总上料量（不含自循环返矿）的20%～30%；对于机上冷却工艺，自循环返矿量一般占总上料量（不含自循环返矿）的10%～20%。

1. 返矿料位升高的原因分析

返矿料位升高的原因主要有：

（1）自动称量设备失准，传感器触电或红外仪探头有异物覆盖或遮挡，数据显示不准确。

（2）岗位工经验不足、测量工具不达标，造成目测料位误差大。

（3）自循环返矿下料量降低未及时发现。

（4）振筛5 mm 筛板磨损严重，筛孔变大使返矿粒度加大，或振筛漏大块。

（5）自循环返矿料仓黏料严重，容积减少，料位自然上升。

（6）烧结矿实物质量下降，碎料增加，成品率降低。

（7）部分工艺，如机头、机尾电场灰或水封拉链与自循环返矿共用一个仓，可能存在集中放灰或拉链集中运行。

2. 返矿料位降低的原因分析

返矿料位降低的原因主要有：

（1）自动称量设备失准，传感器触电或红外仪探头有异物覆盖或遮挡，数据显示不准确。

（2）岗位工经验不足、测量工具不达标，造成目测料位误差大。

（3）自循环返矿下料量增加但未及时发现。

（4）由于烧结矿打水或烧结过程没有完全结束，造成烧结矿含水，5 mm 筛板筛孔堵塞。

(5) 烧结矿实物质量提高,成品率提高。

(6) 部分工艺,如机头、机尾电场灰或水封拉链与自循环返矿共用一个仓,可能出现没有按时放灰或按时运转拉链。

(7) 自循环返矿系统发生堵溜槽事故。

(三) 混合料仓料位变化对生产的影响

根据工艺要求和生产实践,混合料仓料位应控制在料仓容积的1/2 ~ 2/3,过高或过低都会对生产造成不利的影响。

混合料仓料位平衡即为混合料的进出平衡,公式为

$$(H-h)Lv\rho = 60G$$

式中 H——烧结机的实际料层厚度,m;

h——烧结机铺底料厚度,m;

L——烧结机台车的有效宽度,m;

v——烧结机台车的运行速度,m/min;

ρ——混合料密度,kg/m^3;

G——料批,kg/s。

1. 混合料仓料位过高对生产的影响

混合料仓料位过高对生产的影响主要有:

(1) 料位高,仓内混合料承受的压力加大,会破坏小球,造成烧结料粒度组成变坏,恶化烧结透气性,影响产量和质量。

(2) 会造成混配料系统被迫停机,特别是高压用电设备的频繁启停,容易发生设备和安全事故。

(3) 料位过高会阻碍梭式小车的正常运行,甚至造成梭式小车掉道的设备事故,同时失去梭式布料的作用。

(4) 料仓内易黏料,影响自动称量的准确度或岗位工的测量,不仅失去了料仓对生产过程的缓冲作用,更不利于安全生产。

(5) 易造成悬料事故,影响布料和生产的顺利进行。

2. 混合料仓料位过低对生产的影响

混合料仓料位过低对生产的影响主要有:

(1) 料位过低,圆辊处易流料,影响布料效果。

(2) 仓内有蒸汽预热的,料位过低会使蒸汽喷头露出料面,失去蒸汽预热的作用,料温降低,影响烧结过程。

巩固训练

一、填空题

1. 烧结返矿平衡除了数量要求外,还要求________。

2. 返矿中含有已烧结的________物质有助于烧结过程中________生成。
3. 表层烧结矿强度很差，基本上作为________返回。
4. 返矿的加入对烧结生产的影响，还与返矿本身的________组成有关。
5. 返矿的主要组成为________。

二、问答题

1. 简述返矿平衡的含义及其重要意义。
2. 返矿的质量和数量对烧结过程有什么影响？
3. 总结引起返矿料位变化的原因有哪些？
4. 实际生产中，如何平衡返矿料位？
5. 实际生产中，稳定混合料仓位需要做好哪些工作？

任务八 烧结矿生产成本和产量的控制

教学目标

(1) 叙述烧结生产所采用的新技术和新工艺。
(2) 计算烧结工序能耗和吨矿生产成本。
(3) 采取适当措施,降低固体燃料消耗和点火气体燃料消耗。
(4) 根据低温烧结理论,明确实现低温烧结的工艺措施。
(5) 叙述厚料层烧结的好处,明确实现厚料层烧结的工艺措施。
(6) 明确烧结预热利用的方法。
(7) 计算烧结机利用系数和烧结机作业率。
(8) 明确提高烧结矿产量所采取的技术措施有哪些。
(9) 明确降低烧结矿生产成本所采取的措施有哪些。

一、任务分析

(一) 任务的提出

以最低的成本生产出优质、高产的成品烧结矿一直是企业追求的目标。生产成本是指生产1t烧结矿所需的费用,由原料费及加工费两部分组成。加工费是指生产1t烧结矿所需的加工费用(不包括原料费),包括辅助材料费(如燃料、润滑油、胶带、炉箅条、动力费等)、工人工资和车间经费(包括设备折旧费、维修费等)。目前我国烧结矿产量巨大,能源消耗也很大,烧结工序能耗约占钢铁生产总能耗的8.3%,仅次于炼铁,是钢铁生产的第二大耗能大户。若全国的烧结生产能耗指标下降1% ~2%,其总量相当于一个大中型煤矿一年的产煤量。因此,实现烧结节能降耗,对降低钢铁生产的吨钢能耗、节约生产成本、提高企业经济效益具有重大意义。

(二) 工作任务描述

该工作任务的对象是成本、产量指标的完成。工作方法为通过分析查找影响车间生产成本和产量的因素,制定针对性措施进行整改,并把这些措施细化到日常生产组织之中,通过日常管理来保证降低成本指标、提高产量指标的完成。

该工作任务要求:

(1) 各岗位人员共同协作完成,即工序内各岗位成员之间、各工段各岗位之间、职工与完成任务涉及的其他部门(炼铁、动力等)相关人员之间进行熟练的专业沟通。

(2) 满足高炉对烧结矿产量及其使用经济性的要求。

(3) 具有成本意识的计划、判断、调整与控制。

二、任务实施

(一) 提高烧结矿产量的技术措施

1. 加强烧结原料准备,改善料层透气性

通过改善烧结料层透气性,可以在不增大抽风机能力和电耗的条件下,增加烧结风量,提高垂直烧结速度,改善料层烧结的均匀性,从而提高烧结生产率。

烧结料层的透气性取决于烧结料的原始透气性和烧结过程中的料层透气性。两者均受料层孔隙度的影响,也与气流性质有关。因此,改善料层透气性主要是从加强烧结混合料准备入手,并搞好烧结操作。具体措施如下:

(1) 适当配加富矿粉、返矿。在实际生产中,常往精矿中配加部分富矿粉和适当增多返矿加入量,以改善料层透气性。

返矿是筛分烧结矿的筛下物,它由小颗粒的烧结矿和少部分未烧透的夹生料所组成。由于返矿粒度粗,具有疏松多孔的结构,其颗粒是湿混合料造粒时的核心。此外,返矿中已含有烧结时生成的低熔点物,增多可烧结液相,所以添加返矿可提高烧结矿的产量和品质。

实验研究表明,随着返矿添加量的增加,烧结矿的强度和产量都得到提高。当返矿添加量超过一定限度时,大量的返矿会使混合料的均匀和制粒效果变差、水和碳波动大,透气性过好,又会反过来影响燃烧层温度达不到烧结时的必需温度,其结果使烧结矿强度变坏、生产率降低。同时,还必须看到,返矿是烧结生产的循环物,它的增加就意味着烧结生产率的降低。换句话说,烧结料中添加的返矿超过一定数量后,透气性及垂直烧结速度的任何增加都不能补偿烧结矿成品率的减少。

合适的返矿添加量,由于原料的性质不同而有差别。一般来说,烧结以细磨精矿为主要的原料时,返矿量可多加一些,可达 30% ~40%;烧结以粗粒富矿粉为主要的原料时,返矿量可少些,一般返矿加入量小于 30%。

返矿的加入对烧结生产的影响还与返矿本身的粒度组成有关。一般来说,返矿中 0 ~ 1 mm 的粒级应小于 20%,返矿的粒度上限不应超过烧结料中矿粉的最大粒度(10 mm)。某厂实践证明,将返矿粒度由 0 ~20 mm 降至 0 ~10 mm 时,烧结矿产量增加 21%。

对于燃料和熔剂的粒度,一般控制在 0 ~3 mm 为宜,不能片面提高。因为对烧结过程而言,添加剂的目的主要是为了在燃料消耗较低的情况下,使烧结料能生成足够多的低熔点的液相;而粗粒度的熔剂由于反应不完全,游离的 CaO 存在于烧结矿中,会使烧结矿在储存或遇水时自行粉碎。燃料粒度同样不能过粗,这主要是为了避免烧结料层中局部出现过还原气氛,燃烧速度低,燃烧带过宽和燃烧带温度分布不均匀等缺陷。

(2) 强化混料作业,提高制粒效果。较好的粒度组成,应尽量减少 0 ~3 mm 粒级及大于 10 mm 粒级的颗粒,增加 3 ~10 mm 粒级的含量。大量研究表明,粒度越均匀,料粒间的孔隙率越接近于理论上的最大值,透气性越好,通过烧结料层的风量增加,垂直烧结速度加快。反之,混合料粒度组成越不均匀,孔隙度就越小,透气性越差。

(3) 加松料器。松料方法比较普遍的是在反射板下边,在料中部的位置沿水平方向安装一排或多排直径 30 ~40 mm 的钢管,称之为“透气棒”,相邻钢管间距 150 ~200 mm。布料时,混合料将钢管埋上,当台车离开布料器时,钢管渐渐退出,原来所占的空间被腾空,料层形成一排排透气孔带,料层透气性改善。

(4) 提高烧结料的料温。提高混合料温度,使之达到或接近露点温度,可以消除或减轻过湿层的不利影响,改善料层透气性,增加产量,具体采取的措施有蒸汽预热混合料、配入热返矿、加入生石灰等。

(5) 适宜的混合料水分。适宜的混合料水分可以改善烧结料的成球性能,提高料层的透气性。亲水性强的物料容易被水润湿,水分在散料中的迁移速度大,易于成球。铁矿石的亲水性依下列顺序依次增强:磁铁矿→赤铁矿→菱铁矿→褐铁矿。

经过加水润湿的混合料,由于颗粒表面为一层水分子所覆盖,此时水起到了一种类似润湿作用,气流通过颗粒孔隙时,所需克服的阻力减小,从而改善了烧结料层的透气性。此外,烧结料中水分的存在,可以限制燃烧带在比较狭窄的区间内,这既改善了烧结过程的透气性,又对保证燃烧达到必要的高温有一定的促进作用。

水对物料的润湿,与水的性质有关。实验表明,加入预先磁化处理的水造球,可以改变水的表面张力及黏度,有利于混合料造球。

(6) 控制燃烧带宽度。配碳量要合适,燃料粒度要合适,提高燃料的燃烧性。

(7) 新的布料装置。进一步改进布料技术,使其满足布料的填充密度及料层结构的合理性、稳定性和化学成分的均匀性。

2. 采用大风量、高负压烧结,并减少漏风损失,增大有效风量

在生产中,通常所说的烧结风量是指抽风机进口工作状态的风量。在正常操作条件下,抽风机的实际抽风量都接近其额定风量。因此,在工程上烧结风量用抽风机额定风量与有效抽风面积的比值表示,单位是 $m^3/(m^2 \cdot min)$。

根据理论分析,在其他烧结条件一定时,烧结机产量与垂直烧结速度成正比,而通过料层的风量越大,烧结速度越快。所以,增大烧结风量是提高其产量的基本途径。垂直烧结速度和产量与通过料层的风量近乎成正比关系,只是产量增长率比风量增长率要小些。这是由于相同质量的空气在不同抽风负压下体积不同,随抽风负压增高,质量风量增长比体积风量增长要小所致。

必须重视抽风负压。为了强化烧结过程,料层厚度不断增加,要克服厚料层的较大阻力,应有较高的抽风负压,否则,风量必然减少。为此,设计烧结机时,要选配风量和负压都较高的抽风机。国内现在大型烧结抽风机负压已达 14 ~ 19 kPa。

必须指出,烧结风量和负压并非越高越好。因为增大负压提高通过料层风量的同时,抽风电耗增加,所以,在一定的原料和操作下,过分增加风量和负压,必然使电耗大幅度增加,这是不经济的,并且,当垂直烧结速度增大到一定程度后再继续增加风量,烧结矿强度有一定程度的下降;此外,在料层透气性一定的情况下,随抽风机负压提高,烧结机漏风损失增大,造成浪费。

因此,在改善料层透气性和增大抽风机能力的同时,应尽力减少烧结机的漏风损失,增加有效风量,是强化烧结过程经济有效的措施。在烧结中只有通过料层的风量才是有效的,凡是未通过料层的风量统称为有害风量,总的有害风量占抽风机吸风量的百分率称为抽风烧结机的漏风率。根据实际测定,目前我国烧结机的漏风率为 40% ~60%。

3. 采用厚料层烧结

厚料层烧结有如下效果:

(1) 节省固体燃耗,降低总热耗(自动蓄热作用所致)。

(2) 改善烧结矿强度,提高成品率:

1) 强度低的表层烧结矿相对减少;

2) 高温保持时间长,矿物结晶充分,结构得以改善。

(3) 降低 FeO 含量,改善烧结矿还原性:

1) 低配碳的结果,使氧化性气氛加强;

2) 低配碳使料层最高温度下降;

3) 低配碳量抑制过烧现象,烧结矿结构改善。

在烧结原料和抽风机等设备条件一定的情况下,提高料层厚度,由于料层阻力增加而会使垂直烧结速度降低,并影响到烧结矿产量降低;但是另一方面,提高料层厚度又能提高烧结矿成品率,这就可以提高烧结矿产量。当烧结速度降低的负面影响小于成品率提高的正面影响时,产量会提高,反之,产量则会降低。所以提高料层厚度的同时,必须改善料层的透气性,提高烧结负压,保证一定的垂直烧结速度。

4. 提高设备作业率

强化设备管理工作,加强设备维护,倡导设备服从生产的服务观念,努力降低故障停机时间,提高设备作业率;提高各岗位操作技能,加强设备点检工作,落实设备巡检制度。同时,提高检修质量,确保工艺设备满足生产过程连续稳定的需要。此外,规范备品备件管理,落实备件进场、安装、使用关,保证运行备件跟得上,用得好。

(二) 计算工序能耗

例 1　某烧结车间日产烧结矿量 200000 t。消耗焦粉 9881 t,电耗量 3782000 kW · h,煤气量 40818GJ,工业水 136667 m^3,求其工序能耗。

解: (1) 分别求出各项单耗:

焦粉单耗 = 9881 × 1000/200000 = 49. 41(kg/t)

煤气单耗 = 40818/200000 = 0. 20409(GJ/t)

电力单耗 = 3782000/200000 = 18. 91(kW · h/t)

工业水单耗 = 136667/200000 = 0. 6833(m^3/t)

(2) 将单耗折算成标准煤:

焦粉单耗标准煤 = 49. 41 × 0. 9714 = 47. 99(kg/t)

煤气单耗标准煤 = 0. 20409 × 34. 2 = 6. 98(kg/t)

电力单耗标准煤 = 18. 91 × 0. 42 = 7. 94(kg/t)

工业水单耗标准煤 = 0. 6833 × 0. 18 = 0. 123(kg/t)

(3) 计算烧结工序能耗(标准煤):

烧结工序能耗 = 47. 99 + 6. 98 + 7. 94 + 0. 123 = 63. 03(kg/t)

(三) 烧结矿生产成本的控制措施

烧结矿的成本,通常指烧结矿的单位成本,即

烧结矿的单位成本 = 烧结矿总费用/烧结矿总产量

= (烧结矿总固定费用 + 烧结矿总变动费用)/烧结矿总产量

= 单位固定费用 + 单位变动费用

式中,固定费用是指该费用的发生与烧结矿的产量不直接相关,而在一段时间内相对稳定的费用。变动费用则是指该费用的发生与烧结矿产量直接相关的、相对变动费用。

烧结厂烧结矿的固定费用主要包括固定资产折旧、职工工资福利费用以及办公、差旅费用。变动费用主要包括原燃料、辅助材料、能源动力消耗、设备维修费用等。在生产中,可以从以下几方面采取措施降低烧结矿的生产成本。

1. 采取有效措施,降低原燃料成本

具体措施有:

(1) 优化原料结构。在确保烧结矿能够达到相应指标的前提下,使用部分价格相对便宜、性能相对较好的原料,并综合利用厂内外工业废弃物,如除尘灰、炼钢红泥、钢渣等,替代部分高价原料,合理搭配各种含铁原料,并且根据原料条件的变化,及时研究最佳操作方法,最终实现降低原料消耗的目的。

(2) 加强原燃料管理,减少原燃料损耗。对原燃料验收工作进行规范化管理。增强验收员成本意识,严把验收关,按原燃料标准进行验收,取样化验,建立入库验收台账,出现质量、吨位不足问题,进行索赔。对原燃料质量不能保证的供方则取消供货资格,督促货方保证数量和质量。

加强翻、卸车管理,对于黏性大的铁精矿翻车两次,对煤、焦等坚持进行车底清扫,以减少原燃料损耗。

2. 降低固体燃料消耗

烧结工序能耗约占钢铁生产总能耗的10%,仅次于炼铁,而烧结生产的总能耗中,固体燃料消耗约占70%~80%;因此降低固体燃料消耗,对烧结生产节能降成本,是至关重要的,具体措施如下:

(1) 加强质量检查,控制入厂燃料质量。燃料的化学成分对燃料的燃烧影响很大,尤其是固定碳和灰分的含量。在生产实践中,当煤粉固定碳 $w(\mathrm{C})_{煤}=78\%$,每100 kg混合料的配煤量 $Q_{煤}=5.6\,\mathrm{kg}$,则折算为每100 kg混合料的煤粉固定碳量 $m(\mathrm{C})_{煤}=4.368\,\mathrm{kg}$,当煤粉中的 $w(\mathrm{C})_{煤}$ 降低2%时,则每100 kg混合料需要增加 $Q_{煤}$ 0.15 kg。另外,当燃料灰分增加后,从燃烧动力学角度看,外围灰层厚度增加,使扩散速度减慢,降低燃烧速度。因此,严格控制入厂燃料固定碳和灰分含量是降低固体燃耗的重要途径。

(2) 加强考核、严格控制燃料粒度及粒度组成。烧结所用固体燃料的粒度与混合料的特性有关,固体燃料的最好粒度范围是0.5~3 mm,大于3 mm和小于0.5 mm粒级的存在都是不希望的,这部分粒级含量的增加均会使固体燃耗增加、烧结矿成品率降低。烧结厂通过强化四辊破的管理,对燃料破碎加大考核力度,严格工艺操作制度。根据燃料粒度情况,定期对四辊破碎机进行车辊,并形成制度,保证了固体燃料粒度中0.5~3 mm粒级在70%~75%之间,将固体燃料消耗控制在了最低范围。

(3) 提高混合料温度。预热混合料可以增加物理显热,从而达到降低固体燃耗、强化烧结生产的目的,这是降低固体燃耗最有效的方法之一。采用在混合机加水池内通入蒸汽、布料混合料矿槽使用蒸锅等措施预热混合料,杜绝了烧结料层中的过湿现象,使烧结料层透气性变好。使通过料层的空气量增加,为料层内的热交换创造了良好的条件,燃烧速度加快,提高台时产量,节约固体燃料。另外,在白灰使用上,也严格控制 CaO 含量,利用生石灰加水消化放热与预热混合料相结合,满足了烧结工艺的要求,也达到了降低固体燃耗的目的。

(4) 厚料层烧结。烧结厂始终坚持厚铺慢转为原则,生产中随着料层厚度的增加,强度差的所占的比重相应降低,成品率相应提高,返矿率下降,从而减少了固体燃料消耗。烧结料层的自动蓄热作用随着料层高度的增加而加强。因此,提高料层厚度,采用厚料层烧结,充分利用烧结过程的自动蓄热,可以降低烧结料中的固体燃料用量,根据实际生产情况,料层每增加10mm,燃料消耗可降低1.5kg/t左右。

(5) 合理控制返矿量。在生产实践中,配加返矿的同时,就必须增加配碳量,因返矿重新熔化需要热量。有关资料表明,返矿用量每增加1t,就多消耗固体燃料20~30kg。根据经验,混合料中燃料的配用量计算公式为:

$$Q_{燃} = [m(C)_{料}(Q_{料} + Q_{返}) - w(C)_{返}Q_{返}]/[w(C)_{燃}(1 - w(H_2O))]$$

式中,$m(C)_{料}=4.5\%$(100kg干混合料的配煤量);$Q_{料}=85\%$(100kg干混合料中实际烧结料的残存);$Q_{返}$为返矿的配加量;$w(C)_{返}=0.09\%$(返矿中的残碳量);$w(C)_{燃}=78\%$(燃料中固定碳含量);$w(H_2O)=0.07\%$(混合料中水的质量分数);则可简化为

$$Q_{燃} = AQ_{返} + B$$

从上式可以看出,$Q_{燃}$为$Q_{返}$的一次函数,$Q_{燃}$随$Q_{返}$的增加而增加。因此,在日常的生产操作中,应尽量地稳定操作,稳定混合料的水、碳,减少一次返矿量,同时要坚持厚料层操作,提高烧结成品率,降低返矿率,另外,需要加强对破碎筛板的检查、维护、更换,以减少返矿中大于5mm部分的比例,从而为降低固体燃料创造条件。

(6) 采取新工艺和新技术。国内外许多烧结厂家的生产实践已表明,采用新技术和新工艺将是降低固体燃料的根本途径。偏析布料可使需要较多热量的大而重的颗粒进入下部料层,同时也使固体燃料在料层高度上产生偏集,弥补自动蓄热带来的不利影响,且使燃料能量得以充分利用,从而降低固体燃耗。为实现偏析布料,可采用以下措施:1)多辊布料器加圆辊的布料方式,大颗粒布到台车底部,细粒度的顺着九辊缝隙流到料层上部;2)在圆辊布料器下增设格筛式或条筛式溜槽;3)电磁给料,以振动给料装置取代传统的圆辊布料;4)磁辊布料,在圆辊布料器上安装磁力系统,利用磁力对重力和离心力的辅助作用,加强偏析;5)气流偏析技术,利用气流逆向吹扫从反射板下来的料流,加强偏析等。

小球烧结与燃料分加可改善燃料的赋存状态,使大量燃料黏附于小球表面,燃料与氧气接触更充分,有利于燃烧反应的充分进行,减少了残碳,并且有利于厚料层烧结。添加催化助燃剂,可提高料层氧位,改善碳的燃烧状态,提高燃料利用。另外,还可以采用双层配碳烧结,将燃料含量不同的混合料分双层布于台车上进行烧结。

3. 减少烧结机漏风率,降低抽风电耗

烧结厂烧结漏风不但增加了烧结工序能耗,而且还严重影响烧结矿的产量及质量。分析认为漏风与烧结机的密封有很大关系。

烧结机漏风主要表现在:

(1) 台车与台车及滑道之间的漏风,占烧结机总漏风机率的90%;

(2) 烧结首、尾部风箱的漏风,达60%~70%;

(3) 烧结机集气管、除尘器及导气管道的漏风;

(4) 炉条、挡板不全,布料不匀,台车边缘布不满料等。

降低的措施应该为:

(1) 改造烧结机密封板结构。改常规的四连杆密封机构为箱体式整体密封结构,这种

结构密封板能随着台车的移动紧密与台车体接触,减少了烧结台车与密封板的漏风问题,而且易于改造。

(2) 治理烧结机的跑偏问题。定期对烧结机头、机尾弯道测量,及时发现跑偏问题,避免漏风。同时对出现裂纹的台车拦板、断裂的游板及时更新,减少漏风发生。

(3) 改进滑道的润滑系统。改常规的干油润滑系统为智能润滑系统,将集中润滑改为机头、机尾两部分润滑,同时去掉原干油分配器,合理化干油油路,通过智能程序定时定量对滑道进行润滑,确保了台车游板与风箱固定滑板的润滑优良,减少了台车阻力及漏风产生。

(4) 定期堵漏风。把风箱伸缩节作为重点部位进行检查。对风箱伸缩节法兰盘间的漏风定期排查,发现漏风及时登记,利用定修更换垫子,而对于风箱磨穿的地方及时焊补。伸缩节备件的质量要严格要求,以降低伸缩节开裂造成漏风现象产生。

(5) 改造双层卸灰阀。可利用检修时对烟道下的双层卸灰阀进行改造,以卸灰阀在卸灰时能顺利卸灰,不放灰时在两卸灰阀间储存部分灰为原则,为解决漏风问题创造条件。

在国内,莱钢烧结厂采取以上系列堵漏风措施后,烧结合格率提高了约3.5%,电耗降低了约2.8kW·h/t,年直接经济效益近千万元,效果明显。

4. 改进点火技术,降低点火燃耗

主要是通过合理调节空气与煤气的比例,控制点火温度和负压,降低煤气消耗;除此之外,采用新型的点火装置,以降低煤气消耗。很多厂采用了新型节能点火保温炉,特点如下:(1)点火段采用直接点火,烧嘴火焰适中,燃烧完全,高效低耗;(2)点火炉高温火焰带宽适中,温度均匀,高温持续时间能与烧结机速匹配,烧结表层点火质量好;(3)耐火材料采用耐高热锚固件结构组成整体的复合耐火内衬,砌体严密,散热少,寿命长;(4)点火炉的烧嘴不易堵塞,作业率高;(5)点火炉的燃烧烟气有比较合适的含氧量,能满足烧结工艺的要求;(6)采用高热值煤气与低热值煤气配合使用时,可分别进入烧嘴混合的两用型烧嘴,煤气压力波动时不影响点火炉自动控制,节约了煤气混合站的投资;(7)施工方便,操作简单安全。

5. 积极推广余热利用技术,回收二次能源

烧结生产过程可被回收利用的热量是烧结烟气显热和冷却机废气显热。烧结烟气平均温度一般不超过150℃,所含显热约占总热量的23%,机尾烟气温度达300~400℃;冷却机废气温度在100~450℃之间变化,其显热约占总热量的28%。

目前,用于烧结废气回收余热的系统主要有以下四种形式:(1)利用余热锅炉产生蒸汽或提供热水,直接利用;(2)用冷却机的排气代替烧结机点火器的助燃空气,或用于预热助燃空气;(3)将余热锅炉产生的蒸汽,通过透平及其他装置转换成电力;(4)将排气直接用于预热烧结混合料。

余热回收的装置大致可分为四大类:(1)冷却机余热回收系统;(2)冷却机+烧结机余热回收系统;(3)冷却机+烧结机气体循环余热回收系统;(4)新型机冷式烧结机余热回收系统。

国内很多烧结厂在烧结冷却废气余热回收方面做了大量工作,取得了很好的效果。

为利用烧结余热,宝钢采用与日本合作设计的形式,设置了冷却机废气及主排气余热回收两套装置来产生蒸汽。为了有效地利用带冷余热,南京化工学院热管技术开发中心与武钢一烧合作,在武钢一烧4号带冷机上设计安装了一套热管蒸汽发生系统,生产低压蒸汽。采用热管技术回收烧结余热产生蒸汽的系统经马钢二烧、梅山钢铁公司烧结厂、武钢一烧、

安阳钢铁公司烧结厂及攀钢烧结厂等厂的投运，均取得了令人满意的效果。

另外是烧结余热回收发电。马钢第一炼铁总厂于2004年9月1日在两台300m^2烧结机上开工建设了国内第一套余热发电系统，并于2005年9月6日并网发电。2006年全年累计发电61.0051×10^6 kW·h，产生经济效益2367万元，可节约标煤3×10^4 t/a，每年减少排放CO_2约8×10^4 t、SO_2约300t，取得了很好的社会效益和环境效益。

热风烧结是另一种余热利用和节能的有效方式。根据工艺需要，许多烧结厂将部分烧结废气供给到烧结点火器和保温炉作为助燃空气，或用于预热混合料。热风烧结工艺的机理在于利用烧结矿冷却废气的物理热代替部分燃料燃烧热，提高烧结料层的氧位和延长高温保持时间，促进铁酸钙的形成。适宜的热风温度为280～350℃。该工艺有效利用了烧结余热，可节省燃料14%左右，有待于进一步组织工业试验。

还有就是利用余热生产热水。早在1984年，水城钢铁厂采取在降尘管内直接安装热交换管的方法来达到余热回收的目的。降尘管此时起到“降尘”和“余热锅炉”的双重作用。该方法的优点是投资省、简单易行、见效快，适用于财力、物力条件较差及厂区位置条件限制的小型烧结厂。

6. 降低设备维修费用

设备维修费用主要包括设备大修费、中小修费和设备备件费等。降低设备维修费用的主要途径有：

(1) 加强设备三级点检与日常维护，搞好设备“三清”，及时处理设备隐患，使设备保持正常的运行状态，延长设备的使用寿命。

(2) 制订科学合理的设备检修周期，既能满足设备高作业率、高效的需求，尽量降低设备故障率，又不至于因检修周期不合理而增加设备检修费用。

(3) 合理安排设备检修计划，尽量减少外委检修维护工程量，降低维护费用。

(4) 合理利用内部检修人员，在没有检修安排的情况下，修复可利用的备件，制作简单的结构件，以减少备件费用。

(5) 采用先进的检修仪表和科学的检测手段，及时监测与诊断设备的运行状态和故障的发生概率与发生时间，及时维修，从而避免事故的发生。

(6) 引进能耗低、效率高、寿命长、维护简单的工艺设备，利用检修或大修期间，淘汰或者改造陈旧落后的工艺设备，以降低设备的维修和维护费用。

7. 其他措施

除以上措施之外，还可以采用新型润滑系统，降低油脂消耗；选用节能型的设备，包括结构新、漏风小的带式烧结机，高效振动筛，高效率的主抽风机及低损耗的变压器等；实现烧结机大型化、自动化，降低人工成本，采用过程自动化检测、控制，力求烧结过程在最佳的工艺状态下进行；加强企业管理，降低制造费用等。由于设备常年运行中腐蚀严重，特别是风、水、汽的各种管道，有的架设在空中，有的深埋于地下，长年累月被空气氧化、水汽腐蚀，出现沙眼、泄漏点的现象时有发生，为此，加强跑冒滴漏的治理，可以在一定程度上降低能源消耗。

此外，凡能增加烧结矿总产量的一切管理手段与技术措施，都是降低烧结矿单位成本的途径。

三、相关知识

(一) 烧结矿生产成本

1. 烧结矿生产成本的构成

烧结矿的生产成本主要包括以下几项:

(1) 原主材料,它是构成产品实体的原材料,如精矿粉、进口粉矿、白云石、石灰石、消石灰等。

(2) 燃料,是为生产产品直接消耗的固体燃料,如无烟煤、焦粉。

(3) 动力,是为生产产品直接消耗的动力,如水、电、空气、蒸汽、煤气。

(4) 辅助材料,是在制成产品的过程中只起辅助作用,而不直接构成产品实体的材料,如皮带、油脂、炉箅子。

(5) 工资,是基本生产车间的工人工资,以及分配计入的辅助生产车间的工资。

(6) 制造费用,是车间、厂部管理人员为组织生产所发生的一切费用及非直接生产而消耗的材料、备品、固定资产折旧、工资、运费等。

2. 成本控制

所谓"成本控制",就是在明确生产成本目标的前提下,为实现这一目标所实施的管理。首先,要确定本单位内部各层次的成本管理体系,为开展成本控制提供组织保证;其次,要明确管理职责和运用各种合理手段,激励、引导各层次人员围绕生产实际而积极开展成本控制工作的积极性,为成本受控提供制度保证;再次,按照分级管理的原则,逐级对成本指标进行分解和制订保证措施。在此基础上全员落实成本管理的各项控制措施,并做到及时发现问题,及时整改问题,避免造成控制失效。

3. 影响烧结成本的主要因素

影响烧结成本的因素较多,如原料、能源、辅助材料和备品备件价格,原材料品种和配矿结构发生变化,设备作业率和台时能力的高低,原材料质量是否达标以及管理力度的大小和操作技能的高低等因素都会对成本指标产生影响。

4. 烧结生产的工序能耗

烧结生产的工序能耗是指在烧结生产过程中生产单位烧结矿所消耗的各种能源的总和,它是衡量烧结生产能耗高低的一项重要技术经济指标。

$$\text{烧结车间总能耗量(净)} = \text{车间各种能源消耗量} - \text{二次能源回收量}$$

$$\text{烧结工序能耗(标准煤)} = \frac{\text{烧结车间总能耗量(净)(kg)}}{\text{车间烧结矿总产量(t)}}$$

烧结所消耗的能源有三种:混合料中的固体燃料(焦粉或煤粉),点火用气体燃料(焦炉煤气或混合煤气)及动力(电、蒸汽、压缩空气和水等)。各种能源在烧结总能耗中所占比例大致为:固体燃料消耗占70% ~80%,电力消耗占13% ~20%,点火燃料占5% ~10%,其他为蒸汽、压缩空气和水约4%。

工序能耗以标准煤表示,计算时将各能源的单位消耗量按规定的能源折算系数折合成标准煤,其总和即为烧结工序能耗。各种能源的折算系数列于表8-1。

表 8-1　各种能源的折算系数

品　种	热　值	折算标准煤系数	品　种	热　值	折算标准煤系数
干洗精煤	29820 kJ/kg	1.041	电　力	12348 kJ/(kW·h)	0.42
干　焦	28560 kJ/kg	0.9714	工业水	5292 kJ/m^3	0.18
无烟煤、洗煤	25200 kJ/kg	0.8571	蒸　汽	4.2×10^6 kJ/t	165
动力煤	21000 kJ/kg	0.7143			

（二）烧结新工艺和新技术

1. 热风烧结

在烧结机前段约占烧结机长度 1/3 的有效烧结面积上，将热废气或热空气抽入烧结料层，用其物理热代替部分固体燃料的烧结方法。

根据热风产生的方法不同，热风烧结可分为热废气、热空气和富氧热风烧结三种。

（1）热废气烧结。利用气体或液体燃烧的高温废气与空气混合形成的热气流进行烧结。在热风烧结中，由于热风温度高，密度小，因此增加了抽风负荷，降低了垂直烧结速度。另外，随热废气温度升高，其氧含量不断下降，也会降低垂直烧结速度。需要采取相应的补偿措施，如改善混合料透气性，适当增加真空度等以保持较高的生产率。

（2）热空气烧结。把冷空气通过热风炉或其他换热器，加热到一定温度，然后用于烧结。这种热风烧结不仅能够获得热废气烧结的效果，而且克服了热废气中氧含量低的缺点，但是要建造庞大而复杂的热风炉。另外，利用烧结工艺本身的余热可获得热风。冷却机高温段的冷却空气一般为 250～350℃，把这部分空气用来烧结，可提高烧结过程的热利用率，又不需另建加热装置，这是热风烧结发展的方向。

（3）富氧热风烧结。往热废气或热空气中加入一定数量的氧气，然后用于烧结。它不仅具有热废气烧结明显改善烧结矿质量的优点，而且由于热风含氧浓度高，加快了垂直烧结速度，提高了产量。一般情况下，富氧热风氧浓度不超过 25%，垂直烧结速度比热废气烧结提高 10%～15%，并且烧结矿强度好，还原性也比其他热风烧结好。

热风烧结的效果为：

（1）节省固体燃耗，降低总热耗。

（2）改善烧结矿强度，提高成品率。烧结时，随着燃烧带下移，自动蓄热作用加强，进入燃烧带的气体温度高，使料层下部热量过剩，温度较高，产生过熔，形成薄壁大孔结构；而料层上部热量不足，温度偏低，烧结不好，同时，从上部抽入冷风，表层急剧冷却，使烧结矿液相来不及结晶，形成大量玻璃质，并产生较大的内应力和裂纹，使得表层烧结矿的强度变差。热风烧结以热风的物理热代替部分固体燃料，并主要对上层烧结料起作用，弥补了普通烧结时上层热量不足的状况，使料层上下热量和温度分布趋向均匀，烧结矿质量均匀。同时，由于上层烧结矿受高温作用时间较长，大大减轻了因急冷造成的表层强度降低。

（3）降低 FeO 含量，改善烧结矿还原性。热风烧结能显著改善烧结矿的还原性，这是由于配料中固体燃料用量减少，使料层最高温度下降，同时影响了烧结气氛，使还原区相对减少，烧结矿中 FeO 含量降低，改善了烧结矿的还原性。又因燃料分布均匀程度高，有利于形成许多分散均匀的小气孔和提高烧结矿的气孔率，同时低配碳量抑制过烧现象，烧结矿结构改善。

2. 低温烧结

目前，一般认为烧结温度大于1300℃的为高温熔融型烧结。烧结温度低于1300℃即可生成理想的黏结液相，一般控制在1200～1280℃之间，所以将这种烧结过程称为低温烧结。低温烧结法是目前世界上烧结工艺中一项先进技术，它具有节能和改善烧结矿性能两大优点。

低温烧结法，就是以较低的烧结温度，使烧结混合料中部分矿粉起反应，产生一种强度好、还原性高的针状铁酸钙黏结相，并以此来黏结、包裹那些未起反应的残存矿石（或称为未熔矿石），使其生成一种钙铝硅铁固溶体。低温铁酸钙主要是由 Fe_2O_3 和 CaO 组成。烧结温度超过1300℃后，Fe_2O_3 易发生热分解，形成 Fe_3O_4 和 FeO，而 Fe_3O_4 是不能与 CaO 结合的。相反，FeO 的出现会导致 $2FeO \cdot SiO_2$ 和 $CaO \cdot FeO \cdot SiO_2$ 的生成，从而恶化还原性。不同形态的铁酸钙组成的烧结矿，其质量是不同的；而烧结温度对铁酸钙的形态影响显著：当烧结温度为1100～1200℃时，10%～20%的针状铁酸钙生成，但晶粒间还未连接，所以强度较差；烧结温度为1200～1250℃时，20%～30%的针状铁酸钙生成，晶桥连接，且有交织结构出现，强度较好；当烧结温度达到1250～1280℃时，呈交织结构的铁酸钙生成，强度最好；当烧结温度为1280～1300℃时，铁酸钙量下降至10%～30%，结构由针状变为柱状、板状，强度上升，但还原性变坏，所以适宜的烧结温度是低温烧结的关键。

另外，低温烧结时高温保持时间较长，一般都在5～8 min，比熔融型烧结矿要长1～3 min，这对针状铁酸钙的形成和发展十分有利。

实现低温烧结的工艺措施有：

（1）加强原料准备，物料应充分混匀，以减少波动，稳定成分。

（2）适当降低点火温度和垂直烧结速度。

（3）强化混合料制粒，料层透气性要好，采用低水、低碳厚料层操作工艺。

（4）高碱度烧结矿，烧结矿的碱度要在1.8～2.0范围内。

（5）调整烧结矿成分，混合料中的 SiO_2、Al_2O_3、MgO 含量应控制在：SiO_2 为4%～8%，$w(Al_2O_3)/w(SiO_2)$ 为0.1～0.2。

（6）尽量提高优质赤铁富矿粉的配比。

3. 小球烧结

小球烧结是将混合料制成适当粒度的小球（3～8 mm 或5～10 mm），然后在小球表面再滚上部分固体燃料，布于台车上点火烧结的方法。表8-2列出了小球烧结工艺与普通烧结和球团工艺的比较。

表8-2　小球烧结工艺与普通烧结和球团工艺的比较

项　目	普通烧结工艺	球团工艺	小球烧结工艺
原　料	烧结料（<125 μm 粒级占20%）	球团料（<44 μm 粒级占70%）	烧结料+球团料
制　粒	准粒度（3～5 mm），圆筒混合机	球团（8～15 mm），圆盘，圆筒造球机	小球团（5～8 mm），圆盘造球机外滚焦粉，圆筒混合机
产品形状	不规则（5～50 mm）	球状（8～15 mm）	小球团（5～8 mm）和块状物
产品结构	渣相固结	扩散固结	扩散固结

续表 8-2

项　目	普通烧结工艺	球团工艺	小球烧结工艺
产品 w(TFe)/%	55 ~ 58	60 ~ 63	58 ~ 61
渣量/%	15 ~ 20	5 ~ 10	7 ~ 12
还原度/%	60 ~ 65	60 ~ 75	70 ~ 80
低温粉化率/%	35 ~ 45		30 ~ 40
软化性能	优良	次于烧结矿	相当于烧结矿

小球烧结法工艺流程和特点：

（1）增设了造球设施，将全部混合料制成小球团是小球烧结的核心。混合料经一次混合后进入造球系统，在圆盘造球机内进行造球。增加造球设施的目的在于使用以细精矿为主的原料，经造球后料层透气性远比普通烧结要好，易于实行高料层低负压生产。

（2）增加外滚煤粉工艺环节。小球团烧结法的燃料添加方式是以小球外滚煤粉为主（70% ~80%），小球内部仅配加少量煤粉（20% ~30%），煤粉粒度以小于1 mm 为宜。外滚煤粉能有效改善固体燃料的燃烧效率。

（3）采用新型布料系统。因采用一般烧结的辊式布料机会造成生球破裂，小球工艺采用梭式胶带机和两条与烧结机同样宽的胶带，靠沿烧结机宽度上的偏析布料。另一种布料方式是采用摆动胶带机配宽胶带机，将球布到辊式布料机上，以解决在料层厚度上的合理偏析布料，而将大球布在底下，小球及脱落煤粉布在上部，改善球层透气性，又有利于烧结过程中热量的合理分布。

（4）烧结点火前设置干燥段。与常规烧结工艺比较，烧结料铺在烧结机台车上后，如直接送点火器下面，生球受高温热气流冲击，由于小球内水分迅速蒸发产生热应力易导致小球破裂，恶化烧结料层透气性，为此，在点火前设置干燥段是必要的。

（5）产品为外形不规则的小球集合体。

4. 烧结混合料中燃料分加

燃料分加就是将配入烧结混合料中的燃料分两次加入。一部分燃料在配料室加入，与铁料和熔剂在一次混合机内混匀，再运送到二次混合机内造球；另一部分则在混合料基本成球后再加入，使之存在于料球表面，这种操作称为外配燃料。这样做既可改善燃料的燃烧条件，又可减少燃料与铁料接触还原而造成的燃料损失。同时，由于燃料的密度小，在布料过程中可增加上层的燃料量而形成燃料的合理偏析。在燃料分加时，应根据混合料的性质，选择合适的内、外燃料配比。

（三）关于作业率的几个概念

所谓作业率就是描述烧结系统设备工作状况的一种表示方法，以运转时间占设备的日历时间的百分数表示，是衡量设备良好状况的指标。

$$设备作业率(\%)=\frac{烧结机运转台时}{日历台时}\times 100\%$$

式中，日历台时是个常数，每台烧结机一天日历台时即为24 h。它与台时和时间有关：

$$日历台时=台数\times 24\times 天数$$

运转台时是按台计算的设备运转时间。停休台时是按台计算的设备停休时间。

烧结机停产原因较多，根据原始记录的统计，通常分外部影响，大、中、小修和内部事故三种。

(1) 外部影响。包括待料、运输故障、停电、停水、停煤气等外部因素造成的停产；炼铁厂的影响以及自然灾害等造成的停产也属外部影响。

(2) 大、中、小修。是指按计划进行的检修。

(3) 内部事故。包括厂内发生的机械事故、电气事故、操作事故及其他因素造成的停产。

为了加强企业管理，正确分析事故原因和薄弱环节，应对事故的原因进行分门别类的统计，并做出事故统计分析表。

事故的分类还根据连续停产时间分为一般事故和重大事故。一般事故分 1 台时以下，1 台时以上，2 台时以上，4 台时以上的事故。重大事故是指停产 8 台时以上和 24 台时以上的事故。

事故率是指内部事故时间与运转时间的比值，以百分数表示：

$$\text{事故率}(\%)=\frac{\text{事故台时}}{\text{运转台时}}\times 100\%$$

设备完好率是衡量设备良好状况的指标。按照完好设备的标准进行定期检查。设备完好率是全厂完好设备的台数与设备总台数的比值，用百分数表示：

$$\text{设备完好率}(\%)=\frac{\text{完好设备台时}}{\text{设备总台时}}\times 100\%$$

为了更真实地反映烧结厂内部设备工作状况，可用扣外作业率进行统计计算。

$$\text{扣外作业率}(\%)=\frac{\text{烧结机运转台时}}{\text{日历台时}-\text{外部影响台时}}$$

作业率控制的目的是根据烧结机作业计划的要求，通过日常点巡检和计划检修等对设备进行维护、保养及故障处理，以获得较高的作业率，以达到作业计划的要求。

巩固训练

一、选择题

1. 余热回收主要利用(　　)来产生蒸汽。

A. 冷段烟气热交换　　B. 热矿热交换　　C. 热段热交换　　D. 软化水

2. 烧结机的有效面积是指(　　)。

A. 烧结机所有台车的面积

B. 烧结机正面所有台车的面积

C. 风机上面所有台车的面积

3. 某厂有 6 台烧结机，某班 5 台机生产，1 台检修，其作业率是(　　)。

A. 70%　　B. 83.33%　　C. 90%　　D. 60%

4. 某班生产 4000 t 烧结矿，烧结机烧结面积 100 m^2，生产时间 25 h，其利用系数为(　　)。

A. 1.0　　B. 1.6　　C. 1.8　　D. 2.0

二、计算题

1. 某烧结车间烧结矿的单位能耗为：焦粉 51.33 kg/t，煤气 0.21×10^6 kJ/t，电 19 kW·h/t，工业水 0.733 m^3/t，计算其工序能耗。

2. 某月含铁原料消耗费用4388913元，熔剂消耗费用249067.6元，燃料消耗费用508906元，动力消耗费用451405.52元，工资费用117185.17元，车间经费及辅助材料费用317103.86元，烧结矿产量34190 t，试计算烧结矿加工成本和加工费。

3. 某厂烧结机烧结有效面积为130 m^2，4月份设备故障率为12%，电器故障率为5%，操作故障率为3%，外部影响为7%，若全月产量为 6.7×10^4 t，试求烧结机利用系数和作业率为多少。

三、问答题

1. 低碳厚料有哪些优点？总结实现低碳厚料烧结的操作要点。
2. 烧结机漏风主要出现在哪些部位，如何控制？
3. 谈谈降低烧结工序能耗的主要途径。
4. 所在实训车间采取哪些措施达到强化烧结生产、提高产量的目的？
5. 所在实训车间通过采取哪些措施降低烧结矿生产成本？

任务九 烧结矿质量的评价及改进调整

教学目标

(1) 明确烧结矿的质量指标包括哪些内容。
(2) 定性地说出烧结矿各种化学成分的最佳组成。
(3) 独立完成烧结矿转鼓强度、粒度组成与筛分指数的检验。
(4) 在教师的指导下,以小组的形式完成烧结矿还原性、低温还原粉化性能的检验。
(5) 运用所学知识,提出改善烧结矿转鼓强度的生产措施。
(6) 根据烧结矿 FeO 的生成机理,采取适当措施降低烧结矿的 FeO 含量,提高烧结矿的还原性。
(7) 分析烧结矿低温还原粉化产生的原因,并总结降低烧结矿低温还原粉化性能所采取的措施。

一、任务分析

(一) 任务的提出

烧结矿的质量对高炉冶炼的效果及高炉各项技术经济指标影响极大,改善烧结矿的质量是“精料”的主要内容。随着高炉大型化、自动化以及要求最大限度地降低燃料比,对高炉炉料的质量和炉料质量的检验方法越来越重视,特别是各重点钢铁企业;把提高生铁产量和质量着眼点放在“铁前”工作上,对烧结矿的质量提出了更高的要求。

对烧结矿的质量要求和检验项目,不仅限于化学成分、粒度组成和常温机械强度,还必须包括高温冶金性能,如低温还原粉化率、还原性以及高温软化熔滴性能等。通过对这些性能的检测,一方面,为高炉操作提供较全面的原料性能参数,以便采取相应对策;另一方面,给烧结生产反馈信息,不断改进工艺和操作,促进技术水平的提高,生产更能满足高炉需要的优质原料。

(二) 工作任务描述

该工作任务的对象是烧结矿质量指标的完成。该工作任务需要各岗位人员协作共同完成。工作过程为:第一步,进行成品烧结矿的质量检验。第二步,如果发现质量问题,组织确定收集和分析数据,通过分析数据找出影响质量的因素。各级质量管理人员平时要掌握生产情况、质量动态,随时查阅记录,分析统计报表及操作参数,结合收集的数据积累各种测试、检验数据,了解并反映产品质量、技术规程和其他管理制度的执行情况。生产技术专业部门一般负责大宗不合格品产生原因的分析,负责纠正和预防;车间负责小宗不合格品产生原因的分析。第三步,纠正和预防措施的实施。通过严格计数、统计,分析不合格品产生的原因,找出关键问题所在,制定纠正和预防措施,并经检验后付诸实施。该工作主要由生产技术专业部门负责组织督促车间实施。

二、任务实施

（一）烧结矿的质量检测

1. 转鼓强度的检测

转鼓强度是评价烧结矿常温强度的一项重要指标。目前，世界各国的测定方法还不统一，表9-1列出了各主要产钢国的转鼓强度测定方法。我国烧结矿转鼓指数和抗磨指数的测定方法按YB/T 5166执行。

表9-1　转鼓测定方法

项　目			中国 GB8209—87	国际标准 ISO3271—75	日本 JISM3721—77	前苏联 TOCT15137—77
转　鼓	尺寸/mm×mm		ϕ1000×500	ϕ1000×500	ϕ914×457	ϕ1000×500
	挡板数/个		2×180°	2×180°	2×180°	2×180°
	挡板高/mm		50	50	50	50
	转速/r·min^{-1}		25±1	25±1	24±1	25±1
	转数/r		200	200	200	200
试　样	烧结矿粒度/mm		10~40	10~40	10~50	5~40
	球团矿粒度/mm		6.3~40	10~40	>5	5~25
	试样质量/kg		15±0.15	15±0.15	23±0.23	15±0.15
结果表示	鼓后筛析/mm		6.3,0.5	6.3,0.5	10.5	5,0.5
	转鼓强度 T/%		>6.3	>6.3	>10	>5
	抗磨指数 A/%		<0.5	<0.5	<5	<0.5
	双样允许误差	ΔT/%	≤1.4	≤0.03T+3.8	烧6.6,球0.8	烧2,球3
		ΔA/%	≤0.8	≤0.03T+0.8	烧6.2	烧2,球3

转鼓强度用转鼓试验机测定。转鼓用5 mm厚钢板焊接而成，转鼓内径ϕ1000 mm，内宽500 mm，内有两个对称布置的提升板，用50 mm× 50 mm×5 mm，长500 mm的等边角钢焊接在内壁上，如图9-1所示。转鼓由功率不小于1.5 kW·h的电动机带动，规定转速为(25±1) r/min，共转8 min，200转。

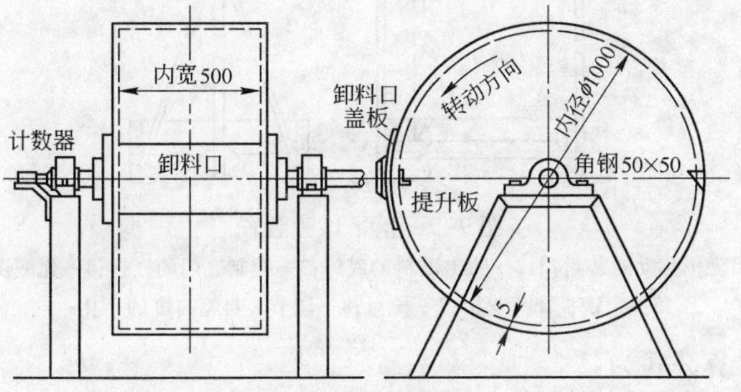

图9-1　转鼓试验机基本尺寸示意图

测定方法：取烧结矿试样（15 ± 0.15）kg，以 25.0 ~ 40.0 mm、16.0 ~ 25.0 mm、10.0 ~ 16.0 mm 三级按筛分比例配制而成，装入转鼓，进行试验。试样在转动过程中受到冲击和摩擦作用，粒度发生变化。转鼓停后，卸出试样，用筛孔为 6.3 mm × 6.3 mm 和 0.5 mm × 0.5 mm 的机械摇动筛，往复 30 次，对各粒级质量进行称量，并按下式计算转鼓指数和抗磨指数：

转鼓指数
$$T = \frac{m_1}{m_0} \times 100\%$$

抗磨指数
$$A = \frac{m_0 - (m_1 + m_2)}{m_0} \times 100\%$$

式中　m_0——入鼓试样质量，kg；

m_1——转鼓后，>6.3 mm 粒级部分的质量，kg；

m_2——转鼓后，6.3 ~ 0.5 mm 粒级部分的质量，kg 。

T 和 A 均取两位小数值。T 值越高，A 值越低，烧结矿的机械强度越高。我国优质烧结矿要求 $T \geqslant 70.00\%$，$A \leqslant 5.00\%$。

2. 落下强度的检测

落下强度是另一种评价烧结矿常温强度的方法，用来衡量烧结矿抗冲击的能力。这一检测过程是模拟烧结矿从生产出来到进入高炉炉内所经历的倒运过程。它是将一定质量的试样提升至一定高度，让试样自由落到钢板上，经过反复多次落下，测定受冲击后产生的粉末量。目前，这一检测方法的试样量、落下高度、落下次数都很不统一，国内大都参照日本标准（JIS8711—77）来进行检测。

测定方法：将粒度 10 ~ 40 mm 烧结矿试样量（20 ± 0.2）kg，从 2 m 高处自由落到大于 20 mm厚的钢板上，往复 4 次，落下产物用 10 mm 筛孔的筛子筛分后，取大于 10 mm 部分百分数作为落下强度指标。试验装置如图 9-2 所示。

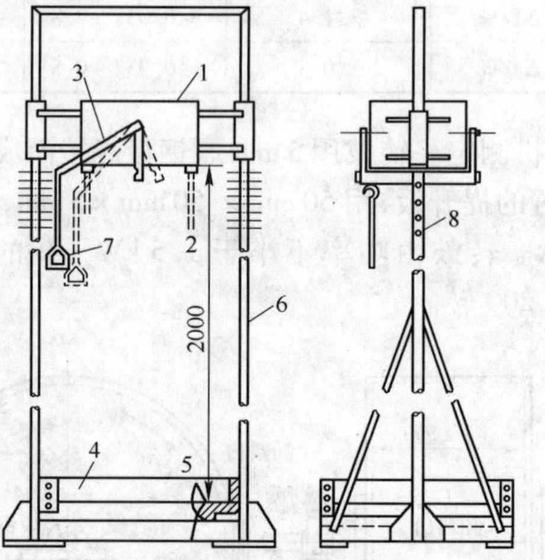

图 9-2　落下试验装置

1—可上下移动的装料箱；2—防出试料的底门；3—控制底门的杠杆；4—无底围箱；5—生铁板；6—支架；7—拉弓；8—调节装料箱高度的小孔

落下强度的计算公式为：

$$F = \frac{m_1}{m_0} \times 100\%$$

式中　F——落下强度,%;

m_0——试样总质量,kg;

m_1——落下4次后,大于10mm粒级部分的质量,kg。

优质烧结矿F为86%~87%,合格烧结矿F为80%~83%。

3. 粒度组成与筛分指数

目前,我国对高炉炉料的粒度组成检测还未标准化,推荐采用方孔筛(mm×mm):5×5、6.3×6.3、10×10、16×16、25×25、40×40、80×80等7个级别,其中5×5、6.3×6.3、10×10、16×16、25×25、40×40等6个级别为必用筛,使用摇动筛筛分,粒度组成按各粒级的出量用百分数(%)表示。

筛分指数测定方法是:按取样规定在高炉矿槽下烧结矿加入料车前取原始试样100kg,等分为5份,每份20kg,放入筛孔为5mm×5mm的摇筛,往复摇动10次,以小于5mm的粒级质量计算筛分指数。

$$C = \frac{100 - A}{100} \times 100\%$$

式中　C——筛分指数,%;

A——大于5mm粒级的量,kg。

筛分指数表明烧结矿的粉末含量多少,此值越小越好。我国要求优质烧结矿筛分指数$C \leqslant 6.0\%$,球团矿$C \leqslant 5.0\%$。目前许多烧结厂还未进行此项指标考核。

4. 还原性

烧结矿的还原性是模拟炉料自高炉上部进入高温区的条件,用气体还原剂从烧结矿中夺取与铁结合氧的难易程度的一种度量,以还原度和还原速率(即每分钟的还原度)表示。它是评价烧结矿(或铁矿石)冶金性能的主要质量指标。

不同还原性的测定方法见表9-2。我国参照国际标准方法(ISO4695—84、ISO7215—85)制订出GB/T 13241—91国家标准试验方法。其测定的基本原理是:将一定粒度范围的铁矿石试样置于固定床中,用由CO和N_2组成的混合气体,在900℃下等温还原,每隔一定时间称量试样质量,以三价铁状态为基准,计算还原3h后的还原度和原子比O/Fe等于0.9时的还原速率。其方法规定如下。

表9-2　铁矿石还原性测定方法

<table>
<tr><th colspan="3">项　目</th><th>国际标准
(ISO4695)</th><th>国际标准
(ISO7215)</th><th>中国标准
(GB/T 13241)</th><th>日本
(JISM8713)</th><th>德国
(V·D·E)</th></tr>
<tr><td colspan="3">设　备</td><td>双壁反应管
($\phi_{内}$75)</td><td>单壁反应管
($\phi_{内}$75)</td><td>双壁反应管
($\phi_{内}$75)</td><td>单壁反应管
($\phi_{内}$75)</td><td>双壁反应管
($\phi_{内}$75)</td></tr>
<tr><td rowspan="3">试　样</td><td colspan="2">质量/g</td><td>500±1</td><td>500±1</td><td>500±1</td><td>500±1</td><td>500±1</td></tr>
<tr><td rowspan="2">粒度/mm</td><td>烧结矿</td><td>10.0~12.5</td><td>10.0~12.5</td><td>10.0~12.5</td><td>20.0±1</td><td>10.0~15.0</td></tr>
<tr><td>球团矿</td><td>10.0~12.5</td><td>10.0~12.5</td><td>10.0~12.5</td><td>20.0±1</td><td>10.0~12.5</td></tr>
<tr><td rowspan="3">还原气体</td><td rowspan="2">成分%</td><td>CO</td><td>40.0±0.5</td><td>30.0±0.5</td><td>30.0±0.5</td><td>30.0±0.5</td><td>40.0±0.5</td></tr>
<tr><td>N</td><td>60.0±0.5</td><td>70.0±0.5</td><td>70.0±0.5</td><td>70.0±0.5</td><td>60.0±0.5</td></tr>
<tr><td colspan="2">流量(标态)
/L·min^{-1}</td><td>50</td><td>15</td><td>15</td><td>15</td><td>50</td></tr>
<tr><td colspan="3">还原温度/℃</td><td>950±10</td><td>900±10</td><td>900±10</td><td>900±10</td><td>950±10</td></tr>
</table>

续表 9-2

项　目	国际标准（ISO4695）	国际标准（ISO7215）	中国标准（GB/T 13241）	日本（JISM8713）	德国（V · D · E）
设　备	双壁反应管（$\phi_{内}75$）	单壁反应管（$\phi_{内}75$）	双壁反应管（$\phi_{内}75$）	单壁反应管（$\phi_{内}75$）	双壁反应管（$\phi_{内}75$）
还原时间/min	到还原度 60% 为止，最大 240	180	180	180	到还原度 60% 为止，最大 240

（1）试验条件：

1）还原管。双壁 $\phi_{内}75$ mm，由耐热不起皮的金属板（如 GH44 镍基合金板）焊接而成，能耐 900℃以上的高温。为了放置试样，在还原管中装有多孔板，还原管的结构和尺寸如图 9-3 所示。

2）试样。粒度为 10.0～12.5 mm，质量为 500 g；

3）还原气体成分。CO 30% ±0.5%，N_2 70% ±0.5%；H_2、CO、H_2O 不超过 0.2%，O_2 不超过 0.1%。

4）还原温度为（900 ±10）℃。

5）还原气体流量（标态）为（15 ±1）L/min。

6）还原时间为 180 min。

（2）试验程序要点：称取 500 g 10.0～12.5 mm 经过干燥的矿石试样，放到还原管中铺平；封闭还原管顶部，将惰性气体按标态流量 15 L/min 通入还原管中，接着将还原管放入还原炉内（还原管与还原炉的配置如图 9-4 所示），并将其悬挂在称量装置的中心（此时炉内温度不得高于 200℃）；按不大于 10℃/min 的升温速度加热。在 900℃时恒温 30 min，使试

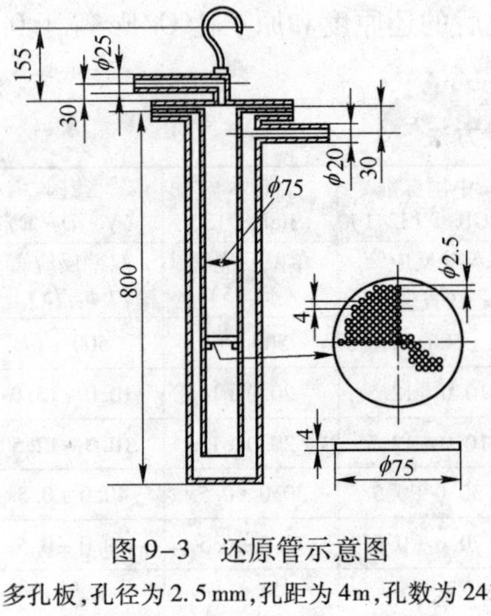

图 9-3　还原管示意图

（多孔板，孔径为 2.5 mm，孔距为 4m，孔数为 241，总孔面积为 1180 mm^2，板厚为 4 mm）

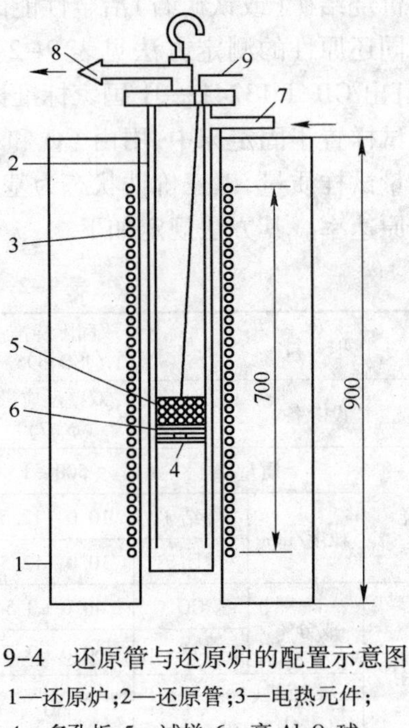

图 9-4　还原管与还原炉的配置示意图

1—还原炉；2—还原管；3—电热元件；4—多孔板；5—试样；6—高 Al_2O_3 球；7—煤气入口；8—煤气出口；9—热电偶

样的质量 m_1 达到恒量。再以标态流量为 15 L/min 的还原气体代替惰性气体，持续 180 min。在开始的 15 min 内，至少每 3 min 记录一次试样质量，以后每 10 min 记录一次。还原 3 h 后，试验结束，切断还原气体，将还原管及试样取至炉外冷却到 100℃以下。

（3）试验结果表示。试验结果以还原度和还原速率指数表示：

1）还原度。计算还原度以三价铁状态为基准（即假定铁矿石中的铁全部以 Fe_2O_3 形态存在，并将 Fe_2O_3 中的氧当作 100%），还原一定时间后所达到的脱氧程度（质量分数），以 R_t 表示，单位为%。计算公式如下：

$$R_t = \left(\frac{0.11w_1}{0.430w_2} + \frac{m_1 - m_t}{m_0 \times 0.430w_2} \times 100\right) \times 100\%$$

式中　R_t——还原 t 时间的还原度，%；

m_0——试样质量，g；

m_1——还原开始前试样质量，g；

m_t——还原 t 时间后试样质量，g；

w_1——试验前试样中 FeO 含量，%；

w_2——试验前试样的全铁含量，%；

0.11——使 FeO 氧化到 Fe_2O_3 时所需的相应氧量的换算系数；

0.430——TFe 全部氧化成 Fe_2O_3 时需氧量的换算系数。

标准规定，以 180 min 的还原度指数作为考核指标，用 *RI* 表示。

2）还原速率指数。计算根据试验数据作出还原度 R_t（%）与还原时间 t（min）的关系曲线，如图 9-5 所示。从曲线读出还原达到 30% 和 60% 时相对应的还原时间。

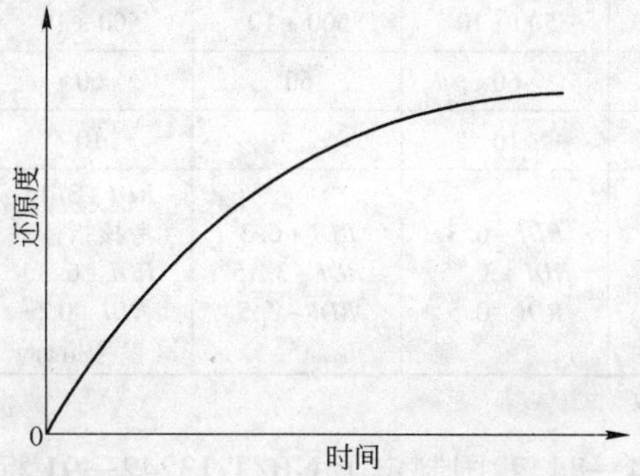

图 9-5　铁矿石还原度-时间曲线

以三价铁为基准，用原子比 O/Fe 为 0.9（相当于还原度 40%）时的还原速率作为还原速率指数，以 *RVI* 表示，单位为%/min。计算公式如下：

$$RVI = \left(\frac{\mathrm{d}R_t}{\mathrm{d}t}\right)_{40} = \frac{33.6}{t_{60} - t_{30}}$$

式中　t_{30}——还原度达到 30% 时所需时间，min；

t_{60}——还原度达到 60% 时所需时间，min；

33.6——常数。

标准规定还原速率 *RVI* 作为参考指标。

5. 低温还原粉化性

烧结矿(或铁矿石)低温还原粉化性能是指矿石进入高炉炉身上部大约在 400～600℃之间的低温区还原时,产生粉化的程度。块状粉化程度高,对高炉炉料顺行和炉内煤气流分布的影响很大。低温还原粉化性能的测定,就是模拟高炉上部条件进行的。

低温还原粉化性能的测定方法有静态法和动态法两种。静态法的测定结果有良好的线性相关关系,且设备简单,转鼓工作条件好,密封问题易解决,操作较方便,试验费用较低,结果稳定,并可与还原性能测定使用同一装置,便于采用。因此,大多数国家都采用静态法。各国的测试方法见表 9-3。

表 9-3　低温还原粉化率测定方法

项目			国际标准(ISO4696)	国际标准(ISO4697)	中国标准(GB/T 13242)	日本(JISM8714)	美国(ASTME1072)
设备	还原反应管/mm		双壁 $\phi_{\text{内}}75$	双壁 $\phi_{\text{内}}75$	双壁 $\phi_{\text{内}}75$	单壁 $\phi_{\text{内}}75$	双壁或单壁 $\phi_{\text{内}}75$
	转鼓尺寸/mm×mm		$\phi130\times200$	$\phi130\times200$	$\phi130\times200$	$\phi130\times200$	$\phi130\times200$
	转速/$r\cdot min^{-1}$		30	10	30	30	30
试样	质量/g		500±1	500±1	500±1	500±1	500±1
	粒度/mm	烧结矿	10.0～12.5	10.0～12.5	10.0～12.5	20.0±1 或 15～20	9.5～12.5
		球团矿	10.0～12.5	10.0～12.5	10.0～12.5	20.0±1	9.5～12.5
还原气体	组成($CO/CO_2/N_2$)/%		20/20/60	20/20/60	20/20/60	26/14/60,30/0/70	
	流量(标态)/$L\cdot min^{-1}$		20	20	15	20 或 15	
还原温度/℃			500±10	500±10	500±10	500/550	500±10
还原时间/min			60	60	60	30	60
转鼓时间/min			10		10	30	10
结果表示			*RDI*+6.3 *RDI*+3.15 *RDI*-0.5	*RDI*+6.3 *RDI*+3.15 *RDI*-0.5	*RDI*+3.15 (考核指标); *RDI*+6.3, *RDI*-0.5 (参考指标)	*RDI*+3.0 *RDI*-0.5	LTB① +6.3 LTB① +3.15 LTB① -0.5

① LTB 表示低温还原粉化指数。

参照国际标准 ISO4694—84,我国制定了 GB/T 13242—91 标准方法——铁矿石低温粉化试验静态还原后使用冷转鼓的方法。其基本原理是:把一定粒度范围的试样置于固定床中,在 500℃下,用 CO、CO_2和 N_2组成的还原气体进行静态还原。恒温还原 1 h 后,将试样冷却至 100℃以下,在室温下装入小转鼓(ϕ130 mm×200 mm)转 300 转后取出,用 6.3 mm、3.15 mm和 0.5 mm 的方孔筛分级,测定各筛上物的质量,用还原粉化指数(*RDI*)表示铁矿石的粉化性。具体介绍如下。

(1) 试验条件:

1) 还原试验。还原管:$\phi_{\text{内}}$ 75 mm,如图 9-3 所示。试样粒度为 10.0～12.5 mm,质量为 500 g。还原气体:CO 和 CO_2 各为 20% ±0.5%,N_2 60% ±0.5%,H_2 <0.2% 或 2.0% ±0.5%,H_2O<0.2%,O_2 <0.1%。还原温度为(500±10)℃。还原气体流量(标态)为(15±1)L/min。还原时间为 60 min。

2）转鼓试验。转鼓：ϕ130 mm×200 mm，鼓内壁有两块沿轴向对称配置的钢质提料板，如图9-6所示。转速为(30±1)r/min。时间为10 min。

(2) 试验结果表示。试验结果用还原粉化指数(*RDI*)表示还原和转鼓试验后的粉化程度。分别用转鼓后筛上得到的大于6.3 mm、大于3.15 mm和小于0.5 mm的物料质量与还原后转鼓前试样总质量之比的百分数表示，其指标为还原强度指数($RDI_{+6.3}$)、还原粉化指数($RDI_{+3.15}$)和磨损指数($RDI_{-0.5}$)，计算公式如下：

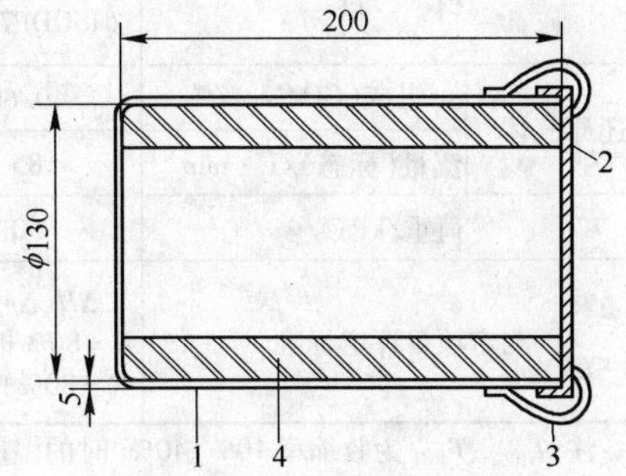

图9-6　转鼓

1—转鼓圆筒；2—密封盖；3—固定卡子；4—提料板(200 mm×20 mm×2 mm)

$$RDI_{+6.3}=\frac{m_{D_1}}{m_{D_0}}\times 100\%$$

$$RDI_{+3.15}=\frac{m_{D_1}+m_{D_2}}{m_{D_0}}\times 100\%$$

$$RDI_{-0.5}=\frac{m_{D_0}-(m_{D_1}+m_{D_2}+m_{D_3})}{m_{D_0}}\times 100\%$$

式中　m_{D_0}——还原后转鼓前的试样质量，g；

m_{D_1}——留在6.3 mm筛上的试样质量，g；

m_{D_2}——留在3.15 mm筛上的试样质量，g；

m_{D_3}——留在0.5 mm筛上的试样质量，g。

计算精确到小数点后一位数。

标准规定，试验结果评定以$RDI_{+3.15}$为考核指标，$RDI_{+6.3}$和$RDI_{-0.5}$只作参考指标。

6. 高温软化与熔滴性能

高炉内软化熔融带的形成及其位置，主要取决于高炉操作条件和炉料的高温性能。而软化熔融带的特性对炉料还原过程和炉料透气性将产生明显的影响。为此，许多国家对铁矿石软化性的实验方法进行了广泛深入的研究。但是，到目前为止，试验装置、操作方法和评价指标都不尽相同。一般以软化温度及温度区间、滴落开始温度和终了温度、熔融带透气性、熔融滴下物的性状作为评价指标。

各国对铁矿石软化及熔滴性能的测定方法见表9-4。熔融特性试验装置如图9-7所示，它是模拟高炉内软熔带条件，进行矿石软化性、熔滴性及透气阻力的测定。

表9-4　铁矿石荷重软化及熔滴特性测定方法

项　目		国际标准(ISODP7992)	北京科技大学推荐	日本神户制钢所	德国阿亨大学	英国(ASTME1072)
试样容器/mm		ϕ125 耐热炉管	ϕ48×300 (石墨质)	ϕ75 带孔石墨坩埚	ϕ60 带孔石墨坩埚	ϕ90 带孔石墨坩埚
试　样	预处理	不预还原		不预还原	不预还原	预还原60%
	质量/g	1200	料高 65 mm±5 mm	500	400	料高70 mm
	粒度/mm	10.0～12.5	10.0～12.5	10.0～12.5	7～15	10.0～12.5

续表 9-4

项目		国际标准（ISODP7992）	北京科技大学推荐	日本神户制钢所	德国阿亨大学	英国（ASTME1072）
还原气体	组成(CO/N_2)/%	40/60	30/70	30/70	30/70	40/60
	流量(标态)/$L\cdot min^{-1}$	85	12	20	30	60
荷重/kPa		50	50~100	50	60~110	50
测定项目评定标准		ΔH、Δp、T、$R=80\%$时Δp，$R=80\%$时ΔH	ΔH、Δp、T、$T_{2.4}$、$T_{10\%}$、$T_{40\%}$、T_s、T_m、ΔT	ΔH、Δp、T、$T_{10\%}$、T_s、T_m、ΔT	ΔH、Δp、T、T_s、T_m、ΔT	ΔH、Δp、T、$\Delta p-T$曲线、T_s、T_m、ΔT

注：$T_{10\%}$、$T_{40\%}$为收缩率10%、40%时的温度；T_s、T_m为压差陡升温度及滴落开始温度；ΔT为软熔区间；Δp为压差；ΔH为变形量；R为还原度。

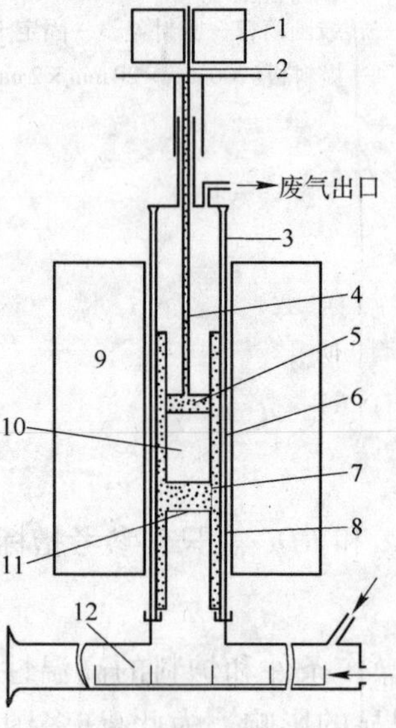

图 9-7 铁矿石熔化特性试验装置
1—荷重块；2—热电偶；3—氧化铝管；4—石墨棒；5—石墨盘；6—石墨坩埚（ϕ48 mm）；7—焦炭（10~15 mm）；8—石墨架；9—熔滴炉；10—试样；11—孔（ϕ8 mm×5）；12—试样盒

通常测定时，将规定粒度和质量的矿石试样，经预还原60%（或不经预还原）后，放入底部有孔的石墨坩埚内，试样上下各铺有一定厚度的焦炭，焦炭除起直接还原和渗碳作用外，下层焦炭还起气体交换、调整试样高度和保持渣、铁滴落的作用；然后上面荷重 50~100 kPa，并从下部通入还原气体（$CO/N_2=30\%/70\%$）。还原气体自下而上穿过试样层，按一定的升温速度升温至1400~1500℃。以试样在加热过程中某一收缩值的温度表示开始软化温度和软化终了温度；以还原气体压差陡升的拐点温度表示熔化开始温度，第一滴液滴落下时的温度表示滴落温度；以气体通过料层的压差变化表示软熔带对透气性的影响；滴落在下部接收试样盒内的熔化产物，冷却后，经破碎分离出初渣和铁，测定相应的回收率和化学成分，作为评价熔滴特性的指标。过程中的有关测定参数（测定温度、料层收缩率及还原气体通过料层的压差）和还原气体成分都可自动记录和分析显示出来。

宝钢已将还原度和低温度还原粉化率作为烧结矿的日常考核指标。铁矿石的高温冶金性能均只用于实验研究，尚无统一指标。大量研究认为，在今后一定时期内，铁矿石的高温性能应努力达到：3 h、900℃时的还原度应不小于65%；低温还原粉化率 $RDI_{-3.0}$ 应低于30%；烧结矿、球团矿的开始软化温度高于1100℃，开始熔滴和滴落温度分别高于1350℃和低于1500℃。

（二）烧结矿冷态强度的改进

烧结矿的冷态强度包括筛分指数、转鼓强度和抗磨指数三方面的内容。

1. 影响烧结矿冷态强度的原因

影响烧结矿冷态强度的原因有以下几个方面：

（1）烧结过程黏结相的数量。一般来说，黏结数量多，烧结矿的强度好。

（2）矿物自身强度。

（3）成品烧结矿中残余 CaO 的含量。烧结矿中残余的 CaO 和少量的 MgO 俗称为“白点”，在成品烧结矿的转运和存放过程中会自然吸附空气中的水分，形成 $Ca(OH)_2$，体积膨胀，使烧结矿的强度降低，引起烧结矿的粉化。

（4）成品烧结矿的内应力，包括热应力与相应力。热应力产生的原因有：表面与中心的温差和矿物的不同热膨胀。

相应力产生的原因是正硅酸钙（$2CaO \cdot SiO_2$）的多晶转变引起的。正硅酸钙在不同温度下有 α、α′、β、γ 四种晶型，冷却时晶型发生变化：

$$\alpha - 2CaO \cdot SiO_2 \xrightarrow{1436℃} \alpha' - 2CaO \cdot SiO_2 \xrightarrow{1234℃} \beta - 2CaO \cdot SiO_2 \longrightarrow \gamma - 2CaO \cdot SiO_2$$

上述的正硅酸钙晶型变化中，影响最坏的是 $\beta \to \gamma$ 型的晶型转变，因为这一晶型转变可使其体积增大 10%，从而发生体积膨胀，导致烧结矿在冷却时自行粉碎。

（5）液相结晶程度。

2. *烧结矿冷态强度的改进措施*

烧结矿冷态强度的改进措施有：

（1）适当提高黏结相数量。铁矿粉中含有一定数量的 SiO_2 是形成适当数量黏结相的基础，也是矿粉晶粒黏结的基础，有利于烧结矿强度的提高。但矿粉中的 SiO_2 含量高时，极易与熔剂中的 CaO 在烧结时形成 $2CaO \cdot SiO_2$，冷却时 $2CaO \cdot SiO_2$ 将发生 $\alpha' \to \beta$ 型和 $\beta \to \gamma$ 型的晶型转变，由于晶型转变后，密度减小，前者使体积增大 12%，后者使体积增大 10%，结果在烧结矿内引起很大的内应力，从而使得烧结矿强度降低。SiO_2 的含量对铁酸钙的形态起着决定性的作用。当 SiO_2 的质量分数大于 3% 时，铁酸钙明显地由块状向针状发展。针状铁酸钙的生长有利于提高烧结矿的强度。

随着近些年我国钢铁产量的迅速增加，烧结使用的原料整体质量处于下降的趋势，能做到低硅烧结（烧结矿中 $w(SiO_2) < 5\%$）的企业并不多，很多企业生产的烧结矿的 SiO_2 的质量分数在 5% ~7%，甚至更高，这样烧结矿的液相数量相对还是有保证的。

（2）提高矿物自身强度。提高矿物自身的强度在于在矿种的选择上，其次在于生产过程的控制。通过矿种的合理搭配，促进烧结矿生产过程中铁酸钙的生成和强度的提高；通过生产过程的控制，提高烧结矿的粒度和强度。

目前使用的铁矿石主要为磁铁矿矿石和赤铁矿矿石，国内矿石以磁铁矿为主，国外的矿石主要是巴西和澳大利亚矿石，以赤铁矿为主。磁铁矿烧结要比赤铁矿复杂，这是因为磁铁矿特有的尖晶石结构常固溶不同杂质，而且脉石矿物种类变化也很大；而外矿的脉石成分以 SiO_2 和 Al_2O_3 为主。磁铁矿在烧结过程中不能直接与 CaO 作用生成铁酸钙，Fe_3O_4 必须先氧化生成 Fe_2O_3，然后才能与 CaO 作用生成铁酸钙。磁铁矿烧结时，铁酸钙的形成主要在冷却带发生，在燃烧带前基本不形成，由于冷却时间很短，铁酸钙的生成量是很有限的，烧结矿中其质量分数最高为 30% ~35%。赤铁矿在烧结过程中直接与 CaO 作用生成的铁酸钙较早生成液相，温度一般在 1150℃。赤铁矿烧结时，燃烧带迅速形成大量的针状铁酸钙，烧结矿中最终铁酸钙的质量分数多达 50%。而烧结矿中铁酸钙的含量和结晶形态决定着烧结矿的质量，因为铁酸钙有良好的强度和还原性能。

目前国内大多数企业的烧结矿原料中外矿的比例已经达到 50% 以上，很多沿海企业的外矿比例几乎是 100%。因为矿石市场变化非常快，很多企业面临着矿种的频繁变化，如何应对这种变化是很多企业面临的问题。通过烧结杯实验对配矿后的结果进行对比分析指导烧结生产，是避免配矿风险的有效手段。

（3）提高 CaO 矿化，减少残余 CaO。提高 CaO 矿化的矿化能力应从提高白灰的质量和充分的消化两个方面做工作。提高白灰质量在于控制其粒度均匀性，小于 3 mm 粒级能够达到 85% 以上，活性白灰的氧化钙质量分数应能达到 75% 以上，按照烧结矿的碱度核算的有效 CaO 的质量分数应该达到 70% 以上，白灰的活性要达到 280 mL 以上。对生产烧结用活性白灰的设备而言，使用煤气作为燃料的石灰窑要比使用白煤作燃料的土窑有明显的优势，气烧石灰窑不会造成活性石灰中 SiO_2 含量和 S 含量的升高。

（4）防止或减少正硅酸钙 2 CaO · SiO_2 的破坏作用。在生产中可以采用如下措施：

1）使用粒度较小的石灰石、焦粉、矿粉加强混合作业，改善 CaO 与 Fe_2O_3 的接触，尽量避免石灰石和燃料的偏析。

2）提高烧结矿的碱度。实践证明当烧结矿碱度提高到 2.0 ~ 5.0 时，剩余的 CaO 有助于形成 3CaO · SiO_2 和铁酸钙。当铁酸钙中的 2CaO · SiO_2 质量分数不超过 20% 时，铁酸钙能稳定 β – 2CaO · SiO_2 晶型。此外，添加少量 MgO、Al_2O_3 和 Mn_2O_3 对 β – 2CaO · SiO_2 晶型转变也有稳定作用。

3）在 β – 2CaO · SiO_2 晶体中，加入少量的磷、硼、铬等元素以取代或填隙方式形成固溶体，可以使其稳定。如烧结迁安铁精矿，配入 1.5% ~ 2.0% 的磷灰石，能有效地抑制烧结矿的粉化。

4）燃料用量要低，严格控制烧结料层的温度不能过高。

（5）严格控制烧结矿冷却制度，研究表明，烧结矿由烧结温度缓慢冷却（冷却速度为 10 ~ 15℃/min）到 800℃，烧结矿再结晶进行完全，其强度高，否则冷却速度过快，液相不能将其潜能释放出来，就易形成破碎的玻璃质。但在 800℃ 以下降低冷却速度，并不能得到好的效果，因缓冷有助于正硅酸钙的低温相变，使烧结矿强度有所下降。

（三）烧结矿 FeO 的判断及改进调整

1. 烧结矿 FeO 的判断

烧结矿 FeO 含量可以从烧结矿熔化的程度来判断，正常的烧结矿很像小气孔发达的海绵。在烧熔的烧结矿中，其组织为熔化的大气孔状，随着熔化程度的增加，FeO 含量也升高。

从颜色来判断，有金属光泽的 FeO 含量低，呈瓦灰色的 FeO 含量高。

从强度来看，FeO 含量适中，强度好；FeO 含量过高，强度差，发脆。

2. 烧结矿中 FeO 的调整

烧结矿生成 FeO 的机理为：烧结在还原性气氛强的情况下，也就是配炭很高的情况下，C 和 CO 容易与高价铁的氧化物反应，生成 FeO。FeO 在烧结过程中不是单独存在的，它可形成少量的浮氏体 Fe_xO，大部分 FeO 与 SiO_2 和 CaO 在燃烧带的高温下形成铁橄榄石和钙铁橄榄石。此种矿物具有较高的强度，但还原性较差。因此，烧结要求降低 FeO，关键在于控制气氛为氧化性气氛和燃烧带的温度。

在烧结矿的生产过程中通过以下途径降低 FeO 含量：

(1) 控制固体燃料的粒度。对烧结过程使用的煤粉和焦粉的粒度组成严格控制,煤粉和焦粉的粒度粗大,在烧结过程中其周围形成还原性气氛,就会造成这部分区域乃至整体烧结矿的 FeO 升高。大多数企业要求煤粉和焦炭小于 3 mm 的粒度组成达到 85%。很多单位对破碎对辊的管理也有明确的要求,如对辊间隙、破碎机作业率等。

(2) 稳定燃料质量。稳定燃料质量是稳定烧结混匀料固定碳含量的重要手段。要求焦粉中固定碳的质量分数在 85% 以上,要求煤粉中固定碳的质量分数在 75% 以上,而且批次之间差距小。煤粉和焦粉在切换的时候要及时地调整配炭量来稳定混匀料的固定碳含量。

(3) 改善配炭的手段。在烧结配料阶段强调配炭称量设备的稳定性和精度。在一次混匀后监测半成品的含碳量,调整外配煤的比例,为厚料层烧结创造条件。

(4) 改善烧结过程的自动蓄热能力。改善烧结料层的自动蓄热包括均匀布料、厚料层烧结、热风烧结等措施。料层中小球粒度均匀,料层透气性好,能够实现厚料层烧结,从而依靠改善的蓄热功能降低烧结过程对固体燃料的依赖,用以降低烧结矿中 FeO 的含量。

降低烧结矿 FeO 是要在保证烧结矿烧透并保证较好的冷却强度的前提下,降低烧结矿 FeO 含量,如果牺牲了强度是错误的做法。

(四) 烧结矿低温还原粉化性能的改进

1. 影响烧结矿低温还原粉化的原因

烧结矿产生低温还原粉化主要是由于 Fe_2O_3还原为 Fe_3O_4时体积发生膨胀,引起烧结矿表层的破裂。其影响因素为:

(1) 原料条件。赤铁矿烧结矿含 Fe_2O_3较多,因而低温粉化较严重。

(2) 烧结工艺条件。高料层、低碳、低 FeO(质量分数小于 8%)时,低温还原粉化严重一些;机上冷却使磁铁矿再氧化,Fe_2O_3增加,低温还原粉化严重一些。

(3) 高碱度烧结矿及高 MgO 烧结矿由于 Fe_2O_3与 MgO 结合,游离 Fe_2O_3低,减轻粉化。

(4) 精矿及其他矿石中含有特殊元素,如 Ti、K、Na 可促进反应进行,增加了低温还原粉化的严重性。

2. 防止低温还原粉化的措施

防止低温还原粉化的措施有:

(1) 不要过分降低烧结矿中 FeO 的含量。从邢钢对 180 m^2烧结机的研究表明,烧结矿中 FeO 含量减少,烧结矿中赤铁矿含量相应增加,还原过程中赤铁矿晶型转变造成粉化率提高。有关研究证明:w(FeO) < 8% 时,低温还原粉化率随 FeO 降低的幅度最大;w(FeO) 在 8% ~10% 时,低温还原粉化率随 FeO 降低的幅度趋缓;w(FeO) > 10% 时,低温还原粉化率随 FeO 变化不明显。

(2) 生产高碱度和适当 MgO 含量的烧结矿。一般生产碱度在 1.8 ~2.0 的烧结矿与低碱度和自熔性烧结矿相比,具有强度好、还原性能好、低温还原粉化率低、软熔温度高等特点。国内多年研究表明,当原料品位低,烧结温度高时,在碱度为 1.6 ~2.0 的范围内,有一个强度最低点,这是由于大量的正硅酸钙生成,且冷却时转变成了 $\gamma-2CaO\cdot SiO_2$,体积增大 10%,造成烧结矿碎裂所引起。

关于高碱度烧结矿碱度值的选择应考虑以下几个方面的因素:

1）根据所使用的原燃料，选择最佳的操作制度，研究不同碱度烧结矿的矿物组成、结构构造、高温性能与相应的强度指标。

2）根据酸性炉料的种类、性质、供应量与价格，确定和高碱度烧结矿搭配的方案。

3）研究酸性炉料混合物的软熔特性，残重焦比、焦炭和煤粉的灰分、炉渣碱度等指标，确定最佳烧结矿碱度值，以求获得较好的高炉冶炼技术经济指标和最低的生铁成本。

（3）在烧结原料中减少 Ti、K、Na 等元素的含量。碱金属对低温区矿石的冶金性能有很大的影响，东北大学与河北理工大学联合做了实验室研究，得到了相关定量的结果。在 550℃ 条件下，对广钢烧结矿和球团矿进行了低温还原粉化试验，试验结显示随着 K_2O 含量的增加，烧结矿和球团矿的低温还原粉化率 $RDI_{-3.15}$ 和 $RDI_{-0.5}$ 升高，而 $RDI_{+6.3}$ 却迅速下降。如烧结矿 $RDI_{+6.3}$ 由 80%（$w(K_2O)=0$）下降到 50.21%（$w(K_2O)=2.5\%$）；球团矿的 $RDI_{+6.3}$ 由 100%（$w(K_2O)=0$）下降到 79.32%（$w(K_2O)=2.5\%$）。

在还原过程中，吸附的碱金属会逐渐进入烧结矿的 Fe_xO 晶格。由于碱金属对还原反应的催化作用，使该区域的金属铁晶体生长较快，在相界面上产生应力，应力积累到一定程度就会产生大量的裂纹，导致粉化率升高。

烧结矿中钛赤铁矿增加，会改善烧结矿的还原性能，烧结矿的低温还原粉化的作用也会加剧。

对于高炉生产而言，Ti 和碱金属不但会破坏含铁原料，造成过度的低温还原粉化，也会对炉内的焦炭起到破坏作用，并扰乱炉内温度区的正常分布，所以无论从烧结生产还是高炉冶炼方面都需要对这几种成分严格控制。

（4）在混合料中配加微量 $CaCl_2$ 添加剂或在烧结矿表面喷洒 $CaCl_2$ 稀溶液。烧结矿进入高炉上部时，由于受到 CO 还原气体的作用，六面体的 Fe_2O_3 被还原成立方体的 Fe_2O_3，因为晶型转化导致烧结矿发生粉化。烧结矿的低温还原粉化严重恶化高炉上部透气性，造成高炉炉况不顺，产量降低，焦比升高，而且对高炉炉内煤气的均匀分布、炉龄、炉墙及热损失造成影响。

对于不同的高炉而言，高炉冶炼周期长，炉料在中上部区域停留的时间长，低温还原区间长，也就使得低温还原粉化的作用加剧。相对而言，大型高炉由于炉身大，冶炼周期长，对低温还原粉化指标的要求比中小型高炉要严格。

通常改变烧结矿的内在成分能够起到改善低温还原粉化指标的目的，但是其原理是增加难还原的成分，对烧结矿的整体性能是起到负面作用的。通过在成品烧结矿上喷洒 $CaCl_2$ 溶液，使得溶液在烧结矿表面形成包裹的膜，由于 $CaCl_2$ 的挥发温度较高，在炉内低温区间，减少了炉内还原性气体对烧结矿的还原作用，从而降低低温还原粉化的破坏作用。

钢铁企业根据自身烧结矿的性能和高炉的要求，选择的 $CaCl_2$ 溶液的浓度和喷洒数量也是不同的，一般选择的溶液浓度从低到高为 1.0%、1.5%、2.5%。

一些实验确定，烧结矿的最大粉化率多发生在 500～550℃ 的温度范围内。这固然与碳的沉积有关，但与烧结矿本身的矿物结构、固结强度的关系更为密切。当烧结矿的固结强度不足以克服 Fe_2O_3 还原膨胀所产生的内应力时，烧结矿便发生破碎粉化。然而，并不是所有 Fe_2O_3 还原时都粉化，Fe_2O_3 有多种形态，造成粉化的是骸晶状菱形赤铁矿由烧结熔体中的赤铁矿和铁酸钙在高温下分解出的磁铁矿再氧化生成的，因为熔体中生成的磁铁矿呈分散状态，冷却时很快被氧化成次生赤铁矿，主要分布在气孔、裂纹和粒状残存原矿的周围，呈平行连晶状,称之为骸晶状菱形赤铁矿。烧结矿中大约有9.8%,其低温还原粉化率为46.5%。

三、相关知识

(一)烧结矿的质量标准及对高炉冶炼的影响

1. 烧结矿的质量标准

烧结矿化学成分的检测包括烧结矿品位、烧结矿中 $w(CaO)$、$w(SiO_2)$、$w(MgO)$、$w(Al_2O_3)$ 以及对产品质量有害的元素包括S、P等的含量。其中烧结矿的品位和碱度的稳定率是考核烧结矿成分的重要指标。另外,对高炉各部位耐材起到破坏作用的有害成分也是烧结生产过程中需要关注和监测的,但是这部分成分的监测周期一般不需要像主要成分检测一样密集,这些有害成分主要包括:Cu、Pb、Zn、K、Na等。在一些特殊矿种的地区,Ti和V也是重要监测成分。对烧结矿成分的质量标准要求随着矿种的不同和地区的差异也是有所不同的。

烧结矿在化学成分以外的质量要求主要包括烧结矿强度指标和高温冶金性能指标。烧结矿具体质量标准内容见表9-5。

表9-5　烧结矿的质量指标

碱度 $w(CaO)/w(SiO_2)$	品位	$w(TFe)$ /%	$w(FeO)$ /%	碱度波动	$w(S)$ /%	转鼓指数 (+6.3)/%	抗磨指数 (-0.5)/%	筛分指数 (-5.0)/%	还原度 *RI*/%	*RDI* (+3.15)/%
1.50～2.50	一级	±0.5	<12.0	$R\pm0.08$	<0.08	>66.0	<6.0	<7.0	>65.0	>60.0
	二级	±1.0	<14.0	$R\pm0.12$	<0.12	>63.0	<8.0	<9.0	>62.0	>58.0
	优质	±0.3	<10.0	$R\pm0.08$	<0.04	≥70.0		<5.0	>65.0	>60.0
1.00～1.50	一级	±0.5	<12.0	$R\pm0.05$	<0.06	>62.0	<7.0	<9.0	>65.0	>62.0
	二级	±1.0	<15.0	$R\pm0.10$	<0.08	>59.0	<9.0	<11.0	>59.0	>60.0

注:1. TFe、碱度波动的基数由企业自定;
2. 冶金性能指标暂不考核,但生产厂应进行检验报出数据。

2. 烧结矿质量对高炉的影响

烧结矿质量对高炉的影响主要有:

(1)统计数据表明,烧结矿含铁品位下降1%,高炉焦比上升2%,产量下降3%。

(2)烧结矿的FeO变动1%,影响高炉焦比1%～1.5%,影响产量1%～1.5%。FeO同时影响烧结矿的还原性和软熔性能。

(3)S和P是钢与铁的有害元素,如入炉矿石中含S升高0.1%,高炉焦比升高5%,而且S使铸铁件易产生气孔,使钢在热加工过程中产生热脆现象。因此要求烧结矿的S、P等有害杂质含量越低越好。

(4)烧结矿的碱度 $w(CaO)/w(SiO_2)$ 在1.2以下,每变动0.10,影响高炉焦比和产量3.0%～3.5%。

(5)烧结矿的强度对高炉冶炼也有一定的影响,强度不够时,容易破碎成粒度小于5mm的粉矿,而粉矿含量变动1%,影响高炉焦比0.5%,影响高炉产量0.5%～1.0%。烧结矿强度指标主要影响高炉炉内的透气性,有一定强度并且粒度均匀是烧结矿生产追求的目标。

(6) 烧结矿的还原性对焦比和产量的影响。烧结矿在高炉内的直接还原度(*RD*)增加10%,焦比上升8%~9%,产量下降8%~9%。烧结矿试样在60 min、1000℃条件下的间接还原度每提高5%,高炉煤气中CO利用率(η_{CO})提高0.66%。

(7) 烧结矿的低温还原强度(*RDI*)每提高5%,煤气中的CO的利用率(η_{CO})降低0.5%,产量下降1.5%,焦比上升1.55%。烧结矿低温还原粉化指标主要体现在对高炉中上部低温区域透气性指标的影响,这一指标如果不理想会恶化高炉上部透气性。

(8) 荷重软化性能对高炉操作的影响。一般烧结矿碱度在1.85±0.1条件下,软化的开始温度在1200~1220℃,软化终了温度在1320~1330℃,软化温度区间在110~120℃,如果软化温度区间(软化终了温度-软化的开始温度)变小,对改善高炉软熔带的透气性是有利的,反之,如果软化开始温度下降,软化温度区间自然变大,不利于软熔带透气性的改善。软熔带对高炉煤气的阻力是高炉炉内压差的主要来源,改善这个区域的透气性指标能够起到增产和降低消耗的作用,具体的改善结果与各厂的原料结构有关系。

(9) 熔融滴落性能对高炉操作的影响。烧结矿的熔滴性能是冶金性能最重要的性能,大量研究检测表明,含铁炉料熔滴带的阻力损失占整个高炉阻力损失的2/3以上,熔滴性能直接影响高炉内熔滴带的位置和厚度,影响Si、Mn等元素的直接还原,从而影响生铁的成分和高炉技术经济指标。

(二) 烧结矿的矿物组成、结构及其对品质的影响

1. *烧结矿的矿物组成*

从烧结的固相反应、液相生成和冷凝固结全过程可以看出,烧结矿是一种由多种矿物组成的复合体。由于原料条件和烧结工艺条件不同,其矿物组成不尽相同,但总是由含铁矿物及脉石矿物两大类组成的液相黏结在一起的。含铁矿物有磁铁矿(Fe_3O_4)、方铁矿(或称浮氏体Fe_xO)、赤铁矿(Fe_2O_3),黏结相矿物主要是铁橄榄石、钙铁橄榄石、硅灰石、硅酸二钙、硅酸三钙、铁酸钙、钙铁辉石等,此外还有少量反应不完全的游离石英(SiO_2)和游离石灰(CaO)等。

2. *烧结矿的结构*

烧结矿的结构一般是指在显微镜下矿物组成的形状、大小和它们相互结合排列的关系。随着生产工艺条件的变化,不同烧结矿在显微结构上也有明显的差异。以下是常见的烧结矿显微结构:

(1) 粒状结构。它是由烧结矿中先结晶出的自形晶、半自形晶或他形晶的磁铁矿与黏结相矿物晶粒相互组成的。

(2) 斑状结构。它是由磁铁矿斑状晶体与较细粒的黏结相矿物相互结合而成的。

(3) 骸状结构。它指的烧结矿中早期结晶的磁铁矿晶体中,有黏结矿物充填于其内,而仍大致保持磁铁矿原来的结晶外形和边缘部分的骸晶状结构。

(4) 丹点状的共晶结构。它指的是烧结矿中磁铁矿呈圆点状存在于橄榄石晶体中和赤铁矿圆点状晶体分布在硅酸盐晶体中的结构,因为前者是$Fe_3O_4-Ca_x\cdot Fe_{2-x}\cdot SiO_2$系共晶形成的,而后者是该系统共晶体被氧化而形成的。

(5) 熔蚀结构。它常在高碱度烧结矿中出现,磁铁矿被铁酸钙熔蚀,是晶粒细小、浑圆形状的磁铁矿,他形晶或半自形晶,与铁酸钙紧紧相连而形成熔蚀结构。两者之间有较大的

接触面和摩擦力，因此镶嵌牢固，烧结矿有较好的强度，它是高碱度烧结矿的主要矿物结构。

如前所述，由于液相冷却析晶时，浓度和温度的不均匀性以及矿物晶体本身的特点不同，各种集合体可以树枝状、针状、柱状、片状、板状等形式凝固组成。

3. 烧结矿的矿物组成、结构对其品质的影响

烧结矿冷凝形成的矿物组成及其结构是影响烧结矿质量（主要表现在强度及还原性上）的重要因素。

对强度的影响表现在：

（1）烧结料的矿化和黏结相的发展程度。由于烧结过程的高温阶段短暂，具有一定粒度的烧结料不可能全部熔化而转变为液相，总有部分残留原矿，但是对熔剂则要求百分之百矿化。因为 CaO 残余的存在遇水形成 $Ca(OH)_2$，造成烧结矿破裂。

（2）烧结矿矿物组成中矿物或玻璃相的自身强度。研究表明，烧结矿强度具有加和性，即其强度由各矿物强度与该矿物所占份额的乘积的总和表示出来。磁铁矿、赤铁矿、铁酸一钙、铁橄榄石有较高的强度；其次为钙铁橄榄石及铁酸二钙，但钙铁橄榄石 $CaO_{1.5}\cdot FeO_{0.5}\cdot SiO_2$强度相当低而且易形成裂缝，因为它的晶格接近于 $2CaO\cdot SiO_2$；玻璃体的强度最低，分布在钙铁橄榄石及铁橄榄石结晶体中间的整体及单一玻璃质影响强度最严重。

（3）矿物组成和结构形成过程中伴随产生的内应力。烧结矿冷却过程中产生的内应力有由于烧结矿表面与中心温差的存在而产生的热应力；不同线膨胀系数而引起的矿物相之间的应力和正硅酸钙多晶转变引起的相应力。其中以正硅酸钙的多晶转变引起的相应力破坏烧结矿强度最严重。因为热应力可以用缓慢冷却或热处理方法消除，而 $2CaO\cdot SiO_2$在温度变化时的多晶转变，伴有巨大的体积变化（675℃时 $\beta\rightarrow\gamma$ 晶型转变体积增大 10%），导致烧结矿粉化。生产中可采用加入具有相应离子的物质（如 P_2O_5、B_2O_3等）进入高温变形的晶格空间点阵以形成固溶体而防止 β 型 $2CaO\cdot SiO_2$的相变；或加入一定数量结晶状的附加物使它包围 $2CaO\cdot SiO_2$晶体颗粒以形成一种阻止颗粒膨胀的薄膜，机械阻止 $\beta\rightarrow\gamma$ 的相变，有人认为超高碱度（3～4）烧结矿中 20%～25% 的 $2CaO\cdot SiO_2$未粉化就是铁酸钙黏结相起这种机械阻止的缘故；还可在 850～1430℃ 的温度范围内对烧结矿进行淬火，在高速冷却下，使正硅酸钙在常温下保持住 $\alpha-2CaO\cdot SiO_2$稳定晶型。

对还原性的影响表现在：

（1）矿物组成自身的还原性。研究表明赤铁矿、磁铁矿、铁酸半钙和铁酸一钙容易还原，铁酸二钙还原性较差，玻璃体、钙铁橄榄石、钙铁辉石，特别是铁橄榄石难于还原。对于以酸性脉石为主的非熔剂性烧结矿来说，黏结相主要是铁橄榄石和玻璃体，所以其还原性差。随着碱度的增加，很难还原的铁橄榄石为钙铁橄榄石所代替，铁酸钙增加，烧结矿的还原性变好。但有些烧结矿在碱度 2.0～2.5 以上时，还原性由于铁酸二钙出现而有变差的趋势。

（2）矿物结构。由于烧结矿的还原是还原性气体扩散到反应界面进行的，因此还原性好坏与矿物晶体大小、分布情况、黏结相的多少及气孔率等有关。大块的或者被硅酸盐包裹着的难还原，相反，晶粒细小密集而且黏结相少的易还原；气孔率低而且大部分是由铁橄榄石或玻璃质组成的气孔壁还原性差，而气孔率高（大孔和微孔）、晶体嵌布松弛以及裂纹多的易还原。

巩固训练

一、填空题

1. 烧结矿的矿物组成主要由________决定。
2. 烧结矿中________含量的变化，是其还原性好坏的重要标志。
3. 烧结矿的质量包括三个方面：物理性能、化学性能和________。
4. 烧结矿的宏观结构一般为________。
5. 烧结矿冷却过程中，正硅酸钙会发生________，尤其是β-$2CaO \cdot SiO_2$很不稳定，从而造成烧结矿________。
6. 烧结过程中矿物结晶的好坏与烧结温度水平、________和冷却速度等因素有关。
7. 烧结矿的低温还原粉化率取决于________及再生Fe_2O_3的发展程度。
8. 烧结矿的还原性不仅取决于FeO的含量高低，还与烧结矿的结构及________有关。
9. 铁矿石的软化性是指________和矿石软化温度区间两个方面。
10. 在一定条件下，烧结矿产量同________基本成正比。
11. 低硅烧结的主要目的是为了________。
12. 矿石的还原性与矿物组成、结构致密程度、________有关。
13. 在烧结生产中，当风量增加到一定程度后，就会出现烧结矿强度下降的趋势，这是由于风量增加，烧结矿________加快造成的。
14. 烧结矿的还原性降低，主要是由________操作引起的。
15. ________指烧结矿中再生的Fe_2O_3在低温即500℃还原中碎裂程度。
16. 烧结矿中有游离________存在，则遇水消化，体积增大一倍，烧结矿会因为应力而粉碎。
17. 正硅酸钙在670℃时发生________，体积膨胀，造成烧结矿低温粉化。

二、选择题

1. 目前我国试行的转鼓指数的粒度标准为(　　)。
   A. 5.0mm　　B. 5.8mm　　C. 6.3mm
2. 衡量烧结矿抗摩擦和抗冲击能力的指标是(　　)。
   A. 筛分指数　　B. 转鼓指数　　C. 抗压指数
3. 烧结矿长期储存会发生(　　)。
   A. 自然粉化　　B. 结块　　C. 变质
4. 抑制$2CaO \cdot SiO_2$相变的不利措施是(　　)。
   A. 超高碱度烧结　　B. 提高MgO　　C. 加适量磷
5. 影响烧结矿的低温还原粉化率的主要因素是(　　)。
   A. Fe_2O_3相变　　B. 高MgO　　C. 超高碱度　　D. Fe_3O_4含量大
6. 烧结矿矿相中针状铁酸钙生成条件有(　　)。
   A. 高温及氧化性气氛　　B. 氧化性气氛及低温　　C. 适当低温及还原气氛
7. 正硅酸钙在670℃由β晶型向γ晶型转变，导致体积膨胀大约(　　)。
   A. 15%　　B. 10%　　C. 5%
8. 烧结矿中残留有自由的CaO，称(　　)。

A. 矿化作用　　B. 铁酸钙　　C. 白点　　D. 同化作用

9. 筛分指数是指烧结矿试样筛下(　　)粒级的量与原始试样量的百分比。

A. 5 ~ 0 mm　　B. 6.3 ~ 0 mm　　C. 6.3 ~ 5 mm

三、问答题

1. 评价烧结矿的质量指标主要有哪些,烧结矿质量对高炉冶炼有什么影响?
2. 碱度高低对烧结过程有什么影响?
3. 在生产中采取何种措施可以提高烧结矿的冷态强度?
4. 改善烧结矿的还原性应采取哪些措施?
5. 改善烧结矿的低温还原粉化性应采取哪些措施?

学习情境二

球团矿生产

铁精矿用球团方法造块是1912年由瑞典人最早提出的，1947年在美国正式投入生产。20世纪50年代，由于贫铁矿被大量采用和选矿工业的发展，细磨铁精矿的产量大增，球团矿的生产迅速发展，产量增长很快。我国对球团矿的研究和应用始于20世纪50年代，70年代后，随着"高碱度烧结矿配加酸性球团矿"这种合理炉料结构的推广，我国球团工业的发展进入稳定发展时期，球团矿的产量已由2003年的近30Mt到2010年的90Mt。从世界先进的高炉炼铁炉料结构看，球团矿的比例不断增加，一般已增加到30%～50%。当今世界最先进的高炉炼铁在西欧，西欧高炉炼铁球团矿用量已发展到30%～70%。近年来国内炼铁球团矿产量和用量大幅增加，不仅中小型高炉普遍使用，大型高炉如马钢2500 m^3高炉、昆钢2000 m^3高炉、宝钢、攀钢等也加大了球团矿的配料比例。大力发展球团矿已成为有关权威机构、学术会议以及生产厂家关注的焦点和共识，国内目前已形成一股球团矿"热"。

1. 球团矿的定义

将准备好的原料（细磨精矿或其他含铁粉料，添加剂或黏结剂等），按一定的比例配料混匀，在造球机上经滚动造成一定粒度的生球，然后采用干燥和焙烧或其他方法使其发生一系列的物理化学变化而硬化固结，所得到的产品就称做球团矿。它不仅是高炉炼铁、直接还原和熔融还原的原料，还可作为炼钢的冷却剂使用。球团矿作为良好的高炉炉料，不仅具有规则的形状、均匀的粒度、较高的强度（抗压和抗磨），能进一步改善高炉的透气性和炉内煤气的均匀分布；而且球团矿 FeO 含量低，有较好的还原性（充分焙烧后，有发达的微孔），更有利于高炉内还原反应的进行。酸性球团矿与高碱度烧结矿搭配，可以构成高炉合理的炉料结构，使得高炉达到增产节焦、提高经济效益的目的。因此，球团矿在我国高炉操作者的心目中称之为"顺气丸"，其冶金性能好，非其他熟料所能比。

2. 球团矿的生产背景

由于对炼铁用铁矿石品位的要求日益提高，大量开发利用贫铁矿资源后，选矿提供了大量细磨铁精矿粉（<0.074 mm，即200目）。这样的细磨铁精矿粉用于烧结不仅工艺技术困难，烧结生产指标恶化，而且能耗浪费。而球团矿机械强度好，粒度均匀；便于长期储存和长途运输，可成为商品。目前，我国"高碱度烧结矿配加酸性球团矿"这种合理炉料结构已经推广。

20世纪10年代瑞典人提出球团方法，50年代美国、加拿大首先工业化生产，球团工艺较复杂、投资较大，发展烧结还是发展球团最主要看原料条件，采用何种方法来处理物料要根据具体条件，如原料种类、粒度、厂址、运输条件、环保要求、技术经济指标等进行综合分析比较决定。

3. 球团矿的分类

球团生产方法有许多种，可按固结温度、固结时的气氛划分，也可按生产设备划分，具体分类方法见表00-1。

表00-1　球团生产方法分类

高温固结	氧化焙烧	竖炉法 带式机焙烧 链算机—回转窑焙烧
	还原焙烧（金属化球团）	回转窑法 竖炉连续装料法 竖炉间歇装料法 带式机法
	氯化焙烧	竖炉法 链算机—回转窑法
	磁化焙烧	竖炉法（在中性或弱还原气氛中焙烧）
低温固结	水泥法	
	碳酸化法	
	焦化固结法	
	其他方法	

4. 球团矿生产的工艺流程

通常，球团矿的生产工艺流程包括原料的准备、配料、混合、造球、干燥预热焙烧、成品与返矿的处理等环节，如图00-1所示。

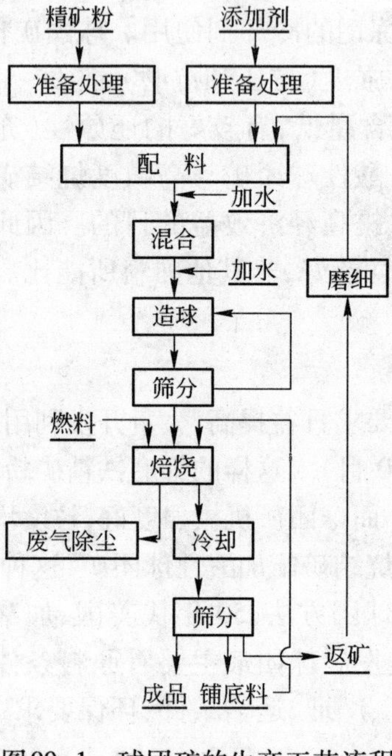

图00-1　球团矿的生产工艺流程

任务十 造球操作与控制

教学目标

(1) 叙述球团矿生产对含铁原料、黏结剂有哪些要求。
(2) 明确水分在造球过程中的作用。
(3) 描述含铁原料的成球过程。
(4) 根据所学知识,正确控制生球水分。
(5) 明确生球粒度与成球速度的控制措施。
(6) 运用所学知识,引起生球强度变化的可能原因有哪些。
(7) 明确圆盘造球机的操作方法。
(8) 对于造球过程中常见的事故加以正确的处理。
(9) 独立完成生球强度与爆裂温度的检验。

一、任务分析

(一) 任务的提出

球团矿使用的原料种类较少,所以配料、混合工艺比较简单,如同烧结一样。球团焙烧之前应先造球,造球是球团矿生产工艺中非常重要的环节,所造生球性能直接影响后续的干燥、预热、焙烧工序及最终成品的产量和质量。对生球的性能要求主要包括生球水分、粒度组成、抗压强度、生球落下强度以及生球的破裂温度,例如合适的生球粒度会提高焙烧设备的生产能力和降低单位热耗;生球破裂温度越高,允许干燥温度就越高,相应干燥速度就越快,球团矿产量就越高;生球的抗压强度和落下强度提高,则生球在转运和焙烧过程中不容易破碎,料层的透气性好,焙烧均匀,相应提高球团矿的产量和质量。

(二) 工作任务描述

该工作任务主要由造球岗位完成,工作对象为生球的产量和质量指标,工作环境为造球平台,主体设备是圆盘造球机,如图10-1所示。工作过程为:接受烘干、润磨等岗位运送来的原料,控制与调节圆盘造球机设备参数、圆盘给料机给料量以及圆盘造球机加水量,维护好造球岗位主体设备,对设备进行点检与维护,保证生球的产量和质量,交付给布料工。对该工作任务的要求有:

(1) 知道生球粒度过大、过小如何调整;
(2) 知道生球落下强度或抗压强度不合格如何调整;
(3) 知道生球产量达不到要求应如何调整;
(4) 熟练掌握造球系统设备的操作;
(5) 能够对造球系统设备进行点检与维护;

(6) 知道造球设备出现故障或造球岗位出现停电、停水等事故的处理方法;

(7)工作过程中要保证安全,并且具有节能降耗的意识;

(8) 及时与配料、烘干、布料等岗位做好生产信息的沟通。

图 10-1　圆盘造球机

二、任务实施

(一) 生球的质量检测

生球质量的好坏对成品球团矿质量有着重要意义。质量良好的生球是获得高产、优质球团矿的先决条件。优质的生球必须具有适宜而均匀的粒度、足够的抗压强度和落下强度以及良好的抗热冲击性。

1. 生球的粒度组成

生球的粒度组成用筛分方法测定。我国所用方孔筛尺寸(mm×mm)为25×25、16×16、10×10、6.3×6.3,筛底的有效面积有400mm×600mm 和500mm×800mm 两种。可采用人工筛分和机械筛分。筛分后,用不同粒度(mm):>25.0、16.0~25.0、10.0~16.0、6.3~10.0、<6.3 的各粒级的质量分数表示。

生球粒度组成一般为:10~16mm 粒级的含量不少于85%,大于16mm 粒级和小于6.3mm 粒级的含量均不超过5%,球团的平均直径以不大于12.5mm 为宜。国外控制在10~12.7mm,这样可使干燥温度降低,提高球团的焙烧质量和生产能力。同时,在高炉中由于球团粒度均匀,孔隙度大,气流阻力小,透气性好,还原速度快,为高炉高产低耗提供有利条件。若粒度过大,不仅降低球团在高炉内的还原速度,而且使造球机产量降低,也限制生球干燥和焙烧过程的强化。

2. 生球的抗压强度

生球的抗压强度是指其在焙烧设备上所能承受料层负荷作用的强度，以生球在受压条件下开始龟裂变形时所对应的压力大小表示。抗压强度的检验装置大多使用利用杠杆原理制成的压力机，如图 10-2 所示。

选取 10 个粒度均匀的生球(一般直径为 11.8～13.2 mm 或 12.5 m 左右)，逐个置于天平盘的一边，另一边放置一个烧杯，通过调节夹头，让容器中的铁屑不断流于烧杯中，使生球上升与压头接触，承受压力。至生球开始破裂时中止加铁屑，称量此时烧杯及铁屑的总质量，即为这个生球的抗压强度。以被测定的 10 个生球的算术平均值作为生球的抗压强度指标。

生球的抗压强度指标为：湿球不小于 90 N/个，干球不小于 450 N/个。

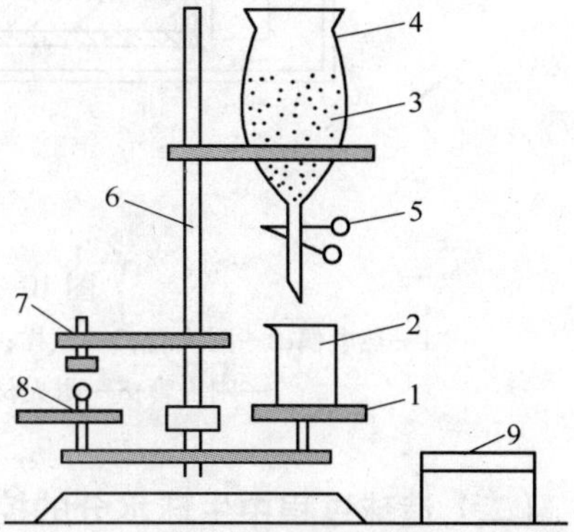

图 10-2　生球抗压强度的检验装置
1—天平；2—烧杯；3—铸铁屑；
4—容器；5—夹头；6—支架；
7—压头；8—试样；9—砝码

德国鲁奇公司研究所除了检验生球平均强度外，还检验生球的残余抗压强度，其方法是：选取 10 个粒度均匀的生球，在事先选择好的高度上(生球自此高度落下既不破裂也不变形)自由落下 3 次，然后做抗压试验，破裂时的压力作为残余抗压强度，残余抗压强度应大于原有强度的 60%。该所认为残余抗压强度更能真实反映抗压能力。

3. 生球的落下强度

生球由造球系统到焙烧系统过程中，要经过筛分和数次转运后才能均匀地布在台车上进行焙烧，因此，必须要有足够的落下强度以保证生球在运输过程中既不破裂又很少变形。其测定的方法是：取直径为接近平均直径的生球 10 个，将单个生球自 0.5 m 的高度自由落到 10 mm 厚的钢板上，反复进行，直至生球破裂时为止的落下次数，求出 10 个生球的算术平均值作为落下强度指标，单位为“次/个球”。

生球落下强度指标的要求与球团生产过程的运转次数有关，当运转次数小于 3 次时，落下强度最少应定为 3 次，超过 3 次的最少应定为 4 次。

由于生球的抗压强度和落下强度分别与生球直径的平方成正比和反比，因此，作为两种强度试验的生球，都应取同等大小的直径，并接近生球的平均直径，以更具代表性。

4. 生球的破裂温度

在焙烧过程中，生球从冷、湿状态被加热到焙烧温度的过程是很快的。生球在干燥时便会受到两种强烈的应力作用——水分强烈蒸发和快速加热所产生的应力，从而使生球产生破裂或剥落，结果影响了球团的质量。生球的破裂温度就是反映生球热稳定性的重要指标，是指生球在急热的条件下产生开裂和爆裂的最低温度。要求生球的破裂温度越高越好。

检验生球破裂温度的方法依据干燥介质的状态可分为动态法和静态法。动态法更接近生产实际，所以普遍采用。目前测定方法还未统一，我国现采用电炉装置测定，如图 10-3 所示。方法为：取直径为 10～16 mm 的生球 10 个或 20 个，放入用电加热的耐火管中。每次升温 25℃，恒温 5 min，并用风机鼓风，气流速度控制为 1.8 m/s(工业条件时的气流速度)。以 10%

的生球呈现破裂时的温度值作为生球的破裂温度指标。一般要求破裂温度不低于400℃。

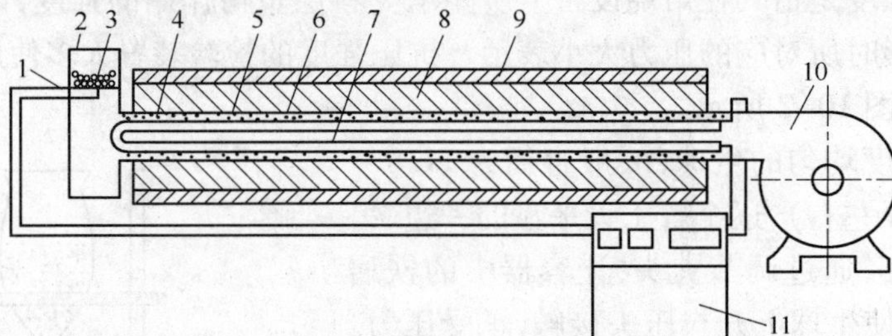

图 10-3　生球破裂温度的测定装置

1—热电偶；2—耐火管；3—试样；4—耐火纤维；5—氧化铝管；6—2×4kW·h 铁铬铝电炉丝；7—刚玉管；8—耐火材料；9—钢壳；10—鼓风机；11—可控硅温控装置

（二）造球过程中生球水分的控制

1. 造球过程中生球水分与生球强度的关系

造球最佳水分，应根据生球的抗压强度和落下强度这两个重要的特性来确定。水分高于或者低于最佳值时，生球强度都会下降。因为水分低于最佳值，生球中矿粒之间毛细水不足，孔隙被空气填充，因此，生球非常脆弱。若水分过大，使矿粒间毛细管的水过于饱和，这时毛细黏结力将不存在，球就会互相黏结、变形。不同的原料，其最佳造球水分是不相同的。用含铁68%的磁铁精矿，磨成3种不同的粒度分别造球，生球抗压强度和落下强度与精矿比表面积成正比。但是，生球落下强度的最佳水分值高于抗压强度的最佳水分值。在生球运输过程中，落下强度比抗压强度更显得重要。因此，在实际生产中，生球都是稍微过湿的。希望原料的水分略低于最佳造球水分，在造球过程中再补加少量的水，这样有利于控制生产。

2. 造球过程中生球水分的判断与调整

造球过程中的加水方法：滴水成球，雾水长大，无水紧密。加水位置：必须符合“既易形成母球，又能使母球迅速长大和紧密”的原则，为了实现生球粒度和强度的最佳操作，加水点设在球盘上方，范围偏大。造球工判断混合料水分大小的方法主要是目测和手测两种。目测：观察来料皮带上的混合料是否有较多个颗粒，如有，说明水分较大。观察圆盘下料，如果混合料在料仓内易棚仓，不易下料，则表明水分较大。手测：主要是造球工经过长时间实际摸索得来的，来矿水分大，则相应减少或停止球盘打水量；来矿水分小，则相应提高球盘打水量。根据混合料水分大小，控制给料量和给水量。混合料水分大时，根据盘内状况相应增加下料量，减少给水量。混合料水分小时，根据盘内状况相应减少下料量，增加给水量。

（三）造球过程中生球粒度的控制

首先检查圆盘下料量是否正常，有无卡块现象，如有应及时处理，下料量过少可能造成生球粒度偏大；其次是检查原料水分是否正常，根据水分大小调整盘内补加水量，生球粒度过大尽量少加水，反之可以考虑多加，并通知原料岗位及时调整原料水分；然后可以调整球盘倾角或转速，以缩短或延长生球在盘内的停留时间；最后，可以通过改变膨润土添加量来控制生球粒度，粒度粗则尽量增加膨润土配比，反之减少。

（四）造球过程中生球成球速度的控制

造球过程中，主要通过以下手段控制生球成球速度：

（1）膨润土对成球速度的影响。研究结果表明，随着膨润土用量增加，生球长大速度下降，成球率降低，生球粒度变小并趋向均匀。这种作用对细粒度铁精矿粉更为明显。

产生这种现象的原因，主要是由于膨润土的强吸水性和持水性所决定的。在成核阶段，球核因碰撞发生聚结长大，但球核内的水因被膨润土吸收，而不易在滚动中挤出到球核表面，从而降低了水分向球核表面的迁移速度，当球核表面未能得到充分湿润，球核在碰撞过程中得不到再聚结的条件下，生球长大速度（即成球速度）降低，相应成核量就会增多，使总的生球粒度小并均匀化，从而大大有利于生产中等粒度（直径为6～12 mm）的球团。

（2）水分对成球速度的影响。每一种原料都有其一个最适宜的水分值（即临界值），在临界值以下，原料的成球速度随水分用量的增加而提高；若超出临界值以后，则原料将因黏性和塑性增大而不能制成具有一定强度和粒度的生球。

研究证明：某铁精矿粉在外加水分为7%时，基本上不能成球；小于5 mm的粉末占95%，在水分达8%后，成球率和生球长大速度才迅速提高；但当水分达10.3%时，生球表面过湿严重，球粒间发生黏结。当加入1.5%膨润土后，成核率提高，水分在7%～7.5%时，仅有30%球核，当水分达10%时生球发生黏结。

（3）提高物料的成核率，降低生球长大速度。在造球物料中加入膨润土提高物料的成核率，降低生球的成长速度，使生球粒度趋向小而均匀，提高造球机的出球率。造球物料成核率的提高，是由于膨润土强烈的水化作用，加强了矿粒的黏结作用（毛细黏结力和分子黏结力）所致。

1）减少碰撞效果。球团长大的速度由碰撞机理来决定，球团直径增加的比值取决于碰撞频率和有效碰撞概率，而有效碰撞概率取决于造球过程中母球是否容易破碎，母球强度好，意味着球团直径的增长总比值降低。由于膨润土是极细的颗粒，在造球过程中易于吸水膨胀并能分解成片状组织，具有黏性和很好的成球性（膨润土成球性指数大于0.9属优等成球性），这样使母球有了稳定的结构，提高了母球强度，也就减慢了生球的成长率。

2）降低有效造球水分。生球成长速度降低的另一个原因，是膨润土降低了有效造球水分的结果。因为膨润土是典型的层状结构，它和水有特殊的亲和力，大量的水分被吸附在层状结构中，这种层间吸附水黏滞性大，在造球过程中不能沿着毛细管迁移。因此当原料水分一定时，随着膨润土用量增加，被吸附在层间的水分就多，对成球起主导作用的毛细水就相应减少，使母球在滚动过程中表面很难达到潮湿要求，母球的成层或聚结长大效果也就因此降低，生球的长大速度就减慢。

（五）生球强度的改进与调整

1. 造球机给料量

给料量大小与生球粒度及强度的关系为：一般来说，给料量越大则生球粒度越小，强度越低。

2. 原料水分

原料水分的变化对造球的影响为:在不超过极限值的范围内,水分越大,成球越快;水分越小,成球越慢。磁铁矿造球的适宜水分为7.5% ~8.5%,造球前的原料水分应低于适宜的生球水分。造球过程中的加水方法有:滴水成球,雾水长大,无水紧密。超过适宜水分,生球粒度粗,抗压强度急剧下降,料层透气性差。生球水分低于适宜水分,成球率低,抗压强度和落下强度均难以达到要求。

3. 膨润土的配比

配比过大,生球粒度变小,造球机产量降低,加水量增加,且加水困难;同时还会引起生球不圆和变形,抗压强度降低。配比过小,生球落下强度和抗压强度均难以保证。

4. 生球尺寸

生球的尺寸在很大程度上决定了造球机的生产率和生球的强度。尺寸小,生产率高;尺寸大,造球时间长,生产率越低。落下强度就越低。但尺寸太小,抗压强度就变小,从而影响了链箅机的透气性。因此,合理的生球粒度既是提高造球产量的需要,也是提高生球强度的需要。

5. 造球时间

造球时间主要由球盘倾角和转速以及给料量来控制。总体上来说,延长造球时间对提高生球强度是有好处的,但降低了产量。同时,造球时间还与原料粒度有关,物料过细或过粗,所需造球时间均较长,产量降低。

6. 原料粒度和粒度组成

原料的粒度和粒度组成直接影响着物料的成球性和生球强度。因此,可以通过调整原料的粒度和粒度组成来改善物料的成球性和生球强度。

(1) 原料的粒度。粗粒度的原料不能成球或成球性能很差。因为对生球的形成、长大和强度起主导作用是毛细黏结力,当原料的粒度比较单一时,随着颗粒尺寸的增大,使毛细管的尺寸变大和接触点数目减少,其黏结强度降低。因此,对造球来说,原料的粒度首先要达到一定的细度要求。此外,提高原料的细度,可以增加颗粒的接触面积和减少毛细管直径,提高毛细作用力和分子黏结力,生球的强度也变大。但若原料的粒度过细,则会由于毛细管直径变小,而使阻力增加,导致成球过程中毛细水的上升速度减慢,影响了水分的迁移速度,使造球的时间长,降低了成球速度和造球机的产量。所以对造球原料的粒度有一个基本要求。

1) 国内。一般要求精矿的粒度上限不超过0.2 mm(65目),小于0.074 mm(200目)的粒级应大于80% ~90%,比表面积为1500 ~1900 cm^2/g。

对于添加剂,膨润土的粒度最低要求为小于0.074 mm(200目)应占99%以上。

2) 国外。精矿粉的粒度则要求小于0.044 mm(325目)的粒级应占60% ~80%。所以造球用的原料,还是要求磨得细一些。

(2) 原料的粒度组成。原料的粒度组成与生球强度有很大的关系,因为影响颗粒间的毛细力和分子结合力不仅同原料的粒度有关,而且同生球的孔隙度有关,而孔隙度的大小主要同原料的粒度组成和排列有关。生球内颗粒最紧密的堆积理论,就是大颗粒之间嵌入中颗粒,中颗粒之间嵌入小颗粒,在这种情况下颗粒的排列最紧密,生球强度最高。

因此,用于造球的原料应该由不同的粒度组成,用粒径较宽的颗粒造球,其孔隙度小于粒径范围窄的颗粒。因为适当的粗粒度在造球中起"球核"和"骨架"作用，能促进母球的生成和生球强度的提高；而小的微细粒，由于表面能大，属于黏结性颗粒，能显著提高生球强度。根据研究，生球的强度受微细颗粒的影响很大，在矿粉中小于 0.045 mm(325 目)的百分比增加时，生球强度不是呈直线的增加，只在小于 0.02 mm 矿粉的百分比增加时，生球的强度才呈直线关系增加。

原料的粒度和粒度组成也可以用比表面积来表示，因此比表面积不仅能反映颗粒的大小，还反映了颗粒的形状。比表面积的大小，在很大程度上取决于微细颗粒部分的含量(1 ~ 10 mm 部分)。经过研究，生球的抗压强度与精矿粉的比表面积成正比，落下强度随着比表面积的增加而增大，但出现极大值后又有下降，这可能是由于比表面积进一步增加以后，在同样的造球时间内，微细颗粒填充不均匀，孔隙率增加而引起的。

综上所述，原料的粒度细一些，粒度组成适宜和控制一定的粒度上限，这样的原料不仅成球性好，而且制成的生球比较致密和强度好。对于合适的粒度组成，不同的原料有不同的值，应该根据试验来确定。

7. 圆盘造球机的直径大小

直径增大，造球的面积也跟着增大，这样加入造球盘的料量也就增多，使物料在球盘内的碰撞几率增加，物料成核率和母球的成长速度均得到提高，生球产量也就提高。由于造球盘直径增大，使母球或物料颗粒的碰撞和滚动次数增加，这样所产生的局部压力也提高，使生球较为紧密，气孔率降低，生球强度提高。

（六）圆盘造球机操作

1. 圆盘造球机的操作方法

圆盘造球机的操作方法有：

(1) 控制混合料给料量。当盘内球粒度大于规定要求，且不出球盘时，要增加给料量(根据球盘出球状况，调节加料量至出球正常)。

(2) 根据生球机内球料状况调节给水方法和给水量。形不成母球时，将球盘内加水位置选在母球区，开加水节门 1/5 圈观察球盘内成球状况，3 ~ 5 min 后，根据盘内成球状况，继续调节加水量，直至球盘内生球达到标准要求。

(3) 根据生球状况判断原料配比并及时地反馈信息。易出现整盘小球、整盘大球及生球不出球时及时检查混合料中膨润土配加和混合料水分，发现膨润土过多过少或水分过大过小及时向主控室反馈进行调整。

(4) 控制生球质量满足焙烧需要。根据链算机机速要求，结合盘内状况，及时调节球盘下料量，以得到正常机速。当料量与机速相差太大时，要通过调整造球盘的开盘数来保证机速要求。

2. 圆盘造球机的注意事项及操作步骤

圆盘造球机是我国常用的生球制造设备。为了生产出数量适当、粒度均匀并具有一定强度和热稳定性的生球，生产中应注意以下几个问题：

(1) 造球机在运转正常后方可加料；

(2) 根据布料工的要求，及时调节圆盘给料机的给料量，尽量保持生球流量稳定；

(3) 根据原料的干燥程度，及时调节外加水或增减造球盘的数量，力求生产出合格粒度的生球；

（4）注意来料水分情况，发现过湿或过干应及时与干燥机或值班室联系；

（5）遇停电时，应将事故开关关上；遇断水时，应及时报告，并根据造球情况决定是否立即停止造球；

（6）生球质量应符合标准；

（7）圆盘内的刮板有损坏应及时更换。

圆盘造球机的主要操作步骤是：

（1）做好开机前的准备工作，如检查有关设备是否正常，加水装置是否灵活可靠，倾角、刮刀是否调整到位，润滑油料是否充足等，并进行盘车。

（2）接到开机信号后即可启动。运转过程中注意听齿轮运转的声音是否正常，注意观察轴承温度不应超过60℃。

（3）接到停机信号后，及时切断电源，停圆盘给料机，待造球盘中的全部料抛出后，按停机按钮停机。

3. 圆盘造球机常见故障及处理

圆盘造球机常见故障及处理措施见表10–1。

表10–1 圆盘造球机常见故障及处理措施

常见故障	原因	处理措施
圆盘跳动或运转不平稳	（1）圆盘盘底与大齿轮之间的连接螺栓松动； （2）圆盘盘底与主轴系统连接盘之间的螺栓松动； （3）圆盘面上的耐磨衬板松脱或翘起擦刮刀； （4）主传动装置大小齿轮副啮合差，或齿轮刷严重磨损	（1）检查、紧固连接螺栓； （2）检查、紧固连接螺栓； （3）处理衬板，调节刮刀架； （4）检查齿轮副的啮合及磨损情况，必要时更换齿轮
减速机内有异响及噪声	（1）轴承损坏； （2）减速机内缺润滑油； （3）齿轮损坏	（1）更换轴承； （2）适量加注润滑油； （3）更换齿轮
机壳发热	（1）润滑油变质，或润滑油牌号不符合要求； （2）减速机透气孔不通	（1）更换润滑油； （2）畅通透气孔

（七）造球过程中常见事故及处理办法

1. 处理停机、停水事故

在运转过程中，如造球盘突然停电要及时停圆盘给料、小皮带；如圆盘给料机停电，则等造球盘内料往外抛3～5 min再停造球盘。

在运转过程中，如突然停水要根据盘内来料水分及时调整下料量，并及时向主控室反馈，如来料水分过小形不成球时要立即停盘。

2. 断水、断料的预防及处理

当发现球盘断水后，要根据来矿水分实际情况及时调整下料量，如来料水分过小形不成合格球时,要立即停盘。当发现断料时,首先检查圆盘下料口有无卡物,然后启动电振器,振打料仓仓壁;如无料,及时通知主控室停盘。

3. 造球操作过程中异常现象的处理方法

造球操作过程中异常现象的处理方法介绍如下:

(1) 生球粒度偏大时。首先检查圆盘下料量是否正常,有无卡块现象,如有,要及时处理,发现棚仓要及时开启电振器,振打料仓壁,造球增加下料量;其次是检查原料水分是否正常,根据水分大小,调整盘内加水量,并通知原料岗位。若以上两种方法还不能使粒度恢复正常就进行调整角度,缩短生球在盘内的停留时间。

(2) 物料不出造球盘,盘内物料运动轨迹不清:1)检查盘下料量是否增多,适当调整下料量;2)适当增加盘内加水量;3)检查原料膨润土配比是否正常,膨润土要通知配料岗位及时调整;4)检查底刮刀是否完好,底料床是否平整,发现刮刀损坏及时更换。

(3) 造球时盘内物料不成球:1)检查物料的粒度是否合适,粒度大时,延长成球时间;2)检查球盘转速是否过快,若快要降低转速;3)检查水分是否适宜,加水位置是否正常;4)检查膨润土配加量是否适宜,多时减膨润土,少时加膨润土。

(八) 圆盘造球机开停机操作

圆盘造球机开停机操作介绍如下:

(1) 连锁运转:

1) 将各设备选择开关打到"自动"位置;

2) 向主控汇报准备完毕,待主控启动;

3) 确认各设备运转正常。

(2) 由主控连锁停止:

1) 顺序停,将系统设备依次停机;

2) 一齐停,将系统设备一齐停机。

(3) 机侧启动:

1) 皮带机启动:将选择开关置"手动"位置;检查确认:确认漏斗内无异物,确认皮带机上下无人及异物,确认减速机油量到位;启动:按"预告"按钮,按"启动"按钮,检查设备运转情况。

2) 球盘机侧启动:和主控联系球盘机侧启动;检查确认:确认输送系统运转正常,确认盘面正常、盘内无杂物,确认加水管路、阀门正常,智能集中润滑系统各供油点给油量正常,确认相应辅机运转,确认电源已通,各部位的螺栓无松动;启动造球盘:现场条件具备后将选择开关置"手动"位置,按"启动"按钮,调整球盘机到适当转速;启动圆盘给料机和电子皮带秤,并合理调整圆盘转速。

(4) 机侧停止:

1) 按圆盘给料机停止按钮;

2) 待给料皮带上无料时,按给料皮带停止按钮;

3) 给料皮带停 3~5 min 后,按造球机停止按钮;

4) 皮带机系统:按"停止"按钮,确认设备停止。

(5) 机侧紧急停止(当发生重大人身、设备事故时):

1）按下机侧紧急停止开关；

2）事故解除后将紧急开关复位。

（九）造球操作技术要点总结

造球操作有以下技术要点：

（1）根据下料情况及时启动仓壁振动器，确保下料通畅。

（2）根据布料要求，及时调整圆盘给料机的给料量，及时调节外加水，力求生产出优质小粒度生球，保持球流稳定。

（3）经常注意来料水分情况，发现过湿或过干应及时调整给水量并向作业长汇报。

（4）稳水稳料。在生产过程中，原料供应要保持稳定的水分，及时将原料水分报给造球；在造球过程中造球工要根据来料水分情况，做到给料、加水的稳定，通过生球流量仪的时时显示，对料、水做进一步微调，以保证出球率的稳定。

（5）粒度分级：为进一步保证粒度的均匀性，生球先过小滚筛，筛除粒度大于 20 mm 的生球，后经过 24 辊大滚筛，筛除粒度小于 8 mm 的小球和粉料，要求经常检查辊筛磨损情况，保证辊筛各辊间距满足工艺要求，磨损较大时，及时提出更换。

（6）启动造球机前应检查底盘有无坚硬结块及杂物，如有则应处理后再行启动。停造球机时应先关闭喷水管，停止给料，等盘内成球基本排出后再停机。如果长时间停机则应清净盘内物料。

（7）必须时刻注意检查电机、减速机的温度是否正常，电机及轴承温升不得大于 65℃。

（8）设备运转中，严禁在运转部位加油和清扫。

三、相关知识

（一）球团用原料

1. 铁矿石精矿

化学成分不适宜冶炼的各种铁矿石，在造球之前，要经过选别处理。在选别过程中，各种有害成分大部分被分离出去，所获得的精矿不管采用的是哪种选矿方法，其铁的质量分数应大于 64%。球团矿生产所用的原料主要是铁精矿粉，一般占造球混合料的 90% 以上，精矿的质量对生球、成品球团矿的质量起着决定性的作用。球团矿生产对铁精矿的要求如下：

（1）粒度。适合造球的精矿小于 0.044 mm（325 目）部分应占 60% ~ 85%，或小于 0.074 mm（200 目）部分应占 90% 以上，比表面积大于 1500 cm^2/g。细粒精矿粉易于成球，粒度愈细，成球愈好，球团强度愈高。但粒度并非愈细愈好，粒度过细磨矿时能耗增加，选矿后脱水困难。

（2）水分。水分的控制和调节对造球过程、生球质量、干燥焙烧、造球设备工作影响很大。一般磁铁矿和赤铁矿精粉适宜的水分为 7.5% ~ 10.5%，小于 0.044 mm 占 65% 时，适宜水分为 8.5%；而小于 0.044 mm 占 90% 时，适宜水分为 11%。水分的波动不应超过 ±0.2%，且越小越好。

（3）化学成分。化学成分的稳定及其均匀程度直接影响生产工艺过程和球团矿的质量，全铁的质量分数波动小于 ±0.5%，二氧化硅的质量分数波动小于 ±0.3%。

2. 其他含铁原料

在某些情况下,除了铁精矿粉以外,有些从其他热处理加工或者化学加工过程中获得含铁物料也可以单独地或同上述矿粉混合用来制成球团。这类含铁原料包括:黄铁矿烧渣、轧钢皮、转炉炉尘、高炉炉尘等。一般各种炉尘粒度很细,比表面积大,而烧渣和轧钢皮须细磨后方可造球。

3. 黏结剂

黏结剂同细磨矿石颗粒相结合有利于改善湿球、干球以及焙烧球团的特性。最主要的一种黏结剂就是水。球团生产使用的黏结剂有膨润土、消石灰、石灰石、白云石和水泥等。氧化固结球团常用膨润土和消石灰两种。水泥通常是生产冷凝固结球团的黏结剂。

膨润土是使用最广泛、效果最佳的一种优质黏结剂。它是以蒙脱石为主要成分的黏土矿物。蒙脱石又称微晶高岭石或脉岭石,是一种具有膨胀性能,呈层状结构的含水铝硅酸盐,其化学分子式为:$Si_8Al_4O_{20}(OH)_4 \cdot nH_2O$,化学成分为:$w(SiO_2)$ 66.7%,$w(Al_2O_3)$ 28.3%。膨润土实际$w(SiO_2)$为60%~70%,$w(Al_2O_3)$为15%左右,另外还含有其他杂质,如Fe_2O_3、Na_2O、K_2O等。

膨润土的主要作用是它能提高生球强度、调剂原料水分、稳定造球作业,提高物料的成核率和降低生球长大速度,使生球粒度小而且均匀。同时膨润土还能够提高生球的热稳定性,既提高了生球的爆裂温度和生球干燥速度,缩短了干燥时间,又可提高干球强度和成品球团矿的强度。

膨润土的加工主要是破碎或碾压,然后干燥,由平均自然水分30%干燥到7%~8%。为了保持膨润土的活性,干燥温度应不超过150℃。干燥之后或干燥过程中,将膨润土磨细,磨到小于0.074mm粒级的至少占99%。膨润土要使用密封容器运输,如槽式卡车或装袋运输。

球团矿生产对膨润土的技术要求为:蒙脱石的质量分数大于60%,吸水率(2h)大于120%,膨胀倍数大于12倍,粒度小于0.074mm占99%以上,水分的质量分数小于10%。膨润土用量一般占混合料的0.5%~1.0%;国外膨润土的用量为混合料的0.2%~0.5%;国内由于精矿粉粒度较大而膨润土用量较多,一般占混合料的1.2%~1.5%。膨润土经焙烧后残存部分的主要成分为SiO_2和Al_2O_3,每增加1%的膨润土用量,要降低含铁品位0.4%~0.6%,应尽量少加。

根据层间阳离子的不同,膨润土分为钙质膨润土和钠质膨润土两种。用钙质膨润土时,须先经活化,即加入苏打粉的水溶液,其添加量为膨润土质量的2%~4%。

钙质与钠质的区分方法为:

(1) $\dfrac{Na^+ + K^+}{Ca^{2+} + Mg^{2+}} > 1$ 时,为钠质;

(2) $\dfrac{Na^+ + K^+}{Ca^{2+} + Mg^{2+}} < 1$ 时,为钙质。

其中,Na^+、K^+、Ca^{2+}、Mg^{2+}分别为膨润土中的钠、钾、钙、镁离子数。

(二)原燃料的准备工艺及设备

1. 含铁原料准备

原料进厂后若不能满足造球工艺要求,则需加工处理,主要有再磨、干燥、中和等。

再磨可采用圆筒型磨机，多用钢球作为磨矿介质，有些情况下是采用钢棒或块矿（“砾石”）作为磨矿介质。也可采用高压辊压机，例如邯钢所用设备为德国玻利休斯公司高压辊压机，可提高物料比表面积300～500 cm^2/g。

干燥也分为两种，一种是将精矿粉或混合料全部经干燥机干燥至造球适宜的水分；另一种是将部分精矿干燥，与其他未经干燥的精矿配合使用。我国精矿粉含水一般都较高，不利于造球，因此在造球前有必要进行干燥，使矿粉含水量降到低于最适宜的造球的湿度。

中和是为了控制和减少原料化学成分的波动，保持原料化学成分的稳定。中和的方法与烧结原料的准备处理相似。

2. 配料和混合

配料是为了获得化学成分和物理性质稳定，冶金性能符合高炉冶炼要求的球团矿，并使混合料具有良好的成球性能和生球焙烧性能。应根据原料成分和高炉冶炼对球团矿化学成分的要求进行配料计算，以保证球团矿的含铁量、碱度、含硫量和氧化亚铁含量等主要指标控制在规定范围内。配料计算方法通常有两种，一种是根据原料品种和化学成分先确定配料比，然后进行计算；另一种是根据球团矿的技术条件，主要是球团矿的含铁量和碱度确定后再进行配料计算。先进行各种精矿粉单烧计算，再确定配加率，计算过程与烧结配料的计算方法相似。

配料形式通常为集中配料。集中配料是把各种原料全部集中到配料室，分别储存在各种配料槽内，然后根据配料比进行配料。配料的方法为容量法和质量法，常用的为质量配比法；也有采用X射线分析仪对混合料做快速分析，按原料化学成分配料的方法。铁精矿和熔剂大多采用圆盘给料机给矿和控制料量，并经过皮带秤或电子秤称量配料。为了提高生球强度往往在混合料中加入少量黏结剂，黏结剂的配入是由称量铁精矿的皮带发出信号来控制。

由于球团矿生产中膨润土、石灰石粉等添加剂的加入量很少，为了使它们能在矿粉颗粒之间均匀分散，并使物料同水良好结合，应加强混合作业。

混合作业大都采用圆筒混合机或轮式混合机的一次混合流程。国外有的厂采用连续式混磨机，由于混磨作用，水和黏结剂的混合效果得到了充分发挥，可以减少黏结剂的用量，提高生球质量，特别是生球落下强度增加，保证了焙烧时生球具有良好的透气性，对于提高焙烧球团矿的产量和质量都有利。混磨时应注意矿石和黏结剂的可磨性可能存在有较大差别，且湿磨时，膨润土不能加入，因为膨润土的膨胀性会对矿浆的过滤产生不良影响。

3. 原燃料准备工艺流程

原燃料准备可以采用不同的工艺流程，如图10-4和图10-5所示。图10-4通常为竖炉所采用的原燃料准备工艺流程，采用的磨矿设备为圆筒型磨机。图10-5通常为链箅机—回转窑工艺所采用，磨矿设备为强力混合机。

4. 磨矿设备

磨矿设备主要有润磨机和高压辊磨机，近年来，高压辊磨机作为高效节能产品，已成功应用于球团行业。高压辊磨机具有设备作业率高、设备适应能力强、工艺流程配置简单、土建投资省、工作环境好等优点。

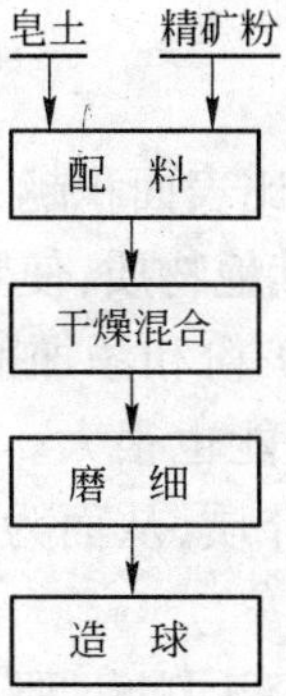

图 10-4　竖炉原燃料准备工艺流程

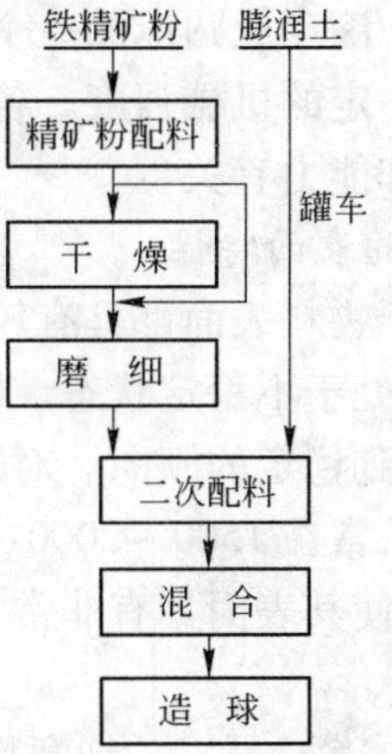

图 10-5　链箅机—回转窑原燃料准备工艺流程

高压辊磨机主要由机架、辊子、轴承、传动、喂料、液压、润滑和控制等系统组成。电机通过万向联轴器、减速机与安装在机架水平滑轨上的辊子系统（轴承和安装在轴承上的辊子）连接，运转时不能在滑轨上滑动的辊子为定辊，可在滑轨上做小幅滑动的为动辊，动辊两端独立的液压系统将动辊推向定辊，产生破碎所需的压力，动、定辊轴承座间有防止辊子接触的间距块。固定辊和移动辊结构相同，可以互换。

高压辊磨机磨损件为辊子的辊套以及辊子两端挡矿用的倒三角形颊板。辊套、颊板基体采用耐磨合金钢制造，与矿物接触面均有耐磨保护层。目前辊套普遍采用碳化钨硬质合金柱钉表面，高压辊磨机工作时，物料填充在柱间，形成自生式抗磨料垫，保护辊面。

高压辊磨机的工作原理为：高压辊磨机喂料仓内的待粉碎物料通过可调节开口大小的给料器进入高压辊磨机的破碎腔（该料流空间上下连续、贯通，可实现 3 m 以上的料柱，确保形成足够的给矿压力），挤满破碎腔的物料在辊子的相向转动和料柱重的双重作用下，强制进入不断压缩的空间，并被压实（排矿料饼密度达到矿石真密度的 0.85 倍），达到一定压力时遭到粉碎或在颗粒内部形成微裂纹。

高压辊磨技术的理论基础为层压粉碎理论。层压粉碎是指大量颗粒受到高度的空间约束而集聚在一起，在强大外力作用下互相接触、挤压所形成的群体粉碎。层压粉碎克服了传统破碎重点关注物料粒度上限的下降，也就是只注重外力对大块颗粒的针对性破碎，而忽略或未主动利用全粒级的破碎和大、小块协同破碎。层压粉碎的关键在于：在有限的空间内，压力不断增加使颗粒间间隙越来越小，直至颗粒之间可以互相传递应力，当应力强度达到颗粒压碎强度时，颗粒即开始粉碎。实验表明，由于层压粉碎在纯压应力作用下进行，其传递效率要高于单纯的压力、冲击力和剪切力，层压粉碎也就比压碎、磨碎、劈碎、折碎和击碎等外力作用造成的粉碎效果好。因此，高压辊磨机工作时，即使两辊间间距明显大于给矿最大粒度，但辊压过程中各粒级都得到了粉碎，产生大量的细粒、微细粒及颗粒内微裂纹。

（三）细磨物料的造球原理

造球，又称滚动成形。细磨物料的成球是细磨物料在造球设备中被水润湿并在机械力及毛细力的作用下滚动成圆球的一个连续过程。同时,毛细力、颗粒间摩擦力及分子引力等作用使生球具有一定的机械强度。各种物料成球性能的好坏不尽相同,主要与物料表面特性以及与水的亲和能力有关。

1. 细磨物料的表面特性

经过细磨的干物料表面都具有较大的自由能。粒度越细,比表面积越大,其表面自由能也越大,从而使之处于不稳定状态。因此,细磨物料具有吸引其他物质,使颗粒相结合,减小其自由能,力求达到稳定的倾向。对于造球的物料,特别是精矿粉和添加剂,由于都磨得很细,比表面积很大,常在 1500 ~ 2000 cm^2/g 范围内,过剩的表面能也很大。这种表面能量过剩的不平衡状态,使其表面具有非常大的活性,能吸附周围的介质,从而为生球的形成提供了条件。

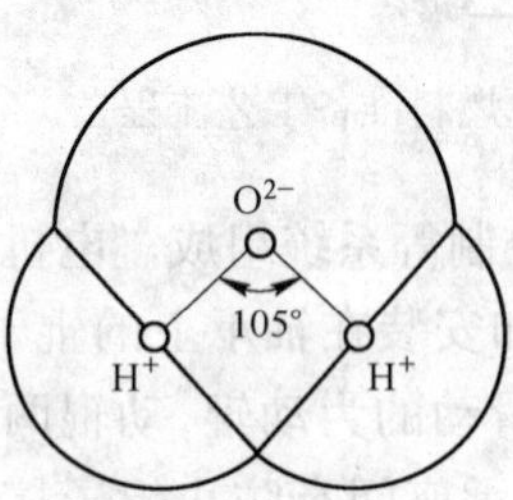

图 10-6　水分子的偶极构造

细磨物料与水作用的能力也是不同的。那些表面与水的作用力很小,不易被水润湿的物质成为疏水性物质;而表面与水具有很大的结合力,易被水润湿的物质称为亲水性物质。物料的这种性质与它本身的化学成分、晶格类型以及表面状态有关。凡具有完全或部分金属键的结晶物质(如全部金属或硫化物)和具有层状结构的物质(如云母、石墨等)都是疏水性的;而具有离子键和共价键的物质是亲水性的。铁矿粉和添加剂就属于这种亲水性物质,它们被细磨后表面带有电荷,易形成静电引力场,具有吸引偶极构造的极性水分子的能力。水分子的构造如图 10-6 所示。

2. 水分在造球过程中的形态与作用

水分在矿粉成球过程中起着重要的作用。干燥的细磨矿粉是不可能滚动成球的,如果水分过多或不足,同样也会影响造球的效率和生球的质量。保持适宜的水分是矿粉成球的重要条件。

干燥的矿粉被水润湿后,按水在矿物表面活动能力的不同有四种存在形态,即吸附水、薄膜水、毛细水和重力水。它们在成球过程中各显示不同的作用。

(1) 吸附水。当具有偶极构造的水分子与干燥矿粉颗粒表面接触时,便在静电引力场的作用下被牢固地吸附在矿粒表面,并呈定向排列,如图 3-5 所示。这种被矿粒表面静电引力所吸引的水层成为吸附水(或强结合水)。吸附水的形成是物料润湿的开始,但它的形成不一定要将矿粉颗粒直接与水接触,当干燥颗粒在自然条件下与大气接触时,就会吸引大气中的气态水分子而形成吸附水。吸附水很薄,一般只有几个水分子的厚度,它与矿粒的亲水性及环境介质中的相对蒸气压有关。物料亲水性愈强,料层中相对蒸气压愈高,吸附水层就愈厚。当料层中相对蒸气压达到 100% 时,吸附水达到最大值,此时称为最大吸附水。吸附水与矿粒表面的作用力是极大的,直接吸附在矿粒固体表面的第一层水分子,其作用力相当于 1013. 32 MPa,因此吸附水又称为固态水,具有不可移动性。吸附水还有较大的密度(1. 2 ~ 2. 4 g/cm^3)和很低的冰点(−78℃),不导电。要去掉吸附水,只有对其加热蒸发才行。一般认为适宜于造球的细磨物料中仅存在吸附水时,仍为散沙状,不能结合成团,成球过程尚未开始。

(2) 薄膜水。矿粉颗粒表面达到最大吸附水后,其表面还有未被平衡掉的分子力,进一步加水润湿时,还可吸附更多的极性水分子,在吸附水外围形成的一层水膜,称为薄膜水。薄膜水距离颗粒表面较远,所受的引力也小;因此,薄膜水与颗粒的结合力比吸附水弱得多,其分子具有一定的滚动性。薄膜水的主要特征是在分子力的作用下,薄膜水可从水膜较厚的颗粒表面迁移到较薄的颗粒表面直到水膜厚度相同为止。这种迁移不受重力的影响,可在任何方向的分子力作用下进行。其次,薄膜水因受电分子引力的吸引,具有比普通水更大的黏滞性。矿粒间的距离越小,薄膜水的黏滞性就越大,矿粒就越不容易发生相对移动,对生球来说,其强度就提高;相反,薄膜水厚度变大,矿粒便易于相对移动。因此,薄膜水厚度的变化影响细磨物料的物理力学性质(如成球性、压缩性、可塑性等),也影响生球的机械强度。

吸附水和薄膜水合起来组成了结合水(或称水化膜),其数量称为分子湿容量。结合水由于受到静电引力和分子力的作用,使相邻的矿粉颗粒不容易发生相对移动,而且当矿粉颗粒相距很近时,可以形成公共的水化膜。从力学角度分析,分子结合水可以看做是矿粒的外壳,在外力的作用下与颗粒一起变形,而且分子水化膜使颗粒彼此黏结,这就是矿粉成球后具有强度的原因之一。当细磨物料表面润湿达到最大的分子结合水后,在揉搓时将表现出塑性性质。此时,在造球机中成球过程才明显地开始进行。

矿粉越细,孔隙度越小,比表面积越大,亲水性越强,则分子结合力越大,生球的机械强度越好。

(3) 毛细水。在细磨物料中,存在着许许多多大小不一、曲曲弯弯的连通孔隙所形成的复杂通道,可视为大量的毛细管。当物料润湿达到最大湿容量后,继续增加水量,便会在物料孔隙中形成毛细水。毛细水是矿粉的电分子作用力范围以外的水分,是靠表面张力的作用形成的。根据水在物料孔隙中充满情况的不同,毛细水可分为触点态毛细水、蜂窝状毛细水和饱和毛细水,如图 10-7 所示。触点态毛细水又称环膜状或悬着态毛细水,是仅仅存在于颗粒接触点周围的水分。这种毛细水虽然不能以液滴状态移动,但在毛细力的作用下,能把颗粒联系起来,成为松散的球核。继续增加水分便出现蜂窝状毛细水,又称网状毛细水。这时有些空隙被水充满,水开始具有连续性,能在毛细管内迁移,能传递静水压力和呈毛细压力。若料层空隙完全被水充满时,则出现饱和毛细水。这时物料达到最大毛细水含量。各类铁矿石及常用添加物的分子结合水和毛细水含量见表 10-2。

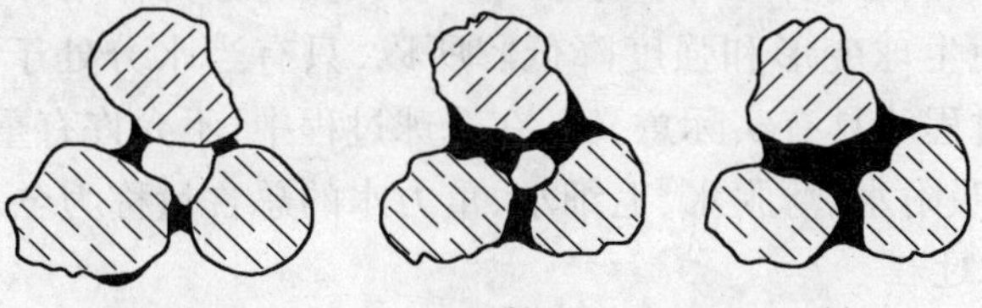
(a)　(b)　(c)

图 10-7　物料颗粒间的毛细水
(a) 触点态毛细水;(b) 蜂窝状毛细水;(c) 饱和毛细水

表 10-2　各类铁矿石及常用添加物的分子结合水和毛细水含量

项　目	磁铁矿			赤铁矿			褐铁矿		皂土	消石灰	石灰石
粒度/mm	0 ~ 1	0 ~ 0.15	0 ~ 0.074	0 ~ 1	0 ~ 0.15	0 ~ 0.074	0 ~ 1	0 ~ 0.15	0 ~ 0.2	0 ~ 0.25	0 ~ 0.25
最大分子结合水含量/%	4.9	6.4	6.0	5.2	7.4	7.3	21.2	21.3	45.1	30.1	15.3

续表 10-2

项　目	磁铁矿			赤铁矿			褐铁矿		皂土	消石灰	石灰石
最大毛细水含量/%	9.3	14.3	17.6	11.0	16.5	17.5	37.3	36.8	91.8	66.7	36.1
全水量/%		14.8	7.6	11.0	16.9	7.5	37.3	37.5			

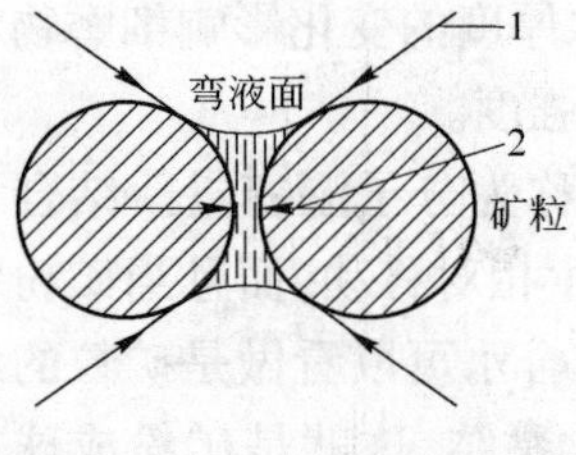

图 10-8　毛细压力示意图
1—表面张力；2—毛细压力

对于造球来说，物料最适宜的含水量介于触点态和蜂窝态毛细水之间。毛细水在细磨物料的成球过程中起主导作用。只有将物料润湿到毛细水阶段，成球过程才开始明显地进行。因为毛细水在毛细压力的作用下，可将物料颗粒拉向水滴中心而形成小球，如图 10-8 所示。

毛细压力可用下式表示：

$$h=\frac{2\sigma\cos\theta}{r\rho g}$$

式中　h——毛细管中液面的高度，表示毛细压力的大小；

σ——水的表面张力；

θ——润湿角；

r——毛细管的平均半径；

ρ——水的密度；

g——重力加速度。

由此可见，水的表面张力愈大，液体密度愈小，物料颗粒接触愈紧密时，毛细力愈大，物料愈易成球，其生球的强度也愈高。矿粉成球速度还取决于毛细水的迁移速度，迁移速度愈快，成球速度就愈快。而毛细水的迁移速度与物料的亲水性及毛细管直径有关。物料愈亲水，且毛细管直径愈小，毛细力愈大，毛细水的迁移速度就愈快。

（4）重力水。矿粉完全被水饱和后，再继续润湿就会出现重力水。重力水是处于矿粒本身吸引力以外，能在重力场和压力场的作用下发生移动的自由水。由于重力是向下的，因此重力水具有向下运动的性能；同时重力水对矿粉又具有浮力作用，因此重力水在成球过程中起着有害作用，易使生球变形和强度降低。所以，只有当水分处于毛细水含水量的范围时，细磨物料的成球过程才具有实际意义。在造球过程中，不允许有重力水出现。

造球时物料所含吸附水、薄膜水、毛细水、重力水的总含量称为全水量。

3. 铁矿粉的成球过程

铁矿粉的成球过程大致可分为三个阶段：母球的形成、母球的长大、生球的密实。

（1）母球形成。经配料后送来的造球混合料通常含水 8% ~10%，矿粒之间仍处于比较松散的状态，各个颗粒为吸附水和薄膜水层覆盖，毛细水仅存在于各个颗粒的接触点上，颗粒间的其余空间为空气所填充，这种状态的精矿粉一方面由于颗粒接触不太紧密，薄膜水不能起作用；另一方面，由于毛细水数量太少，毛细管尺寸过大，毛细作用力较小，使得颗粒间结合力较弱，成球很困难。若造球机内的混合料一面随机转动、一面适量加水进一步进行不均匀润湿，则在颗粒结合处形成毛细水。在毛细水的作用下，周围的矿粉颗粒将连接起来形成小的聚集体；继续润湿时，聚集体中的颗粒将在机械力的作用下重新排列，逐渐紧密，毛细管尺寸与形状随之变化,颗粒间的结合力得以增强,从而形成较为坚实稳定的小球,称为母球或球核。

(2) 母球的长大。已经形成的母球随造球机的转动而继续滚动的过程中将受到挤压、碰撞、揉搓等机械力的作用,其内部颗粒不断压紧,毛细管尺寸变小,形状改变,会把多余的毛细水挤到母球表面上来,这样过湿的母球表面在运动过程中就很容易粘上一层周围湿度较低的矿粉,如此往复运动,母球将逐渐长大。一旦母球的水分低于适宜的毛细水含量后,母球就停止长大。为了使母球达到所需的粒度,必须向母球表面补加水分,但喷水量要适当,以免喷水过大而产生重力水。显然,母球是依靠毛细黏结力和分子黏结力的作用而长大的。

(3) 生球密实。长大的母球其强度仍然不能满足冶炼的要求,因此当生球达到规定的尺寸后应停止补充润湿,并继续在造球机中滚动,这种滚动和搓动的机械作用会使生球颗粒发生选择性地按最大接触面排列,彼此进一步靠近压紧,毛细管尺寸不断缩小,毛细水不断地被挤压出来,以致生球内矿粉颗粒排列更紧密,使薄膜水层有可能相互接触,形成公共水化膜而加强结合力。这样生球内各颗粒之间便产生强大的分子黏结力、毛细黏结力和内摩擦阻力,从而使生球具有更高的机械强度。所以在操作到这一阶段时,往往让湿度较低的精矿粉去吸收生球表面被挤出的多余水分,以免因为生球表面水分过大而发生黏结现象,使生球强度降低。

需要指出的是:以上三个阶段通常是在同一造球机中一起完成的,在造球过程中很难截然分开。第一阶段具有决定意义的是润湿;第二阶段除了润湿作用以外,机械作用也有着重要影响;而在第三阶段,机械作用成为决定性因素。这样就可以根据物料在造球前和造球过程中被润湿的情况,决定加水、加料等操作,也可进一步改进造球设备的结构,加强其产生的机械作用力,以保证造球生产高产、优质地完成。

(四) 造球设备

1. 圆筒造球机

圆筒造球机是球团厂采用最早的造球设备。其构造与烧结厂用的圆筒混料机相似,圆筒内安装与筒壁平行的刮刀,圆筒的前端安装加水装置。圆筒直径为2.44~3.5 m,长度通常为直径的2.5~3.5倍。圆筒的圆周速度为0.35~1.35 m/s。转速范围一般为8~16 r/min,倾角6°左右。

圆筒造球机结构简单,设备可靠,运转平稳,维护工作量小,原料适应性强,单机产量大。但圆筒利用面积小,只有40%,设备重,电耗高。因本身无分级作用,所以排出的生球粒度不均匀,需要筛分。因此圆筒造球机循环负荷大,使生产率降低和增加运输消耗,国内尚未采用此种设备。

2. 圆盘造球机

圆盘造球机是目前国内外广泛使用的造球设备,我国球团厂都采用这种设备,从结构上可分为伞齿轮传动的圆盘造球机和内齿轮圈传动的圆盘造球机。

伞齿轮传动的圆盘造球机主要由圆盘、刮刀、刮刀架、大伞齿轮、小圆锥齿轮、主轴、调倾角机构、减速机、电动机、三角皮带和底座等组成,如图10-9所示。造球机的转速可通过改变皮带轮的直径来调整,圆盘的倾角可以通过螺杆调节。

圆盘造球机造出的生球粒度均匀，不需要筛分，没有循环负荷。采用固体燃料焙烧时，可在圆盘的边缘加一环形槽，就能向生球表面黏附固体燃料，不必另添专门设备。圆盘造球机质量小，电耗少，操作方便，但是单机产量低。

内齿圈传动的圆盘造球机是在伞齿轮传动的圆盘造球机的基础上改进的。改造后的造球机主要结构为：圆盘连同带滚动轴承的内齿圈固定在支承架上，电动机、减速机、刮刀架均安在支承架上，支承架安装在机座上，并与调整倾角的螺杆相连，当调节螺杆时，圆盘连同支承架一起改变角度，如图 10-10 所示。

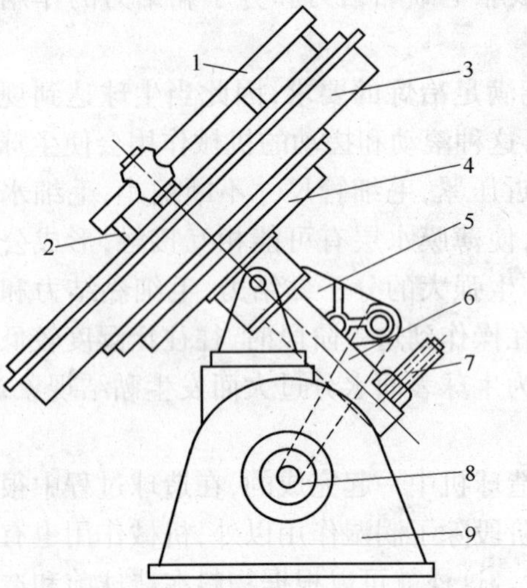

图 10-9　伞齿轮传动的圆盘造球机

1—刮刀架；2—刮刀；3—圆盘；4—伞齿轮；5—减速机；6—中心轴；7—调倾角螺杆；8—电动机；9—底座

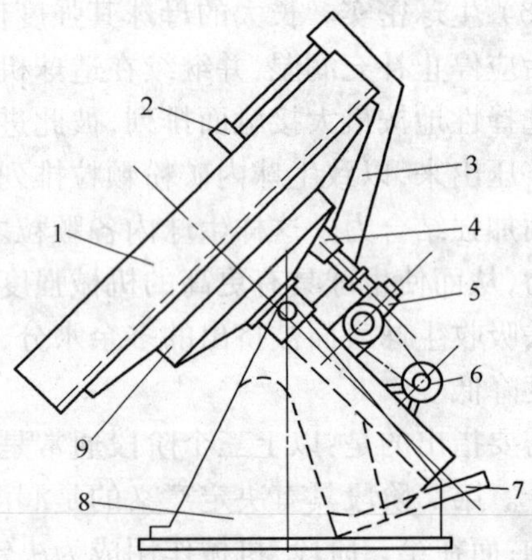

图 10-10　内齿圈传动的圆盘造球机

1—圆盘；2—刮刀；3—刮刀架；4—小齿轮；5—减速机；6—电动机；7—调倾角螺杆；8—底座；9—内齿圈

内齿圈传动的圆盘造球机转速通常有三级，如 ϕ5.5 m 造球机，转速有 6.05 r/min、6.75 r/min、7.73 r/min。它是通过改变皮带轮的直径来实现的。这种圆盘造球机的结构特点是：

（1）造球机全部为焊接结构，具有质量小、结构简单的特点；

（2）圆盘采用内齿圈传动，整个圆盘由大型压力滚动轴承支托，因而运转平稳。

（五）影响矿粉成球的因素

1. *精矿粉性质的影响*

在精矿粉的性质中对造球过程起作用的是矿粉颗粒表面的亲水性、颗粒形状、孔隙度、湿度和粒度组成。

（1）矿粉颗粒表面的亲水性。矿粉表面的亲水性愈好，被水润湿的能力愈大，毛细力愈大，毛细水与薄膜水的含量就愈高，毛细水的迁移速度就愈快，成球速度也就愈快。铁矿石亲水性由强到弱的顺序是褐铁矿、赤铁矿、磁铁矿。脉石对铁矿物的亲水性也有很大影响，甚至可以改变其强弱顺序。例如，云母具有天然的疏水性，当铁矿石含有较多的云母时，会使其成球性下降，当铁矿石含有较多的诸如黏土质或蒙脱石之类的矿物时，由于这些物质具有良好的亲水性常常会起到改善铁矿物成球的作用。

(2) 矿粉颗粒的形状。矿粉颗粒形状的不同将影响其成球性的好坏。矿物晶体颗粒呈针状、片状、表面粗糙者具有较大的比表面积,成球性好;矿物颗粒呈矩形或多边形且表面光滑者,比表面积小,成球性差。褐铁矿颗粒呈片状或针状,亲水性最好。而磁铁矿颗粒呈矩形或多边形,表面光滑,成球性最差。

(3) 孔隙率。颗粒的孔隙率与物料的吸水有很大的关系,例如多孔的褐铁矿,其湿容量总是比致密的磁铁矿大,生球强度也随孔隙率的减少而提高。

(4) 矿粉湿度。矿粉湿度对矿粉成球的影响最大。若采用湿度最小的矿粉造球时,由于毛细水不足,母球长大很慢而且结构脆弱、强度极低。矿粉湿度过大时,尽管初始时成球较快,但易造成母球相互黏结变形,生球粒度不均匀;同时过湿的矿粉还容易黏结在造球机上,使其发生操作困难。过湿的生球强度也很差,在运输过程中易变形、黏结破裂;在干燥、焙烧时将导致料层的透气性变坏,破裂温度降低,干燥焙烧时间延长,产量与质量下降。由于造球时要求的最适宜的湿度范围波动很窄(0.5%),因此每一种精矿的最适宜湿度值应用实验方法加以决定。一般磁铁矿与赤铁矿精矿粉的适宜成球水分是8%～10%,褐铁矿为14%～18%。最佳造球原料的湿度最好略低于适宜值,对不足部分应在造球过程中补加。若精矿湿度过大时,则采取机械干燥法和添加生石灰、焙烧球团返矿等干燥组分来排除或减少多余水分,以保证造球物料的湿度要求。

(5) 矿粉的粒度组成。矿粉粒度愈小并具有合适的粒度组成时,颗粒间排列愈紧密,分子结合力也将愈强,因而成球性好,生球强度高。因此,为了稳定地进行造球和得到强度最高的生球,必须使所用的原料有足够小的粒度和合适的粒度组成。一般磁铁矿与赤铁矿精矿粉的粒度上限不超过0.2mm,其中小于0.074mm的粒级应不小于80%～90%,否则就会使生球强度变差。国外球团厂则要求小于0.044mm粒级达60%～80%,同时还要求微米级的颗粒占一定比例。

2. 添加物的影响

在造球原料中加入亲水性好、黏结能力大的添加物可以改善矿物的成球性。造球中常常使用的添加剂有消石灰、膨润土、石灰石和佩利多等。

(1) 消石灰。消石灰是生石灰消化后的产物,具有天然的胶结性,本身成球性指数大于0.8,属优等成球性物料;同时,它又是熔剂,所以配料时加入量较多。但是消石灰配比过多时,由于其堆积密度小,毛细水迁移速度缓慢,又会降低成球速度,并在生球表面产生棱角。生产中要求消石灰的粒度应小于1mm。

(2) 石灰石。石灰石也属于亲水性物质,但黏结力不如消石灰强。生产熔剂性球团矿时,石灰石与消石灰配合使用对造球更有利,不仅可以提高生球与干球的强度及稳定性,而且还起到熔剂的作用。石灰石的制备比消石灰简单可靠,但一定要细磨。

(3) 膨润土(皂土)。膨润土是目前使用最广泛的优等成球性物料,属于效果极佳的优质添加剂,具有高黏结性、吸附性、分散性和膨胀性。配入适量的膨润土于造球精矿中,可显著改善其成球性,提高生球的强度,特别是提高生球干燥时的爆裂温度和成品球团矿的强度。

(4) 氯化钙。氯化钙是氯化焙烧中的氯化剂和造球过程中的一种良好的黏结剂,氯化钙溶解在水中能提高水的表面张力。氯化钙的水溶液黏度比水大,并随溶液浓度增加而增加。添加氯化钙的物料,其分子水含量显著提高,从而提高了物料的成球性指数,有利于母球的形成与生球机械强度的提高。不过随着氯化钙加入量的增加，毛细水含量增大后，随后又降低，因而使用高浓度的氯化钙溶液（大于1000 g/L）造球时，毛细水的迁移速度将会显著减慢，不利于母球的长大。由于氯化钙是湿性很强的物质，在实践中难以磨碎，所以造球时往往以水溶液状态加入。

（5）佩利多。佩利多是一种高效无毒的高分子黏结剂。由纤维素制成，无毒而且不含对环境和冶炼有害的硫、磷杂质，1 g佩利多可束缚4.95 g水，为膨润土的5 ~ 10倍（膨润土1 g可束缚0.66 ~ 0.91 g水）。所以它的黏结效果高于膨润土，可显著改善生球强度，如图10-11所示。若要生产质量相当的球团，佩利多的数量仅为膨润土的1/4。

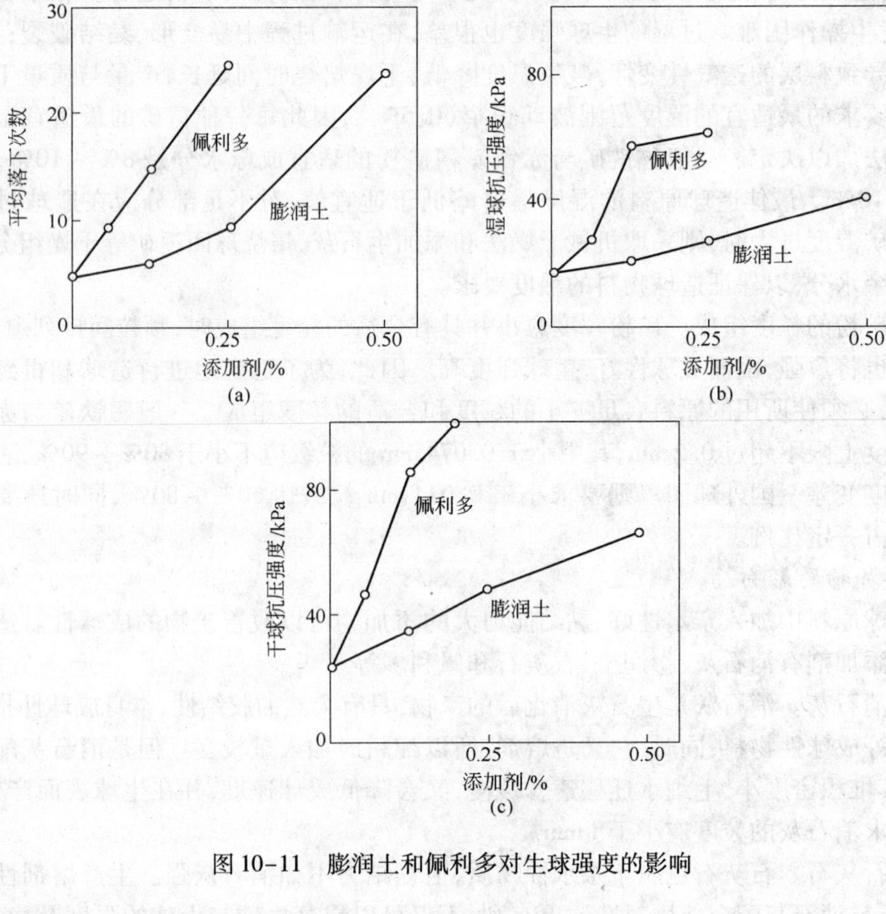

图10-11　膨润土和佩利多对生球强度的影响

3. 成品球尺寸的影响

成品球的尺寸在很大程度上决定了造球机的生产率和生球的质量。目前，在生产上制造9 ~ 16 mm的球团矿供高炉使用，制造粒度大于25 mm的球团矿供电炉炼钢使用。

由于不同尺寸的生球中各颗粒的结合力大致是相同的，因而较大生球的落下强度因其质量大比小生球的落下强度来得小些；相反，较大生球的抗压强度比较起来却高得多。因为生球的抗压强度与生球直径的平方成正比，生球的落下强度与生球直径的平方成反比。得到较大的生球需要较长的造球时间，因为生球的粒度愈小，生球的成形就愈快，因而制造粒度较大的球团矿会使造球机的生产率降低。

4. 造球机工艺参数的影响

用于造球的设备主要是圆盘造球机和圆筒造球机，我国和西欧国家生产球团矿时常用的是圆盘造球机。

(1) 造球机的转速。造球机的转速一般可用圆周速度来表示。当造球机直径与倾角一定时，转速只能在一定范围内变动。如果转速过低，产生的离心力小，物料就上升不到圆盘的顶点，造成母球形成空料区。同时由于母球上升的高度不够，积蓄的动能不足，生球密实不够，强度降低。如果转速过快，离心力过大，物料就会被甩到盘边，造成圆盘中心空料；不能按粒度分开，甚至停止母球的滚动成形过程。只有适宜的圆盘转速才能使物料沿造球机的工作面转动，并按粒度分开。造球机适宜的转速与圆盘倾角和物料性质等有关，一般以造球盘周边线速度计，保持在 1.0～2.0m/s，或以最佳转速为临界转速的 60%～70% 控制，而临界转速为：

$$n_{临} = (42.3/D^{1/2})(\sin\alpha)^{1/2}$$

式中　D——圆盘直径，m；

　　　α——圆盘倾角。

若物料的摩擦角较大(如加入溶液造球时)，则转速可取低值；若物料的摩擦角较小(如加入铁精矿或水泥生料造球时)，转速可取高值。

(2) 造球圆盘的倾角。圆盘造球机的周速与倾角有关，倾角愈大，为了使物料能上升到规定的高度，则要求较大的周速。若周速一定，造球机的最适宜的倾角值 $\alpha_{适}$ 就一定。当 $\alpha < \alpha_{适}$ 时，物料的滚动性能恶化，盘内料全甩到盘边，造成了“盘心”空料，因而滚动成形条件恶化；当 $\alpha > \alpha_{适}$ 时，盘内料带不到母球形成区，造成圆盘有效工作面减小。圆盘造球机的倾角通常为 45°～50°。

(3) 圆盘直径与边高。圆盘造球机的直径增大，加入盘中的物料增多，物料在盘内碰撞的几率就增大，有利于母球的形成、长大和生球的密实。圆盘的边高与其直径及物料的性质有关。随着造球机直径的增加，边高也相应增高，边高可按圆盘直径的 0.1～0.12 倍考虑，而当造球机的直径与倾角都不变时，物料粒度粗，黏度小，则盘边应高一些；反之则应低一些。

(4) 充填率。充填率是指造球机的容积与圆盘几何容积之比，它与圆盘的边高和倾角有关。当给料量一定时，盘边高、倾角小，充填率就越大，成球时间越长，生球的尺寸与强度就越大。但充填率过大会破坏物料的运动性，母球不能按粒度分层，造球机生产率下降。一般圆盘造球机的充填率为 10%～20%。

(5) 底料与刮板的位置。造球机转动时，盘面上往往会黏附一层造球物料成为底料。粒度细、水分高的原料更易于黏结盘底。底料状态直接影响母球的生长情况，因为生球在底料上不断滚动时，会使底料压实和变得潮湿，从而使底料极易黏附于母球之上，最终影响母球的长大速度。同时随着底料的不断加厚，造球机负荷也逐渐增大，当底料增大到一定厚度时，发生大块脱落现象。为了使造球机能正常生产工作，必须在造球机工作面上形成松散且有一定厚度的底料，为此一般采用在圆盘内设置刮板来实现。合理的刮板布置，既要使整个盘面与周边都刮到、不重复，保证疏松底料并不堆积料，减少刮板对造球机的阻力与磨损，又要有利于最大限度地增加圆盘的有效工作面，不干扰母球的运动轨迹。因此，在母球长大区一般不设刮板，但当母球的形成速度大大超过母球的长大速度时，可在母球长大区设一辅助刮板，把较大的母球刮到长球区，使其加速长大，而让小母球与散料顺着辅助刮板所引导的方向在它下面继续通过。

5. 造球操作的影响

造球操作的影响主要有：

（1）加料方法。因为形成母球所需的物料要比母球长大所需的少，所以加料时要遵循“既利于母球形成，又利于母球迅速长大和密实”的原则，即把大部分料加到母球长大区，少量加在母球形成区，生球密实区禁止加料。

一般造球机的下料是自圆盘给料机通过漏斗而成一股料流，下在圆盘造球机略偏左上侧处，这时大部分物料都流向造球机的左侧“成球区”及中心“长球区”上，而小部分原料由于造球机的转动被带到右侧“成球区”上，所以，基本上是符合上述原则的。但也存在一些问题，例如，物料成一股料流下降到盘上，不利于造球，有时由于水分过大，造球机转速太慢，常出现“成球区”物料过少而“长球区”物料过多的现象。另外，也有采用物料从圆盘两边同时给入或者以“面布料”方式加料的，母球长大得最快。我国的直径为5.5m的圆盘造球机，采用轮式混合机给料，使物料能松散地以面布料方式布在造球机上，效果良好，就是一个实际的例子。这是因为在圆盘造球机中，物料是按粒度分布的，靠近圆盘边缘部分，原料分布最少，母球长大区的原料量不充足。因此在母球长大区，首先喷入雾状的水，帮助母球表面迅速被水润湿，然后补加原料，能够加速母球长大。但是，如果仅仅在母球长大区加水加料，而不在母球形成区加水加料，则可能导致母球数量减少。因此，需要采用面布料或两边同时布料。

（2）加水方法。用于造球的物料，其水分含量最好略低于生球的适宜水分，而在造球过程中补加适量的水。在这种情况下，加水常采用“滴水成球、雾水长大、无水密实”的操作方法，即将大部分补充水以滴状方式加在母球形成区的物料流上，有利于母球的形成，其余水分以喷雾状加在长大的母球表面上，促使母球迅速长大。而在生球密实区，已长大的生球在滚动与受搓压的过程中，毛细水从内部被挤出会使生球表面过湿，因此应禁止加水，以防生球黏结和强度降低。生产中应根据造球的需要，灵活控制合适的加水、加料方法，以提高生球的质量与造球机的生产率。加水、加料方法如图10-12所示。

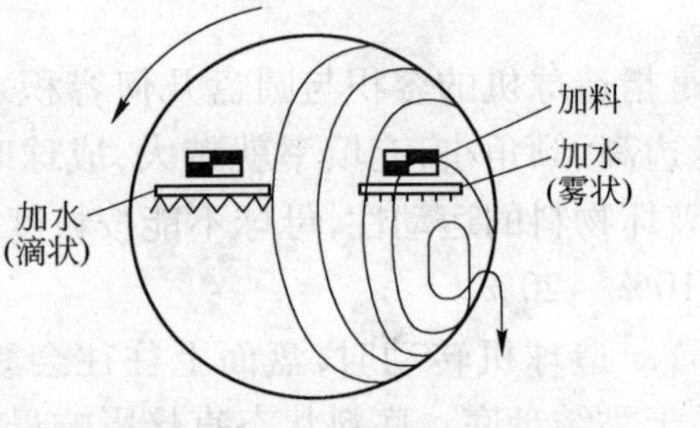

图10-12　加水、加料方法示意图

（3）造球时间。滚动成球所需的时间根据成品球的尺寸、原料成球的难易以及矿粉粒度的粗细而定。成品球尺寸要求大、原料成球性能差，则造球时间延长，反之应缩短造球时间。从实验可知，生球的抗压强度随造球时间的延长而提高，对于粒度愈细的物料，延长造球时间效果愈显著，如图10-13所示。落下强度同样随造球时间的延长而提高，如图10-14所示。虽然造球时间延长有利于提高生球的强度，但对产量不利。造球机工艺参数等也对矿粉成球有着一定的影响。

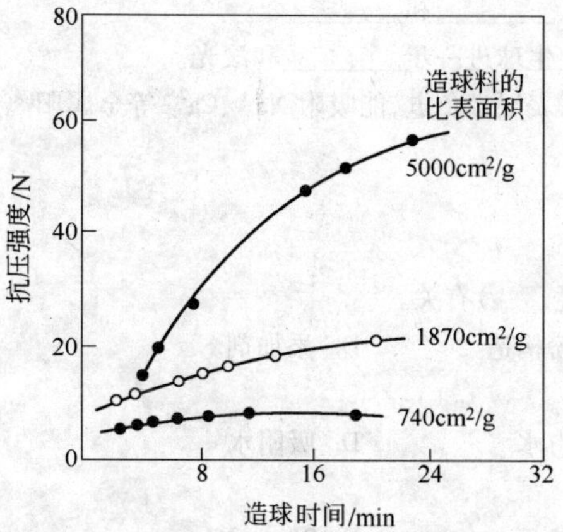

图 10-13　造球时间与生球抗压强度的关系

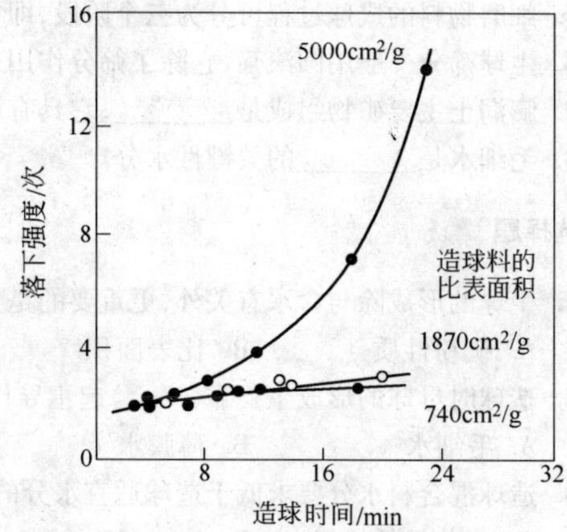

图 10-14　造球时间与生球落下强度的关系

（六）生球的粒度要求及范围

国内生球的适宜粒度一般为 8 ~ 16 mm，最佳粒度在 10 ~ 12 mm；国外一般控制在 9.5 ~ 12.7 mm 的范围内。生球粒度大，干燥时间长，影响生产率；粒度过小时，在链箅机—回转窑球团中，就会在箅板上形成漏料，影响正常抽风操作。此外，生球的尺寸在很大程度上决定了造球机的生产率和生球的强度。尺寸小，生产率高；尺寸大，造球时间长，生产率越低，落下强度就越低；但尺寸太小，抗压强度就变小，从而影响了链箅机的透气性。因此，合理的生球粒度既是提高造球产量的需要，也是提高生球强度的需要。

生球的粒度组成也是衡量生球质量的一项重要指标，合适的生球粒度会提高焙烧设备的生产能力和降低单位热耗。

国外，使用计算机模型求出：10 mm 直径球团的焙烧时间为最短，12 mm 直径的球团所需冷却时间最短，11 mm 直径的球团整个焙烧过程所需的时间最短。这是因为球团的氧化和固结时间与球团直径的平方成正比。但直径很小的球团会增加料层的阻力，当压差不变时，气流量下降，所需的焙烧过程将延长。当球团直径较大时，比表面积下降，需要较长的焙烧周期。球团直径对焙烧单位热量的影响为：焙烧直径为 8 mm 球团需要的单位热耗约为 1758 kJ/kg；焙烧 16 mm 直径的球团单位热耗增加到大约 2345 kJ/kg。所以从生产能力方面而言，最佳的球团直径为 11 mm，而从单位热能消耗方面来看，球团直径应尽可能小。

巩固训练

一、填空题

1. 从生产能力方面而言，最佳的球团直径应为________mm。
2. 在原料的天然性质中，对造球过程有影响的是颗粒表面的________和颗粒的________。
3. 用来造球时的铁精粉要有适宜的________和________。
4. 细磨物料中的水有三种形式，分别是________、薄膜水和________。

5. 细磨物料的成球过程可分为三个阶段，即________、________和________。
6. 生球筛分一般用圆滚筛，它除了筛分作用外，还能使生球进一步________和滚光。
7. 膨润土主要矿物组成是________，它具有层状结构，表层带负电，能吸附 Na^+、Ca^{2+} 等金属阳离子。
8. 毛细水是________的关键性水分。

二、选择题

1. 生球的形成除与含水有关外，更重要的是与物料的（ ）有关。
   A. 矿粉性质 B. 比表面积 C. 矿粉构造 D. 添加剂
2. 造球时母球的形成主要靠（ ）起主导作用。
   A. 毛细水 B. 薄膜水 C. 重力水 D. 吸附水
3. 造球混合料水分要求低于造球适宜水分的（ ）。
   A. 水分越低越好 B. 1% ~2% C. 5% D. 2% ~3%
4. 造球过程中，母球形成区应加的水是（ ）。
   A. 滴状水 B. 雾状水 C. 流状水 D. 水蒸气
5. 在原料水分相同的情况下，给料量增加，生球粒度（ ）。
   A. 变大 B. 变小 C. 没变化 D. 变化不大
6. 用圆盘造球机造球时，原料应主要加在（ ）。
   A. 成球区 B. 长大和压实区 C. 紧密区 D. 都一样
7. 为了减少生球中的粉末，应尽量提高（ ）。
   A. 生球粒度 B. 生球水分 C. 生球筛间隙 D. 生球强度
8. 目前常按吸附离子不同划分蒙脱石的依据，即当吸附（ ）离子为主时称为钠基膨润土。
   A. Na^+ B. Ca^{2+} C. Mg^{2+} D. K^+

三、简答题

1. 球团矿与烧结矿在原料方面有哪些差异？
2. 试叙圆盘造球机的操作方法。
3. 生球强度变化最常见的原因有哪些？
4. 造球过程中生球水分与生球强度有何关系？
5. 球团焙烧对生球的质量要求有哪些，影响生球质量的因素有哪些？
6. 造球过程中如何控制生球成球速度？

任务十一　竖炉焙烧操作

教学目标

(1) 解释竖炉工作原理。
(2) 介绍竖炉设备的组成。
(3) 根据生球的干燥机理,正确控制竖炉干燥速度。
(4) 明确提高生球干燥破裂温度的途径。
(5) 解释球团焙烧固结机理。
(6) 明确布料操作原则。
(7) 运用所学知识,正确选择竖炉的热工制度。
(8) 叙述竖炉正常炉况的特征。
(9) 根据炉况失常的表现,及时查找原因,加以正确的调整处理。

一、任务分析

(一) 任务的提出

目前,使用热态成形的方法生产球团矿主要有三种方式:竖炉、带式焙烧机和链箅机—回转窑。竖炉焙烧是最早采用的球团焙烧法。20 世纪 40 年代末,世界上第一座球团竖炉投产以来,已进行了许多改革。我国现阶段有大约一半的球团矿是由竖炉生产的,竖炉焙烧的主要优点是:结构简单,对材质无特殊要求,炉内热利用好;缺点是竖炉生产的球团矿强度低、单机生产能力低、吨矿能耗高、生产环境恶劣、原料适应性差,主要用于磁铁矿。目前国内新建的项目基本不采用这种方法。

(二) 工作任务描述

该任务的工作对象有竖炉相关设备的检查维护和操作以及球团矿的质量、产量与成本指标;所使用的工具有看火安全与技术操作规程、竖炉监控系统(见图 11-1)和竖炉监控画面(见图 11-2);工作方法为设备运行状态的检查维护、竖炉热工制度的调节、生球流量的调节。

对该工作任务的要求是:

(1) 能检查设备运行状态,并加以维护和保养;
(2) 能根据生产情况对热工制度进行合理调节;
(3) 能进行水梁的汽化冷却工作;
(4) 能进行点火操作;
(5) 能进行布料操作;
(6) 能对设备故障、工艺事故采取果断、及时处理;
(7) 能进行开停机操作;

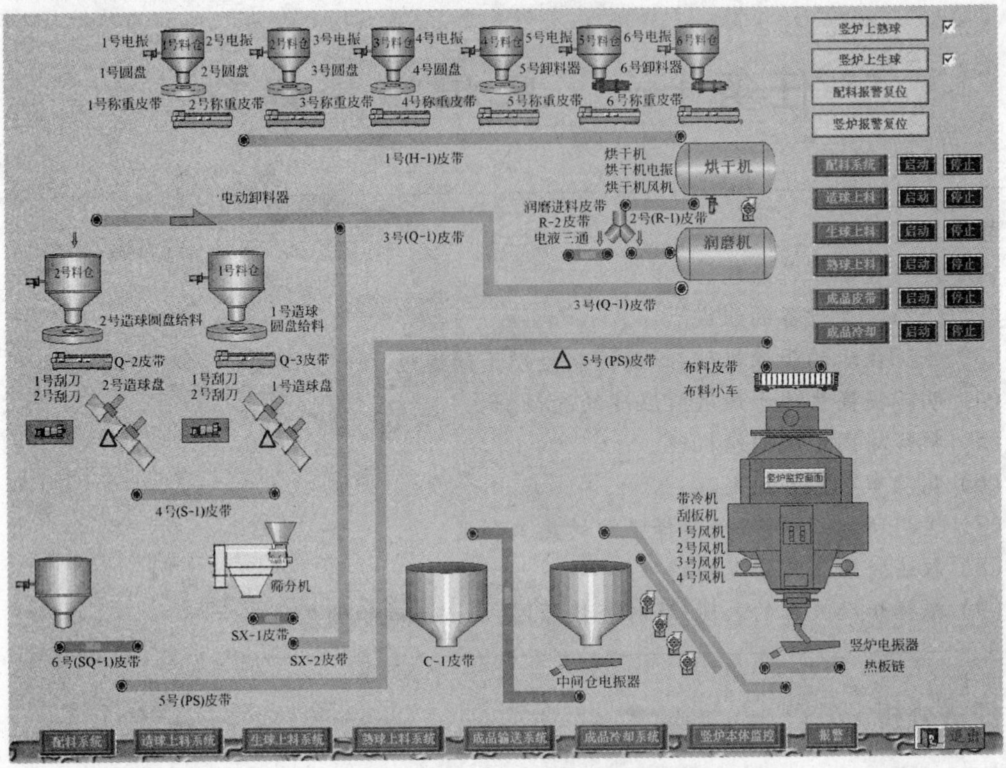

图 11-1　某厂竖炉监控系统

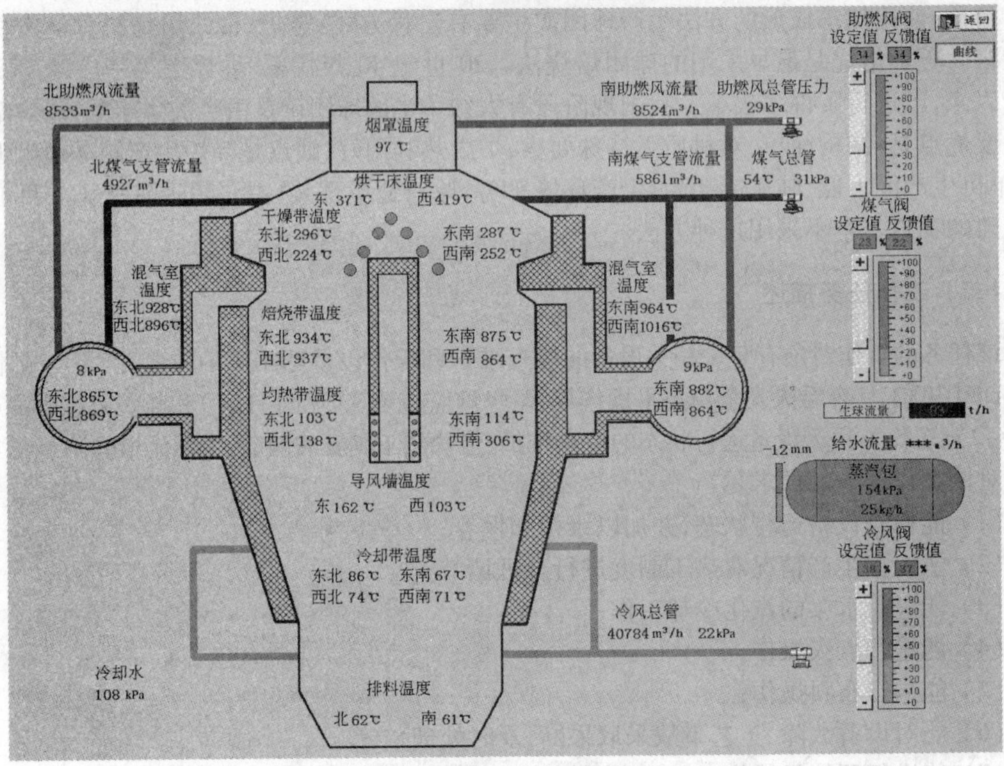

图 11-2　某厂竖炉监控画面

(8) 与配料、干燥混合、造球等相关岗位进行生球流量、质量、原料条件等生产信息的相互沟通;

(9) 严格执行车间的岗位作业标准、安全、技术操作规程和设备维护规程。

二、任务实施

(一) 竖炉球团布料车操作

球团布料的首要任务是掌握烘床料面的情况,在加入一定数量生球的前提下,及时排矿和调节料面,使整个料面做到下料均匀、排矿均匀,料面在导风墙两侧平衡、不亏料。

竖炉球团布料车的主要操作步骤为:

(1) 接到有关通知后,开布料车皮带。

(2) 开启布料车及车后皮带。

(3) 布料工要根据竖炉生产的情况,连续均匀地向干燥床布料,在不裸露炉箅条的前提下,实行薄料层操作,做到料层均匀,料流顺畅。

(4) 及时通知链板机、油泵开启,而后操作电振机连续均匀排矿,使排出的料量与布料量基本平衡,做到少排、勤排。

(5) 停机的操作顺序:停布料车车后皮带—布料车行走(开出炉外)—停布料车皮带。

布料车在布料过程中应注意的问题:

(1) 要做到布入烘干床上的湿球经干燥后入炉,要求烘干床下部有1/3干球才能排矿,布料工要及时通知排矿输送机或链板机和油泵的开启、关闭,并操作电振排矿。

(2) 当遇到炉箅黏料时,要经常疏通;布料车停止布料时要退出炉外,防止布料皮带烧坏。

(3) 如因故料面降到炉箅条以下时,不得用生球填充,要及时补充热球,避免生球出现严重爆裂或结块,影响后续操作。

(4) 布料车停止布料时要退出炉外,防止布料皮带烧坏。

(5) 及时调整布料车,防止皮带跑偏,及时更换布料车损坏的上下托辊。

(6) 要经常与竖炉值班室焙烧工保持联系,相互协作,共同搞好生产。

(二) 竖炉热工制度的控制和调节

制定合理的竖炉热工制度并进行适当的控制和调节,是确保炉况正常,使竖炉优质高产的关键性环节。

1. 竖炉正常炉况的特征

竖炉正常炉况有以下特征:

(1) 下料顺利,东西南北四面下料均匀,快慢基本一致,排矿均匀;

(2) 燃烧室温度稳定,压力适宜稳定,炉内透气性好;

(3) 煤气、助燃风、冷却风的流量和压力稳定;

(4) 烘干床气流分布均匀、稳定,生球不爆裂,干球均匀入炉;

(5) 炉身各点温度稳定,竖炉同一平面两端的炉墙温度差小于60℃;

(6) 链板机排出的球中大块少,成品球发瓦蓝色,排出球温度较低且稳定;

(7) 成品球强度高、返矿量少,FeO 含量低且稳定。

2. 竖炉热工制度的控制和调节规程

竖炉热工制度的控制和调节有以下规程:

(1) 煤气量的控制与调节。竖炉煤气量的确定,可按照焙烧每吨球团矿的热耗来计算。如某厂竖炉焙烧球团的热耗为 585438 ~ 669072 kJ/t,每小时产量为 40 ~ 45 t,燃料为高炉煤气,发热值为 3554.45 kJ/m^3。当竖炉产量高时,热耗就降低,反之热耗就升高。按平均值(627255 kJ/t)计算,则竖炉每小时需消耗的煤气量为:$(627255/3554.45)\times 42.5 = 7500\ m^3/h$,则每个燃烧室煤气支管的流量为 $7500/2 = 3500\ m^3/h$。因此,当竖炉产量提高或煤气热值降低时,应增加煤气用量,反之,则减少煤气用量。

(2) 助燃风量的控制与调节。竖炉助燃风量的确定,可根据所需要的燃烧室温度和球团焙烧温度来调节。一般助燃风量是煤气流量的 1.2 ~ 1.4 倍。依据上述计算出的煤气量,助燃风量应为 9000 ~ 10500 m^3/h。

(3) 煤气压力与助燃风压力。在操作中,煤气压力和助燃风压力必须高于燃烧室压力,一般应高出 3000 ~ 5000 Pa,助燃风压力比煤气压力应略低一些。

(4) 冷却风流量的控制与调节。按理论计算,1 t 成品球团矿从 1000℃冷却到 150℃,需要消耗冷却风 1000 m^3。但在实际操作中,一次冷却风只能达到 600 ~ 800 m^3/t,因此排矿温度仍然较高。如果按上述的竖炉平均产量(42.5 t/h),冷却风应控制在 25500 ~ 34000 m^3/h。同时,冷却风量也可以根据排矿温度和炉顶干燥床生球的干燥情况来调节,如果排矿温度高,生球干燥速度慢,应适当增加冷却风量。但是如果干燥床上生球爆裂严重,可适当减少一些冷却风,以维持生产正常。

(5) 燃烧室温度的控制与调节。竖炉燃烧室的温度,可以根据球团的焙烧温度来决定。而球团的焙烧温度需要通过试验来确定。

生产实践表明,在焙烧磁铁矿球团时,燃烧室温度应低于试验得到的球团焙烧温度 100 ~ 200℃;而在焙烧赤铁矿球团时,燃烧室温度应高于试验获得的球团矿焙烧温度 50 ~ 100℃。

竖炉开炉投产时,燃烧室温度应低一些,可以暂控制在试验得到的焙烧温度区间的下限;然后应视球团的焙烧情况来进行调节。

此外,燃烧室的温度还与竖炉产量有关,当竖炉高产时,燃烧室温度应适当高一些(20 ~ 50℃);如果相反,燃烧室温度应低一些。如果长期处于正常生产,燃烧室温度应基本保持恒定,温度波动范围一般应不大于 ±10℃。

(6) 燃烧室的压力调节。在竖炉生产中,燃烧室的压力是炉内料柱透气性的一面镜子,燃烧室压力升高,说明炉内料柱透气性变坏,应进行调节。

如果是干燥床湿球未干透下行引起,可适当减少布入的生球量,或暂停加生球(减少或停止排矿),使生球获得干燥后,燃烧室压力降低,再恢复生球的正常布入量。如果是干燥床生球爆裂严重所引起,可适当减少冷却风,使燃烧室压力达到正常。倘若是炉内结大块,可以减风减煤气进行慢风操作,待大块排到火口以下后,燃烧室压力已降低,再恢复全风操作。通常燃烧室压力不允许超过 20000 Pa。

(7) 燃烧室的气氛调节。我国竖炉大都生产氧化球团矿,这就要求燃烧室内应具有强氧化性气氛(氧含量大于 8%)。但因我国竖炉大部分是以高炉煤气作燃料,其发热值较低、火焰长以及设备、操作上的问题等原因,造成燃烧室的含氧量降低,只有2%~4%,属弱氧化性气氛,有时还会残留少量的CO,对生产磁铁矿球团极为不利。因此,磁铁矿球团只能依靠竖炉下部鼓入冷却风带进的大量氧,通过导风墙在竖炉的预热带得到氧化。因此,要求燃烧室的每个烧嘴都应完全燃烧,所给的煤气量和助燃风量均匀和适宜。

(三) 竖炉事故与处理

1. 炉况失常的判断及处理

炉况失常的具体情况介绍如下:

(1) 球团矿呈暗红色,强度低、粉末多。

判断:供热不足,焙烧温度低或矿粉粒度太粗,下料过快,生球质量差。

处理办法:根据焙烧球团的热耗量,计算煤气量,为球团焙烧提供充足的热量;并根据矿石性质适当调整燃烧室温度,提高生球质量,减少生球爆裂和入炉粉末,以改善料层透气性。

(2) 成品球团矿生熟混杂,强度相差悬殊。

判断:下料不均,炉内温度相差较大。

处理办法:根本办法是提高生球强度,减少粉末入炉,以改善透气性;其次改变炉料的运动状态,调整排矿齿辊运行速度及采取"坐料"等手段,以松散炉内物料,使炉料均匀下降,并检查竖炉喷火口是否堵塞。

(3) 成品球温差较大。

判断:炉料产生偏析;排矿量不均,料球温度相差较大。排矿温度高而球团强度低,炉膛两侧温度明显不同。

处理办法:调整两溜槽的下料量,多开下料慢一侧的齿辊,提高下料快一端的煤气烧嘴温度(增大废气量)。必要时采取坐料操作,即停止排矿一定时间后,再突然大排矿,亏料以熟料补充。

(4) 下料不匀。炉口下料不匀,局部过快,干燥速度相差较大,局部气流过大,炉膛温度变化无规律。

判断:炉内发生窜料(形成管道)或悬料;如不及时处理,在下料快处湿球入炉,就会产生粉末,更加恶化炉况,形成堆积黏结现象,造成结大块的事故。

处理办法:往下料处补熟球,采取坐料操作,大排矿一次(排矿高度1 m左右),再补熟球,以消除炉内管道,恢复炉料正常运行。

(5) 燃烧室压力升高。煤气和空气量没变,而燃烧室压力突然升高,两燃烧室压差大,炉顶烘干速度减慢。

判断:湿球入炉,粉末增加,喷火口上部位产生湿堆积粘连现象。

处理办法:适当降低燃烧室温度和废气量,停止加生球补加熟球,继续正常排矿,待这批物料下降到喷火口下,燃烧室压力正常后,再恢复正常生产。严重时可大排矿至喷火口以下,将这种轻度黏结物捅掉,重新补熟球,再行开炉。

(6) 各项指标失常。仪表的各项指标失常,偏料严重,甚至形成管道,按上述处理办法无效,另外,在排矿处可见到过熔块。

判断:炉内结块。

原因:

1) 焙烧温度超过球团软化温度,当原配料比改变后,而焙烧温度未加调整,以致高于软化温度,产生熔块。若原料特性未变,则往往是由于操作失误,煤气热值增大以及仪表指标偏差而引起的燃烧室温度过高。

2) 燃烧室出现还原气氛,使焙烧带的球团产生硅酸铁等低熔化物而造成炉内结块。

3) 因设备故障或停电造成停炉,没有松动料柱(无法排矿与补加熟球),物料在高温区停留时间过长,有时也因停炉后没能及时切断煤气,或因阀门不严,煤气窜进炉内所致。

4) 湿球入炉,造成生球严重爆裂,产生大量粉末,而使生球粘连。如果出现在交接班时没有及时处理,或者再发生突然停炉,黏结物料逐渐堆积,便形成大熔块,造成严重后果。

5) 配料错误,如果球团使用的原料中混入含碳物质,也可导致炉内结块。

6) 违反操作规程,交接班制度不严,交班掩盖矛盾,甚至为交出好炉况,而在交班前停止排矿,造成假象,接班后见炉况良好,加快排料,提高产量,而造成炉况失常。

7) 炉内结块也往往出现在竖炉经常开、停的过程中。因此为竖炉创造良好的连续生产条件,是避免炉内结块的有效办法。

处理办法:如果在大排料中发现炉内确实存在熔化结块,只好及时停炉处理。打开竖炉人孔,用人工处理与齿辊破碎相结合的办法排除熔结块。

2. 塌料处理

竖炉由于排矿不当(过多)或炉况不顺而引起生球突然排到炉箅以下称为塌料。

处理方法:

(1) 减风、减煤气或竖炉暂时停烧;

(2) 迅速用熟球补充,直加到烘床炉顶;

(3) 加风、加煤气转入正常生产。

3. 管道处理

炉内局部气流过分发展称为管道。

处理方法:慢风或暂时放风停烧,必要时可采取“坐料”操作,待管道破坏后用熟球补充亏料部分,然后恢复正常生产。

4. 结瘤处理

结瘤主要是由于操作不当引起湿球大量下行,热工制度失调等引起的。

征兆:下料不顺,严重时整个料面不下料,燃烧室压力升高,排出熔结大块多,而且料量偏少,油泵压力升高,甚至造成齿辊转不动。

处理方法:可减风、减煤气进行慢风操作,并减少生球料量。严格控制湿球下行,在炉箅达到1/3干球后才排料,结瘤严重时,要停炉把料排空,把大块捅到齿辊上,人工或齿辊破碎,处理干净后再重新装炉恢复生产。

(四) 竖炉开炉操作

竖炉新炉投产及大、中修后的操作都称为开炉操作。

1. 开炉前的准备工作

开炉前的准备工作有:

(1) 安装完工及大、中修后的设备必须先进行试车,并调整至正常。对新炉首次开炉,必须先进行全面单体试车,然后进行空载联动试车及带负荷联动试车。如圆盘给料机、混合机、润磨机、造球机、圆辊筛、布料机、鼓风机、皮带机等设备，都应负荷试车。特别是鼓风机的试车时间不得少于24 h。

(2) 检查生产所需要的原料、添加料、燃料的准备和供应情况。

(3) 检查供电、供水和供气计量仪表、通信、照明以及给排水、蒸汽管道阀门等设施是否正常，并进行有关设备的单体试车和联合试车。

2. 烘炉

烘炉前应绘制烘炉曲线和制定正确的烘炉方案。烘炉曲线与耐火材料的性能、炉衬砌筑质量、施工方法和施工季节有关。烘炉过程应严格按烘炉曲线进行，一般可分为3个阶段：

(1) 低温阶段。烘烤温度从常温到420℃，主要是蒸发竖炉砌砖中的物理水，升温要求缓慢(10℃/h)，以防止升温过快而造成耐火砖及砖缝开裂，并在420℃需要一定的保温时间，这个阶段一般用木柴烘炉。方法是：用木柴填满两燃烧室，但不得堵塞烧嘴、人孔和火道，并在点火人孔(或烧嘴)周围放上带有柴油的破布及棉纱以便点火。当事先填好的木柴烧完后，还未达到所需的温度和烘炉时间，可以从燃烧室的人孔继续添加木柴。烘炉一次用6～8 t木柴，柴油或煤油25 kg，棉纱若干。

(2) 中温阶段。烘烤温度在420～820℃。升温到600℃需要保温一段时间(一般为8～10 h)，这时主要是脱除砌体耐火泥浆生料粉中的结晶水。820℃是砌砖体泥浆发生相变(晶体重新排列)的温度，使其强度提高，因此也需要一定的保温时间，约为10 h。中温阶段升温速度可稍快(10～25℃/h)，这个阶段一般用高炉低压煤气或高炉－焦炉混合煤气烘炉。方法是：引煤气前必须先封闭燃烧室人孔，开启竖炉除尘风机、关闭竖炉烟罩门和顶盖。同时用蒸汽吹扫各煤气管道，依次打开各烧嘴阀门并点火。先打开烧嘴窥孔自然通风，必要时开启助燃风机，温度高低用煤气量和助燃风量的大小来控制。

(3) 高温阶段。烘炉温度在820～1040℃。主要是加热砖体的温度达到均匀，也需要一定的保温时间，一般为8 h，这个阶段用高压煤气烘炉。温度再往上升，其升温速度可加快(50℃/h)，直到达到生产所需要的温度(约1100℃)。方法是：不停放风，直接开启加压机送高压煤气。

3. 竖炉引煤气操作

通常竖炉开炉或生产前，必须先把煤气从加压站或煤气混合站引到竖炉前，以便点火。不论引高压煤气或低压煤气，都可按下述步骤进行操作。

引煤气前的准备：

(1) 引煤气前应先与加压站取得联系，经同意后，方可做引煤气操作。

(2) 检查竖炉煤气总管和助燃风总管阀门是否关闭。

(3) 检查竖炉燃烧室烧嘴阀门是否关闭。

(4) 打开煤气总管一个或煤气支管两个放散阀。

(5) 通知开启竖炉除尘风机。

(6) 通知开启助燃风机和冷却风机，并放风(烘炉时除外)。

引煤气的步骤：

(1) 通知煤气加压站，用蒸汽吹洗煤气总管，同时负责用蒸汽吹洗煤气支管。

(2) 见煤气总管放散阀冒蒸汽10 min后，通知加压站送煤气，稍后关闭煤气总管蒸汽。

(3) 见煤气总管放散阀冒蒸汽 5 min 后,开启煤气总管闸阀或蝶阀,关闭煤气总管放散阀,关闭煤气支管的蒸汽阀。

(4) 通知烘干机及竖炉使用煤气。

4. 竖炉点火操作

煤气点火时应注意的事项:

(1) 如果使用高炉与焦炉混合煤气,应先做爆炸试验,经合格才能点火,以确保安全。

(2) 煤气点火时,燃烧室必须保持一定的温度,如高炉煤气应大于 700℃(高压需大于 800℃);高炉与焦炉混合煤气应大于 600℃(高压需大于 750℃),才能直接点火。否则燃烧室内必须要有明火方能用煤气点火。

(3) 点火时烧嘴前的煤气和助燃风应保持一定的压力。一般煤气压力在 4000 Pa 左右;助燃风在 2000 Pa 左右,待煤气点燃后逐渐加大煤气和助燃风的压力。严禁突然送入高压煤气和助燃风点火,防止把火吹灭,引起再次点火时而造成煤气爆炸。

(4) 使用低压煤气点火时,煤气压力低于 2000 Pa 应停止点火;生产时煤气压力低于 6000 Pa 也应该停止燃烧。

点火操作步骤:

(1) 见煤气支管放散阀冒煤气 5 min 后,开启助燃风总管闸阀或蝶阀。

(2) 开启两燃烧室烧嘴阀门进行点火。点火时,应先略开烧嘴助燃风阀门,然后慢慢开启烧嘴煤气控制阀门,并同时加开助燃风阀门。

(3) 待燃烧室煤气点燃后(在烧嘴窥视孔中观察),关闭煤气支管放散阀和助燃风放风阀。

(4) 调节两燃烧室的煤气量和助燃风量,使其室温基本相同。

(5) 开启冷却风总管蝶阀或闸阀,并关闭冷却风机放风阀。

(6) 通知布料工加生球和排矿(烘炉时除外)。

5. 开炉操作

开炉操作包括:

(1) 装开炉料:

1) 装开炉填充料前,必须先封闭竖炉人孔和铺好干燥床箅条。

2) 通知布料工开启布料机,布料机行走开关可打到自动位置进行均匀装炉,避免形成固定下料点。开炉料通常采用成品球团矿,也可采用粒度均匀的烧结矿或生矿石,但不论用哪种开炉料,都必须严格筛分干净,且要求水分含量低,以确保开炉顺利。

3) 如果烘炉尚未结束,开炉料可先装到火道口以下;如果烘炉已结束,可把开炉料直接装到炉口。

4) 装火道口以上的炉料时,燃烧室应停煤气灭火。

(2) 活动料柱:

1) 先开竖炉两端齿辊活动料柱和进行排料,一边观察干燥床料面下料情况,一边继续用开炉料补充。

2) 及时调整料面的下料情况,直到使干燥床整个料面下料基本一致后,可停止加开炉料。

3) 引高压煤气点火,使燃烧室继续升温到生产所需的温度,以便加热开炉料、提高干燥床温度，此时冷却风需暂时关闭。

4）引高压煤气点火后进行倒料操作，即一边加开炉料，一边排矿，这样既可以用热料来烘烤炉体砌砖，还可以使炉内料柱处于不间断的动态之中。

（3）首次开炉：

1）当烘床温度上升到300℃左右时，停止倒料操作。开启造球机加入第一批生球。

2）当烘床加满第一批生球后，就停止布料和造球。

3）待烘床下的生球干燥后，就可排料。

4）当烘床上排下1/3生球后，停止排料，并再加一批生球等待干燥。就这样烘床上干燥一批生球，排一批料，再加一批生球进行干燥后，再排一次料如此往复，直至烘床温度上升到正常温度（600℃左右）时，可连续往炉内加生球与排料。

5）当热球下到冷却带时，即可开启冷却风机适当送冷却风，随冷却带温度达到500～700℃时，冷却风量达到正常。

6）竖炉刚开炉时，因整个炉子尚未热透，焙烧温度低，风量较小，要适当控制生球的布料量，以保证成品球质量和开炉顺利，这种情况需持续1～2天，待竖炉内已形成合理的焙烧制度后，就可转入正常作业。

（五）竖炉停炉操作

根据停炉的情况不同，具体操作可分为：临时停炉（或称放风灭火操作）、检修停炉和紧急停炉操作。

1. 临时停炉操作

在竖炉生产过程中，某一设备发生故障或其他原因不能维持正常生产时，需做短时间（<2h）的灭火处理，或称为放风灭火操作。具体步骤为：

（1）通知造球岗位停止给料，布料工停止加生球和排矿。

（2）通知风机房关小冷却风机进风蝶阀或闸阀，并打开放风，关闭冷却风总管蝶阀。

（3）通知煤气加压站下调煤气压力。

（4）在煤气降压的同时通知助燃风机放风，并关小助燃风机进风阀。

（5）同时立即打开煤气总管放散阀。

（6）关闭煤气和助燃风总管的放散阀。

（7）关闭燃烧室烧嘴阀门，同时打开煤气支管放散阀，然后通入蒸汽。

2. 检修停炉操作

当燃烧室灭火时间超过2h以上或停炉检修时，必须做停炉操作。停炉操作除先做放风灭火操作外，还应进行如下操作：

（1）通知风机房停助燃风机和冷却风机。

（2）通知煤气加压站停加压机，并切断煤气，用蒸汽吹洗煤气总管。

（3）当竖炉需要排完全部炉料时，可继续间断排料，直到炉料全部排空。

3. 紧急停炉操作

在遇到突然停电、停水、停煤气、停助燃风和冷却风时，应做好紧急停炉操作，其步骤如下：

（1）首先应立即打开煤气总管放散阀、助燃风机和冷却风机放散阀。

(2) 立即关闭煤气总管、助燃风机总管的闸阀和蝶阀,切断通往燃烧室的煤气和助燃风。

(3) 立即关闭冷却风总管的蝶阀。

(4) 立即关闭燃烧室烧嘴的全部阀门。

(5) 打开煤气支管放散阀,并通入蒸汽。

(6) 未尽事项可按放风灭火和停炉操作处理。

三、相关知识

(一) 竖炉

1. 竖炉结构

竖炉大体有两种炉型,一种是高炉身型内冷式竖炉(见图11-3),另一种是中等炉身型外冷式竖炉(见图11-4)。

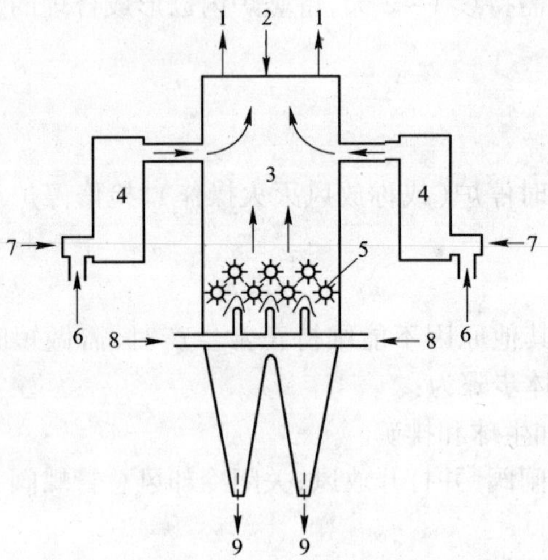

图11-3 高炉身型内冷式竖炉

1—废气;2—生球;3—炉身;4—燃烧室;5—破碎辊;6—燃料;7—助燃风;8—冷却风;9—成品球团

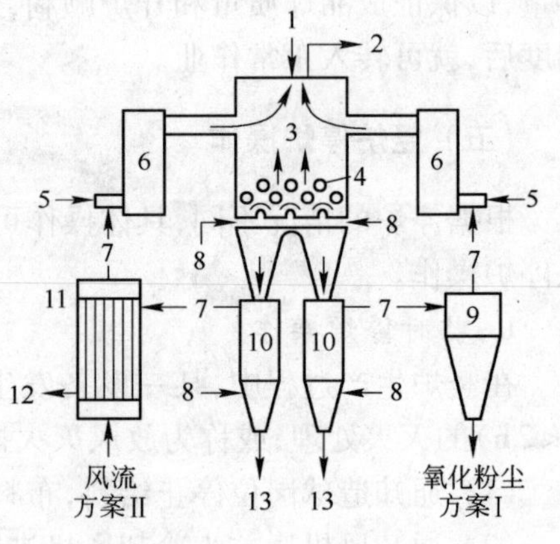

图11-4 中等炉身型外冷式竖炉

1—生球;2—废气;3—竖炉;4—破碎辊;5—燃料;6—燃烧室;7—热风;8—冷却风;9—旋风除尘器;10—冷却器;11—换热器;12—排气;13—焙烧球团

高炉身型内冷式竖炉的冷却和焙烧在同一炉身内完成,燃烧室布置在矩形焙烧室两侧,利用两侧喷火孔对吹容易将炉料中心吹透。此外,炉身高,冷却带相应加长,有利于球团矿冷却,但排矿温度仍在427~540℃,需要炉外喷水冷却,影响成品球质量。高炉身型内冷式竖炉单产量高,得到广泛的应用。

中等炉身型外冷式竖炉的焙烧在炉身内进行,焙烧后的球团矿在竖炉外的冷却器中进行冷却并有余热利用系统,使竖炉的热量得到较好的利用,成品球也得到较好的冷却,排矿温度可控制在100℃以下。但这种竖炉结构复杂,单位产品的投资和动力消耗略有增加。

我国竖炉是按高炉身内冷式设计的。为了解决竖炉高炉身气流分布不均,中心气流不足,形成中心死料柱,从而导致中心部分球团烧不透,强度差和排出的球团温度过高,无法采用胶带机运输等问题，采用中心设导风墙和炉口安装烘干床的办法。

导风墙安置于竖炉中心，由两排水冷托梁和砌立于托梁上带通风孔的空心墙组成。两排托梁由 6 ~ 8 根厚壁无缝钢管组成，管内通水冷却。空心墙一般用高铝砖砌成。通风孔的面积由冷却风流量和导风墙内的气流速度确定。导风墙下口位于喷火口下 1.6 ~ 3.1 m 处，上口直至烘干床下部。

炉口烘干床如图 11-5 所示。烘干床设置于炉口布料皮带下，用耐热铸铁做成箅条，人字形架设在水冷钢梁上。炉箅水梁一般用 5 根厚壁无缝钢管架设，用以支托干燥箅子，管内通水冷却。干燥箅条采用高硅耐热铸铁或高铬铸铁铸造成箅条式或百叶窗式，箅条间隙为 5 ~ 8 mm，床面倾角为 45° ~ 50°。

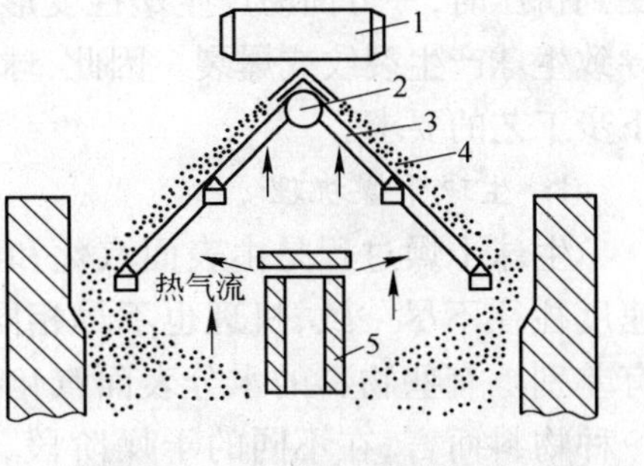

图 11-5　炉口烘干床

1—布料皮带；2—水冷钢梁；3—烘床箅条；4—生球；5—导风墙

导风墙和烘床的应用使 8 m² 竖炉焙烧球团矿的日产量从 300 t 左右提高到 800 t 以上。炉内的温度控制状况大为改善，使干燥、预热、焙烧、均热和冷却各带分明，球团焙烧质量优良且冷却效果好。

竖炉的规格以炉口横断面积表示，我国目前已投产的竖炉有 8 m²、10 m²、16 m² 和 24 m² 四种规格。为了有利于生球和焙烧气流的均匀分布，矩形断面的长宽比较大，以限制其宽度。对于 8 m² 的竖炉，一般宽度不超过 1.8 m。从炉口料面到排矿口的距离多为12 ~ 13 m。

2. 竖炉工作原理

球团竖炉是一种按逆流原则工作的热交换设备。其特点是生产时生球由皮带布料机均匀地从炉口装入炉内，生球以均匀的速度连续下降。用煤气或重油作燃料，在燃烧室内充分燃烧。温度达到 1150 ~ 1250℃ 的热气体从喷火口进入炉内，自下而上与生球进行热交换。生球经过干燥和预热后进入焙烧区，球团矿在高温焙烧区进行固结反应，通过焙烧区再进入炉子下部的冷却区，焙烧后的热球团矿与下部鼓入的上升冷空气进行热交换而被冷却，最后从炉底排出。卸料辊可以将黏结成大块的球团矿破碎。通过燃烧室进入的空气量约为焙烧所需全部空气量的 35%，其余的空气从下部鼓入，使球团冷却的同时空气被加热到高温，进入焙烧区域。竖炉中生球与气流运动方向如图 11-3 所示。

（二）布料

我国竖炉采用炉口烘干床后，布料方式为特有的“直线布料”，简称为线布料或梭式布料。优点是布料车行走路线与布料路线平行，原来是大车和小车组成的可做纵横向往复移动的梭式布料机，现在只做往复直线移动的带小车布料机，可大大简化布料设备，提高设备的作业率，缩短布料时间。

生球布于箅条上，厚 150 ~ 200 mm，生球沿箅条床面向下移动的过程中，被从下面上升的 550 ~ 570℃ 的热废气烘干，时间为 5 ~ 6 min，水分从 8.5% 下降到 1.5%，提高了生球的抗压强度和破裂温度，废气温度下降至 110℃，大大提高了热量利用率。另外，生球从烘干床箅条下端和炉墙之间的缝隙进入炉内时产生自然偏析作用，大颗粒球团滚到炉子中心，进一步改善了中心料柱的透气性。

（三）生球的干燥

生球干燥是生球加热过程的开始环节，其作用在于降低生球中的水分，以免它在高温焙烧时加热过急、水分蒸发过快而破裂、粉化、恶化料层的透气性，影响球团矿的质量。因为未经干燥的生球，特别是添加有亲水性黏结剂的生球，通常含有较多的水分，这就使得它们在受到挤压时，一方面易产生塑性变形与裂纹，另一方面在高温焙烧时会由于水分猛烈蒸发而导致生球产生裂纹或爆裂。因此，球团在进入预热和焙烧阶段之前，必须经过干燥，以满足下步工艺的要求。

1. 生球干燥机理

生球干燥过程是由表面汽化和内部扩散两个过程组成。这两个过程虽同时进行，但速度往往不尽一致，机理也不尽相同，而且原料性质和生球的物理结构不同，干燥过程也有差别。有些物料的水分表面汽化速度大于内部扩散速度，有些物料则正好相反。就同一种物料而言，在不同的干燥阶段，也有所变化，在某一时期，内部扩散速度大于表面汽化速度，而另一时期，则内部扩散速度小于表面汽化速度。显然，速度较慢的控制着干燥过程。

表面汽化控制是指干燥过程中在物体表面水分蒸发的同时，内部的水分能迅速地扩散到表面，使表面保持潮湿，因此，水分的除去决定于物体表面上水分的汽化速度。在这种情况下，蒸发表面水分所需要的热能，须由干燥介质透过物体表面上的气体边界层而达到物体表面，被蒸发的水分也将透过此边界层扩散而达到干燥介质的主体，主要物体的表面保持足够的潮湿，物体表面的温度就可取为热气体的湿球温度。因此，干燥介质与物体表面间温度差为一定值，其蒸发速度可按一般水面汽化计算。所以此类干燥作用的进行，完全由干燥介质的状态决定，与物料的性质无关。

所谓内部扩散控制，是指干燥时，物料内部扩散速度较表面汽化速度小，当表面水分蒸发后，因受扩散速度的限制，水分不能及时扩散到表面，因此，表面出现干壳，蒸发面向内部移动，干燥的进行较表面汽化控制时更为复杂，欲改进干燥的状况，需改进影响内部扩散的因素。此时，干燥介质已不是干燥过程的决定因素。当生球的干燥过程为内部扩散控制时，必须设法增加内部的扩散速度，或降低表面的汽化速度，否则，将导致生球表面干燥而内部潮湿，最终使表面干燥收缩而产生裂纹。

2. 影响生球干燥速度的因素

生球在干燥过程中可能产生低温表面干裂和高温爆裂，因此生球干燥必须以不发生破裂为前提，其干燥速度与干燥所需时间取决于下列因素：

（1）干燥介质的状态。干燥介质的状态指干燥气流的温度、流速与湿度。干燥介质的温度越高，生球水分的蒸发量就越大，干燥速度也越快，干燥时间相应缩短。但干燥介质的温度需受生球破裂温度的限制，应控制在生球的破裂温度之下，否则随着介质温度的不断提高，将会使生球表层与中心不均匀收缩加剧，导致裂纹的产生，更有甚者会因剧烈汽化，中心水分来不及排除而爆裂。

干燥介质的流速越快，生球表面汽化的水蒸气散发越快，可促进生球表面水分的快速蒸发。与温度的影响相似，干燥介质流速也受生球破裂温度的制约，通常情况下，流速大时，应适当降低干燥温度，对于热稳定性差的生球干燥时，往往采用低温大风量的干燥制度。

干燥介质的湿度越低，生球表面与介质中蒸汽压力差值就越大，有利于水分的蒸发，但有些导湿性很差的物质，为了避免形成干燥外壳，往往采用含有一定湿度的介质进行干燥，以防裂纹的产生。

（2）生球的性质。生球本身的性质包括生球的初始湿度与粒度等。生球的初始湿度高，破裂温度就低。因为生球初始水分高时，干燥初期由于生球内外湿度相差大会造成严重的不均匀收缩，使球团产生裂纹；在干燥后期，当蒸发面移向内部后，由于内部水分的蒸发而产生的过剩蒸气压就会使生球发生爆裂，而爆裂温度的降低必然限制生球的干燥速度，延长干燥时间。一般，亲水性强的褐铁矿所制得的生球，其爆裂温度比赤铁矿与磁铁矿要低。

生球粒度小时，由于具有较大的比表面积，蒸发面积大、内部水分的扩散距离短、阻力小、干燥速度快，可承受较高的干燥温度。生球粒度过大会影响干燥速度，对干燥不利。

（3）球层高度。增加球层高度将延长干燥时间，降低干燥速度。因为球层越厚，干燥介质中的水蒸气在下部料层凝结的情况就越严重，底层生球的水分含量将升高，因而降低了底层生球的破裂温度。

3. *生球干燥过程中产生破裂的原因及提高生球破裂温度的途径*

生球的干燥破裂是强化生球干燥的限制性环节，干燥过程中在400～600℃之间有可能发生生球的爆裂。产生爆裂的原因可能有两个：一是生球在干燥中发生体积收缩，由于物料特性和干燥制度的不同，生球表面产生湿度差，表面湿度小收缩大，中心湿度大收缩小，这种不均匀收缩会产生应力，干燥时一般是表面收缩大于平均收缩，表面受拉和受剪，一旦生球表层所受的拉应力或剪应力超过生球表层的极限抗拉、抗剪强度，生球便开裂。二是表面干燥后结成硬壳，当生球中心温度提高后，水分迅速汽化，形成很高的蒸气压，当蒸气压超过表层硬壳所能承受的压力时，生球便爆裂。如果生球在干燥时期开裂，则焙烧后的球团矿强度至少降低1/5～1/3。因此，提高生球的热稳定性是球团生产中必须解决的问题，实际生产过程中可采取以下措施来强化干燥过程：

（1）逐步提高干燥介质的温度与流速。生球在干燥初期，应先在较低的温度与流速下进行干燥，随着水分的不断减少，生球破裂温度相应提高，可逐步提高干燥介质与流速，以加强干燥过程，改善干燥质量。所以干燥前段应实行慢升温、低风速；而干燥后期应采用大风、高温操作。

（2）采取先鼓风再抽风的方法进行干燥作业。当采用带式焙烧机或链箅机进行干燥时，可采用鼓风和抽风相结合的方法，先鼓风干燥，使下层的生球蒸发掉一部分水分，生球的温度提高到露点以上，再向下抽风，可减少与避免下部球层的过湿现象，从而提高生球的热稳定性。

（3）采用薄层干燥。适当减薄球层的厚度，可以减少蒸汽在球层下部冷凝的程度，提高生球的破裂温度，但这样做会降低产量。

（4）造球时加入合适的添加剂。实践证明，加入能使成球性指数提高到0.7左右的适量添加剂可以提高生球的破裂温度，获得良好的干燥效果。因为当成球性指数$K \approx 0.7$时，生球的破裂温度最高，而K大于或小于0.7时，都要降低生球的热稳定性。比如，在加入0.5%的膨润土后，生球的破裂温度可由175℃提高到450～500℃，而加入1%的膨润土和

8%的石灰后，生球的破裂温度可提高到700℃左右。这就可能在干燥时采用温度较高的干燥介质来加速干燥过程。

添加膨润土的生球干燥行为受膨润土性质的影响。干燥初期，其干燥速度较之其他(如添加消石灰)生球干燥时慢，尤其在低温干燥阶段。这是由于生球表面除含毛细水外，膨润土晶层中还含有大量的分子结合水，其蒸气压较自由水低，使得表面汽化速度降低。当表面水分汽化后，内部水分通过毛细管扩散至表面，一部分又进入表面膨润土的晶层中，成为层间水，由于它与水的特殊亲和力，因此，只要晶体结构不破坏，内部毛细水容易沿毛细管扩散到表面的晶层中。所以，干燥外壳形成比较慢，大量毛细水在表面蒸发，不易造成内部过剩的蒸气压，所以使爆裂温度提高。

(四) 球团的预热

生球干燥后继续加热即进入预热阶段。预热阶段的温度范围是300~1000℃，如果没有这个逐步的升温过程，许多球团的强度将会由于热效应或某种激烈的物理化学反应而遭到破坏。除此以外，预热还有以下作用：

(1) 对于磁铁矿而言，预热段是磁铁矿氧化为赤铁矿的最重要阶段，这个氧化过程与球团的最终强度直接相关。由于900~1100℃是磁铁矿氧化反应最激烈的阶段，因此预热氧化是否充分对磁铁矿球团的固结和最终强度有重要影响。

(2) 链箅机—回转窑球团的预热过程是在链箅机上进行的，进入回转窑之前的预热强度对回转窑的正常生产有很大影响，很低的预热强度会增加带入回转窑的粉料数量，以致产生结圈等一系列问题，因此需要尽可能提高预热球的强度。

(3) 对于一些含有碳酸盐、云母类矿物和含有较多化合水的矿石来说，预热过程要发生碳酸盐分解、化合水的脱除和某些矿物结构及相的变化，过高的预热温度与升温速度都会导致球团结构的破坏。

因此，不同阶段应根据需要制定相应的预热制度，选择合适的预热开始温度和升温速度(即预热段的长度与时间)。

1. 磁铁矿球团的氧化过程

磁铁矿的氧化从200℃开始至1000℃左右结束，经过一系列的变化最后完全氧化成Fe_2O_3。根据已有的认识，一般认为磁铁矿球团的氧化反应过程由以下两个阶段组成。

第一阶段(温度为200~400℃)：

$$4Fe_3O_4 + O_2 = 6\gamma - Fe_2O_3$$

在这一阶段，化学过程占优势，不发生晶型转变(都属立方晶系)，只是由Fe_3O_4氧化生成了$\gamma - Fe_2O_3$，即生成有磁性的赤铁矿。

第二阶段(温度大于400℃)：

$$\gamma - Fe_2O_3 = \alpha - Fe_2O_3$$

由于$\gamma - Fe_2O_3$不是稳定相，在较高温度下晶体会重新排列，而且氧离子可能穿过表层直接扩散。这个阶段，晶型转变占优势，从立方晶系转变为斜方晶系，$\gamma - Fe_2O_3$转化成$\alpha - Fe_2O_3$，磁性也随之消失。但是此阶段的温度范围和第一阶段的产物随磁铁矿的类型不同而不同。

2. 磁铁矿氧化对球团强度的影响

磁铁矿球团在预热阶段氧化时质量增加,经过一段时间后达到恒重,而且在氧化过程中,随着温度的升高,抗压强度持续提高。这是因为磁铁矿球团在空气中焙烧时,在较低温度下,矿石颗粒和晶体的棱边、表面就已生成赤铁矿初晶,这些新生成的晶体活性较大,它们在相互接触的颗粒之间扩散,形成晶桥键,促进球团强度提高。

磁铁矿球团氧化是从球表面开始的,最初表面氧化生成赤铁矿晶粒,而后形成双层结构,基本上是一个赤铁矿的外壳和磁铁矿核,氧穿透球的表层向内扩散,使内部进行氧化。氧化速度是随温度升高而增加的。在氧化时间相同的情况下,随着温度的升高,氧化度增加。但是为了保持球壳有适当的透气性,必须严格控制升温速度。若升温速度过快,在球团未完全氧化之前就发生再结晶,球壳变得致密,核心氧化速度将下降。并且温度高于900℃时,磁铁矿发生再结晶或形成液相,导致氧化速度进一步下降。为此必须有使球团完全氧化的最佳温度。

对采用微细粒磁铁矿制成的生球来说,加热速度过快时,外壳收缩严重,使孔隙封闭,一方面妨碍内层氧化,另一方面由于收缩应力的积累引起球表面形成小裂纹。这种小裂纹在焙烧过程中很难消除。

在焙烧的球团中,有时会出现同心裂纹,它是导致球团强度下降的主要原因。同心裂纹产生于已氧化的外壳和未氧化的磁铁矿之间。因为当氧化在已氧化的外壳和未氧化的磁铁矿间进行,并沿着同心圆向前推进时,如果温度过高,外壳致密,氧难以继续扩散进去,内部磁铁矿再结晶,渣相熔融收缩离开外壳,使两种不同的物质间形成同心裂纹。

磁铁矿氧化属于放热反应,这一热源在预热和焙烧过程中应加以考虑与利用。

3. 竖炉干燥预热

竖炉是按逆流工作原理操作的,因而生球的干燥和预热就可以利用上升的热废气在竖炉上部进行,而不必另设专门的干燥设备。要求在工艺上合理调整竖炉上部热废气的温度和流速,保证生球在不发生破裂的情况下,强化干燥过程。

竖炉采用炉口烘干床后,增加了烘干面积,热废气与湿生球热交换进行充分,提高了热效率。由于气流首先在烘床下的空间混合,均匀通过炉箅上球层,减少了过去靠炉墙处气流过大、温度过高所引起的生球破裂现象。经过烘干的生球,显著提高了抗压强度和破裂温度。生球烘干后呈散粒状,减少了生球在焙烧过程中的黏结现象,炉料顺行,从而提高了成品球团矿强度和脱硫效率。

(五) 球团的焙烧固结

经过干燥的生球,强度虽有一定程度的提高,但仍难以满足高炉冶炼的要求,必须对其进行焙烧固结作业。生球的焙烧固结是球团生产过程中最为复杂的一道工序,对球团矿生产起着很重要的作用。生球通过在低于混合物熔点的温度下进行高温焙烧可使其发生收缩并致密化,从而具有足够的机械强度和良好的冶金性能。

球团在高温焙烧时会发生复杂的物理化学变化,如碳酸盐、硫化物、氧化物等的分解、氧化和矿化作用,矿物的软化、液相的产生等。这些变化过程与球团本身的性质、加热介质特性、热交换强度以及控制升温速度有关。

1. 球团固结机理

一般认为，生球焙烧时可能发生的下述过程，都将引起球团矿的固结反应：磁铁矿氧化成 Fe_2O_3 及磁铁矿氧化所得的 Fe_2O_3 晶粒的再结晶；磁铁矿晶粒的再结晶；赤铁矿中 Fe_2O_3 的再结晶；黏结液相的形成及原子的扩散过程等。球团在焙烧时，随生球的矿物组成与焙烧制度的不同将有不同的固结方式。具体介绍如下：

（1）磁铁矿球团的焙烧固结方式。磁铁矿是生产球团矿的主要原料，在不同的气氛下进行焙烧时，可能有以下四种固结方式：

1）Fe_2O_3 微晶键连接（晶桥连接）。磁铁矿球团在氧化气氛中焙烧时，当温度加热到 200～300℃时，氧化首先在磁铁矿颗粒表面与裂缝中进行，随着温度的升高，氧化过程加速，逐渐由表面向内部发展，生成 Fe_2O_3 微晶，由于新生成微晶中的原子具有很高的迁移能力，加速了微晶的生长，随着各个磁铁矿颗粒接触点处微晶的长大，在颗粒之间形成了“连接桥”，又称为 Fe_2O_3 微晶键连接，如图 11-6（a）所示，这种固结形式使球团矿的强度有一定程度的提高。但在 900℃以下的温度下焙烧时，Fe_2O_3 微晶长大非常有限，所以单靠这种固结形式，球团矿的强度还不能满足高炉冶炼的需要。比如，直径为 15 mm 的生球，在 900℃下焙烧，其单球抗压强度仅为 150～300 N。

2）Fe_2O_3 的再结晶长大连接。它是铁精矿氧化球团固相固结的主要形式，一般认为是 Fe_2O_3 微晶键连接固结反应的继续与发展。当磁铁矿球团在氧化气氛中继续加热到 900～1100℃ 以上时，绝大部分的 Fe_3O_4 就会氧化为 Fe_2O_3，这个反应是放热反应，可以提高球团内部的温度，使得氧化生成的 Fe_2O_3 微晶的活性更高，并发生结晶长大，从而成为互相紧密连接成一片的赤铁矿晶体，如图 11-6（b）所示，球团的强度大大提高。例如，将直径为 25 mm 的生球在 1200～1300℃ 下焙烧 20 min 后，其单球抗压强度达到 1250～1550℃以上，但当温度达到 1300℃以上时，Fe_2O_3 将发生分解，会降低第二种连接方式所具有的强度。

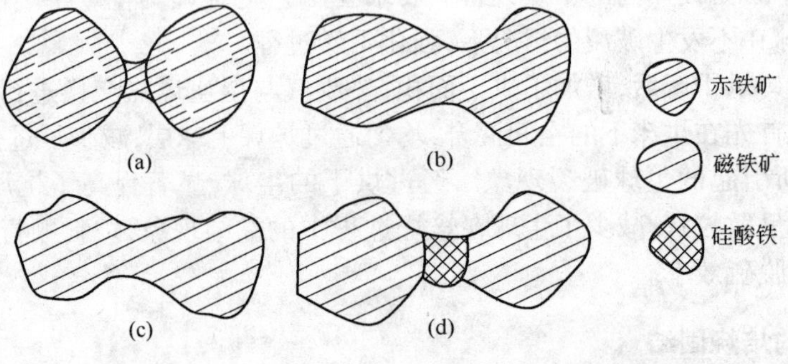

图 11-6　磁铁矿生球焙烧时颗粒间所发生的各种连接形式

3）Fe_3O_4 的再结晶与晶粒长大。在中性或还原性气氛中焙烧磁铁矿球团时，温度达到 900℃后，磁铁矿晶粒也将开始发生再结晶，通过晶粒扩散产生 Fe_3O_4 微晶键连接，随着温度的升高，Fe_3O_4 继续发生再结晶与晶粒长大，使球内磁铁矿颗粒结合成一个整体，如图 11-6（c）所示。

由于 Fe_3O_4 的再结晶速度比 Fe_2O_3 要慢，因此以这种方式固结的球团矿强度要比第二种低，它不是所需要的理想固结方式。在实际生产中，应采用适当的焙烧制度，尽量避免形成还原性或中性气氛,以保证 Fe_3O_4 的充分氧化和 Fe_2O_3 的再结晶长大。

4）液相固结。当用含较高 SiO_2 的磁铁精矿粉生产酸性球团矿时,如果在1100～1200℃的中性或弱还原性气氛中焙烧,由于 Fe_3O_4 未氧化,它可与 SiO_2 作用生成低熔点的 Fe_2SiO_4 液相,Fe_2SiO_4 又与 SiO_2 及 FeO 作用,生成熔点更低的固溶体,它们在焙烧时熔化为 FeO－SiO_2 液相体系,冷却时以液相固结方式把生球中的矿粒黏结起来。生成的反应方程式如下:

$$2Fe_3O_4 + 3SiO_2 + 2CO = 3Fe_2SiO_4 + 2CO_2$$

$$2FeO + SiO_2 = Fe_2SiO_4$$

当用含较高 SiO_2 的磁铁精矿粉生产酸性球团矿时,如果在1300℃以上的氧化气氛中进行焙烧,由 Fe_3O_4 氧化生成的 Fe_2O_3 也会部分发生分解形成 Fe_3O_4,而与 SiO_2 作用生成 Fe_2SiO_4 液相连接。Fe_2SiO_4 在高炉中属于难还原的物质而且在冷却过程中难结晶,常形成强度不高的玻璃质,因此 Fe_2SiO_4 液相固结不是良好的固结方式。

当用磁铁精矿粉生产熔剂性球团矿时,如果在1100～1300℃的强氧化性气氛下进行焙烧,由于加入了一定数量的 CaO,则生成铁酸钙体系的液相。这种液相生成速度快,熔点低,其熔化温度为1205～1226℃,还原性与强度都较好。

若在局部还原性或中性气氛下焙烧,则可能出现钙铁橄榄石液相,其熔化温度与上述相近。

若用高 SiO_2 精矿粉生产熔剂性球团矿,并在中性或弱氧化性气氛条件下焙烧,在温度达到1300～1500℃时,还可能出现硅酸钙液相体系的化合物或共熔体。

由此可见,随着原料条件和焙烧条件的不同,将产生几种不同的液相体系,这些液相少量存在时,可将固体矿粉颗粒润湿,并在表面张力作用下将其拉近,结果使球团孔隙度减小,体积收缩,结构致密化;同时由于液相的存在,可加快微晶的长大速度,提高球团矿的强度,因而液相对球团矿的固结是有利的,这种靠液相冷凝时将生球中各矿粒黏结起来的形式又称为渣键连接,如图11-6(d)所示。但必须指出的是,如果过早出现液相会使磁铁矿氧化不完全,而液相的数量过多时又会阻碍氧化铁颗粒直接接触,从而影响再结晶;液相过多,还会产生大气孔,并由于某些液相结晶能力弱,形成玻璃质,使结构变脆,降低球团矿的强度与还原性。生产中尤其应避免出现过多的硅酸铁和硅酸钙液相。

(2) 赤铁矿球团的焙烧固结方式。赤铁矿用于生产球团矿的时间比磁铁矿晚,也不如磁铁矿广泛,因而对其固结机理的研究也没有磁铁矿深入。总的看来,赤铁矿在焙烧固结中的变化较简单,但比磁铁矿球团的固结更困难。

赤铁矿球团的固结一般认为有三种方式:

1）Fe_2O_3 再结晶。较纯的赤铁精矿球团在氧化气氛中焙烧时,赤铁矿晶粒在900℃开始再结晶,随着温度的升高,晶粒逐渐长大,球团强度将提高。但这是一种简单的再结晶过程,比磁铁矿球团固结要困难。因为与磁铁矿球团焙烧固结相比,赤铁矿在氧化气氛中不会氧化,不能放热,不发生晶型转变,其原子的活动能力也比氧化新生成的赤铁矿弱。有人曾用含 Fe_2O_3 99.7%的赤铁矿球团进行试验,在氧化气氛中焙烧时发现,赤铁矿颗粒焙烧至1270℃,强度几乎与生球一样,但当温度升至1290℃并保持一定时间时,其抗压强度由单球2.94 N激增至49.3 N,这表明赤铁矿在此温度下才发生再结晶长大固结。因此在工业生产中赤铁矿球团的焙烧温度都控制在1300℃左右。

2）Fe_3O_4再结晶。在还原性气氛中焙烧赤铁矿生球时，Fe_2O_3将还原成 Fe_3O_4和 FeO，加热到 900℃后，产生 Fe_3O_4再结晶使球团固结。

3）液相固结。当生球中含有一定数量的 SiO_2时，在中性和还原性气氛中焙烧，温度达到 900℃以上后，可能出现 Fe_2SiO_4液相产物。若用赤铁矿粉生产熔剂性球团矿时，氧化气氛下，当焙烧温度达到 600℃以后，就有铁酸钙等低熔点固相产物生成，温度升高到 1200℃左右时，这些低熔点物质相继熔化，使矿粉颗粒润湿，在球团冷却时将其固结起来。

在不同的原料和焙烧条件下，球团矿的这些固结形式可能会有几种同时发生，但将以种固结方式为主。就球团矿的质量而言，以磁铁矿氧化后生成 Fe_2O_3再结晶长大连接、辅以铁酸钙液相固结为最好，它使球团矿具有强度高、还原性好的冶金性能。

根据以上分析和生产实践，球团生产中提出了“晶相为主体，液相为辅助，发展赤结晶，重视铁酸钙”的固结原则，要实现这一原则，在操作上总结了如下经验：“九百五氧化，一千二长大，一千一不下，一千三不跨”。

所谓“九百五氧化”，就是把温度控制在 950℃左右，并且配合氧化气氛（即大风量），使磁铁矿有充分的氧化条件变成赤铁矿。“一千二长大”，即当磁铁矿充分氧化成赤铁矿后，把温度提高到 1200℃左右，以保证赤铁矿晶粒再结晶长大。“一千一不下”，即如果低于 1100℃，赤铁矿晶粒就不容易产生再结晶长大，所以不能低于 1100℃。“一千三不跨”，即磁铁矿氧化成赤铁矿，如果温度在 1300℃以上，就会重新发生分解，因此焙烧温度不超过 1300℃。我国目前生产上采用的磁铁精矿多为高硅质，生球的熔点低，因此焙烧的适宜温度一般在 1150～1200℃。

2. 竖炉焙烧

生球经过干燥和预热进入焙烧带，在焙烧带球团进行高温固结反应。合理组织焙烧带热气流的分布和加强焙烧带供热操作是影响竖炉球团焙烧的重要因素。

球团竖炉供热主要是依靠燃烧室燃烧煤气或重油产生的热气流进行的，因此热气流的温度、气氛和流速对焙烧有重大影响，入炉热气流温度必须严格控制在低于球团熔化的温度。温度的调节与控制可以通过闸门调节燃料的用量来实现。不同的球团最适宜的焙烧温度也不相同。一般来说，生产高品位、低 SiO_2、不加熔剂的酸性球团矿，焙烧温度可达 1300～1350℃；熔剂性磁铁矿生球焙烧温度介于 1150～1250℃之间；赤铁矿生球焙烧温度上限不超过 Fe_2O_3的分解温度（1350℃），下限要满足铁酸钙的生成和熔融条件，不低于 1200～1250℃。

焙烧气氛主要取决于燃烧室热废气中的氧含量，一般要求入炉的热气流氧含量为 4%～8%，即在氧化气氛中进行焙烧，有利于磁铁矿的氧化和形成赤铁矿再结晶以及铁酸钙固结。赤铁矿生球焙烧时对气氛性质的要求没有磁铁矿焙烧那样严格，可以在氧化气氛中，也可以在中性气氛中进行。如果炉内成为还原性气氛，则易生成低熔点化合物 $2FeO \cdot SiO_2$，发生悬料或结块。因此，在焙烧过程中应避免在焙烧带产生还原性气氛，其主要措施是提高煤气与空气的混合效果，通过增大过剩空气系数来保证焙烧的氧化气氛；另外是适当增加竖炉燃烧室的高宽比。

从燃烧室产生的热气流通过火道口进入焙烧带的流速，直接影响竖炉横断面球层焙烧温度的均匀分布。气流速度愈大，对炉内球层穿透能力愈强，竖炉横断面的球层焙烧就愈均匀。气流速度小，则竖炉中心球层温度达不到要求，常形成“死料柱”，发生“夹生”现象，造成竖炉产量和质量下降。火道口热气流速度与煤气和助燃风机压力成正比。火道口气流速度一般为3.7～4.0m/s。由于提高煤气和助燃风机压力有限，且动力消耗过大，为合理组织炉内气流的均匀分布，所以在设计矩形竖炉时，注意宽度不宜过大。当助燃风机压力为17000Pa时，炉子宽度一般不超过1.7m。

为了改善炉内气流分布，消除炉子上部中心的“死料柱”现象，我国竖炉内架设导风墙（见图11-7）。原来由竖炉下部鼓入的冷却风全部穿越焙烧带，而且是大量的吸热过程，其流量又因料柱阻力变化而相应变化，使焙烧带在高度上和水平面上的温度不稳定，受到干扰，甚至破坏焙烧过程。另外，由于边缘气流沿边通过阻力小致使中心气流较弱，竖炉中心透气性差，甚至是完全不透气的湿料柱。且大量冷风沿边墙上升，在火道口附近与燃烧室出来的热气流发生顶撞，影响热气流的鼓入和减弱了它的穿透能力。竖炉中心设置导风墙后，正好取代“死料柱”，部分冷空气从导风墙外壁和导风墙中心上升，这样发展了中心气流。焙烧带总气流量减小，在燃烧室压力显著降低的状态下，热气流吹入量增加并且稳定，有助于提高热气流对料柱的穿透能力，温度也比较均匀稳定，从而消除了“死料柱”，强化了焙烧过程。

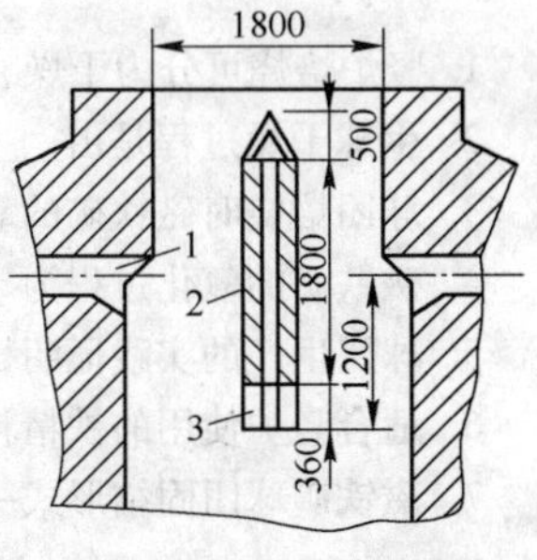

图11-7　导风墙
1—火道；2—导风墙；3—水冷钢梁

竖炉设置导风墙后，只有少量的冷风从墙外通过，使焙烧带到导风墙下缘出现了一个1160～1230℃的高温恒温区，竖炉有了明显的均热带，有利于球团Fe_2O_3再结晶，成品球团矿的强度进一步提高。导风墙的设置改善了料柱透气性，降低了燃烧室内压力，实现了低压焙烧。助燃风机风压在30 kPa以下就能满足生产要求，比国外同类竖炉降低电耗50%以上。竖炉在采用导风墙和烘干床后，热工制度的可控性增强，再加上膨润土等黏结剂的使用，竖炉生产指标大幅度提高，生产率从过去的40～50t/(m^2·d)增加到100～125t/(m^2·d)。目前竖炉多用来焙烧磁铁矿生球。

（六）球团矿的处理

球团矿处理包括冷却、破碎和筛分。通常竖炉球团矿的冷却是在竖炉本身的下部进行的。焙烧好的球团矿从上部焙烧带逐渐下移至冷却带，冷却风从炉子下部两侧鼓入，冷风与炽热的球团矿进行热交换，把球团矿冷却下来，并通过排料齿辊将冷球团矿排出炉外。

焙烧固结后的球团矿粒度大都很均匀，只需筛分出返矿即可直接供给高炉冶炼。竖炉球团矿的破碎，是指在焙烧不太正常时球团矿在炉内粘连或结块，通过设在炉内下部的齿轮破碎设备将其破碎，齿辊支撑整个料柱。冷却风由齿辊标高处鼓入竖炉内，冷却风的压力和流量应能使之均衡地向上穿过整个料柱，并能使球团矿得到最佳冷却。排出炉外的球团矿温度可通过调节冷却风流量大小控制。球团矿排出竖炉后已被破碎，只需设置筛分装置筛除粉末，筛上为成品矿，筛下为返矿。返矿经细磨后造球，也可不磨直接送烧结厂使用。

巩固训练

一、填空题

1. 竖炉焙烧可分为干燥、预热、________、均热、冷却五个阶段。
2. 生球干燥过程是由________和________两个过程组成的。
3. 球团焙烧时磁铁矿的氧化一般从________℃开始，升温至________℃时即基本结束。
4. 磁铁矿的氧化过程为________过程，又是一个增重过程。
5. 球团生产的实践证明，要使球团达到充分的固结必须有相应的________和一定的________。
6. 适合竖炉使用的铁精粉为________，其分子式是 Fe_3O_4。
7. 磁铁矿球团固结形式一般是________、________、Fe_2O_3 再结晶固结和________四种方式。

二、选择题

1. 炉料偏行后，应该(　　)。
   A. 下料快的部位温度下调　B. 下料慢的部位温度上提　C. 减少生球入炉量，降低冷却风量
2. 造成干燥床突然塌料的原因是(　　)。
   A. 电振停止排料后，齿辊继续运行　B. 烘干效果不好，生球在炉口堆积
   C. 排料量过小，造成下料不均
3. 球团矿焙烧过程中，主要进行(　　)。
   A. 氧化反应　B. 还原反应　C. 中和反应　D. 不发生化学反应
4. 球团矿的固结以(　　)为主。
   A. 液相固结　B. 固相固结　C. 液固结合固结
5. (　　)与强化生球干燥措施不符。
   A. 添加添加剂　B. 薄层干燥　C. 提高干燥介质和流速　D. 加大一冷风量
6. 球团生球中磁铁矿的氧化以 200℃到(　　)结束。
   A. 200℃　B. 400℃　C. 600℃　D. 1000℃
7. 增加膨润土配比时，生球的干燥速度(　　)。
   A. 加快　B. 变慢　C. 没有变化　D. 基本不变
8. 生球干燥是由(　　)两个过程组成的。
   A. 表面扩散和内部汽化　B. 表面汽化和内部扩散
   C. 表面汽化和内部汽化　D. 表面扩散和内部扩散

三、问答题

1. 简述影响生球干燥的因素及生球干燥过程中发生破裂的原因。
2. 竖炉正常炉况有何特征？
3. 导风墙的结构和作用是什么？
4. 竖炉热工制度包括哪些内容，其控制和调节规程是什么？
5. 竖炉炉况失常及常见事故有哪些，如何处理？

任务十二　链算机—回转窑工艺参数的控制和调节

教学目标

(1) 解释链算机—回转窑球团生产的布料、生球干燥、预热的工艺特点。
(2) 叙述链算机主要组成及其工作原理。
(3) 明确链算机—回转窑的气体循环流程。
(4) 运用所学知识,合理调节链算机各段温度。
(5) 当链算机内出现大量粉末时,及时查找原因,加以处理。
(6) 根据焙烧原理,合理调节回转窑焙烧气氛与温度。

一、任务分析

(一) 任务的提出

除竖炉外,另一种球团焙烧工艺是带式焙烧机球团法,该工艺虽然具有单机生产能力大的优势,但其对设备的耐热性能要求很高,目前国内尚无能力制造出完全满足其工艺要求的耐热设备。链算机—回转窑法具有对原料的适应性强、单机生产能力大、吨矿能耗低、污染小等特点,因此国内已建和在建的百万吨级以上球团矿生产线,如鞍钢弓长岭、首钢、柳钢、武钢程潮铁矿、太钢峨口等都采用了链算机—回转窑的方法。

(二) 工作任务描述

该工作任务主要由链算机岗位、回转窑岗位、冷却岗位和主控岗位合作完成,工作过程为:接受造球岗位运送来的生球,合理调节布料设备参数,把生球均匀地布到链算机上,观察生球和链算机头预热球的情况,并及时反馈给造球和主控岗位。密切注意回转窑内温度变化情况,观察采用目测与计算机显示相结合的方法,遇有变化应随时向主控反映,达到稳定温度的焙烧要求,随时观察回转窑头固定筛上存大块情况,遇有大块要及时清理出去,随时观察窑头排出的球的焙烧情况,必要时人工制样并将焙烧球质量及时反馈给主控室。从窑头观察焙烧情况、窑内气氛、粉末和结圈情况,并及时向主控反馈。

主控室主要调节的项目有:
(1) 链算机料层厚度和机速;
(2) 链算机各段烟罩、风箱温度及压力;
(3) 回转窑焙烧气氛及温度;
(4) 回转窑转速;
(5) 环冷机料厚和机速;
(6) 环冷机各段温度和风量;

（7）各大风机间的风量匹配。

对该工作任务的要求是：

（1）知道生球的干燥和预热机理及影响因素；

（2）能够合理选择球团的焙烧制度与冷却制度；

（3）熟练掌握链箅机—回转窑系统的设备操作要点；

（4）能够对该系统设备进行点检与维护，及时发现并解决或汇报设备缺陷、隐患，提出检修建议；

（5）能够快速果断地处理生产事故；

（6）工作过程中要保证安全，并且具有节能降耗的意识；

（7）及时与相关岗位做好生产信息的沟通。

二、任务实施

（一）链箅机各段温度的调节

链箅机借助回转窑的热废气，通过内部循环，完成生球的脱水干燥、预热和氧化，温度梯度明显，其中鼓风干燥段风箱温度为200～250℃，鼓风干燥段由于生球抗压强度差，温度不宜过高，烟罩温度不得超过90℃，以免造成底层生球破裂，影响整个料层的透气性。抽干一段烟罩温度为300～400℃，抽干二段烟罩温度为500～650℃，系统脱水的主要过程发生在抽干段（80%以上），要求的风速在1.5m/s以上。预热段烟罩温度为900～1000℃，风箱温度为450～550℃。在整个干燥预热过程中，除要求生球必须达到一定的抗压强度（>300N/个）和抗磨性能之外，干球氧化60%以上发生在预热段，因此该段的温度必须保证在950℃以上。

操作过程中，起步时机速控制在0.6～1.0m/min，待温度逐步达到要求后，根据布料情况调整机速；布料前应先启动所有风机，打通风流系统，确保各段温度。如发现整体温度偏低，则应该减少布料量和料厚、加大回转窑喷煤量或煤气流量、降低链箅机转速、减小工艺抽风机风量、增加工艺鼓风机风量，待温度达到工艺要求后，逐步调整以上参数，稳定操作；整体温度偏高则按反方向操作。

链箅机各段的温度调整主要通过调整风速和风量，高温入风风量大，风速快，则升温，同时应注意系统的风量平衡。

（二）链箅机常见事故及其处理

链箅机常见的事故及处理办法主要有：

（1）断链节。其原因是链节受力不均，应及时通知主控及时进行修理。

（2）缺箅板。其原因是固定卡块掉，及时补充箅板并紧固好卡块，必要时焊牢。

（3）铲料板顶起，机头漏料量增加。应及时用压缩空气吹净铲料板下部积料并从上部捅铲料板强制其复位。

（4）链箅机内出现大量粉末。其原因可能有以下几种：

1）成球效率低，筛分难以控制，大量粉末参与布料，生球强度低，经倒运后破裂，在链箅机内即形成粉末结块。

2）布料不均，忽高忽低，风机出现偏抽，料层较厚部位热气流通过少，下部球进入预热段未干燥好，破裂后造成粉化。

3）布料过厚，干燥不完全，生球在预热段产生粉化。

4）链箅机温度控制不合理，如抽干段温度过低、环冷二段回风温度偏低，生球未干燥完全即进入预热段。

5）预热段温度低，干球固结不好，强度低，进入回转窑，在运转过程中破碎。

6）停机后由于热量传递未达平衡，而恢复生产速度过快，生球未经充分干燥预热即进入回转窑。

（三）链箅机高温停机操作

筛分布料、物流系统及链箅机本身在生产过程中都可能出现意外故障，必须停机处理。一般在预热段温度高于800℃以上时停机即为高温停机，由于停机时间从10 min 到1 h 以上不等，所以，为保护链箅机箅床、布袋除尘器、耐热风机等重要设备，并确保恢复生产后工艺控制的连续性，对链箅机停机操作应该注意：

（1）筛分布料系统。在高温停机过程，小球辊筛原则上不得停止运行，返料系统和放灰系统按正常操作，确保物流畅通。

（2）链箅机系统。高温停机后，必须迅速打开事故放散和鼓风干燥段以后所有灰腿小门，开启所有兑冷风阀，抽干风机流量降低20% ~30%；1 号回热风机和 2 号回热风机开到最小；确保预热段风箱在550℃以下，确保链箅机箅床不被高温直接损坏。抽干布袋除尘入口温度在恢复生产时，链箅机机速控制在0.5 m/min，逐步启动抽干风机及两台回热风机。

（3）回转窑系统。链箅机停机后，回转窑转速不得超过0.6 r/min，喷煤量在5 min 内下降到0.5 ~1.0 t/h，并根据火焰稳定情况调整送煤风量和助燃风风量。

（4）环冷机系统。当系统高温停机后，环冷机应根据布料厚度降低转速，并降低一段鼓风风量，确保窑头负压操作。

（四）回转窑焙烧气氛的调节

焙烧气氛是指焙烧气体介质中含氧的多少。通常按下述标准划分：

（1）氧含量大于8%为强氧化气氛；

（2）氧含量4% ~8%为正常氧化气氛；

（3）氧含量1.5% ~4%为弱氧化气氛；

（4）氧含量1% ~1.5%为中性气氛；

（5）氧含量小于1%为还原性气氛。

气氛性质不仅影响球团矿的矿物成分及其结构，还影响球团焙烧过程中的脱硫程度。

一般来说，赤铁矿球团在氧化性和中性气氛中焙烧都可以获得较好的焙烧效果，但应避免在还原性气氛中焙烧。对磁铁矿球团来说情况则复杂得多，焙烧气氛影响大得多。对磁铁矿来说只有在氧化气氛下焙烧，才能获得结构均匀的高强度球团矿。因为只有在氧化气氛中磁铁矿才有可能顺利地氧化成 Fe_2O_3，获得以 Fe_2O_3 再结晶为主的固结形式。当生产熔剂性球团时，也只有在氧化性气氛下才能获得 $CaO \cdot Fe_2O_3$ 液相固结。在中性和还原性气氛中焙烧时则主要生成以磁铁矿再结晶固结及硅酸铁与铁钙硅酸盐等液相固结，这些矿物还原性差,强度不高。因此,避免在中性和还原性气氛中焙烧。

(五) 回转窑常见事故及处理

回转窑常见事故及处理办法主要有:

(1) 发生红窑。应立即向主控室汇报并详细记录红窑地点和面积、开始红窑时间及红窑发展情况。

(2) 煤气点不着火。应立即切断阀门,查明原因后再行点火。

(3) 突发停电事故。则煤气系统的安全处理方法为:立即关闭煤气主管道盲板阀;打开放散阀,并通蒸汽置换煤气;确认现场无明火,严禁动火;远离煤气区域并禁止在下风口停留。

(4) 回转窑结圈。结圈是回转窑生产中常见的故障,多出现在高温带。

为了使窑内耐火材料不过早地被烧坏,以延长其使用寿命,除了精心操作、稳定生产过程以外,最有效的还需要在衬料表面形成一层保护层——窑皮。窑皮有以下作用:

1) 可以防止衬料直接接触焙烧高温,当窑温为1448℃时,衬料皮层温度为746℃。

2) 减少窑体热量损失。

3) 可以保护衬料不受球团的摩擦和化学反应的侵蚀。

窑皮是一层黏附在窑壁上的由液相或半液相转变为的固体熟料和粉料颗粒。形成窑皮的条件是必要的温度水平和一定量的低熔点物质。实践证明生成合适的窑皮适宜液相量为24%左右。保护窑皮一般应注意以下几个方面:

1) 稳定的合理焙烧制度。

2) 正确地控制火焰方向,使火焰不直接接触材料。

3) 防止窑皮过热、结圈、结大块等。

综上所述,窑皮有一定的好处,但若在焙烧带结圈就会造成窑的断面减少,增加气体及物料运动的阻力。严重时结圈会像遮热板一样,使得燃料的燃烧热量不能顺利地辐射到冷端致使燃烧带温度进一步提高,形成恶性循环,其结构是结圈愈来愈严重,焙烧带的球团因此而形成大块。

回转窑结圈的主要原因是高温带出现的液相量过多。从这个意义上讲,生产自熔性、高碱度球团矿易结圈,生产酸性球团矿不易结圈,因为前者焙烧时液相量多。除了生产工艺条件而外,过多液相量的产生常常与热工制度的不合理和物料包括燃料灰分中的低熔点物质有关,因此减少或预防结圈的措施是:

1) 严格控制热工制度。为使窑内温度过渡不要过快,高温区不宜过于集中或太短。

2) 控制、避免窑内不要出现还原性气氛。还原性气氛使物料容易形成低熔点物质。

3) 减少物料中的粉末成分。粉末是形成结圈的主要物质,减少粉末的措施是提高生球质量,减少其中的粉末和提高预热球的强度。

4) 如果使用的是固体燃料,则应选用灰分少且灰分熔点高于焙烧温度的燃料。

结圈的处理方法常用的有:

1) 急冷法。用风或水对结圈施行骤冷,使其收缩不匀而自行脱落。

2) 烧圈法。调节火焰长度和位置,利用高温火焰将结圈烧掉。

3) 炮打法。国外有些厂家设有处理结圈的炮,用炮对准结圈,开炮将其打下、打碎。

4）机械振打法。以上方法可以在生产过程中进行，人工打圈法需停窑冷却后方可进行，而且劳动强度大，对衬料损害也大。

（六）回转窑点火及升温

1. 点火升温前的检查准备

点火升温前需进行以下检查准备：

（1）清除窑内及溜槽内的杂物。

（2）检查回转窑润滑系统、传动系统、液压系统、风、煤气、水系统及窑位是否正常，并检查热电偶装置是否正常。

（3）开启各结构冷却风机和水冷系统阀门，并检查确认。

（4）开启助燃风机。

（5）点火前按照煤气操作的有关规定做爆发试验，试验成功后方可进行点火，点火前无关人员离开现场。

2. 回转窑点火及升温

点火前确认主抽风机已开机，然后按煤气安全操作规程做好煤气爆发试验，爆发实验成功后，用手持式煤气检测器从窑头观察孔处检测窑内煤气是否超标，确认可以点火后，点燃点火棒，适当调小助燃风量，然后将点火棒从窑头观察孔处伸入窑内，并将点火棒弯头朝上，火焰置于主烧嘴前方 10 cm 处，然后缓慢开启主烧嘴中心辅助烧嘴阀门，点燃后观察煤气燃烧情况，正常后再开启主烧嘴煤气阀门，控制煤气给入量和助燃风量，观察煤气燃烧正常后，确认点火成功。当窑内温度达到300℃时，让窑缓慢升温，并缓慢转窑，如此逐渐升温并逐渐增加回转窑的转速直至正常运转，升温应严格按每次给定的升温曲线缓慢而均匀地进行。

三大主机系统短时间停机时只保留主烧嘴中心辅助烧嘴的明火。

（七）回转窑开停机操作

回转窑的开停机操作有：

（1）连锁运转：

1）开启窑头、窑尾冷却风机。

2）确认下游设备已开机。

3）确认液压动力站已正常运转。

4）将各设备机侧选择开关置“自动”位置，通知主控室开机。

5）主控启动后，确认系统各设备运转正常。

（2）停止运转。由主控停止（无紧急情况窑不能停车）。

（3）机侧运转：

1）将各设备机侧选择开关置“手动”位置。

2）开启窑头、窑尾冷却风机。

3）开启润滑系统电机。

4）通知主控室，待主控确认后，机旁设置转速为零，然后启动主液压泵电机，待其运转正常后设定所需的转速。回转窑运转正常后向主控汇报。

5）再次确认润滑、风冷、水冷系统是否正常。

(4) 机侧停止:

1) 与主控联系。

2) 进 PEC 动力站按“停止”按钮。

3) 设备停止后向主控汇报。

(5) 机侧紧急停机。当发生重大人身、设备事故时,按下机侧紧急停止开关;事故解除后将紧急开关复位。

(6) 机侧慢动。按正常开机程序检查好设备后,通知主控,然后启动液压站的慢动电机。

(7) 长时间检修时停窑操作。排空球团后,切换到慢动驱动装置上,严格按照降温曲线进行降温操作,保持窑内温度,缓慢而均匀地冷却。当窑内温度小于 100℃时,可以停止运转。

三、相关知识

(一) 链算机—回转窑焙烧工艺

链算机—回转窑焙烧球团法(见图 12-1)的特点是将生球先置于移动的链算机上,生球在链算机上处于相对静止状态,在这里进行干燥和预热,然后再送入回转窑内。球团在窑内不停地滚动,进行高温固结,生球的各个部位都受到均匀的加热。由于球团矿在窑内不断滚动,使球团矿中精矿颗粒接触得更紧密,所以焙烧效果好,生产的球团矿质量也好,适合处理各种铁矿原料。而且可以根据生产工艺的要求来控制窑内的气氛,这种方法不但可用于生产氧化性球团矿,而且还可以生产还原性(金属化)球团矿,以及综合处理多金属矿物,如氯化焙烧等。

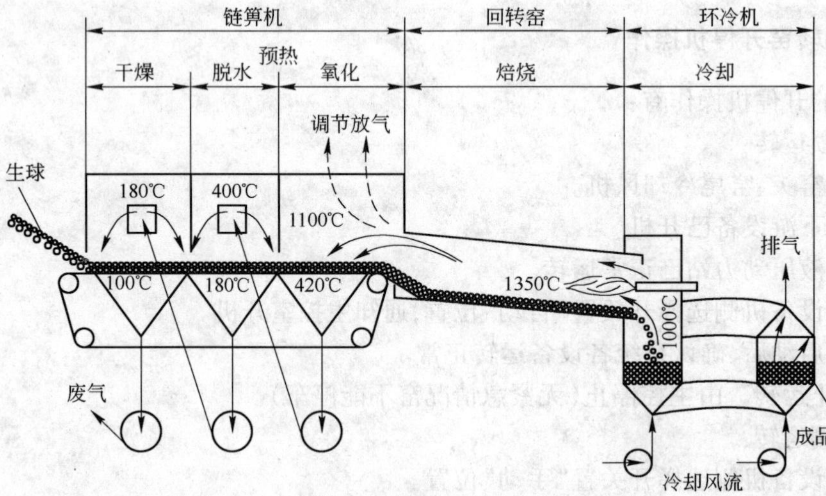

图 12-1　链算机—回转窑工艺设备运转功能示意图

1. 布料

链算机的布料不用铺底料和边料。一般采用的布料机有两种,一种是梭式布料器,另一种是辊式布料器。梭式布料器布料时可以减少链算机处的压力损失,提高了链算机的生产能力。辊式布料器布料对生球有筛分和再滚的作用。两种方法都能将生球均匀地布于运转的链箅机上。料层厚度一般为150～200 mm。

辊式布料器被广泛应用于球团厂，用来将生球均匀地布到焙烧台车上。布料机由多组圆辊排列组成，辊间隙给料端稍大，而排料端较小，一般为1.5～2 mm。传动部可采用链传动，也可采用齿轮传动。有的布料机是固定在一移动小车上，布料时根据料层厚度前后移动，使生球均匀布到台车上。辊式布料器传动示意图如图12-2所示。

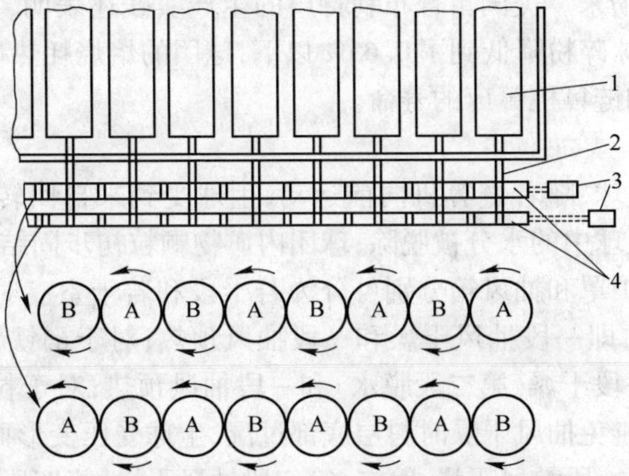

图12-2　辊式布料器传动示意图

1—辊；2—轴；3—传动装置；4—传动齿轮

A—固定在轴上的齿轮；B—套在轴上的活动齿轮

辊式布料器布料均匀，效果显著。布料机前半段具有筛分作用，可筛除不合格的生球和碎料。同时生球在布料机上滚动，可使其表面更光滑，强度也进一步提高，料层的透气性得到改善。布料机工作可靠，操作维护方便。规格为2 m×2.6 m辊式布料机，在安装倾角为1°40′～3°时，圆辊转速为96 r/min，生产能力可达每小时140 t。

用链箅机—回转窑法生产球团矿时，链箅机布料均匀与否，会直接影响焙烧效果，如果布料不匀，料层薄的部位由于风流阻力小将产生过烧和箅板烧损，料层厚的部位则透气性较差烧不透，造成入窑干球强度低，甚至在窑内破裂造成回转窑结圈。因此，必须采取必要措施，使链箅机料层均匀稳定。

合理的布料方式应使布到链箅机箅床上的生球料层具有良好的均匀性和透气性。为满足这一要求，国内外一些厂家曾进行了很多试验，主要有以下几种布料方式：

(1) 大球筛—生球运输皮带—梭式布料器—宽皮带—小球筛—溜料板（首钢二期）；

(2) 大球筛—摆动皮带—宽皮带—小球筛—溜料板（首钢一期）；

(3) 大球筛—梭式布料器—宽皮带—小球筛—溜料板（柳钢球团厂）；

(4) 大球筛—小球筛—梭式布料器—宽皮带—溜料板（承钢）；

(5) 梭式布料器—宽皮带—大球筛—小球筛—溜料板（武钢程潮铁矿、美国雷普布利特厂）。

生产实践表明，方案(1)由于转运路线长，高度差大，生球破坏严重，进入链箅机粉末量多，而且每台造球机均要配备大球筛，难以实现集中控制。方案(2)由于转运次数多，对生球强度要求太高，且容易造成箅床两侧料薄，影响抽风稳定。方案(3)要求空间太大，而且过大和过小返料难以集中，容易堵塞返料漏斗。承钢采用方案(4)的试验测定表明，生球变形率高，进入到链箅机中小于6.5mm的生球达到了3%以上，严重制约了链箅机干燥预热能力的发挥，且造成链箅机预热室风机叶轮的磨损，严重时一个风机叶轮只能使用7天。方案(5)是经过多次改造后形成的布料方法，我国武钢程潮铁矿和美国雷普布利特厂的使用经验表明，该方法具有布置空间小、转运次数少、返料集中、球形均匀、易于调节布料速度、布料均匀的优点，使布到链箅机上的生球直到离开布料机的最后一刻都在经受筛分，因此可保证生球布料干净，不带粉末。美国雷普布利特厂的生产实践还表明，采用该方法布料，链箅机中小于6.5mm的生球碎粉降低到了0.65%以下，球团的焙烧耗热量降低到18980kJ/t，明显地延长了风机衬板和链箅机箅床的寿命。

2. 干燥和预热

布于链箅机上的生球，随着链箅机向前运动，生球受到来自回转窑尾部高温废气的加热，依次干燥和预热，生球中的水分被脱除，球团内矿物颗粒初步固结，获得一定强度。根据球团原料性质的不同，炉罩和抽风箱分别可分为若干段和若干室。对于磁铁精矿和一般赤铁矿球团，采用两段式，即一段抽风干燥和一段抽风预热；对于褐铁精矿球团，可采用三段式，两段抽风干燥(第一段干燥、第二段脱水)和一段抽风预热；对于粒度极细、水分较高、热稳定性很差的球团，为避免抽风干燥时料层底部过湿，生球受压变形而导致球层透气性的恶化，可采用四段式，即第一段鼓风干燥，第二、第三段抽风干燥，第四段预热。

按风箱分室有二室式和三室式两种，从而组成二室二段式(干燥段和预热段各一个抽风室)、二室三段式(第一干燥段用一个抽风室，第二干燥段和预热段合用一个抽风室)、三室三段式(第一、二干燥段和预热段各有一个抽风室)和四段三室式(第一鼓风干燥段和预热段各用一个抽风室、第二、三抽风干燥段合用一个抽风室)等形式。

预热和干燥段气流是这样循环的：从回转窑尾部出来的高温废气(1000～1100℃)，由预热抽风机抽入预热段对生球预热，再将预热段250～450℃的废气抽入干燥段对生球进行干燥，最后废气温度降至120～180℃，排入大气，热能利用是比较充分的。

3. 焙烧

将链箅机上已经预热好的球团矿，随即卸入回转窑内，这时它已经能够经受回转窑的滚动。在不断滚动过程中进行焙烧，因此温度均匀，焙烧效果良好。

回转窑卸料端装有燃烧喷嘴，喷射燃料燃烧，提供焙烧所需的热量。热空气与料流逆向运行，进行热交换。窑内焙烧温度一般控制在1300～1350℃，回转窑所采用的燃料一般为气体燃料(如天然气、煤气)或液体燃料(如重油、柴油)，也可采用固体燃料(如煤粉)。窑内的球团矿填充率为6%～8%，球团进入回转窑内随筒体回转，球团被带到一定高度又下滑，在不断地翻滚和向前运动中，受到烟气的均匀加热而获得良好的固结，最后从窑头排出进入冷却机冷却。

4. 冷却

从回转窑内排出的高温球团矿，卸到环式冷却机中进行冷却，温度为1250～1300℃，料层厚度达500～700mm，一般采用鼓风式冷却。冷却时球团矿得到进一步氧化，提高球团矿的还原性。冷却后球团矿温度降至150℃以后，用胶带机运输送往高炉。冷却过程中把高温段冷却形成的高温废气(1000～1100℃)作为回转窑烧嘴的二次燃烧空气返回窑内；低温段的热废气(400～600℃)则可供给链箅机作干燥介质用。这可大大提高热效率。

（二）与竖炉焙烧方法的比较

1. 对原料的适应性和要求

竖炉炉内温度较难控制，对原料的适应性较差，多用于焙烧磁铁球团矿。因为竖炉所需要的焙烧温度较低，且在焙烧过程中 Fe_3O_4 氧化放热，球团表面温度比中心温度低 20 ~ 30℃，既有利于球内矿粒固结，又不易使生球相互粘连。竖炉要求生球具有较高的强度和较宽的软化温度范围，前者有利于抵抗生球在炉内运动过程中遭受摩擦和挤压的破坏，后者能适应温度的波动。对软化温度范围较窄的熔剂性球团矿，竖炉焙烧还存在一定困难。链算机—回转窑的温度易于控制，加热又均匀，所以对原料适应性最强，可焙烧各种不同性质的原料。链算机上，生球处于相对静止状态，干燥方式既可为抽风，也可为鼓风，所以对生球强度和水分的要求不像竖炉那样严格。

2. 生产操作和球团矿质量

竖炉球团矿质量易于波动。带式焙烧机设备集中，操作、维护和管理方便，焙烧周期短，焙烧制度易调节，但沿球层高度方向也存在质量不均的问题。链算机—回转窑加热更加均匀。焙烧时间比带式焙烧机要长，球团矿质量好。不过，若生球质量差，预热强度不够好，粉末多或窑内温度控制不当时，易产生“结圈”现象，焙烧熔剂性球团时更突出一些，维修也较困难。

3. 生产能力和运行费用

竖炉因受结构限制，单机生产能力小，16 m^2 的竖炉，年产球团矿 50×10^4 t 左右，但生产耗电少，运行费用低。带式焙烧机生产能力最大，链算机—回转窑次之，目前这两种设备的最大单机生产能力分别达竖炉的 8 ~ 10 倍以上，而且还在向更大型化发展。带式焙烧机因供风系统动力消耗高，生产费用最高，链算机—回转窑次之。带式焙烧机和链算机—回转窑适用于大型球团厂，竖炉适用于中小球团厂。特别是改造后的竖炉，生产操作、热能利用和球团质量方面都有很大改善，因而仍具有较强的生命力，它可以满足 1000 m^3 级及其以下各类高炉配加球团矿的需要。

（三）链算机—回转窑的主要组成

1. 链算机

链算机主要由以下设备组成：

（1）传动装置。其形式为双侧传动，主要由电动机、悬挂减速装置和稀油润滑系统等组成。其驱动方式为：电动机—悬挂减速装置—链算机头部主轴装置。

为适应链算机生产能力和原料状况的变化，设计中选用了变频专用电动机进行变频调速，使链算机运行装置的运行速度在一定范围内实现无级调速。

悬挂减速装置采用三环减速机形式，左右各一套，通过胀套连接悬挂在头部主轴的两端。该悬挂减速装置具有外形小、传动比大、承载能力强、效率高、运转平稳等优点。悬挂减速装置自带平衡和扭力杆，以平衡减速机的自重和头轮主轴的工作扭矩。

稀油润滑系统由两套稀油站、润滑管路和润滑附件所组成。两套稀油站分别独立地向其中一台悬挂减速装置供油，实现强制润滑和冷却。

（2）运行部分。它是链算机的核心，它是由驱动链轮装置、从动链轮装置、侧密封、上托辊、下托辊、链箅装置及拉紧装置等组成。

驱动链轮装置安装在链箅机头部,链轮轴上装有6个等间距的链轮。轴承采用滚动轴承,该轴承座设计成水冷式,同时侧板采用耐热内衬隔热;并在侧板与轴承座间装有隔热水箱,从而避免主轴轴承过热。主轴为中间固定,两端可自由伸长,轴心部采用通水冷却措施。

侧密封包括静密封和动密封。静密封固定在链箅机的骨架上,动密封由链箅装置的侧板所形成。该侧板置于上滑道的上方,与滑道形成一个滑动密封。因侧板孔为长孔,所以侧板能上、下移动,以补偿因磨损带来的间隙。同时静密封每隔一段距离有一观察孔,该观察孔有两个作用,其一可以观察链箅装置运行情况,其二可以清除滑道上的落料。侧密封用两种材质做成,一种是耐热钢,用于预热段和抽风干燥二段;另一种为普通材质,用于抽风干燥一段和鼓风干燥段。

链箅装置是以牵引链节、箅板、两侧板、小轴、定距管等组成的多节辊子链,呈带状做循环运动。在箅板运行中,使料球干燥及预热。整个链箅装置是在高温环境下工作,又承受巨大的工作载荷。因此,链节、小轴、箅板能否承受恶劣的工作环境是关系到整台链箅机能否正常工作的关键。

上托辊的作用是对箅板及其上的物料起支撑作用,保证其运行顺利。为此在上托辊链轮的布置上采用人字形,从而避免链箅装置跑偏。高温段上托辊轴为通水冷却。下托辊的作用是对回程道上的箅板起支撑作用。

(3) 铲料板装置。包括铲料板及支承、链条装置、重锤装置及拉紧装置。铲料板的主要作用是将箅板上的物料送入回转窑。重锤装置可以使铲料板做起伏运动,既可以躲避嵌在箅板上的碎球对铲料板的顶啃,又可防止铲料板漏球,铲料板与箅板之间的间隙为2~3mm。对可能出现的散料,由头部灰斗收集并排出。因该处为链箅机的高温区域,铲料板采用了高温下耐磨损的耐磨合金钢,即具有高Cr、Ni含量并配以适量稀土元素的奥氏体耐热钢,其具有耐热不起皮的特点,高温强度与韧性都相当高。同时,铲料板支撑梁采用通水冷却,以提高其使用寿命。链条装置对箅板起导向作用,采用耐热合金钢制作,链条装置能根据箅板的实际运行情况进行调整(通过拉紧装置调整),保证箅板在卸料后缓慢倾翻,减少对箅板和小轴的冲击。

(4) 风箱装置。由头、尾部密封,抽风干燥工段和鼓风干燥段密封及风箱所组成。预热段有5个风箱,3个跨距为3m,2个跨距为2m。抽风干燥二段有3个风箱,2个跨距为3m,1个跨距为2m。抽风干燥一段有2个风箱,跨距为3m。鼓风干燥段有2个风箱,跨距为3m。风箱内部衬以耐火砖。

(5) 骨架装置。采用装配焊接式,便于运输和调整,尾部2个骨架立柱和头部2个骨架立柱均为固定柱,其余柱脚均为活动柱,以适应热胀冷缩。

(6) 灰斗装置。其作用是收集散料。收集的散料通过灰箱出口落入工艺运输带上并被带走。

(7) 润滑系统。为电动干油集中润滑,主要对链箅机轴承进行定时、定量供脂。链箅机润滑系统分为头部电动干油集中润滑系统和尾部电动干油集中润滑系统。

2. 回转窑设备特点及功能

回转窑主要由筒体、窑头及窑尾密封装置、传动装置、托轮支承装置(包括挡轮部分)、滑环装置等组成。筒体由两组托轮支承，靠一套大齿轮及悬挂在其上的柔性传动装置、液压电动机驱动筒体旋转；在窑的进料端和排料端分别设有特殊的密封装置，防止漏风、漏料。另外，在进出料端的筒体外部，用冷风冷却，以防止烧坏筒体、缩口圈和密封鳞片。

（1）窑头、窑尾密封装置。窑尾密封装置由窑尾罩、进料溜槽及鳞片密封装置组成，主要是用于联系链箅机头部与回转窑筒体尾部，组成链箅机与回转窑的料流通道。窑头密封装置由窑头箱及鳞片密封装置组成，主要用于联系回转窑头部与环冷机给料斗，由回转窑筒体来的焙烧球团矿进入窑头箱后通过其下方的固定筛，由给料斗给到环冷机台车上进行冷却。

头、尾密封的形式采用鳞片式密封，其主要结构特点为：通过固定在头、尾部灰斗上的金属鳞片与旋转筒体上摩擦环的接触实现窑头及窑尾的密封。其中鳞片分底层鳞片、面层鳞片及中间隔热片。底层鳞片由于与筒体摩擦环直接接触，要求其能有较好的耐温性能及耐磨性能，并具有一定的弹性。面层鳞片主要用于压住底层鳞片，使其能与筒体摩擦环紧密接触而达到密封效果，它必须具有良好的弹性，并能耐一定的温度。中间隔热片是装在底层鳞片与面层鳞片之间的，主要是起隔热作用，要求其能耐高温，并有良好的隔热性能及柔软性能。另外，筒体摩擦环与鳞片始终处于相对运动状态，因此它必须能耐高温，而且还必须具有耐磨特性。鳞片密封的特点是结构简单、安装方便、质量轻，且成本相对较低。

（2）筒体。由不同厚度的钢板焊接而成。筒体支承点的滚圈是嵌套在筒体上的，并用挡铁固定在筒体上。

（3）支承装置。回转窑有两个支承点，从排料端到进料端分别标为1号和2号，其中2号靠近传动装置，在安装时定为基准点。每组支承点均由嵌在筒体上的滚圈支承在两个托轮上，它支承筒体的重量并防止筒体变形。托轮轴承采用滚动轴承，轴承由通向轴承座内的冷却水来冷却。筒体安装倾斜角度为2.5°~3.0°。由推力挡轮来实现窜窑时筒体的纵向移动。推力挡轮是圆台形，内装有4个滚动轴承。1号和2号支承装置附设液压系统，用于自动控制窜窑，以实现滚圈与托轮的均匀磨损。

（4）传动装置。回转窑传动方式有电机—减速机传动方式和柔性传动方式。

柔性传动装置提供回转窑的旋转动力，它通过装在大齿轮上的连杆与筒体连接而使筒体转动。主要由动力站、液压电动机及悬挂减速机等组成。液压电动机压杆与扭力臂连接处采用关节轴承，压杆座采用活动铰接，以补偿因热胀（或窜窑）引起的液压电动机与基础之间的各向位移。传动部分的开式齿轮副及悬挂减速机中的齿轮副采用干油通过带油轮带油进行润滑；悬挂装置轴承则由电动干油系统自动供脂润滑。

（5）热电偶滑环装置。用于将热电偶的测温信号送到主控仪表室进行监控，以作为温度控制的重要依据。在筒体的中部设一个测温点，热电偶滑环装置带有两根滑环，其中一根备用。

回转窑是一个尾部（给料端）高，头部（排料端）低的倾斜筒体。球团在窑内滚动瀑落的同时，又从窑尾向窑头不停地滚动落下，最后经窑尾排出，也就是说球在窑内的焙烧过程是一个机械运动、理化反应与热工的综合过程。在这一点上回转窑焙烧球团比竖炉、带式机焙烧球团都显得复杂。

巩固训练

问答题

1. 焙烧气氛有哪几种，如何划分？
2. 链箅机—回转窑球团生产的焙烧、球团矿冷却及其工艺特点是什么？
3. 如何调节链箅机各段温度？
4. 链箅机内出现大量粉末的原因是什么？
5. 什么是回转窑结圈，如何处理？

任务十三 球团矿的质量评价及改进调整

教学目标

(1) 明确球团矿的质量指标包括哪些内容。

(2) 完成球团矿化学成分的检测。

(3) 完成球团矿转鼓强度和抗压强度的检验。

(4) 在教师的指导下,完成球团矿还原性能、低温还原粉化性能、还原膨胀性能以及高温软化熔滴性能的检验。

(5) 运用所学的知识,分析提高球团矿质量所采取的措施。

一、任务分析

(一) 任务的提出

球团矿作为高炉冶炼的原料,它的质量对高炉冶炼的效果有重大影响。球团车间的产品球团矿在运送到高炉矿槽之前要经过一系列检验。一方面,为高炉操作提供较全面的原料性能参数,以便采取相应对策;另一方面,给球团生产反馈信息,不断改进工艺和操作,促进技术水平的提高,经检验不合格的产品,车间予以考核,操作技术人员查找原因,及时采取措施加以调整。

球团矿的质量要求和检验项目,不仅限于化学成分、转鼓强度和抗压强度,还必须包括高温冶金性能,如还原性能、低温还原粉化性能、还原膨胀性能以及高温软化熔滴性能等。

(二) 工作任务描述

该工作任务的对象是球团矿质量指标的完成。该工作任务需要各岗位人员协作共同完成。工作过程为:第一步,进行成品球团矿的质量检验。第二步,如果发现质量问题,组织确定收集和分析数据,通过分析数据找出影响质量的因素。各级质量管理人员平时要掌握生产情况,质量动态,随时查阅记录,分析统计报表及操作参数,结合收集的数据积累各种测试、检验数据,了解并反映产品质量、技术规程和其他管理制度的执行情况。生产技术专业部门一般负责大宗不合格品产生原因的分析,负责纠正和预防,车间负责小宗不合格品产生原因的分析。第三步,纠正和预防措施的实施。通过严格计数、统计,分析不合格品产生的原因,找出关键问题所在,制订纠正和预防措施,并经检验后付诸实施。该工作主要由生产技术专业部门负责组织督促车间实施。

二、任务实施

(一) 球团矿理化性能的检测

球团矿的理化性能主要包括球团矿的化学成分、转鼓强度和抗压强度。

（1）化学成分。详见任务九的相应检测。

（2）转鼓强度。详见任务九的相应检测。

（3）抗压强度。它是检验球团矿的抗压能力的指标，一般采用压力机测定。我国现执行的检验方法是按照 ISO4700 标准制订的 GB/T 14201—1993 标准。方法是：随机取样 1kg，每一次试验应取直径 10.0～12.5 mm 成品球团矿 60 个，逐个在压力机上加压，压力机的荷重能力不小于 10 kN，压下速度恒定在 10～20 mm/min 之间（推荐（15±1）mm/min），以 60 个球破裂时最大压力值的算术平均值作为抗压强度。

球团矿的抗压强度（直径为 10.0～12.5 mm 时），对于大于 1000 m^3 的高炉，应不小于 2000N/个；小于 1000 m^3 的高炉，应不小于 1500N/个。

（二）球团矿冶金性能的检测

球团矿的冶金性能包括球团矿还原性能、低温还原粉化性能、还原膨胀性能以及高温软化熔滴性能。

（1）还原性能。详见任务九的相应检测。

（2）低温还原粉化性能。详见任务九的相应检测。

（3）还原膨胀性能。球团矿的还原膨胀性能是指球团矿在高炉中还原时的体积膨胀和球团矿还原后的强度。一般以膨胀率和高温还原粉化率来表示。球团矿在高炉中还原时的体积膨胀值小于 20% 属正常膨胀，此时高炉生产可正常进行，球团矿在高炉中还原时的体积膨胀值在 20%～40% 之间属异常膨胀，此时高炉炉矿将发生恶化。

球团矿的还原膨胀性能以其相对自由还原膨胀指数（简称还原膨胀指数）表示。还原膨胀指数是指球团矿在 900℃ 等温还原过程中自由膨胀，还原前后体积增长的相对值，用体积分数表示。

球团矿的还原膨胀性能采用 GB/T 13240—91 标准进行测定，其步骤为：通过筛分得到粒度为 10.0～12.5mm 的球团矿 1 kg，从中随机取出 18 个无裂纹的球作为试样，用水浸法先在球团矿表面上形成疏水的油酸钠水溶液薄膜，测定试样的总体积，然后烘干进行还原膨胀试验。试验装置如图 13-1 所示。

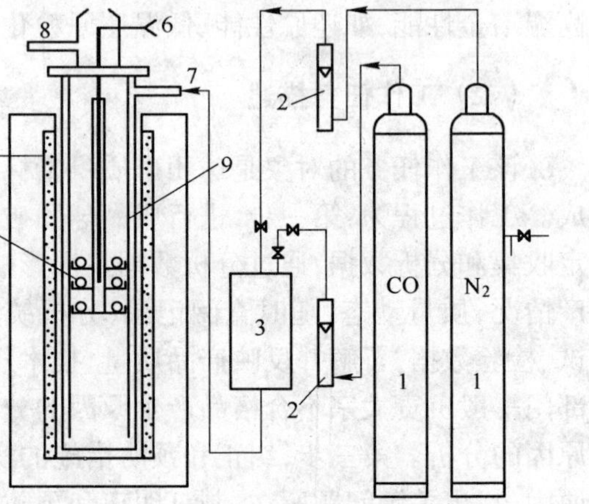

图 13-1　还原膨胀试验装置示意图

1—气体瓶；2—流量计；3—混合器；4—还原炉；5—试样；6—热电偶；7—煤气进口；8—煤气出口；9—试样容器

球团矿分三层放置在容器中，每层 6 个，再将容器放入还原管（$\phi_{内}$75 mm）内，关闭还原管顶部。将惰性气体按标态流量 5 L/min 通入还原管，接着将还原管放入电炉中（炉内温度不高于 200℃），然后以不大于 10℃/min 的升温速度加热。当试样温度接近 900℃ 时，增大惰性气体的标态流量到 15 L/min。在（900±10）℃下恒温 30 min，然后以等流量的还原气体（成分要求与还原性测定标准相同：30% CO 和 70% N_2）代替惰性气体，连续还原 1 h。切断还原气，向还原管内通入标态流量为 5 L/min 的惰性气体，而后将还原管连接同试样一起提出炉外冷却至100℃以下。再把试样从还原管中取出,用水浸法测定其总体积。用还原前后体积变化计算出还原膨胀指数 *RSI*,用体积分数表示(精确到小数点后一位):

$$RSI = \frac{V_1 - V_0}{V_0} \times 100\%$$

式中　V_0——还原前试样的体积,mL;

V_1——还原后试样的体积,mL。

球团矿理想的还原膨胀率应低于20%,高质量的球团不大于12%。

对于铁矿石还原性能、低温还原粉化性能和还原膨胀性能的测定,每一次试验至少要进行两次。两次测定结果的差值应在规定的范围内,才允许按平均值报告出结果,否则,应重新测定。因为单一试验无法考察其结果是否存在着大的误差或过失,难以保证检验信息的可靠性。

(4) 高温软化熔滴性能。详见任务九的相应检测。

(三) 球团矿的质量改进措施

球团矿的质量主要受生球特性和焙烧制度的影响,因此在提高生球质量的同时,还需在如下几个方面进行改进:

(1) 提高球团矿的品位和稳定性。由于球团矿的品位和稳定性主要取决于铁精矿,因此在造球过程中应加强配料和混料,以减少波动。

(2) 球团矿的有害杂质。对于有害杂质来说,硫在焙烧过程中可大部分去除,而P、K、Na等元素在焙烧过程中只能部分去除,所以有害杂质P、K、Na的降低应从矿石准备和选矿入手。

(3) 适当提高球团矿中 SiO_2 的含量。含 SiO_2 较多的球团矿有利于形成较多的液相,这在一定程度上可以抑制球团的长大和铁晶须的形成。因此,适当提高球团矿中 SiO_2 的含量可减少球团矿的还原膨胀。

(4) 选择合适的球团矿碱度。通过改变球团矿的碱度来调节焙烧球团矿内连接键类型和数量,是改进球团矿质量的重要措施。各种不同成分的球团矿都有一个还原膨胀指数最大的碱度范围,必须经过试验确定热强度最好的适宜碱度。

(5) 适宜的球团矿焙烧制度:

1) 适当提高球团矿的焙烧温度,可提高球团矿的强度和质量。

2) 适宜的加热速度。球团矿的加热速度还在很大程度上影响还原后的球团矿强度。最适宜的加热速度应由实验确定。

3) 适宜的高温保持时间。适当延长高温保持时间,可使氧化和再结晶过程进行得更完全,从而提高球团矿的强度。但高温保持时间过长,不仅降低产量而且产生过熔黏结现象。

4) 良好的焙烧气氛。对于磁铁矿球团,只有在氧化气氛中焙烧时,才能使 Fe_3O_4 顺利氧化为 Fe_2O_3,并获得赤铁矿再结晶的固结方式。

5) 适宜的冷却速度。冷却速度控制在70~100℃/min。

（四）引起球团矿还原过程中异常膨胀的原因及其改进措施

1. 引起球团矿还原过程中异常膨胀的原因

球团矿还原过程中异常膨胀粉化实际上是一种多因素的复杂过程。具体介绍如下：

（1）赤铁矿的结晶形状。熟球内赤铁矿的晶体形状对还原膨胀有明显影响。据研究资料报道，球团矿中赤铁矿以针状、板状晶体或连生体存在时，在还原过程中则易产生异常膨胀和粉化。而呈细粒状和球状结晶，再加上渣键发展，则膨胀率减少。含 SiO_2 较低的铁精矿焙烧的酸性球团矿在焙烧温度较低时，其显微结构为：赤铁矿仍保留配料中磁铁矿的形状，多为棱角状，配料中的硅酸盐矿物未被熔化，赤铁矿晶粒间未进行结合。若提高焙烧温度，赤铁矿晶粒长大，晶粒间晶桥数量增加，而玻璃质少或无，黏结相少，孔隙度大；在还原过程中赤铁矿与还原气体接触面增大；气体扩散速度快，赤铁矿—磁铁矿相变速度也快，赤铁矿晶粒间晶桥被迅速完全破坏，所以在还原过程易粉化。若添加部分石灰，球团中黏结相量增多，在还原过程中只是赤铁矿—磁铁矿本身的变化，整个球团的结构并没有变化，黏结赤铁矿晶粒的黏结相能够克服相变过程中相变应力不产生粉化。

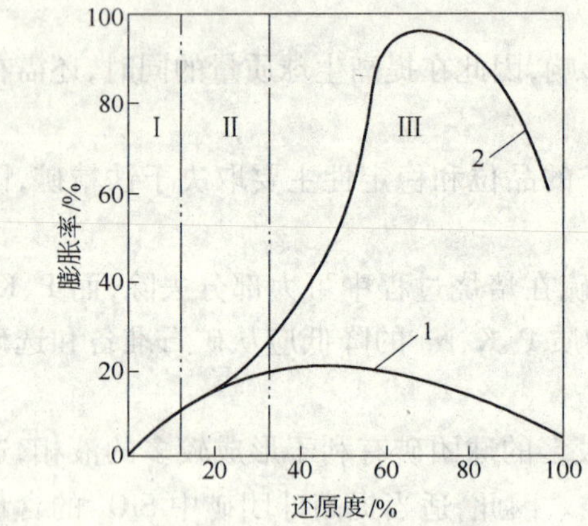

图 13-2 铁矿球团的膨胀曲线

Ⅰ—$Fe_2O_3 \to Fe_3O_4$；Ⅱ—$Fe_3O_4 \to Fe_xO$；Ⅲ—$Fe_xO \to FeO$

（2）还原过程中的晶型转变与铁晶须的生长。一般认为，球团矿在还原过程中发生晶型转变是产生异常膨胀的基础。球团矿晶型转变造成的膨胀分为两步进行，第一步发生在 Fe_2O_3 还原至 Fe_3O_4 阶段，其膨胀一般在20%以下。六方晶格的 Fe_2O_3 转化为立方晶格的 Fe_3O_4，其晶格常数由 5.42×10^{-10} m 变为 8.38×10^{-10} m，使晶体结构破裂，如图 13-2 曲线 1 所示。其次，六方晶格 $\alpha - Fe_2O_3$ 矿物的异向性（即两个相邻赤铁矿晶粒的晶轴方向不一致，还原过程中因晶格变化产生推力），将引发楔形膨胀裂纹和晶界裂纹，使膨胀率进一步增大。第二步，发生于从浮氏体（Fe_xO）向金属铁的转变过程中，是由"铁晶须"的形成所引起的，这一步的膨胀率很大，如图 13-2 曲线 2 所示。所谓"铁晶须"，是铁晶粒自浮氏体表面直接向外长出像瘤状一样的铁须。当 Fe_xO 还原至金属铁时，如果 Fe_xO 表面局部被渣相覆盖或被 CaO、Na_2O、K_2O 等物质污染时，则还原将在未被覆盖的部分进行，Fe_xO 内的铁离子迅速扩散至开始还原点所形成的铁晶核处，而长大成为铁须，如图 13-3（a）所示。此铁晶须造成很大的拉力，使球团矿的结构疏松，膨胀异常（膨胀率甚至达100%以上）而还原粉化。若还原过程中，是在 Fe_xO 表面生成均匀的金属铁壳，如图 13-3（b）所示，或者金属铁晶粒变粗，则由于金属铁的存在，球团

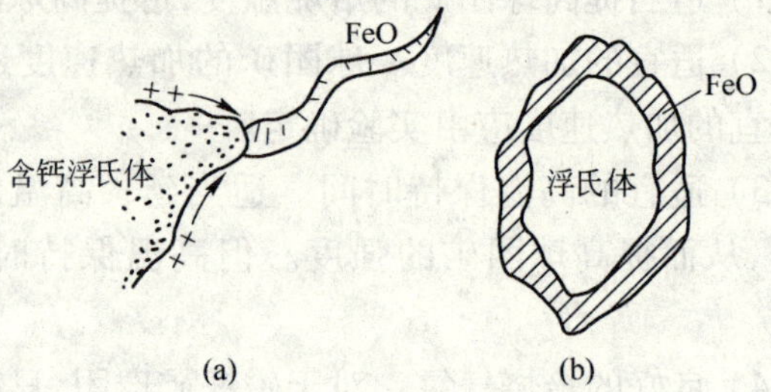

图 13-3 铁氧化物晶型转变对球团矿强度的影响

（a）异常；（b）正常

体积收缩，就不会产生异常膨胀。

（3）化学成分的影响。在碱金属存在的条件下，金属铁析出增强，这一补存的体积增大也将导致膨胀加剧，从而加剧球团的异常膨胀，即发生“灾难性膨胀”。Tiegelscheld 曾用膨胀率为60%的高品位球团矿进行过研究，添加1% CaO 时，球团矿膨胀率可下降到8%，而添加0.25%的 NaCl 即可使体积膨胀到110%。因为 Na^+ 和 K^+ 的离子半径分别为 0.98×10^{-10} m 和 1.33×10^{-10} m，而 Fe^{2+} 和 Fe^{3+} 的离子半径分别为 0.74×10^{-10} m 和 0.63×10^{-10} m，彼此相差较大。在高温下，钠、钾离子以置换或填隙的形式渗入到铁氧化物晶格中而引起晶格畸变。晶格畸变本身具有较大的应力，在高温还原作用下，首先以局部化学反应的形式释放出来，从而使晶格受到破坏，周围结构紧密度下降。与此相反，这部分区域的还原条件却得到改善，使铁离子的迁移速度进一步加快并聚集，使得球团矿发生异常膨胀。

（4）球团连接键的形式。氧化球团内的连接键多为赤铁矿再结晶、铁酸钙和硅酸钙，后两者为渣键。从还原性来看，赤铁矿键最好，铁酸钙次之，硅酸钙最差。在还原过程中前者可导致异常膨胀。

（5）生球质量。综合各种资料推导，可认为球团的先天质量也在一定程度上影响到还原膨胀性能，有时甚至是最主要的原因。如球团结构疏松（与生球质量有关）、球团成分不均匀（与配料混匀程度有关）、球团具有内外裂纹及不均匀结构（与加热速度、冷却速度、氧化程度和高温保持时间不足有关）、球团连接键不足（与化学成分和焙烧温度有关）等，这些都会导致还原时球团体积过分增大和强度过分降低。

上述各种原因，可以认为能涉及问题的本质。对某一异常膨胀的球团而言，可能仅是上述原因之一或一部分起主导作用。

2. *球团矿还原过程中异常膨胀的改进措施*

改进措施有：

（1）降低铁精矿粒度。以不同粒度的同样的磁铁矿精矿所制成的球团，当铁精矿的比表面积从1470 cm^2/g 提高到1860 cm^2/g 时，还原膨胀率即可从32%下降到22%；比表面积继续提高到1920 cm^2/g，膨胀率进一步下降到12%。由此可见，降低铁精矿粒度在近代球团技术中，不仅用来改进生球质量，而且对抑制还原膨胀也是一项重要措施。这种抑制膨胀的原因，可能是由于较细的粒度，其参加反应的活性较大，易生成质地坚固的熟球，其铁氧化物在球团内易均匀分布，并被连接键良好固结。球团被还原时，这种均匀分布的铁氧化物颗粒产生相变时出现的应力受到坚固连接键的限制，且在球团内呈分散状态，使还原膨胀减至最小。但是球团仍以铁氧化物键为主，并含有碱性物质时，降低铁精矿粒度就会得到相反的效果。

（2）适当提高球团矿中 SiO_2 的含量。含 SiO_2 较多的球团矿有利于形成较多的液相，这在一定程度上可以抑制球团的长大和铁晶须的形成。例如 $w(SiO_2)$ 分别为4%和8%的两种球团矿，在600℃还原时，前者强度由2600 N/个下降到620 N/个，而后者仍保持2600 N/个，但增加 SiO_2 含量会降低球团矿的品位。

（3）选择合适的球团矿碱度与添加剂。通过改变球团矿的碱度（即改变 CaO 与 SiO_2 的相对比例）来调节焙烧球团内连接键类型和数量，是改进球团矿质量的重要措施。

荷兰艾莫伊登厂试验研究指出，球团矿碱度与还原膨胀指数的关系如图13-4所示。澳大利亚布罗肯希尔公司自熔性球团矿生产实验得出的碱度和还原膨胀指数的关系如图13-5所示。各种不同成分的球团矿都有一个还原膨胀指数最大的碱度范围，必须经过试验确定热强度最好的适宜碱度。

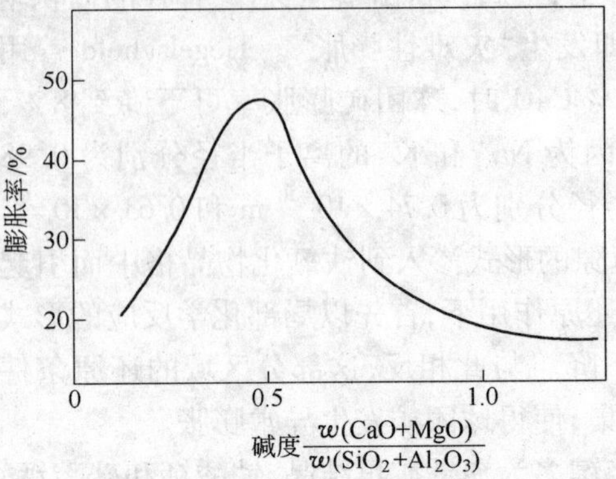

图 13-4 荷兰球团矿碱度与还原膨胀指数的关系

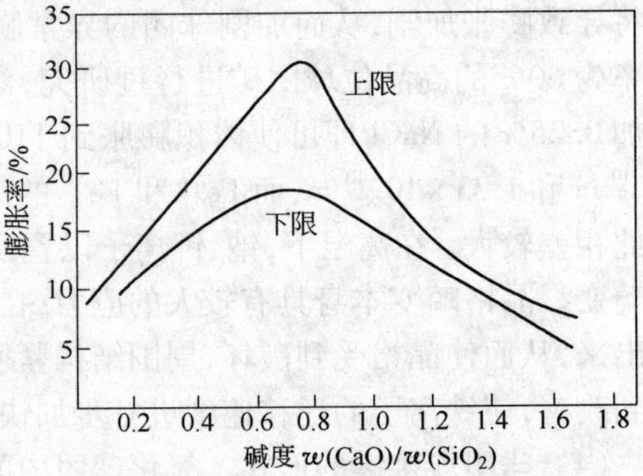

图 13-5 澳大利亚球团矿碱度与还原膨胀指数的关系

另外,白云石作为添加剂加到球团中也可起到减少还原膨胀的作用。这是由于 Mg^{2+} 半径(0.6×10^{-10} m)小于 Fe^{2+} 半径和 Ca^{2+} 离子半径(0.99×10^{-10} m),能自由置换磁铁矿晶格中的 Fe^{2+},并均匀分布在浮氏体内,不致引起局部还原反应,还能减慢还原的离子的迁移速度,可起到抑制球团矿膨胀的作用;同时提高球团矿中 MgO 含量,可增加矿相中的铁酸镁(熔点为 1713℃),在还原中不会发生 Fe_2O_3 转变为 Fe_3O_4 的反应,而生成的是 FeO 和 MgO 的固溶体。日本的白云石熔剂性球团矿膨胀率在 10% 以下,软化温度在 1200℃ 以上,在高炉上使用取得了良好的冶炼效果。几种典型的球团矿的性能比较见表 13-1。

表 13-1 几种典型的球团矿的性能比较

项 目		酸性球团矿	石灰熔剂性球团矿	白云石熔剂性球团矿
化学成分(质量分数)/%	TFe	64.8	60.8	60.2
	FeO	0.62	0.26	0.30
	MgO	0.13	0.40	1.80
	CaO	0.38	4.8	5.41
	SiO_2	3.72	4.00	4.10
	Al_2O_3	2.22	2.00	1.90
碱度 $w(CaO)/w(SiO_2)$		0.10	1.20	1.32
单球抗压强度/N		2450	2940~3430	3156
转鼓强度(-1mm)/%		4	1~3	1
孔隙度/%		25.4	26.2	26.1
负载下的还原率/%		85.9	89.4	84.6
1100℃收缩率/%		38.0	35.6	12.6
膨胀率/%		14	8~12	1.07
软化温度/℃		1150	1155	1230
熔化温度/℃		1260	1380	1430
1250℃还原率/%		20.5	25.0	70

此外，氧化镁酸性球团矿的矿物组成以赤铁矿为主，球团矿周边的赤铁矿与铁酸镁呈不规则连晶和格子状结构，晶粒细小，一般为0.0046～0.0098 mm，连晶间以带状晶桥连接，间隙中有少量液相充填。球团矿核心（特别是焙烧时间稍短，焙烧温度稍低的下层球）的磁铁矿或镁磁铁矿呈圆形颗粒，有的颗粒间形成磁铁矿晶桥固结，渣相量稍多，局部区域形成渣相固结，残余石英颗粒较多，从周边向中心逐渐减少，石英边缘有熔蚀现象。由于磁铁矿氧化放热，球中心温度稍高，所以中心渣相量增加，结晶较好，气孔也明显增大。高氧化镁酸性球团矿在高温还原过程中生成的 $w(MgO)$ 为3.14%～3.80%的镁浮氏体和 $w(MgO)$ 为7.2%～12.3%的铁镁橄榄石等硅酸盐渣都具有较高的熔化温度（>1390℃），因而其软熔性能和高温还原性能均优良。

（4）开发研制新型的添加剂品种。我国球团矿生产原料的粒度一般比较大，为了改善成球性，通常配入较多的膨润土，2001年加入膨润土的平均值为4.06%，有的企业高达8%，而国外由于细磨精矿粉的品位高、粒度小（其中有68%的精矿粉，小于0.074 mm（200目）粒级不小于85%），膨润土的配比低于1%。为此，我国一方面应改善铁精矿粉的粒度，另一方面要积极开发和推广新型的复合添加剂，有效降低膨润土的配比。

除此以外，合理焙烧制度的选择等也能抑制球团矿在还原过程中的异常膨胀。因为不论矿石种类和添加剂如何，凡是焙烧温度不足，初始机械强度低的球团矿，在还原过程中均产生体积膨胀。

三、相关知识

（一）球团矿的质量检测指标及高炉对球团矿的质量要求

1. 球团矿的质量检测指标

球团矿质量评价内容包括化学成分及其稳定性、常温机械强度（转鼓强度、抗压强度、粒度组成）和高温冶金性能（还原性、低温还原粉化性、软熔性及还原膨胀性能等）。目前，虽然国内外球团矿冶金特性的检验方法很多，有的也已列入国际标准，但还没有完整统一的检测方法和标准，仅是各企业根据各自的原料特性、生产方式和用途规定了各自的指标并进行测定，见表13–2。

表13–2　球团矿的质量标准

项目	品位	$w(TFe)$ /%	$w(FeO)$ /%	碱度波动	$w(S)$ /%	抗压强度 /N·个$^{-1}$	转鼓指数 (+6.3) /%	抗磨指数 (−0.5) /%	筛分指数 (−5.0) /%	膨胀率 /%	还原度 RI /%	粒度 (10～16 mm) /%
指标	一级	—	<1	—	<0.05	>2000	>90	<6	<5	<15	>65	>90
	二级	—	<2	—	<0.08	>1500	>86	<8	<5	<20	>65	>80
波动	一级	±0.5	—	R±0.05	—	—	—	—	—	—	—	—
	二级	±1.0	—	R±0.1	—	—	—	—	—	—	—	—

注：1. TFe、碱度波动的基数由企业自定；

2. 冶金性能指标暂不考核，但生产厂应进行检验报出数据。

2. 高炉冶炼对球团矿的质量要求

高炉冶炼对球团矿的质量要求主要有以下三个方面：

(1) 铁品位高，有害杂质硫、磷等含量低，成分稳定。球团矿含铁品位一般在60%以上，要求品位稳定、波动小，有害杂质S、P、K、Na等含量低。

(2) 常温下机械强度要高。球团矿在进入高炉之前要经过运输和储存，国外许多球团矿还要漂洋过海长途运输和装卸，因此球团矿必须具有足够的机械强度。球团矿充分焙烧后一般有2000 N/个或更高的抗压强度，这个强度足以避免一般运输中的破损。机械强度也可用转鼓指数来表示。抗压强度和转鼓指数这两个指标是衡量焙烧过程是否正常的标志。

(3) 优良的高温冶金性能。目前要求球团矿应具有如下一些高温冶金性能：

1) 较好的还原性。球团矿的还原性包括一般还原性和高温还原性。一般还原性是指在中温区(900～1000℃)球团矿被还原的难易程度。高温还原性是指1250℃时球团矿被还原的难易程度。

2) 较低的还原粉化率。它是指球团矿在专门的热转鼓中，在500℃左右和900℃左右还原时的粉化程度。高质量的球团矿应具有低的还原粉化率。

3) 低的还原膨胀率。球团矿在还原过程中有体积膨胀现象，体积膨胀的百分比称为膨胀率。球团矿的还原膨胀率较高时，会使高炉料柱透气性变差，煤气分布失常，炉况不顺，严重影响高炉的正常冶炼。生产中，当还原膨胀率在20%以内时，为正常膨胀，对高炉冶炼过程影响不大；当还原膨胀率为20%～40%时，成为异常膨胀，此时球团矿占入炉含铁料的比例不得超过65%；当还原膨胀率大于40%时，即使球团矿占入炉含铁料的比例小于65%，高炉仍需减风操作。一般要求合格球团矿的膨胀率小于20%，优质球团矿的还原膨胀率小于12%～14%。

4) 高的还原软化温度。在球团矿的荷重升温还原试验中，会出现体积收缩，收缩到某一百分比的温度称为软化开始温度或软化温度。生产中要求球团矿具有较高的软化开始温度，优质球团矿的软化开始温度在1150℃以上。

除此以外，还要求球团矿具有良好的透气性，高的熔滴温度等。

大量研究认为，在今后一定时期内，球团矿的高温性能应努力达到以下要求：3 h、900℃的还原度应不小于65%；低温还原粉化率 $RDI_{-3.0}$ 应低于30%，开始软化温度应高于1100℃，开始熔融和滴落的温度分别高于1350℃和低于1500℃；还原膨胀率低于20%。

(二) 影响球团矿焙烧固结的因素

影响球团焙烧固结的因素可归纳为原料特性、生球质量、焙烧制度及冷却速度四个方面。

1. 原料特性

原料特性包括铁精矿类型、铁精矿的粒度、添加物、精矿粉中的硫含量等内容。

磁铁精矿和赤铁精矿是生产球团矿所用的铁精矿粉，由于磁铁精矿粉在氧化气氛中焙烧时能发生氧化、放热和晶型转变，而赤铁矿没有这种变化，因此磁铁矿生球焙烧时所需的温度和热耗都较低，更易于焙烧固结，球团矿的质量也较好。而赤铁矿生球的焙烧全部靠外界供热，要求的焙烧温度高，范围窄(除熔剂性球团外，要控制在1300～1350℃之间)，所以球团矿的强度不及磁铁矿球团。

铁精矿的粒度影响因素为比表面积的大小，它影响铁矿粉的氧化和固结。粒度细，比表面积大，有利于磁铁矿的迅速氧化；且粒度细时，表面的晶格缺陷多，活性强，对固结反应有利，如图 13-6 所示。

对于添加物石灰石和消石灰来说，由于它们都含有 CaO，在氧化气氛中焙烧时，可生成铁酸钙、硅酸钙的液相体系。这样，一方面有利于矿粉颗粒的黏结；另一方面，液相的存在还有利于单个结晶离子的扩散，从而促进晶粒的长大，提高球团矿的强度，更重要的是改善了球团矿的冶金性能。如图 13-7 所示。

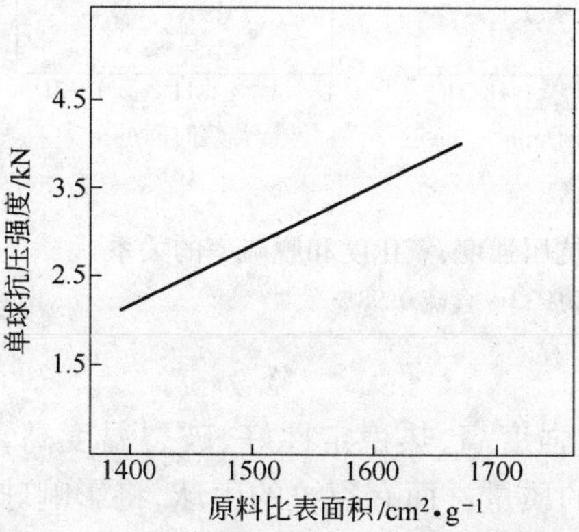

图 13-6　原料比表面积对球团矿抗压强度的影响

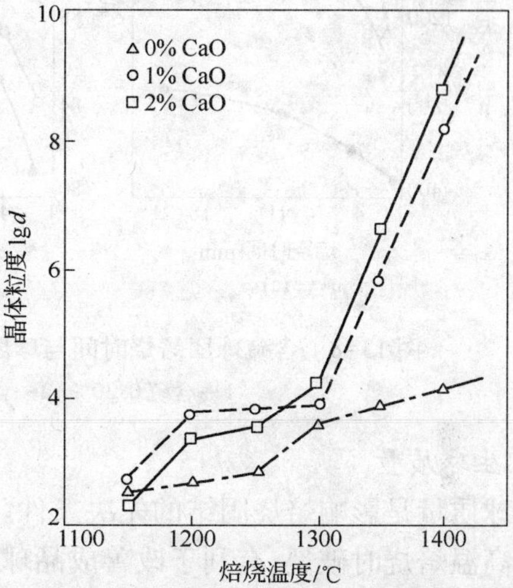

图 13-7　氧化钙和焙烧温度对赤铁矿晶粒长大的影响

对添加物白云石来说，由于它含有 MgO，在高温焙烧时可与铁氧化物生成稳定的镁铁矿（$MgO \cdot Fe_2O_3$）和镁磁铁矿（$(Mg \cdot Fe)O \cdot Fe_2O_3$）等含镁物质，阻碍了难还原的铁橄榄石和钙铁橄榄石的形成，促进了矿粉颗粒之间的黏结，提高了球团矿的软化温度和高温还原强度。和石灰熔剂性球团矿相比，白云石熔剂性球团矿具有较低的还原膨胀率、较高的软化温度及较小的还原滞后性等优良性能。不过，添加物过多，会使矿粉颗粒互相隔离，妨碍铁氧化物的再结晶与晶粒长大，会使液相生成过多而破坏焙烧作业，降低球团矿的软化温度，影响球团矿的强度，会使焙烧后的球团矿中自由的 CaO 增多，因此生产中应通过试验确定其用量，以获得最佳的焙烧效果。

必须强调指出，熔剂添加物的粒度对球团矿强度也有很大影响。石灰石粒度愈小，焙烧时分解和矿化作用愈完全，愈有利于铁酸钙的形成和游离 CaO 白点的清除。这对提高球团矿的强度是有重要作用的。

精矿粉中硫含量的高低也会影响球团矿的焙烧固结。精矿粉中硫含量偏高时，由于氧对硫的亲和力比对铁的要大，因此硫比铁先氧化，这样就容易阻碍磁铁矿的氧化，同时氧化产生的含硫气体在向外扩散时，不仅可阻隔氧向球核的扩散，而且妨碍颗粒的固结，最终影响球团矿的强度。因此要求精矿粉中硫含量一般不超过 0.5%。试验表明，当磁铁精矿中硫质量分数为 0.3% 时，其非熔剂性球团矿在氧化到 11 min 时，氧化度即可达到 98.4%，单球强度达到 1960 N；同样条件下，采用含硫量为 0.98% 的磁铁精矿粉制得的球团焙烧时，直到 21 min，其氧化度才达到 93%，单球强度为 882 N。含硫球团焙烧时间与球团矿的抗压强度、氧化度和脱硫率的关系如图 13-8 所示。

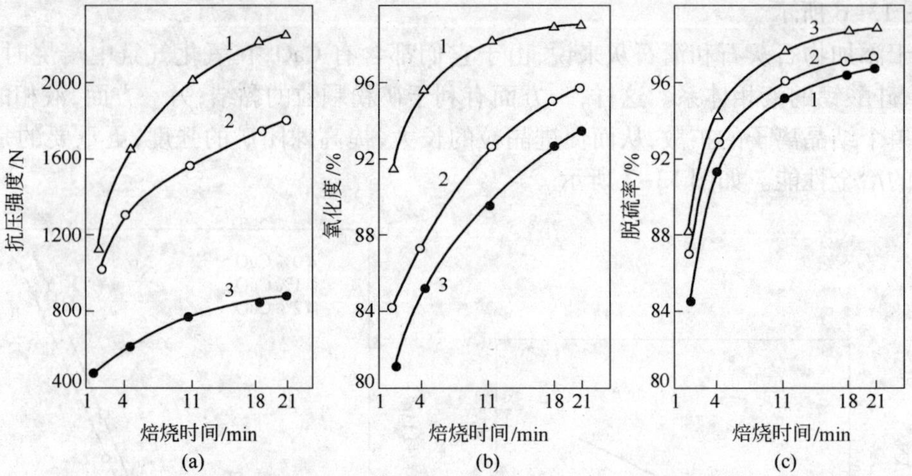

图 13-8　含硫球团焙烧时间与球团矿的抗压强度、氧化度和脱硫率的关系

1—含硫 0.30%；2—含硫 0.52%；3—含硫 0.98%

2. 生球质量

生球质量是影响焙烧固结的先决条件。生球强度高、热稳定性好、破裂温度高，可防止生球在高温焙烧时破裂，有利于改善成品球团矿的质量。而有裂纹的生球，将影响球团焙烧的作业，最终导致球团质量的降低。

生球的尺寸则影响生球的氧化和固结速度。由于球团的加热时间与球团直径的 1.4 次方成正比，且球团的氧化和还原时间与球团直径的平方成正比，因此生球的粒度过大，将延长焙烧时的加热时间，并使氧气难以进入球团内部，从而导致球团的氧化和固结进行得不完全，最终降低生产率与焙烧质量。特别是生产赤铁矿球团时，全部热量均需外部提供，粒度过大的生球会使内部难以达到要求的温度而形成夹生。适宜的生球粒度一般为 9 ~ 16 mm。在满足冶炼要求的前提下，球团粒度小些，对焙烧一般是有利的。

3. 焙烧制度

球团的焙烧制度对球团矿固结有显著影响。焙烧制度包括焙烧温度、加热速度、高温保持时间和气氛性质。

（1）焙烧温度。一般来说，焙烧温度越低，焙烧过程中发生的物理化学反应就越慢，不利于球团的焙烧固结。随着焙烧温度的提高，磁铁矿氧化就越完全，赤铁矿与磁铁矿的再结晶与晶粒长大的速度就越快，焙烧固结的效果也逐渐显著。球团强度与焙烧温度之间的关系如图 13-9 所示，适当提高球团的焙烧温度，可缩短焙烧时间，提高球团矿的强度和质量。

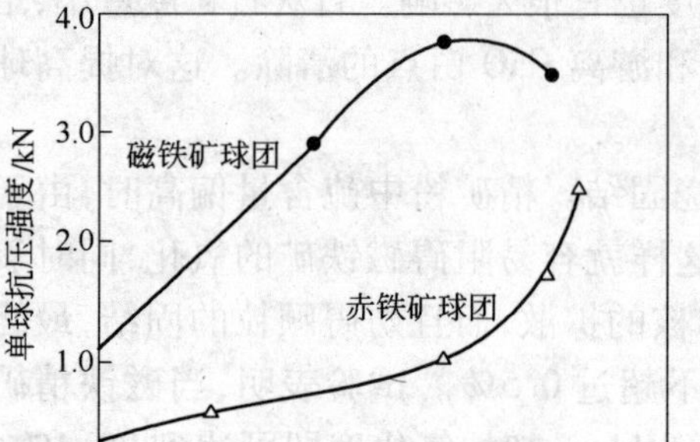

图 13-9　球团强度与焙烧温度的关系

合适的焙烧温度也与原料条件有关，赤铁矿的焙烧温度比磁铁矿高，高品位精矿粉可以采用比低品位精矿粉更高的焙烧温度而不渣化。从设备条件、设备使用寿命、燃料和电力角度出发，应尽可能选择较低的焙烧温度，因为高温焙烧设

备的投资与消耗要高得多。然而降低焙烧温度也是有限制的,焙烧的最低温度应足以在生球的各颗粒之间形成牢固的连接。

实际选择的焙烧温度,通常是兼顾各因素考虑的结果。在生产高品位、低 SiO_2 的酸性球团矿时,焙烧温度可达 1300 ~ 1350℃;生产熔剂性磁铁矿球团时,焙烧温度范围是 1150 ~ 1250℃;焙烧赤铁矿球团时,温度在 1200 ~ 1300℃之间。

(2) 加热速度。球团焙烧时的加热速度可以在 12 ~ 57℃/min 的范围内波动,它对球团的氧化、结构、常温强度和还原后的强度均能产生重大影响。加热速度低,可以均匀加热,减少裂纹,使氧化过程更完全,但不利于提高生产率。加热速度过快时,将导致以下不良后果:

1) 快速加热时,磁铁矿生球内部的 Fe_3O_4 在来不及完全氧化时就会与 SiO_2 结合成 Fe_2SiO_4 液相,阻碍内部颗粒与氧接触,这样,Fe_3O_4 因氧化不完全会形成层状结构。

2) 升温过快时,会使球团各层温度梯度增大,从而产生差异膨胀并引起裂纹。

由于快速加热而生成的层状结构球团,在受热冲击和断裂热应力而产生的粗大或细小裂缝,往往以最高温度长时间保温(24 ~ 27min)也不能将其消除。因此加热速度过快,球团强度变差。实验证实,当球团矿加热速度由 120℃/min 减小到 57 ~ 80℃/min 时,在球团总的焙烧时间相同的情况下,高温焙烧时间虽然缩短了 10 ~ 16 min,但成品球团的常温强度却由 1050 N/个提高到 1330 N/个。在最高温度为 1200℃时,单球常温强度可由 862 N 增加到 2176 N;而最高焙烧温度为 1300℃时,可使单球常温强度由 882 N 增加到 3234 N。球团矿的加热速度还在很大程度上影响还原后的球团矿强度。最适宜的加热速度应由实验确定。

(3) 高温保持时间。指的是球团矿升温到最高焙烧温度至温度开始下降这段时间范围。适当延长高温保持时间,可使氧化和再结晶过程进行得更完全,从而提高球团矿的强度。但高温保持时间过长,不仅降低产量而且产生过熔黏结现象。适宜的高温保持时间与焙烧温度和气流速度有关。一般来说,在较高的温度条件下,高温保持时间可短些;在较低的焙烧温度下,保持时间要长些。但在过低的焙烧温度下,即使任意延长焙烧时间,也达不到最佳焙烧温度下的强度。鞍钢磁铁精矿球团的焙烧试验表明,焙烧温度为 1150℃和 1200℃时,合适的高温保持时间分别为 10 min 和 15 min。适宜的高温保持时间要靠试验来确定。

(4) 焙烧气氛的影响。焙烧气氛的性质对生球的氧化和固结程度影响很大。焙烧气氛的性质以气流中燃烧产物的自由氧含量决定:氧含量大于 8%,为强氧化气氛;氧含量在 4% ~8% 之间,为正常氧化气氛;氧含量为 1.5% ~4% 时,为弱氧化性气氛;氧含量为 1% ~1.5% 时,为中性气氛;氧含量小于 1%,为还原性气氛。

对于磁铁矿球团,只有在氧化气氛中焙烧时,才能使 Fe_3O_4 顺利氧化为 Fe_2O_3,并获得赤铁矿再结晶的固结方式,因而能得到良好的焙烧效果。同样在氧化气氛中焙烧熔剂性球团矿,除了赤铁矿再结晶长大固结外,还得到铁酸钙液相固结,对改善球团矿强度与还原性都是有意义的。而在中性或还原性气氛中焙烧时,则主要得到磁铁矿再结晶与硅酸铁或钙铁橄榄石液相固结形式,其强度与还原性都比氧化气氛中焙烧的球团矿要差。

焙烧赤铁矿球团时,因不要求铁氧化物晶粒氧化,气氛性质可以放宽,但应避免还原性气氛,以免赤铁矿被还原。

焙烧气氛的性质与燃料有关。采用高发热值的气体或液体燃料时,可根据需要调节助燃空气与燃料的配比,从而灵活方便地控制气氛性质与温度;而用固体燃料时,则不具备这一优点。

4. *冷却速度*

炽热的球团矿，必然造成劳动条件恶劣、运输和储存困难以及设备的先期烧损，所以必须进行冷却。同时冷却也是为了满足下一步冶炼工艺的要求。此外，在带式焙烧机上的球团矿冷却，将能有效地利用废气热能，节省燃料。

冷却速度是决定球团矿强度的重要因素之一。快速冷却将增加球团矿破坏的温度应力，降低球团矿质量。试验指出，经过1000℃氧化和1250℃焙烧的磁铁矿球团，以5℃/min（随炉冷却）到100℃/min（用水冷却）的不同速度冷却到200℃，其结果是：冷却速度为70～80℃/min时，球团矿强度最高，如图13-10（a）所示。当冷却速度超过最适宜值时，由于球团结构中产生逾限应变引起焙烧球团中所形成的黏结键破坏，球团矿的抗压强度降低。当球团以100℃/min的速度冷却时，球团矿强度与冷却球团矿的最终温度成反比，如图13-10（b）所示。用水冷却时，球团矿抗压强度从单球2626 N降低到1558 N，同时粉末粒级含量增加3倍。在工业生产中，为了获得高强度的球团矿，带式焙烧机应以100℃/min的速度冷却到尽可能低的温度，进一步冷却应该在自然条件下进行，严禁用水或蒸汽冷却。

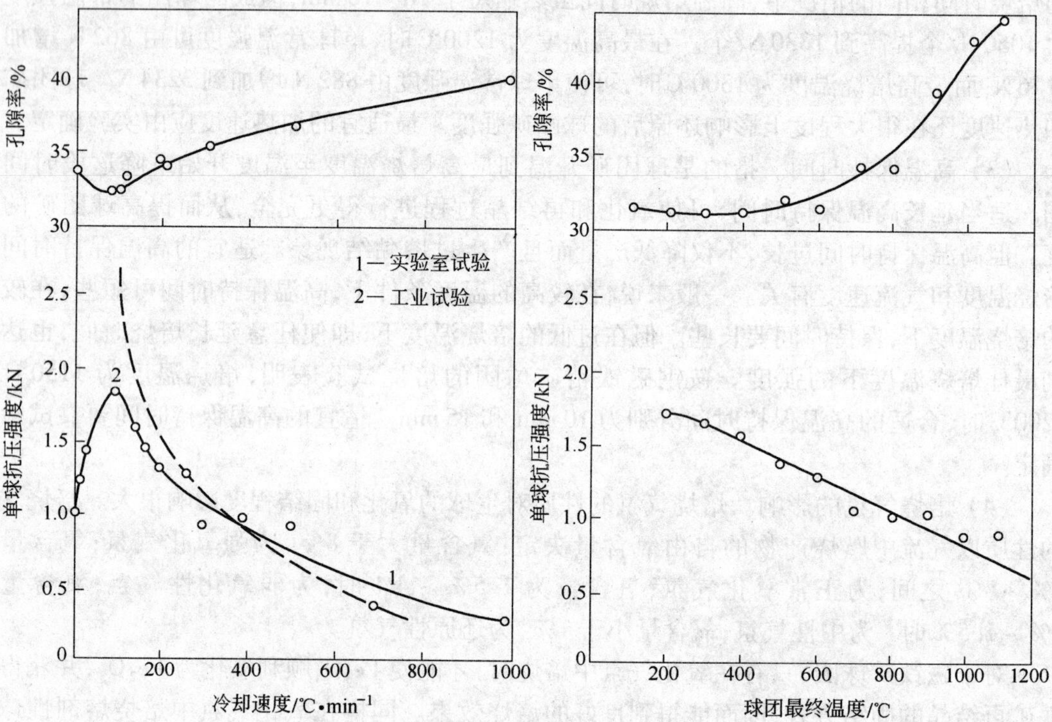

图13-10 冷却速度（a）和球团最终冷却温度（b）对球团矿强度的影响

除上述这些固结机理之外，有学者又提出一种原子扩散和黏性流动固结的说法。这是因为在研究中发现，磁铁矿生球焙烧时（1100～1300℃），Fe_2O_3晶粒再结晶的晶粒长大不明显（晶粒尺寸由13 μm长至16 μm），但是，这时的球团矿强度却从500 N/个提高到2000～3000 N/个。同时在（1140±10）℃焙烧高硅赤铁矿球团时，对固结良好的球团矿进行显微观察，发现原赤铁矿颗粒清楚可辨，颗粒之间结合紧密，有固体扩散现象，颗粒间无同化作用，

没有 Fe_2O_3 再结晶键的连接，颗粒之间也只有少量的硅酸盐熔体形成液态连接，所以认为这是由于扩散过程和黏性流动过程引起了球团的固结。

总之，影响球团矿质量的因素很多，但主要受生球特性和焙烧制度的影响，其影响因素的总结如图 13-11 所示。

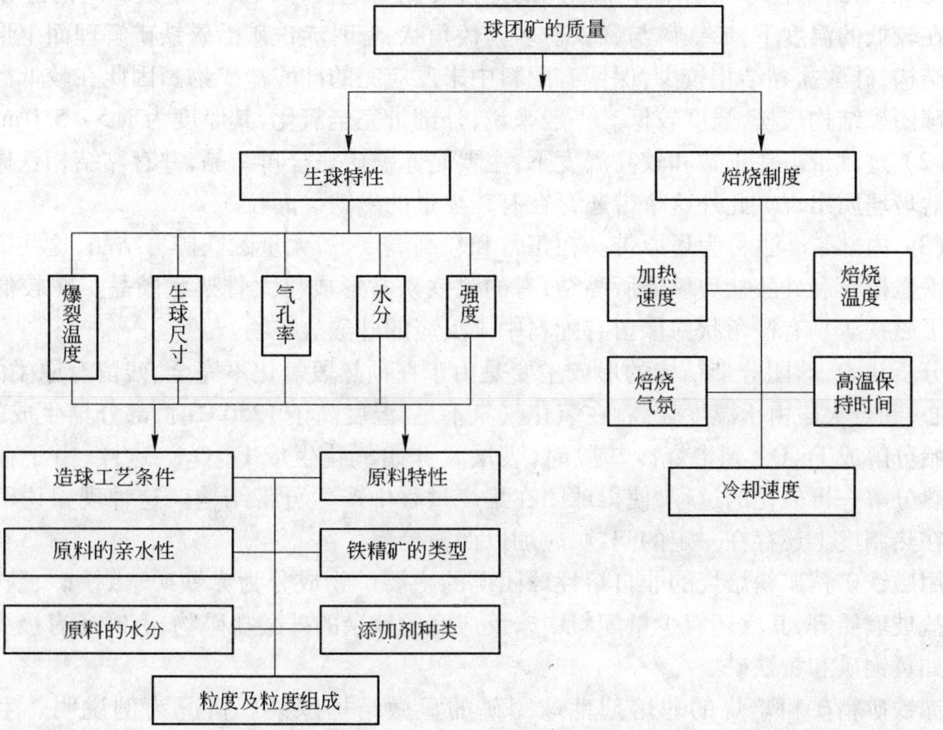

图 13-11　影响球团矿质量的因素

（三）球团矿的显微结构和矿物组成及其对强度的影响

1. 球团矿的显微结构和矿物组成

球团矿是一系列高温焙烧过程的最终产物，它的矿物组成与显微结构和原料条件及焙烧工艺有着直接的关系。球团矿中的铁矿物以赤铁矿为主，并有少量的磁铁矿，还有少量的铁酸盐矿物（$CaO \cdot Fe_2O_3$，$CaO \cdot 2Fe_2O_3$）、硅酸盐矿物（铁橄榄石、钙铁辉石、硅灰石、硅酸二钙、铝黄长石、铁黄长石及玻璃质等）以及极少量的石英和未参加反应的硅酸盐矿物等。由于铁精矿粉中脉石成分不同，在球团矿中还可能出现其他一些少量的矿物，如在含有萤石的铁精矿球团中常含有枪晶石等矿物。

从球团矿的显微结构来看，在氧气充足的条件下焙烧时，氧化充分而均匀的正常球团没有分带结构；而在氧化不完全或不均匀的焙烧球团中，则具有明显的分带现象。

磁铁矿精矿粉焙烧的非熔剂性球团矿的显微结构为：在氧化完全的焙烧球团中，主要是赤铁矿颗粒的大片集合体。这些赤铁矿常常是经过重结晶与再结晶，并为少量硅酸盐玻璃所胶结形成的网状结构。在氧化不完全或不均匀的焙烧球团中，则有明显的层状结构，通常分为外部带、过渡带和内部带三个带：

（1）外部带。在正常和较高温度的条件下，外部带主要是赤铁矿晶粒再结晶的大片集合体，也称为氧化带。在有液相存在时，赤铁矿被液相粉碎化的现象较严重。所谓粉碎化现象指的是含有某些数量的硅酸盐熔融体不仅胶结赤铁矿块，而且常常沿着赤铁矿颗粒间和赤铁矿内部裂纹进行渗透，并把赤铁矿块与颗粒分割和熔融成细小的赤铁矿颗粒和单个晶体。另外，非熔剂性球团矿中赤铁矿间的连接要比熔剂性球团矿中赤铁矿间的连接发育得多。在较低的温度下，赤铁矿与磁铁矿多为棱角状，有时赤铁矿沿磁铁矿解理面上形成网络格状结构，硅酸盐黏结相较少，保留有配料中未反应完的硅酸盐矿物。因此在较低温度下焙烧的球团矿结构疏松，强度较低。一般来说，外部带完全氧化，其厚度为1.5～5.0mm。

（2）过渡带。在正常和较高温度下，主要是赤铁矿完全再结晶，并有黏结相铁橄榄石及硅酸盐玻璃质出现。此外这个带还存在有较少量的磁铁矿晶粒。

（3）内部带。也称为还原带。在正常和较高温度下，大量磁铁矿再结晶，这些磁铁矿晶粒被铁橄榄石和硅酸盐玻璃质所黏结，有的磁铁矿常形成粗大骨架状骸晶。在较低的温度条件下磁铁矿具有棱角状并保留有配料中未反应的硅酸盐矿物。

分析认为，球团分带结构的形成主要是由于在预热段氧化不完全，残留有原生的Fe_3O_4的核心，到点火段由于温度较高，在氧化气氛不足，温度高于1250℃时，部分早生成的Fe_2O_3又开始分解成Fe_3O_4，到焙烧冷却段时，表层又开始氧化生成Fe_2O_3。这样，由于存在着氧化—热分解—再氧化的过程，使得球团在焙烧过程中产生分带结构。这种现象说明焙烧过程中在热制度上还存在一定的问题，应加以严格控制。

用磁铁矿精矿粉焙烧的非自熔性球团矿的主要矿物成分为赤铁矿、磁铁矿、铁橄榄石、硅酸盐玻璃质等，其次还有少量配料中未反应完的残余的硅酸盐矿物，有时还有极少量的硫化物如黄铜矿和黄铁矿。

赤铁矿精矿粉焙烧的非熔剂性球团矿的显微结构以某厂情况为例说明。生球经过140～160℃ 干燥4h后，其单球耐压强度为40～50N，外观呈棕红色，与原来矿粉没有本质区别。随着焙烧温度上升，球团逐渐固结，在1000℃焙烧时，宏观仍然呈棕红色，但耐压强度已达600N/个。从显微镜下观察，在原矿粒中间已有一种板状Fe_2O_3晶体生长出来，其长和宽为10～30μm，而厚度仅为1～2μm，板的形状为三角形及不规则的四边形，不过此时整个球团中的结构仍以未黏结的赤铁矿细粒为主。

在1050℃焙烧时，从粗粒原矿中生长出来的Fe_2O_3，晶体已经相互黏结，从细小的矿粉（大小一般为3～10μm）内生长出同样的板状结晶体，但尚未黏结成块。这时板状Fe_2O_3晶体的尺寸大体与1000℃时相当，但数量明显增多。相应地，单个球团强度增加到700N以上，外观颜色也从棕红色转变为棕褐色。

在1100℃焙烧时，绝大多数区域均已结晶出板状Fe_2O_3，但还没有互相胶结连成块。此时球团中除大块的石英单独存在外，细小的其他脉石矿物颗粒（如钾长石等）多存在于板状Fe_2O_3晶体的间隙内。同时，Fe_2O_3的板状晶体还继续向外生长。与此相应，单个球团矿强度可达1000N以上，其外貌颜色变为灰褐色。在此温度以上，局部区域的板状Fe_2O_3的表面开始收缩，棱角变得圆滑，甚至成为球状，同时出现渣相充填于这些颗粒中间。上述情况总是出现在脉石矿物较多的区域。

在1150℃时，球团内板状Fe_2O_3已相互胶结连成大块，但整个结构尚未完全形成一个整体，局部仍有未黏结牢固的区域。这时单个球团耐压强度达1500 N以上，外观颜色为灰色。

在1200℃时，球团中板状 Fe_2O_3 生长胶结连生已充分完成，纵横交错，形成一个牢固的骨架整体，板的长和宽多为10～30μm，厚度为2～4μm，个别厚度达10μm。这时，球团已十分坚硬，强度可达3000N/个以上，其外观呈灰黑色。同时，球团中板状 Fe_2O_3 因渣相出现而收缩"圆化"的区域明显增多。但这种情况仍只发生在板状 Fe_2O_3 晶体与大块石英颗粒交界的区域。从板状到圆化颗粒状的 Fe_2O_3 在同一试样及相当宽的温度范围内连续存在，也说明这是一种由于局部界面渣化的反应造成的表面收缩。

在1250℃和1285℃焙烧的球团，宏观强度稍低于1200℃焙烧的球团。微观结构与1200℃焙烧的球团相近似，只是局部出现渣化反应增多。

此种球团矿中的矿物组成主要为赤铁矿及极少量的磁铁矿，局部出现少量的玻璃质等硅酸盐黏结相。

2. *球团矿为显微结构和矿物组成对球团矿强度的影响*

球团矿的冶金性质均受其矿物组成和显微结构的制约。球团强度是球团矿的重要冶金性质之一，一般情况下，球团矿的常温抗压强度在1000～3000N/个才能满足炼铁生产的要求。

从矿物成分来看，赤铁矿、磁铁矿、铁酸一钙、铁酸二钙和铁橄榄石都具有较高的强度。从 $x=0.25$ 到 $x=1.0$ 的钙铁橄榄石 $(CaO)_x \cdot (FeO)_{2-x} \cdot SiO_2$，$x=0.25 \sim 1.25$ 同前者具有相近的强度，$x=1.5$ 的钙铁橄榄石具有很低的强度且容易形成裂纹。因为它的晶格常数很接近于硅酸二钙。此外球团矿中的玻璃体具有最低的强度。从显微结构看，球团矿的强度主要靠赤铁矿的再结晶和晶粒长大连接来保证，其次液相黏结也起相当的作用。但是与烧结矿相比，液相黏结显得次要得多。因此，通常球团矿的强度受赤铁矿的晶体形状、大小、晶体间的结合方式和液相黏结的程度来决定。

对球团矿显微结构的研究表明，球团矿中的赤铁矿多为棱角状，且它们之间的再结晶连接比较差，硅酸盐黏结相较少，并残留有配料中未反应透的较多硅酸盐矿物和石灰团块时，此种球团矿结构强度较差。

当球团矿中含有的赤铁矿虽然有粗大的晶体，并具有很好的再结晶连接，但黏结相为硅酸二钙时，球团强度最差，甚至使球团粉化，这是α-硅酸二钙相变为γ-硅酸二钙造成的。

当球团矿中的磁铁矿全部氧化为赤铁矿并有完好再结晶的均匀显微结构时，其强度较好。而具有带状结构的球团与前者相比强度较差，尤其在还原过程中由于各带还原速度不同产生内应力使球团分层剥离，产生粉化现象。

当球团矿中原生赤铁矿呈板状形态再结晶长大或再结晶形成骨架状骸晶晶体，同时除了赤铁矿间再结晶连接外，还有部分硅酸盐和铁酸盐黏结相分布于赤铁矿晶粒间时，这种结构的球团矿具有很高的强度。

巩固训练

一、填空题

1. 球团生产的实践证明，要使球团达到充分的固结必须有相应的_______和一定的_______。

2. 球团矿与烧结矿相比其优点是粒度均匀、强度好、________、可长期储存和长途运输，是高炉冶炼的优质原料。

3. 球团矿的主要物理指标是________、筛粉和抗压强度。

4. 检验球团矿的质量除化学成分外，还有________和冶金性能指标。

二、问答题

1. 球团矿质量的好坏对高炉有何影响？
2. 球团矿质量检测的原则是什么？
3. 不同种类铁矿粉球团的焙烧固结有何不同？
4. 球团矿的显微结构和矿物组成对球团矿质量有何影响？
5. 球团矿异常膨胀对高炉有何影响？